胶东地球物理勘探技术应用与研究

陈 磊 刘洪波 董 健 朱裕振等 著

科学出版社

北 京

内 容 简 介

本书是对几十年胶东地区地球物理勘查所取得的主要成果全面系统的高度总结和集成，立足于金矿、石墨矿、多金属矿及能源矿产成矿带的典型矿床研究，以地质、地球物理等多学科综合分析研究为主要途径，全面总结金矿、石墨矿、多金属矿及能源矿产与综合地球物理信息的对应关系，总结不同地球物理找矿勘探方法技术在找矿中的作用，提高找矿方法技术应用效果，完善地质-地球物理找矿模式，推广示范指导胶东以及国内其他相似成矿背景条件下的金矿、石墨矿、多金属矿及能源矿产勘查找矿工作。

本书可供地球物理勘查、基础地质调查、矿产资源勘查、地质科学研究及地质专业院校师生参考。

审图号：鲁 SG(2023)025 号

图书在版编目(CIP)数据

胶东地球物理勘探技术应用与研究 / 陈磊等著 . —北京：科学出版社，2023. 11

ISBN 978-7-03-076569-7

Ⅰ. ①胶… Ⅱ. ①陈… Ⅲ. ①地球物理勘探-研究-山东 Ⅳ. ①P631

中国国家版本馆 CIP 数据核字（2023）第 190628 号

责任编辑：焦 健 / 责任校对：何艳萍

责任印制：肖 兴 / 封面设计：北京图阅盛世

科学出版社出版

北京东黄城根北街 16 号

邮政编码：100717

http://www.sciencep.com

北京九州迅驰传媒文化有限公司印刷

科学出版社发行 各地新华书店经销

*

2023 年 11 月第 一 版 开本：787×1092 1/16

2024 年 3 月第二次印刷 印张：18 3/4

字数：450 000

定价：258.00 元

（如有印装质量问题，我社负责调换）

《胶东地球物理勘探技术应用与研究》

指导委员会

撰写人员

陈　磊　刘洪波　董　健　朱裕振　侯建华　王润生
张心彬　张　卓　胡雪平　刘华峰　任天龙　王丽娟
高华丽　杨振毅　张业智　黄永波　郭　晶　代杰瑞
王金辉　李肖鹏　马丽新　刘福魁　曾庆斌　杨仕鹏
吴红霞　刘　丽　徐西滨　贺春艳　孟庆旺　王玉敏
高晓丰　罗怀东　魏印涛　陈宏杰　臧　凯　齐永亮
于嘉宾　郭国强　陈大磊　汝　亮　孙　超　邵贵航
张　龙　王少杰　郑骥飞　任士佩　汪继学

序

地球物理勘探技术是以岩石、矿石（或地层）与其围岩的物理性质差异为物质基础，用专用的仪器设备观测和研究天然存在或人工形成的物理场的变化规律，进而达到查明地质构造、寻找矿产资源和解决工程地质、水文地质以及环境监测等问题的目的。根据岩（矿）石的物理性质，可将物探方法分为重力、磁法、电法、地震、放射性和测井等。

重力勘探在地球深部构造、地壳结构研究及划分大地构造单元等方面发挥着重要的作用；也可以直接利用重力勘探找矿，或者通过研究矿产资源赋存的岩石或构造间接找矿。磁法勘探在固体矿产的普查和详查、油气构造、煤田构造的普查以及某些地质问题研究、地质填图等工作中，不同程度地发挥着作用，尤其在铁矿普查与勘探中发挥着不可替代的作用。瞬变电磁法、激发极化法、可控源音频大地电磁法、大地电磁法、广域电磁法等电法勘探手段在胶东深部断裂构造、金矿普查勘探等研究领域都发挥了重要作用，取得了显著效果，尤其是广域电磁法在多条金矿带研究中，对3000m以内的断裂构造变化规律进行了较为清晰的识别。地震勘探是解决油气勘探、煤田构造勘探最有效的地球物理方法；自2013年来，在胶东地区金矿找矿中，开展了多期二维地震勘探方法试验，利用地震方法了解了深部地质体之间的关系，刻画了胶东主要控矿断裂的空间形态，得到了钻探验证，取得了较好的深部金矿勘查效果。放射性测量主要用于铀矿普查、土壤放射性调查、地热田资源勘查等领域；利用地面γ测量能寻找到放射性矿床及与放射性元素伴生的金属矿床；利用氡气测量可探测裂隙、构造发育情况。地球物理测井在金属矿勘查中的应用也非常广泛，井中三分量磁测井在磁铁矿勘查中发挥了独有的作用；井中激发极化测量对于铅锌矿、石墨矿、金矿等具有高极化特征的矿产资源具有独特的找矿优势。

胶东地区金矿主要分布在中生代燕山早期玲珑期花岗岩和燕山晚期郭家岭期花岗闪长岩中，少数分布在新太古代—古元古代变质岩及中生代早白垩世地层中，并严格受断裂构造控制。石墨矿的形成与基底褶皱构造关系密切，均位于荆山群陡崖组徐村段变质岩系中，与石墨变粒岩、片麻岩-片岩组合密切相关，严格受地层层位控制。多金属矿与中生代燕山晚期伟德山花岗岩活动有关，成矿时代主要集中在中生代晚侏罗世和早白垩世，与同期产出的岩体密切相关，矿床成因类型有斑岩型、夕卡岩型和岩浆热液型。地热资源位于胶辽隆起区内，地热异常的分布受构造控制，热储岩性有花岗岩、闪长岩等，均为构造裂隙型热储。煤炭资源主要分布在古近系五图群李家崖组地层中。

本书对几十年来胶东地区金矿、石墨矿、多金属矿及能源矿产地球物理勘查所取得的主要成果进行了全面系统的总结和集成。以胶东地区金矿成矿带典型矿床为主，兼顾其他矿产，系统总结地球物理找矿勘探方法技术的找矿作用与应用效果，完善金矿及其他矿产的地质-地球物理找矿模型，并预测了几十处深部找矿靶区及成矿有利部位，为胶东地区深部找矿提供了重要信息。对胶东地区以及国内其他成矿背景条件相似的金、石墨、多金属及能源矿产的地球物理勘查工作可以起到示范、指导作用。

2022 年 10 月 2 日，习近平总书记在给山东省地矿局第六地质大队全体地质工作者的回信中强调，矿产资源是经济社会发展的重要物质基础，矿产资源勘查开发事关国计民生和国家安全。目前，我国在矿产资源勘查与开发领域仍面临诸多重大科学问题，尤其是地下 2000m 以深矿产资源的勘探与开发技术亟须创新，这就需要广大物探工作者积极探索地球物理深部勘查新理论、新方法，在新一轮找矿突破战略行动中发挥更大作用，为保障国家能源资源安全做出更大贡献。

中国工程院院士

何继善

2023 年 7 月 17 日

前　言

胶东地区集中分布金、石墨、多金属及能源等矿产。胶东是我国最大的金矿集中分布区，已探明金资源储量超5000t，是世界第三大金矿集中区，金矿床集中分布于胶西北、栖霞-蓬莱-福山、牟平-乳山三个成矿区；胶东也是我国晶质石墨矿的重要产区之一，已查明的石墨矿资源位居全国第三，石墨矿产量居全国第一，矿床主要分布在胶北隆起区，集中在莱西南墅-前卧牛石村、平度刘戈庄-明村两个成矿区；在金矿集中区，发育有规模大小不一的铜、铅锌、钼、银等多金属矿床，集中分布在龙口-栖霞-福山、莱阳-乳山、威海米山断裂三个成矿区；此外，地热、煤等能源矿产也广泛发育，地热集中分布在栖霞复背斜、乳山-威海复背斜、牟平-即墨北东向断裂束三个构造单元，煤矿主要分布在龙口盆地龙口-蓬莱一带。近年来，为配合危机矿山资源潜力评价和国家重点金矿整装勘查、深部金矿找矿及成矿预测科研工作，在区内开展了大量的综合地球物理深部金矿成矿预测、深部找矿新方法新技术研究工作，利用综合地球物理信息，在隐伏控矿构造的深部变化规律、圈定隐伏岩体与变质岩系的空间关系等控矿地质因素方面取得了大量的试验研究资料，在深部找矿与成矿预测生产研究中，对胶东深部矿产地球物理解释等方面积累了丰富的实践经验，地球物理勘探技术在矿产资源勘查，尤其是“攻深找盲”领域取得了良好的找矿效果。

本书立足于金矿、石墨矿、多金属矿及能源矿产成矿带的典型矿床研究，以地质、地球物理等多学科综合分析研究来提高找矿效果为主要途径，全面总结金矿、石墨矿、多金属矿及能源矿产与综合地球物理信息的对应关系，总结不同地球物理找矿勘探方法技术在找矿中的作用，提高找矿方法技术应用效果，完善地质-地球物理找矿模式，推广示范指导胶东金矿、石墨矿、多金属矿及能源矿产勘查找矿工作。具体研究内容包括：①胶东大地构造位置、区域地质特征、区域地球物理特征、区域地球化学特征等地质背景分析研究；②胶东主要金矿、石墨矿、多金属矿及能源矿产的展布规律；③区域重、磁场在研究解决区域构造格架、岩浆岩、变质岩地层相互关系中的作用；④典型金矿、石墨矿、多金属矿及能源矿产上的地球物理异常特征及对应关系；⑤地球物理勘查技术在金矿、石墨矿、多金属矿及能源矿产的应用研究及找矿；⑥深部金矿勘探技术方法有效性及应用效果；⑦金矿、石墨矿、多金属矿及能源矿产找矿方向及成矿预测。

本书是由山东省地质调查院（山东省自然资源厅矿产勘查技术指导中心）牵头，山东省物化探勘查院、山东省煤田地质规划勘察研究院、山东正元地质勘查院、山东省地矿工程集团有限公司共同完成的。章节分工如下。前言：陈磊；第一章：庞绪贵、董健、刘洪波、代杰瑞、王金辉；第二章：陈磊、董健、任天龙、胡雪平、刘华峰、侯建华、李肖鹏、王丽娟、高华丽；第三章：王怀洪、朱裕振、张心彬、汝亮、孙超、邵贵航、马丽新、徐西滨、吴红霞、张龙；第四章：刘洪波、王润生、孟庆旺、罗怀东、杜利明、高建东、杨振毅、张业智、刘福魁、曾庆斌、郭国强、陈大磊、刘丽；第五章：曹春国、贺春艳、高晓丰、边荣春、陈宏杰、张卓、黄永波、王少杰、郑骥飞；第六章：万国普、王玉敏、魏印涛、臧凯、齐永亮、于嘉宾、郭晶、杨仕鹏、任士佩、汪继学；第七章：杨茂森。统稿编辑：陈磊、董健、王润生、张心彬。

本书编写过程中得到了有关部门、单位和领导的大力支持和帮助，以及有关专家的指导，在此深表感谢！特别感谢何继善院士为本书作序！

目　　录

第一章 绪 论

第一节 胶东概况

一、地理位置与交通

胶东指胶莱河以东的胶东半岛地区，地处中国华北平原东北部沿海地区，山东省东部，位于35°35′N～38°23′N、119°30′E～122°42′E，行政区划隶属烟台市、威海市及青岛市。北临渤海、黄海，与辽东半岛相对，东临黄海，与朝鲜半岛和日本列岛隔海相望。区内交通发达，有青荣铁路和潍荣、荣乌、沈海、青烟、青荣高速以及204、206和309国道等交通干线，各县城之间、县城与乡镇之间均有公路相通，村与村之间也有简易公路相连；青岛、烟台及威海机场均有通往国内各大城市的国内航班及美国、欧洲、韩国等国家的国际航班；水路交通从青岛、烟台及威海可直达国内的上海、天津、大连、厦门等城市以及日本、韩国、澳大利亚等国家；交通十分便利（图1-1）。

二、地理环境

（一）自然地理

胶东半岛属山地丘陵区，主要山峰有崂山、昆嵛山、艾山、大泽山、牙山、招虎山、伟德山等，这些山峰多近北东走向，海拔在500～1100m，区内最高峰——崂山巨峰海拔为1132.7m，其余大部分为海拔200～500m的低缓丘陵。山地丘陵间有桃村地堑盆地、莱阳断陷盆地和胶莱凹陷平原等，沿海有宽窄不等的带状平原，以蓬莱-龙口-莱州平原面积最大。

胶东半岛海岸蜿蜒曲折，港湾岬角交错，岛屿罗列，是华北沿海良港集中地区，胶州湾的青岛、芝罘湾的烟台、威海湾的威海、石岛湾的石岛和龙口等均为中国北方港口。半岛沙嘴沙滩发育，沙洲发育之地岛陆相连形成陆连岛，如烟台附近的芝罘岛、龙口附近的屺㟂岛。沿海岛屿除渤海海峡的庙岛群岛外，均分布于近陆地带，较大者有象岛、养马岛、镆铘岛、杜家岛、田横岛、刘公岛、鸡鸣岛、崆峒岛、褚岛、苏山岛和南黄岛等。

胶东半岛属暖温带季风大陆性气候，四季分明，夏无酷暑，冬无严寒，年平均气温12.5℃，全年无霜期160～250天，年降水量在600～700mm。春季干燥多风，夏季湿度大，但气温低于内陆2～3℃，1月均温为-3～-1℃，8月（最热月）均温约25℃，极端最高温约38℃；春季、秋季降水稀少，尤其是春旱更为严重，年降水量约60%集中于夏

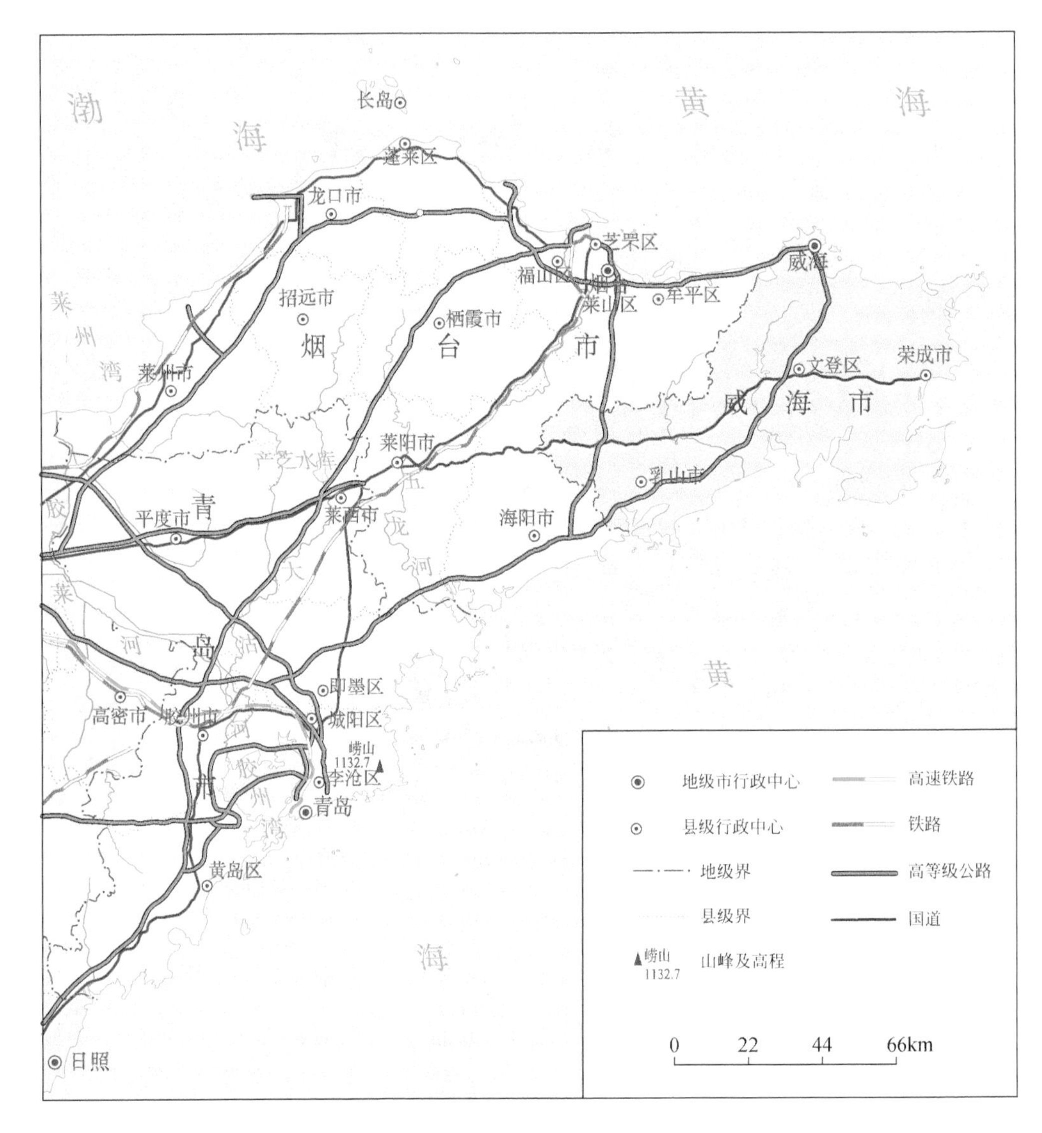

图 1-1　交通位置图

季，且强度大，常出现暴雨，年均降水相对变率约为 20%；全年湿度变化剧烈，年均相对湿度在 70% 以上；半岛东侧南部沿海 4～7 月多海雾，年均雾日为 30～50 天。

胶东半岛水系发源于中部山地，南北分流，皆流入海，河床比较大，源短流急，区内较大河流有大沽河、五龙河、潴河等。河川径流洪枯悬殊，雨季水流较大，旱季水流较少或干涸，汛期集中全年径流量的 70%～80%，水位、流量过程线随降水变化而迅速涨落，但一般不致为害。

胶东半岛天然植被为暖温带落叶阔叶林，主要树种有栎类，如麻栎、槲、枹等树，以麻栎最多，但常因放养柞蚕而伐去主干呈灌木状，构成山地丘陵特殊的“柞岚”景观；针叶树以日本赤松为代表。植物区系中有亚热带成分，如苦木、山胡椒、三桠乌药等；还有东北区系成分，如蒙古栎、辽东栎、赤杨等。地带性土壤为典型棕色森林土（俗称山东棕壤），一般分布在缓坡地和排水良好的平地，多已辟为农田和果园，发育成熟化的耕作土。

（二）人文地理

青岛市是计划单列市、副省级城市、山东省经济中心城市、全国首批沿海开放城市、国家级历史文化名城、全国文明城市及国家卫生城市，全市总面积为11293km^2，常住人口约1026万人。青岛因名牌企业众多，被誉为“中国品牌之都”“世界啤酒之城”。青岛市有五种地方特色曲艺入选国家级非物质文化遗产名录，分别为茂腔、柳腔、胶州秧歌、胶东大鼓和崂山道教音乐。茂腔和柳腔是青岛独特的地方戏曲，素有“胶东双花”的美誉。崂山是中国著名的道教名山，是5A级景区。

烟台市是中国首批14个沿海开放城市之一，是“一带一路”国家战略重点建设港口城市、全国水生态文明城市、国家历史文化名城，全市总面积13864.5km^2，常住人口约710万人。市内旅游景区众多，有国家5A级旅游景区3处、4A级19处、3A级50处，获“中国优秀旅游城市”称号。烟台是全国著名的“京剧之乡”“鲁菜之乡”“田径之乡”，海阳大秧歌、莱州蓝关戏、胶东大鼓和“八仙过海传说”等13个项目被列入国家非物质文化遗产名录。

威海市是中国著名的港口及旅游城市，是中国沿海开放城市之一，是中国第一个国家卫生城市，是中国首批国家环境保护模范城市之一，是全国投资硬环境40优城市，也是全国综合经济实力50强城市，全市总面积5799.84km^2，常住人口约291万人。2009年5月被评选为国家森林城市，境内千公里海岸线上，有中国近代第一支海军的诞生地刘公岛、秦始皇东巡过的东方好望角“天尽头”成山头。

（三）经济社会发展

研究区内金矿资源丰富，是我国重要的金矿成矿区，全区累计探明金资源储量5000余吨，已成为世界第三大金矿集中区。研究区内大、中、小型金矿山遍布，焦家、新城、玲珑等特大型金矿举世瞩目，金矿为本区的经济支柱产业；另外，区内石墨、滑石、萤石、透辉石等非金属矿种亦在我国同类型矿产中占有重要地位，其次尚有大理石、花岗石、石英砂、水泥原料以及银、铜、铅、锌、铁等矿产。区内工农业发达，是我国为数不多的经济发达地区之一，农业以种植业、果业为主，粮食作物以小麦、玉米为主，次为红薯、谷子和豆类，盛产油料作物、花生，经济作物有闻名全国的烟台苹果、莱阳梨、大泽山葡萄等，沿海地带盛产鱼、虾、蟹，滩涂及近海养殖业发达，形成了以轻纺、钟表、酿造、机械、化工、建材、渔业、养殖业和加工业为主的发达工业体系。

三、成矿区带及资源分布

根据山东省重要矿种区域成矿规律研究成果，胶东成矿区带包含三个Ⅳ级成矿区带：胶西北Au-Fe-Mo-石墨-滑石-菱镁矿成矿亚带（Ⅳ65-1）、胶莱盆地Cu-Au-PbZn-萤石-重晶石-膨润土成矿亚带（Ⅳ65-2）、威海-文登Au-Ag-Mo-PbZn-Cu成矿亚带

(Ⅳ67-10)。各成矿区带划分及资源分布见图1-2。

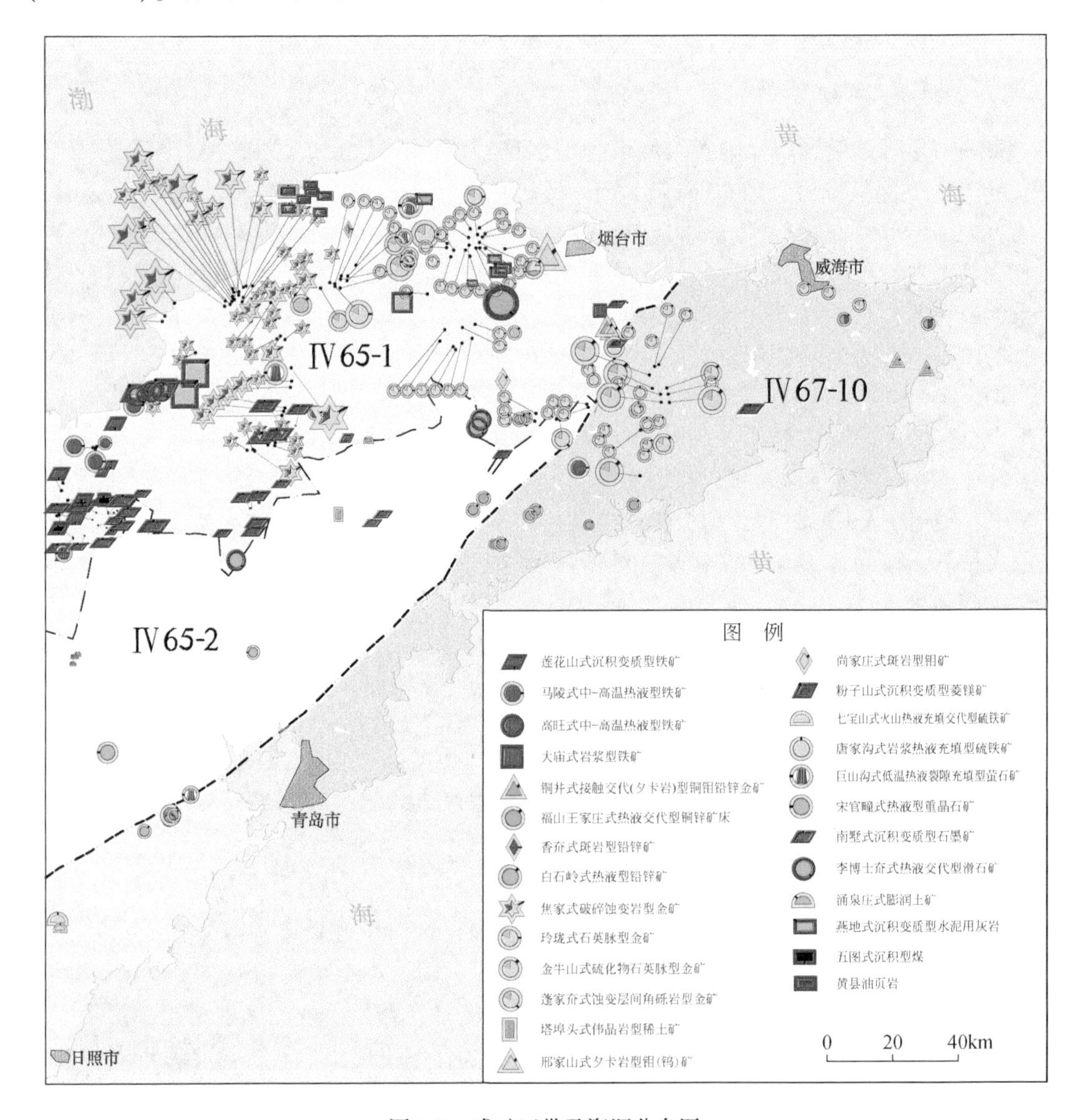

图1-2 成矿区带及资源分布图

(一)胶西北Au-Fe-Mo-石墨-滑石-菱镁矿成矿亚带(Ⅳ65-1)

该区带东部以牟平-即墨断裂为界，南部大致以平度断裂为界，西部以沂沭断裂带最东部昌邑-大店断裂为界，地理坐标为119°15′E～121°30′E、36°20′N～37°50′N。西侧与沂沭断裂带相接，东南部则与胶莱盆地为邻，基底主要由以新太古代奥长花岗岩-英云闪长岩-花岗闪长岩（trondhjemite-tonalite-granodiorite，TTG）岩石和古元古代变粒岩、高铝片岩、白云大理岩以及含石墨变粒岩为代表的类孔兹岩组合组成，含少量中太古代、新太古代高级变质岩、古元古代基性-超基性岩。上叠构造主要由晚三叠世至白垩纪中酸性侵入岩、白垩纪中基性-酸性火山岩和新生代玄武岩组成，北部边缘局部为古近纪—新近纪沉积岩。区内构造、环境演化受不同时代宏观背景构造制约，构造格架主要包括两部分：中生代之前基底构造主体为东西向基底，中生代—新生代则在原东西向构造体系上叠加形成以北北东、北东向为主体，以北西、北北西向为次要的断裂构造。

1. *矿床的时间分布*

该区带形成矿床的时代主要为古元古代、中生代，新太古代可能有矿床形成，新生代形成了少量矿床。

1）新太古代

新太古代形成的矿床主要有铁、金，该成矿区带最早的成矿作用可能在新太古代，新太古代早期陆壳处于巨量增生期，此时地壳很薄，来自地幔的基性-超基性岩浆大面积喷发，海底基性火山岩中丰富的铁大量以二价铁的形式溶解于海水中，形成富含铁质的海水，当大气中含氧量剧增时，又以三价铁的形式沉积于海水中，形成条带状铁建造，后经区域变质作用形成了沉积变质型磁铁矿床。该事件属于全球性事件，本研究区也不应例外，观察该区不完全沉积形成的胶东岩群，属于一套成层性明显、韵律性清楚的一套黑云变粒岩、斜长角闪岩、角闪变粒岩夹磁铁石英岩组合，与鲁西地区同时代的含沉积变质型铁矿、绿岩带型金矿的雁翎关、山草峪变质岩建造可以对比。但区内并未见有新太古代沉积变质型磁铁矿床，可能是原始沉积形成的胶东岩群遭受后期栖霞TTG系列侵入岩的强烈破坏作用，在该区基本观察不到成规模的胶东岩群沉积，仅见极为零星的包体“漂浮”于栖霞片麻岩套中。同理，区内也未形成有一定规模的绿岩带型金矿。但区内胶东岩群含金量与鲁西同层位的雁翎关、柳杭变质岩一样较高，具有形成化马湾式绿岩带型金矿的条件。胶东岩群可能为该区中生代形成的大规模金矿提供了物源。

2）古元古代

该时期为区内重要的成矿期，矿床形成时代集中于古元古代，类型主要有沉积变质型、岩浆型、热液型。

最早的古元古代沉积型矿床为小宋组变粒岩、磁铁石英岩中的沉积变质型铁矿，该类型铁矿与新太古代形成的沉积变质型铁矿成因基本一致，也是全球性条带状磁铁矿的最后形成时期，该类型形成的铁矿规模远小于新太古代时期。沉积变质型铁矿层位之上的张格庄白云大理岩中赋存菱镁矿床，菱镁矿床的形成与区域变质作用密不可分，区域热变质作用将原岩白云岩转化为菱镁矿床。与粉子山群同时异相的荆山群形成的矿床与粉子山群内形成的矿床有较大差别，该群中下部大理岩、透辉大理岩是著名的“莱阳绿”石材原料，也是胶东地区接触交代型矿床的重要围岩，上部的陡崖组徐村段是南墅式石墨矿床的重要层位，石墨矿床赋存于徐村段变粒岩及透辉变粒岩中。

古元古代岩浆型矿床主要是矾山式磷矿、大庙式铁矿。矾山式磷矿赋存于同时期侵入的五佛蒋家、彭家疃含磷灰石变角闪透辉岩、变辉石角闪石岩内；大庙式铁矿赋存于西水夼细粒变辉长岩、老黄山中、细粒变辉长岩内。

古元古代热液型矿床主要是李博士夼式滑石矿。该类型矿床赋存于张格庄组白云大理岩内，与白云大理岩层位密切相关，受控于该层位，矿体呈似层状、透镜状赋存于该层位断裂、裂隙内或层间裂隙内。矿床的赋存状态表明，滑石矿床成因不同于菱镁矿床，滑石矿床是在热液的作用下充填交代形成。

3）中生代

中生代形成的矿床主要是与岩浆侵入或岩浆侵入期后热液有关的热液型矿床，涵盖了金、银、钼、铜、铅、锌、铁、硫、萤石、重晶石、膨润土等矿种。该时期成矿有四个特点：形成的矿种较多、但矿床类型较少；成矿极为集中，在极短的时限内形成了巨量的矿床；形成的单一矿床较少，多为共伴生矿床；成矿具有较强的专属性。

燕山早期的晚侏罗世时期仅形成了邢家山式接触交代（夕卡岩）型钼（钨）矿床，该类型矿床受控于中生代燕山早期罗家岩体斑状中细粒含黑云母二长花岗岩。绝大多数矿床在早白垩世形成，如与玲珑、郭家岭岩浆期后热液有关的矿床有焦家式金矿、玲珑式金矿、金牛山式金矿、篷家夼式金矿、十里铺式银矿等；与伟德山岩体有关的矿床有尚家庄式接触交代型钼矿，主要与伟德山营盘、西上寨二长花岗岩有关；与雨山岩体有关的矿床主要有王家庄式热液型铜（铅锌）矿、香夼式接触交代型铅锌矿、敖山式硫铁矿床，主要与石英闪长斑岩、花岗闪长斑岩等有关；与下白垩统青山群潜安山玢岩、安山岩、安山质角砾熔岩等有关的矿床类型主要是热液型白石岭式铅锌矿。晚白垩世巨山沟式低温热液型萤石矿床的形成与雨山水夼花岗闪长斑岩、营盘二长花岗岩、玲珑郭家店二长花岗岩有关，上述岩体提供了物源。

4）新生代

形成于新生代古近纪的矿床类型主要有煤、油页岩，与古近纪湖相、沼泽沉积环境密切相关。在该区古近纪—新近纪河流相沉积及残坡积物中分布有唐山硼式砂金矿。

2. *矿床的空间分布*

该区处于华北陆块内，华北陆块经历了长期的演化过程，演化的不同过程对形成的矿床具有明显的控制作用。最早形成于古元古代的莲花山式沉积变质型铁矿、菱镁矿、受层位控制的李博士夼式滑石矿，仅分布于区内西部及北部粉子山古弧后盆地亚相区；南墅式石墨矿床仅分布于荆山古弧后盆地亚相区；砜山式磷矿、大庙式铁矿分布于区内中西部莱州古弧盆系相区。

中生代晚侏罗世—早白垩世区内发生了强烈的岩浆侵入活动，不同时期的岩浆侵入对金矿、铜、铅锌、钼矿等具有控制作用。金矿几乎遍布全区，但焦家式金矿主要分布于区内的中西部地区，玲珑式金矿主要分布于区内的中西部，分布区在中部与焦家式金矿重叠。篷家夼式分布于胶莱盆地边缘地带。钼、铜、铅锌分布于区内东北部，萤石矿床则仅分布于区内西北部的玲珑、郭家岭岩体分布区。古近纪煤、油页岩仅分布于区内西北角古近纪形成的断陷盆地内。

（二）胶莱盆地 Cu-Au-PbZn-萤石-重晶石-膨润土成矿亚带（Ⅳ65-2）

该区带东部及南部以牟平-即墨断裂为界，北部大致以平度断裂为界，西部以沂沭断裂带最东部昌邑-大店断裂为界，地理坐标为119°00′E～121°20′E、35°40′N～37°00′N。基底主要由以新太古代TTG岩系和古元古代变粒岩、高铝片岩、白云大理岩以及含石墨变粒岩为代表的类孔兹岩组合组成，上叠构造主要由白垩纪火山碎屑沉积层、中酸性侵入岩、白垩纪中基性-酸性火山岩组成。区内构造、环境演化受不同时代宏观背景构造制约，构造格架主要包括两部分：中生代之前基底构造主体为东西向基底，中生代—新生代形成以北北东、北东向为主体、以北西、北北西向为次要的断裂构造。

1. 矿床的时间分布

该区带形成矿床较少，成矿时代集中在中生代，在基底构造出露区有少量古元古代形成的矿床。

1）古元古代

古元古代沉积变质型矿床形成于荆山群陡崖组徐村段变粒岩及透辉变粒岩组合内，属于南墅式沉积型石墨矿，该类型矿床仅分布于胶莱盆地北东边缘基底出露区。

2）中生代

中生代形成的矿床集中于早白垩世，一是与岩浆侵入或岩浆侵入期后热液有关的热液型矿床，如塔埠头式稀土矿与玲珑-昆嵛山造山早期笔架山伟晶不等粒伟晶花岗岩关系密切；二是与火山喷发、火山期后热液有关的热液型矿床，如涌泉庄式膨润土矿主要与下白垩统青山群莱阳-诸城火山岩段石前庄英安岩-流纹岩-流纹质凝灰岩有关，属于水解型膨润土矿床。宋官疃式重晶石矿、下白垩统莱阳群河流砂砾岩-粉砂岩夹火山岩组合、大盛群河流砂砾岩-粉砂岩泥岩组合、早白垩世青山期安山质凝灰岩、流纹岩、火山碎屑岩等，为重晶石矿床形成提供了丰富的物质来源。

2. 矿床的空间分布

区内矿床空间分布特色明显，古元古代南墅式石墨矿仅出露于盆地东北缘基底，与古元古代基底分布密不可分。塔埠头式稀土矿床出露于侵入岩体，分布于盆地东北部。涌泉状式膨润土及宋官疃重晶石矿与火山岩分布关系密切，主要分布于盆地周缘，特别是在紧邻沂沭断裂带分布较为密集。

（三）威海-文登 Au-Ag-Mo-PbZn-Cu 成矿亚带（Ⅳ67-10）

该区带西部以牟平-即墨断裂为界，东、北、南部均毗邻海域，地理坐标为 120°30′E～122°40′E、36°20′N～37°30′N。基底主要由中元古代变辉长岩、变辉石橄榄岩、新元古代奥长花岗片麻岩、英云闪长质片麻岩、二长花岗质片麻岩组成。区内基底韧性变形主要为北西西向为主，褶皱构造以近东西向和北东东向为主。

1. 矿床的时间分布

受区内地质演化影响，该区主要成矿作用发生在中生代，新元古代—古生代区内基本未形成重要矿床，新生代仅形成了少量矿床。

1）中-古元古代

古元古代末期至中元古代早期，该区形成了岩浆型大庙式铁矿，大庙式铁矿赋存于西水夼细粒变辉长岩、老黄山中、细粒变辉长岩内。

2）中生代

中生代形成的矿床主要是与岩浆侵入或岩浆侵入期后热液有关的热液型矿床，该矿床类型有马陵式铁矿、唐家沟式硫铁矿、金牛山式金矿、篷家夼式金矿、王家庄式铜（铅锌）矿、宋官疃式重晶石矿；与侵入岩有关的斑岩矿床类型有尚家庄式钼矿；接触交代型矿床类型有铜井式铜（金）矿、香夼式铅锌矿。涵盖了金、铜、铅锌、铁、硫、重晶石等矿种。

各类矿床集中形成于早白垩世，与玲珑、郭家岭岩浆期后热液有关的矿床有金牛山式金矿、篷家夼式金矿等；与伟德山岩体有关的矿床有尚家庄式接触交代型钼矿，主要与伟德山营盘、西上寨二长花岗岩有关；与雨山岩体有关的矿床主要有王家庄式热液型铜（铅锌）矿、香夼式斑岩铅锌矿、赦山式硫铁矿床，主要与石英闪长斑岩、花岗闪长斑岩等有关；与早白垩世莱阳期碎屑沉积物、青山群潜安山玢岩、安山岩、安山质角砾熔岩等有关的矿床类型主要是宋官疃式重晶石矿。

3）新生代

在该区古近纪—新近纪河流相沉积及残坡积物中分布有唐山硼式砂金矿。

2. *矿床的空间分布*

该区处于秦祁昆造山系、大别苏鲁造山带内，区内大庙式铁矿、马陵式铁矿分布局限，呈零星分布。中生代晚侏罗世—早白垩世区内发生了强烈的岩浆侵入活动，不同时期的岩浆侵入对金矿、铜、铅锌、钼矿等具有控制作用。金矿几乎遍布全区，较为集中的地区为文登米山断裂至牟平-即墨断裂之间的区域。篷家夼式金矿分布于胶莱盆地边缘地带。钼、铜、铅锌分布区内东北部的伟德山岩体附近。

第二节　国内外地球物理勘探技术研究现状

一、矿产地球物理勘探技术发展历程

当今“上天、下海、入地”乃人类向宇宙挑战的三大壮举，强化第二深度空间金属矿产资源（500～2000m）的探查、开发和利用乃是构筑我国快速工业化和经济腾飞的命脉。随着找矿难度越来越大，勘探技术越加重要。有资料表明，近20年全球范围重要矿床的发现都与地球物理技术有关。从历史上看，矿床发现数量与勘探技术的创新密切相关，每次新技术的出现都促进大批矿床的发现。比如，20世纪50年代到70年代中期（1950～1975年），由于激发极化法（induced polarization method，IP）、航空电磁法、γ能谱和质子磁力仪的应用，促进了全球一大批矿床的发现，占同期发现矿床的69%；而1970～1975年出现的新一轮矿床发现高峰则是由于勘探数据处理、集成分析和反演成像技术的进步。因此，随着勘探深度越来越大，勘探地球物理技术的重要性不言而喻。近30年，国际勘探地球物理技术突飞猛进，代表性技术包括：航空重力测量、重力梯度测量系统，直升机吊舱式时间域电磁探测系统，地面大深度3D分布式DCIP探测系统，电磁模拟反演技术，多参数重、磁处理及解释工具，3D物性反演技术，金属矿地震勘探技术及应用，井中地球物理勘查技术（包括井中地震VSP、井中重力等技术），地质与地球物理数据集成建模技术等，这些技术的创新极大提高了矿产勘查的深度、精度和效率，带来了新一轮的勘探技术“革命”。

我国地球物理勘探技术已有80多年的历史，经过几代人的不懈努力，通过引进、吸

收和创新，建立了较为完善的勘探地球物理技术体系，为国家矿产、能源的发现做出了巨大贡献。然而，我国勘查地球物理技术与国外先进水平相比差距较大。航空地球物理勘探技术除了航磁、航放技术外，航空重力、重力梯度、航空电磁探测等技术目前还形成不了实质的勘探能力，一些技术仍属于空白；地面地球物理勘探技术在传感器核心技术、全三维数据采集以及三维数据处理解释等方面还有进一步提升空间；井中（包括测井技术）和井间勘探技术在测量参数、发射功率以及解释技术方面存在一定差距，井中重力测量尚属于空白。为了加快我国勘探地球物理技术的发展，满足未来深部矿产勘探的需求，国家高技术研究发展计划（863 计划）资源环境技术领域设立了“深部矿产资源勘探技术”重大项目。项目在前人研究的基础上，瞄准国际矿产勘查技术前沿，开展核心技术攻关，研制大深度实用化仪器装备，发展深部探测方法技术，创新和完善我国深部矿产资源勘探技术体系，缩小与国外的技术差距，初步实现从“跟跑”到“并跑”的技术跨越。国产仪器设备、自主研发的软件系统为我国的矿产勘探做出了重要贡献。

二、矿产地球物理勘探技术最新进展

（一）重、磁勘探技术

1. 重力仪

当今最先进的重力仪器以 CG-5 或 CG-6 和 LCR-D 或 LCR-G 系列的数字化智能型高精度重力仪为代表，其读数分辨率达 $0.1\times10^{-8}\sim1\times10^{-8}\,m/s^2$，重复观测精度$<5\times10^{-8}\,m/s^2$。国内以引进为主，现已开始数字重力仪的研制与开发，经过多年深入研究，在借鉴 CG-3 和 CG-5 等先进重力仪的设计思想基础上，成功研制具有自主知识产权的高精度电子重力仪。西安测绘所于 2003 年成功研制我国第一套航空重力测量系统，测量精度为 $5\times10^{-5}\sim7\times10^{-5}\,m/s^2$，与当前的国际水平相当。重力测量仪器研制的另一发展方向是重力梯度仪。目前已走出或将要走出实验室的重力梯度仪是美国的旋转加速度计重力梯度仪、超导重力梯度仪和法国的静电加速度计重力梯度仪。

2. 磁力仪

我国磁力仪种类、型号、观测精度等技术水平与国外基本相当，差距不大。主要问题还是在仪器的稳定性和精度上存在一定差距。从发展趋向认为，磁力勘查随着应用领域向纵深方向不断扩张和高新技术的应用，其仪器的研制趋于光泵式、高温超导式磁力仪方向发展。磁力多参数测量与全球定位系统（global positioning system，GPS）一体化仪器将是下步发展的方向，特别是在航空全梯度磁力测量和航空及地面三分量磁力测量方面需要重点发展。

3. 重磁数据处理与解释技术

重磁勘探方法由于数据获取方便、测量精度高，被广泛应用于矿产勘查等领域，近年来，相应的数据处理与解释技术也得到快速发展。在重力数据处理与解释方面，精细处理方法不断创新，不仅包括干扰消除、异常分离、弱信号的提取、延拓、求导等常规转换，也包括小波、人工神经网络、遗传算法等各种非线性方法以及计算机可视化、信息化技术。20 世纪 90 年代以来，国内各科研单位开始研究一系列的重磁、重磁电或重磁震数据联合反演和建模方法技术，解决了许多靠单一方法无法解决的问题，使资料解释可靠性和精度有了明显提高，研制成了一些有影响力的方法和处理软件系统，实现了数据处理智能化、人机交互可视化、成果图绘制自动化等功能。在重磁地质矿产应用技术方面，岩性填图技术、基于离散反演和广义反演的三维地质建模技术快速发展，为矿产勘查提供了更多关于结构、岩性和蚀变等的信息，极大提高了利用重磁数据解决地质矿产问题的能力。

（二）电法及电磁勘探技术

1. 电法仪器设备

基于几何测深原理的直流电法受发射极距、发射功率的影响，探测深度有限。为了响应“深地”战略，借助于天然场或人工场源的感应类电磁法，靠着更大的穿透深度，具有更广泛的应用市场。

在可控源电磁法和多功能电磁法方面，早期几乎全部被国外仪器垄断。21 世纪初开始，在国家 863 计划、科技部重大仪器专项、国家公益性行业专项和中国科学院战略先导性专项等项目支持下，我国在仪器设备自主研发方面取得跨越式发展，研制出了适用于三维分布式探测的可控源电磁法及多功能电磁法仪器，并在深部矿产勘查中得到较好的应用。比如中南大学研制的 JSGY 广域电磁探测系统、中国地质科学院地球物理地球化学勘查研究所研制的数字高程模型（digital elevation model，DEM）多功能电磁探测系统、中国科学院地质与地球物理研究所研制的地面电磁探测系统（surface electromagnetic prospecting system，SEP）、吉林大学研制的 JLEM 大深度分布式电磁探测系统、中国船舶重工集团公司第七二二研究所研制的 CEMT-03 大地电磁探测系统、骄鹏科技（北京）有限公司研制的 E60EM-3D 多功能电磁法系统、中国石油集团东方地球物理勘探有限责任公司研制的时频电磁仪和中国地震局等单位研制的大功率极低频（extremely low frequency，ELF）和超低频（super-low frequency，SLF）电磁接收机等。

近年来，中南大学何继善院士团队发明的广域电磁法和高精度电磁勘探技术装备及工程化系统，无论在理论基础，还是设备功率、精度等方面都达到国际领先水平。发明的广域电磁法严格求解电磁波在地下的传播方程，建立了以曲面波为核心的电磁勘探理论，构建了全息电磁勘探技术体系，实现了频率域电磁法由平面波到曲面波的跨越，颠覆了近半个世纪以来沿袭平面波近似公式计算视电阻率的历史。发明的有源周期电磁信号有效信息高效提取技术，实现了由“去噪”到“解噪”的跨越，采用反演方法解除噪声，获得主频及其谐波信号，频率数据密度和分辨能力是国际先进产品的八倍以上。发明的高精度电磁勘探技术装备及工程化系统，实现了电磁法由粗放到精细的跨越，还实现了强干扰条件下电磁信号的高信噪比、高精度快速测量，打破了国外电磁法仪器装备的长期垄断。该发明的探测深度、分辨率和信号强度分别是世界先进方法——可控源声频大地电磁法（controlled sourceaudio-frequency magnetotelluric method，CSAMT）的 5 倍、8 倍和 125 倍，实现了探得深、探得精、探得准，有力地支撑了面向国家重大需求的“深地”战略，为深地探测提供了“中国范本”，为保证国家资源和能源安全提供了技术保障。

2. 数据处理与解释技术

随着电磁探测技术在矿产资源勘查、工程勘察中越来越广泛的应用，相应的数据处理及解释技术得到极大发展。在正反演方面，有限差分、自适应非结构化网格有限元、边界元、积分方程、有限体积等高精度数值模拟方法已广泛用于正反演计算；一维和二维反演技术已经非常成熟，三维带地形直流电法、激电法、CSAMT、音频大地电磁法（audio-frequency magnetotellurics，AMT）和大地电磁法（magnetotelluric method，MT）等反演算法也已经实现，并得到较好的应用；电性各向异性的研究也取得系列成果，多参数互约束联合反演技术研究已经展开，并取得进展。中国地质大学（北京）、中南大学、吉林大学、中国地质科学院地球物理地球化学勘查研究所等单位研发了适用于起伏地形的时间域激电/频率域源电、CSAMT、AMT 和 MT 反演解释软件和瞬变电磁法（transient electromagnetic method，TEM）定量解释软件，极大提高了电法与电磁法探测技术的实用性。在电磁抗干扰数据处理技术方面，除了常规的时序叠加、频谱分析、数字滤波等技术之外，相关辨识、数学形态滤波、小波分析、分形技术等手段也被应用于海量电（磁）法数据的自动化处理，为进一步实现电（磁）三维高精度探测打下了坚实基础。

（三）地震勘探技术

1. 仪器设备研制

地震仪器按照数据传输方式可分为三种：有缆遥测地震仪、节点地震仪和无缆遥测地震仪。无缆遥测地震仪由于受到数据传输效率、速度和稳定性等影响，市场应用不太普及，但前景较好。按照震源性质分为人工源和天然源地震仪，前者更多用于勘探，后者多用于探测和监测。近年出现的节点地震仪架起了人工源和天然源的桥梁，可同时接收人工和天然源信号。从硬件角度看，并没有针对金属矿勘探研制的地震采集设备；从实际应用看，金属矿地震勘探多数仍使用油气勘探的有缆数字地震采集设备，如法国舍赛尔(Sercel）公司的428、408、388等；美国I/O公司的SystemⅡ、System2000、Image；加拿大Geo-X公司的ARAM-24、ARAM-ARIES等。我国一直在致力开发具有自主知识产权的有缆遥测地震仪（万道地震仪）以及配套的人工震源和检波器，经过多年的努力，近年中国石油集团东方地球物理勘探有限责任公司、中石化石油工程地球物理有限公司、中国科学院地质与地球物理研究所等单位在数字地震仪器、高精度数字检波器、可控震源等方面取得突出进展，国产地震仪器取代进口指日可待。在国内节点地震仪研发方面，重庆地质仪器厂研制了便携式数字地震仪、宽频带数字地震仪；吉林大学地球探测科学与技术学院在863计划、国家公益性行业专项支持下，研发了无缆遥测地震仪；中国科学院地质与地球物理研究所等单位研发出了无缆存储式数字地震仪等，这些仪器已经开展了前期实验，取得一定效果，但在电源管理、制造工艺和数据回收系统等方面与国外仪器尚有一定差距，距大规模产品化使用仍有距离。

目前，国内外还缺少针对金属矿地震勘探的采集系统，大多数仪器还是用在油气勘探、煤田和工程勘探上。金属矿产勘探具有地质、地形条件复杂、难“进入”和有效信号弱等特点，客观上要求无缆、轻便、多道、大动态范围的仪器设备，适应金属矿勘探特殊的地表和地下地质条件。

2. 数据处理与解释技术

我国金属矿地震数据处理与解释技术整体仍处在发展阶段。由于金属矿区存在成层性（连续性）差、波阻差异较小、反射信号弱等特点，客观上要求数据处理技术的创新。但是目前还没有看到有针对金属矿产特殊的处理解释技术，总体上还是沿用油气地震勘探的技术，只是在个别处理环节针对金属矿区和硬岩地区的特点进行重点处理，如去噪、均衡、偏移等。近十多年来，也有一些专家针对金属矿产勘查的特点，探索了金属矿散射波的模拟和成像技术，但是更多的还是停留在理论层面。例如，国内的孙明和林君依据微扰理论，进行了金属矿地震散射波场的数值模拟研究。实验结果表明，可通过地震波散射响应的强弱推断矿体，散射波相干性的好坏与杂乱散射体的不均匀性有关。刘学伟课题组对散射波的基础理论、物理模拟和成像剖面进行了研究，通过大量地质模型（单点、多点、层状、单体、多体）的地震散射波场的数值模拟和正演研究，对单炮记录和叠加偏移剖面上散射波的波组特征与其所反映的地质模型之间的对应关系提出了新的认识。

近年金属矿地震主要借鉴已经成熟的石油地震技术，根据地震反射特征，如反射纹理、强弱变化、空间关系、密集程度、反射“亮点”等，结合矿区地质特征、成矿和控矿模式等进行解释。但仍然面临很多技术上的挑战，如复杂构造、低信噪比、不连续反射和强散射等，要解决这些问题，必须发展新的采集和处理解释技术。

（四）井中物探及测井技术

1. 仪器研发

最近二三十年，中国地质科学院地球物理地球化学勘查研究所、中地装（重庆）地质仪器有限公司、重庆奔腾数控技术研究所、北京奥地探测仪器有限公司（原北京地质仪器厂）、上海地学仪器研究所等单位先后研制出地下电磁波计算机断层扫描技术（computer tomography，CT）、声波 CT、井中磁力仪、井中激电测量仪、井中 TEM 测量仪等多种类型的仪器产品。综合地球物理测井仪器方面，代表性的产品有重庆地质仪器厂的 JGS 型、上海地学仪器研究所的 JHQ-2D 型、渭南煤矿专用设备厂的 TYSC-QB 型、北京地质研究院的 HD-40 型等数字测井系统。但整体而言，我国的井中物探装备研发一直处于相对跟踪状态，随着深部找矿工作的深入开展，我国井中物探技术暴露出还面临着测量参数少、发射功率和接收灵敏度低等问题。目前，金属矿小口径测井设备存在测井深度浅、测量参数少、发射功率和接收灵敏度低、缺乏必要的检测标定装置（参数井）以及现场实时处理解释软件等问题，与国外同类产品存在一定差距。

2. 数据处理与解释技术

近 20 年来，我国在地下物探及测井数据处理解释方面取得了重要进展。国内学者先后开展了井–地电磁三维正反演研究，开发出了井–地电阻率、激电相位三维正反演软件和可视化 CT 处理与解释系统，可实现地下电磁波、声波数据与钻孔资料的实时交互处理。中国地质科学院地球物理地球化学勘查研究所等单位研发了一套包含地下电磁波和声波透视层析成像的地下物探综合工作站；吉林大学、中国地质大学（北京）、中国地质大学

(武汉)、成都理工大学、核工业二〇三研究所等单位先后设计实现了测井资料处理解释软件系统。在地质解释方面，中国地质调查局及所属单位先后制定了井中磁测、井中激发极化法、钻孔电磁波法、金属矿地球物理测井等相关技术规程，为地下物探异常的推断解释提供了技术支撑。

(五) 核地球物理勘查技术

我国核地球物理勘查仪器与国际前沿的放射性仪器发展总的差距不大，如γ能谱仪、测氡仪、手提式X射线荧光分析仪、X射线荧光测井仪、伽马总量（能谱）测井仪、室内伽马能谱分析系统等在国内均研制成功，技术指标相差不大，但主要在仪器稳定性、实用性、轻便性、可靠性方面还存在差距。在中子测井仪、航空伽马能谱测量仪等仪器研制方面还亟待攻关。

(六) 金属矿综合勘探技术

为加快我国矿产勘查技术的发展，科技部设立了“深部矿产资源勘探技术”重大项目，该项目根据金属矿勘查需要多方法综合探测的特点，从重磁探测技术、电法及电磁探测技术、金属矿地震探测技术、钻探及井中探测（测井）技术四个方面开展研发。其中，重磁探测技术包括全数字地面重力勘探仪器、高精度地面量子磁测技术及仪器，以及地球物理多参数约束反演技术与软件系统研发等内容；电法及电磁探测技术包括高灵敏度、宽频带电磁传感器技术，大功率伪随机广域电磁探测技术与装备，大功率井-地电磁成像系统，分布式多参数高密度电磁探测系统，长周期分布式大地电磁观测系统等研发内容；金属矿地震探测技术包括轻便分布式遥测地震勘探系统和金属矿地震处理、解释新技术与软件系统研发；钻探及井中探测（测井）技术包括金属矿小口径地下物探技术与设备、大深度小口径多参数测井技术及仪器研制，4000m 地质岩心钻探成套技术装备和自动化智能化岩心钻探技术与设备研制等内容。通过上述技术方法的研发，为 500～2000m 深部金属矿精细探测提供技术支撑。

三、胶东地区地球物理勘探技术研究现状

(一) 深地探测技术研究现状

1. 重磁勘探

2010 年以来，山东省内地勘单位陆续引进了国际领先的 CG-5 和 CG-6 型、Burris 全自动重力仪以及 GSM-19T 磁力仪等，在胶东地区广泛开展地面高精度重磁测量，目前已累计完成1：5 万标准图幅近 50 幅，对胶西北、栖霞-蓬莱-福山、牟平-乳山等重点成矿区以及三山岛、焦家、招远-平度、栖霞-大柳行、牧牛山、牟平-乳山等重点成矿带进行了全覆盖。获得的高精度重磁资料在地球深部构造及地壳结构研究、岩性及断裂构造划分、金矿等矿产资源勘查及成矿预测中起到了重要的作用。

2. 电磁法勘探

随着地质找矿难度不断增大，深部找矿成为地质勘查面临的主要问题。2005 年来，V8 电法工作站广泛应用于胶东金属矿产资源勘探，取得了丰富的成果。2012 ~ 2014 年，实施了“山东省莱州市朱桥地区可控源音频大地电磁测深勘查”“莱州市焦家带南部地区可控源音频大地电磁测量”等项目，在国内首次采用可控源音频大地电磁测深法（CSAMT）在胶西北金矿重点成矿区（三山岛与焦家金成矿带之间）进行面积性测量 466km^2，还进行了金矿三维电性立体填图，推断了焦家带在寺庄以南覆盖区的南延位置及其展布特征，研究推断了焦家断裂带与三山岛断裂带的深部相互关系，建立了胶东金矿“焦家式”蚀变岩型深部金矿地质–地球物理–地球化学找矿模型。

3. 地震勘探

近几年在金属矿深部勘查中，地震勘探技术的应用逐步得到重视和推广，地震数据处理技术的提高使得地震勘探的精度得到很大的提升，其应用范围逐步扩展。2012 年，山东省地质科学研究院在胶西北地区率先开展了以深反射地震为主要手段的深部构造格架及其控矿作用研究，探测招远–平度断裂带深部构造特征和侵入体空间形态，探讨了地震方法在相似花岗岩分布区对构造评价的效果，探索了地震找矿方法在胶东地区深部金矿找矿中的应用实践。项目的实施带动了胶东地区地震工作的开展，目前山东省地质科学院累计实施 130km 地震剖面；中国地质调查局地球深部探测中心吕庆田团队在胶东地区实施了 138km 地震剖面，以研究地壳结构、深部岩浆活动为主；山东省物化探勘查院在胶西北地区焦家断裂带–三山岛断裂带实施深反射地震 13. 2km，结合区域地质资料对剖面进行了解释，获得了丰富的深部地质信息，为分析区内断裂构造深部特征和活动期次、岩浆侵入界面和期次划分、构建岩浆构造格架和建立已知金矿的地震物理勘查找矿模型提供了重要依据。以上项目的实施，证实了地震勘探可以应用于胶东地区深部探测。

4. 综合地球物理探测

随着勘探深度的加大，研究区深部地球物理探测的研究逐渐增加，主要为解决深部金矿勘查布置的物探工作，以及主要成矿带深部结构及成矿预测等方面的科研工作。尤其是焦家成矿带和三山岛成矿带之间，开展了大量的深部找矿方法试验研究工作。利用地震、重力、磁法、电法（激电中梯、激电测深、联合剖面、频谱激电）、瞬变电磁（TEM）、电磁法（CSAMT、AMT、MT）、广域电磁法、井中激电综合物探等技术方法，在深部金矿找矿中总结了各种技术参数及应用效果，形成了一套适用于胶东地区金矿深部找矿有效方法技术组合及工作程序，建立了本区深部金矿找矿综合地球物理模型，提出了深部金矿找矿靶区，并取得了良好的找矿效果。

2017 年以来，山东省科学技术部署实施了“深地资源勘查开采”重大科技创新工程，重点在基础地质理论研究、金及金刚石等优势矿产、油气资源、地热资源等深部勘查开采方法与技术装备等方面加强攻关，优化 2000m 勘查技术体系，完善 3000m 深度探测技术，力争实现 5000m 深度探测能力，实现成矿理论研究和深部探测技术新的突破，进一步扩大我省资源储备。其中“深部探测综合地球物理技术”主要开展重磁电震相结合的综合地球物理深部探测技术研究，研究总结深部金矿不同找矿空间地球物理方法技术组合；开展典型矿区多信息约束的地球物理信息三维联合反演技术研究；研究主要金矿带深部（3000m以浅）地球物理探测技术，建立胶东深部金矿典型矿区的地质-地球物理找矿模型，为深部矿产资源三维预测提供示范与技术支撑。

（二）浅海区地球物理探测技术研究现状

1. 浅海区高精度重力勘探

山东省已完成全省陆域1∶20万重力测量，胶东北部大部区域开展了1∶5万高精度重力测量。随着地质工作向海域的深入推进，一系列重要海洋地质问题亟须浅海高精度重力资料的补充分析，海底高精度重力测量的重要性逐渐凸显。自2013年以来，为落实海洋强国战略部署，解决山东省周边海域基础研究、资源勘查等重大地质问题，山东省自然资源厅、山东省科学技术厅、中国地质调查局先后部署了多个海底重力测量项目。通过浅海重力测量试验，研制了浅海区海底高精度重力测量系统，解决了海底高精度重力观测、海底重力测点水下三维定位和海底重力测量精度评价等关键技术问题，创建了一套完整的浅海区海底高精度重力测量技术。首次在胶东北部海域大范围集成浅海区海底高精度重力数据，取得1∶20万、1∶5万海底高精度重力数据面积达16000km^{2}及865km^2，总精度优于陆地高精度重力测量$\pm0.08\times10^{-5}$ m/s^{2}的精度要求，实现海陆高精度重力资料的无缝衔接，推断海底隐伏断裂121条，划分Ⅴ级构造单元26个；圈定了金矿远景区6处，煤、油预测区5处；有力推动了陆海统筹综合地质研究及矿产勘查。

2. 浅海区高精度磁法勘探

2007～2015年，山东省内地勘单位在莱州市三山岛北部及西部海域累计实施1∶5000～1∶2.5万海上高精度磁测128km^2，划分了中生代地层、早前寒武纪变质岩和中生代花岗岩体的分布范围，推断了三山岛金成矿带的海域延伸。

2019年，在莱州市三山岛金矿及周边海域开展了无人机低空高精度航磁测量技术应用示范项目，SARAH 4.0无人直升机低空高精度航磁测量系统试验总精度优于±1.0nT；通过试验系统总结了一套较为成熟的无人直升机低空高精度航磁测量工作流程和技术体系。2020年，在日照市桃花岛、青岛市小管岛及周边海域累计实施1∶1万无人机航空磁测100km^2，大致查明了区内地层、构造及岩浆岩分布，为海岛及周边海域开展综合地质调查提供了依据。

第三节　成矿规律及主要研究内容

一、金矿成矿规律

（一）金矿类型

胶东地区岩金型金矿床类型均可归为岩浆热液型，该类型金矿床是山东最为重要的金矿类型，主要分布于胶西北地区，此外还分布在乳山、牟平、威海一带。主要有四个典型矿床类型：破碎蚀变岩型（焦家式）、石英脉型（玲珑式）、石英硫化物型（金牛山式）和蚀变层间角砾岩型（蓬家夼式），每种类型区域分布及矿产地质特征各具特点。

1. 破碎蚀变岩型金矿（焦家式）主要特征

（1）分布：主要分布于胶西北地区北部的莱州–招远以及招远南部–平度北部地区。

（2）构造条件：金矿床严格受断裂构造控制，矿床主要赋存在区内北北东、北东向断裂构造的交汇部位或沿断裂带走向、倾向的转弯部位，矿体主要赋存于断裂带的下盘，受断裂构造控制。金矿床多数赋存于三山岛、焦家、招平三大断裂带内以及相间的次级断裂内。

（3）围岩条件及围岩蚀变：矿床赋存于中生代花岗岩和前寒武纪变质岩系的内接触带上。围岩蚀变主要为黄铁绢英岩化、硅化、钾化等。

（4）矿体特征：矿体呈似层状、透镜状、脉状，与围岩没有明显分界。矿体产状与控矿断裂产状一致，倾角较缓，一般为30°～50°，矿体长可达1300m以上，厚度为1～30m，一般厚度为10m左右，矿体延伸大于1000m。可形成大型、特大型金矿床。

（5）矿物成分、结构构造：主要金属矿物有自然金、银金矿、黄铁矿；次要金属矿物有黄铜矿、方铅矿、闪锌矿；脉石矿物主要有石英、绢云母、长石、方解石等。矿石以脉状、细脉浸染状为主，次为角砾状、网脉状构造。以晶粒结构为主，次为残余结构、压碎结构、网状结构等。

（6）矿石类型及品位：矿石自然类型为原生矿石和氧化矿石，原生矿石包括浸染状黄铁绢英岩型、细脉状黄铁绢英质碎裂花岗岩型和网脉状黄铁绢英岩质碎裂花岗岩型；矿石工业类型为低硫银金矿。矿石金品位一般为3×10^{-6}～13×10^{-6}，金品位较为稳定。主要有益组分为银和少量的铜、铅锌、硫等。

2. 石英脉型（玲珑式）主要特征

（1）分布：主要分布于胶西北地区中北部的招远市北以及蓬莱南部的大柳行地区，此外，在海阳市的东北部郭城、栖霞的东部、平度北部的旧店附近也有零星分布。

（2）构造条件：金矿床主要受北东东—北东向主断裂的次级断裂、裂隙控制，以热液充填方式为主形成石英脉型金矿床。

（3）围岩条件及围岩蚀变：多数矿床赋矿围岩为中生代玲珑片麻状中粒二长花岗岩和中粗粒含黑云母二长花岗岩，部分矿床围岩为郭家岭花岗闪长岩，少数围岩为前寒武纪变质岩。围岩蚀变主要为黄铁绢英岩化、碳酸盐化、绿泥石化等。

（4）矿体特征：作为独立成矿单元，单个矿床的规模差别较大，由单一矿脉或几个或矿脉群组合而成，发育在主干断裂的含金石英脉规模大，含金石英脉长度大于1000m，宽10～20m，倾角60°～75°，分支断裂中的含金石英脉一般长数十米至几百米，含金石英脉沿倾向尖灭端往往由单一脉体变为网脉状。金矿体形态一般为脉状、透镜状、扁豆状或不规则状等。单个矿体一般规模较小，长10～230m，厚0.2～2m，矿体产状与含金石英脉一致。该类型一般形成中小型矿床，个别可形成大型矿床。

（5）矿物成分、结构构造：主要金属矿物有自然金、银金矿、黄铁矿、黄铜矿；次要金属矿物有磁黄铁矿、方铅矿、闪锌矿、钛铁矿等；脉石矿物主要有石英，其次为绢云母、方解石、白云石、重晶石等。矿石以块状、细脉状、网脉状、细脉浸染状为主，次为角砾状、网脉状构造。以晶粒结构为主，次为骸晶结构、填隙结构等。

（6）矿石类型及品位：矿石自然类型为原生矿石和氧化矿石，原生矿石包括含金石英脉型、含金黄铁矿石英脉型、含金多金属硫化物石英脉型和含金蚀变花岗岩型，以前三种类型为主；矿石工业类型为贫硫金矿石。硫金矿石和含铜硫金矿石的金品位较高，一般在 $6.41\times10^{-6}\sim20.15\times10^{-6}$，常可见到品位大于 30×10^{-6} 的富矿地段，矿体内金品位分布不均匀。矿体内伴生 Ag 含量一般为 $8.02\times10^{-6}\sim58.03\times10^{-6}$，部分硫金矿石 S 含量可达 7.84%～13.18%，Cu 含量可达 0.15%～0.65%。

3. 石英硫化物型（金牛山式）主要特征

（1）分布：主要分布于胶东半岛东部的牟平-乳山地区，其他地区分布较少。

（2）构造条件：金矿床主要分布在北东东向和近北南向的牟平-乳山断裂带内以及其旁侧次级断裂内。以沿断裂发育脉体宽大的含金硫化物（主要为黄铁矿）石英脉为特征的金矿床。

（3）围岩条件及围岩蚀变：多数矿床赋矿围岩为中生代玲珑二长花岗岩以及古元古界荆山群变质岩系内。围岩蚀变主要为黄铁矿化、绢云母化、硅化、绢英岩化、碳酸盐化、绿泥石化等，蚀变岩宽沿脉壁两侧分布，宽度 2m 至十几米，蚀变带依次可划出绢英岩化花岗岩质碎裂岩、碎裂状绢英岩化花岗岩、绢英岩化花岗岩、钾化花岗岩等。

（4）矿体特征：该类矿床以单脉产出为主，部分矿床呈脉群出现，在空间上，含金脉体呈密集裂隙分布，成矿作用以裂隙充填为主。矿体形态较为简单，多呈脉状、薄板状、透镜状等，矿体沿走向、倾向断续出露，长度一般为 100～500m，个别达千米，矿体厚度一般在 1～4m，多为陡倾斜矿体，矿体倾角达 80°，部分矿体向深部有变缓的趋势。

（5）矿物成分、结构构造：主要金属矿物有银金矿，含少量自然金及金银矿，含大量黄铁矿，由不足 10% 到 30%～60%，其次为黄铜矿、磁黄铁矿、方铅矿、闪锌矿、磁铁矿等；脉石矿物主要有石英，其次为绢云母、方解石、长石、绿泥石等。矿石以致密块状、浸染状、条带状为主，次为角砾状、网脉状构造。矿石结构有粒状结构、压碎结构、填隙结构、交代残余结构等。

（6）矿石类型及品位：以原生矿石为主，按矿石的主要矿物组合划分为金-黄铁矿（石英脉）型、金-黄铜矿、黄铁矿（石英脉）型和金-多金属硫化物（石英脉）型三类，其中以第一类分布最为普遍。氧化矿石仅分布于地表形成褐铁矿化石英脉，一般达不到工业品位。该类矿石品位较高，平均品位达 8×10^{-6}，个别矿床金品位可达到 $18.3\times10^{-6}\sim23.19\times10^{-6}$（如邓格庄、乳山金矿床等）。矿石中 Ag 品位略高于 Au，Au：Ag 为 1：1.5（邓格庄），矿石中 S 的平均品位在 11.77%～22.10%；Cu 的平均品位在 0.30%～0.65%。

4. 蚀变层间角砾岩型（蓬家夼式）主要特征

（1）分布：该类型金矿主要分布于栖霞东南部及乳山市西北部的郭城-崖子一带，在烟台福山南部也有少量分布，其他地区分布较少。

（2）构造条件：金矿床分布于鲁东隆起区内的胶莱拗陷东北缘与胶南-威海造山带的

交接部位，位于牟平–即墨断裂带与郭城断裂之间，区内断裂构造发育，属于受层间滑脱构造控制的金矿床。

（3）围岩条件及围岩蚀变：矿床围岩主要与层间滑脱构造所在的层位有关，主要有古元古界粉子山群大理岩、长石石英砂岩和中生界白垩系林寺山组砾岩，围岩蚀变主要为黄铁矿化、绢云母化、硅化、碳酸盐化等。

（4）矿体特征：该类型金矿体受层间断裂、裂隙控制。矿体以似层状、透镜状为主，沿走向、倾向长度一般为 100～400m，厚度一般在 1～10m；倾角平缓，一般为 10°～20°。分布于盆地边缘的金矿体具有上陡下缓的趋势，顶部倾角 40°，向深部逐渐过渡到 20°左右。

（5）矿物成分、结构构造：主要金属矿物有自然金、银金矿、黄铁矿、黄铜矿、方铅矿、闪锌矿、磁铁矿等；脉石矿物成分较为复杂，主要与原岩残留矿物有关。此外蚀变生成的矿物有石英、长石、绢云母等。矿石构造多样，有浸染状、角砾状、网脉状、脉状、条带状等。矿石结构主要为碎裂结构、压碎结构、填隙结构、交代结构、包含结构等。

（6）矿石类型及品位：矿石自然类型以原生矿石为主，矿石的主要矿物组合较为复杂，主要与原岩成分有关，主要有含金–黄铁矿（白云大理岩）型、含金–黄铁矿化、硅化（构造角砾岩）型、黄铁矿化绢云母化碎裂状砾岩等；氧化矿石主要为黄铁矿化绢云母化碎裂状砾岩（发云夼式）。该类型金矿石品位差别较大，平均值在 1.5×10^{-6}～4.86×10^{-6}，但也有金品位高达 46×10^{-6}（杜家崖矿床）或 350×10^{-6}（发云夼矿床）以上的。矿石中 Ag 品位为 2×10^{-6}～8×10^{-6}，S 的平均品位为 3%～11%，此外还含少量的铜、铅、锌等。

（二）金矿分布规律

1. 蚀变与矿化

1）矿化蚀变阶段

胶西北金矿成矿具有多次脉动、叠加的特点，主要可分为早期蚀变、晚期矿化两个阶段。早期蚀变为富钾高温、高压、碱性、高 Eh、渗透力很强的含矿热液，当其渗透到控矿断裂裂隙中时，与周围岩石进行广泛交代，发生钾化，形成宽大的钾化带。钾化是蚀变矿化作用的前锋。此后，伴随控矿构造继承性活动，大量含矿热液涌入，在热液作用下，围岩中的暗色矿物蚀变为绿泥石，进一步转变为绢云母，同时析出铁、镁，其中铁与热液中的硫结合成星散状黄铁矿，而长石则分解成微粒石英及细鳞片状绢云母，从而形成由星散状黄铁矿、鳞片状绢云母和微粒石英组成的一种变鳞片细晶结构的岩石——黄铁绢英岩。黄铁绢英岩化蚀变，叠加改造原钾化带，其范围较钾化窄，常见其穿入钾化带，有时在其内偶见钾化岩石残体。早期蚀变既没有使蚀变岩石及矿物释放出大量金，也没有从热液中沉淀出很多金，仅是整个蚀变矿化的一个组成部分，与金成矿有一定联系。晚期矿化作用为早期蚀变后，控矿断裂系统多次间歇活动，使蚀变岩石形成一系列脆性变形构造岩，并在主干构造内外产生一些新的伴生、派生张性断裂裂隙。伴随成矿热液理化条件、成分的改变，先后在这些断裂裂隙中充填矿液并沉淀矿质。矿化作用分为粗粒黄铁矿–石英脉、含金中细粒黄铁矿石英脉、含金石英黄铁矿脉、含金石英多金属硫化物脉和石英碳酸盐脉五个阶段。其中早期和晚期两阶段分别为矿化的开始和结束期，基本不形成矿体，中期三个阶段为矿体的主要成矿阶段。

2）矿化分带规律

（1）矿化类型分带性：在主干控矿断裂带上，邻近主断面的断层下盘，岩石变形强，由变形均匀的碎粒岩、碎粉岩、糜棱岩等构造岩组成。矿化蚀变强烈处，常常构成矿床主矿体，矿化类型为细脉浸染状金矿化，典型者如三山岛金矿、焦家金矿。在离主干断裂断层面稍远一些的位置和主断裂附近较低级序的次级断裂，岩石破碎变弱，为花岗岩质碎裂岩和碎裂花岗岩，节理裂隙发育，形成以细网脉状为主的矿化类型，典型者如侯家、河西断裂所控制的河西、红布金矿床；离主干断裂断层面更远处，构造变形微弱，原岩基本未被破坏，发育具共轭剪节理性质的网状裂隙带，矿化类型以网脉状或脉状为主，局部还发育了典型的石英脉型金矿。主干断裂下盘的花岗岩体内部，张性裂隙较多，赋存石英脉型金矿。总之，胶西北蚀变岩型和石英脉型两类金矿类型分布特征明显。蚀变岩型主要受控于主干控矿断裂带，在其中呈串珠状分布；石英脉型金矿主要受控于主干断裂下盘的次级断裂、裂隙构造，成群出现或零星分布于断裂下盘的玲珑花岗岩中。

（2）蚀变岩分带性：破碎蚀变岩是在构造岩基础上，经后期热液作用改造而成，在走向及倾向上均呈带状分布。在蚀变岩型金矿中表现更为明显，由主裂面向外依次为黄铁绢英岩带、黄铁绢英岩化碎裂岩带、黄铁绢英岩化花岗质（斜长角闪岩质）碎裂岩带、黄铁绢英岩化花岗岩带。一般主裂面上盘黄铁绢英岩化较弱，尤其是黄铁矿化更为微弱，而下盘黄铁绢英岩化强，往往是矿体的赋存部位。

（3）矿化、蚀变与构造岩分带的一致性：在空间分布上，蚀变、矿化分带往往与构造分带协调对应，呈现三位一体。

2. 控矿规律

（1）玲珑、郭家岭复式岩体对金矿的控制明显：金矿床绝大多数分布于两大岩体的周边及内部，即使未直接分布于其内，也与岩体的距离不远，如栖霞金矿田，金矿床分布于栖霞片麻岩套内，但距离北部郭家岭岩体并不远，显示了两岩体对金矿床形成的整体控制作用。

（2）北北东、北东向构造对金矿床的控制作用非常明显，金矿床赋存于断裂构造内，且多数位于断裂带的下盘，具有大构造控制超大型、大型金矿床，中、小型构造控制中小型矿床的特点。如三山岛、焦家、招（远）–平（度）断裂带控制着区内绝大多数超大型、大型、金矿床的分布，而灵北断裂等一系列次一级的构造内仅赋存中小型矿床。

3. 矿床空间分布及变化规律

区内西部的胶西北地区，北北东向构造叠置在基底近东西向压性构造体系之上，北北东向构造成矿前经历了左行压扭，成矿期时经历了右行张扭，成矿后又经历了左行压扭的过程，因此金矿床在区域分布上表现出南北成列（矿带）、东西成行、交汇集中成片（矿田）的规律分布。

金矿床在空间分布上，特大型、大型金矿床主要集中分布于莱州–招远地区的三山岛断裂、焦家断裂和招平断裂内；其他规模的金矿床多数分布于燕山晚期郭家岭岩体与玲珑超岩体弱片麻状中-细粒二长花岗岩系列的岩体之接触带 1 ~ 3km 范围内。在招远以南，莱西、平度以北地区，尽管未出露郭家岭超岩体，但却有燕山晚期脉岩群分布，金矿床则产出于玲珑超岩体的弱片麻状二长花岗岩的低序次的构造破碎带和其与栖霞 TTG 岩系接触带的断裂之中；牟平、乳山地区的金矿多分布于玲珑岩体弱片麻状细粒二长花岗岩北部北东向断裂带上；栖霞地区的金矿床则分布于栖霞英云闪长岩内的北东向脆性断裂构造内，上述金矿床外表似与郭家岭岩体无关，但根据其上广泛分布燕山晚期岩脉和重磁特征，其下应有郭家岭岩体的存在，金矿床在空间分布上似乎与郭家岭岩体的分布关系更为密切。

在金矿床类型上，胶西北地区似乎是西南部破碎蚀变岩型金矿床占据多数，向东及同一区域的北东方向，石英脉型金矿逐渐居于主导地位，尽管在其之间往往互相出现，但其规律还是明显的。如在区内的西南部有仓上、三山岛、焦家、寺庄、马塘、夏甸、大尹格庄等众多破碎蚀变岩型金矿，当然也分布有少量的大庄子、旧店等石英脉型金矿；逐渐向北及向东以石英脉型金矿为主，主要有玲珑、九曲金矿等；再向东及向北蓬莱、栖霞地区基本上是石英脉型金矿床，包括牟平-乳山地区也是石英（硫化物）脉型金矿。

在垂向上，以往资料中未见破碎带蚀变岩型金矿类型和石英脉型金矿类型在同一地区出现的先例。因此，一般认为两者不会同时在一个矿床或一个矿体内出现。但根据近年来对玲珑金矿田石英脉型金矿床的勘查，其主带的深部（175 支$_2$-1 脉 800 ~ 1200m）初步勘查结果显示，金矿床类型向深部逐渐有石英脉型向石英脉型+破碎蚀变岩型-破碎蚀变岩型金矿类型的转变特征，预示着在胶西北地区金矿床类型有上部为石英脉型，向深部逐渐过渡到破碎蚀变岩型的趋势。

4. *矿体产出规律*

（1）矿体的侧伏规律：由于受成矿时右行张扭控矿构造控制，该区金矿体普遍延深大于延长，矿体在延伸方向具有明显的侧伏，侧伏方向表现出惊人的一致性。走向北东或北北东的控矿断裂，倾向北西者，矿体向南西向侧伏。如焦家断裂带中的矿体群，均向南西方向侧伏，侧伏角一般在 45° ~ 60°。走向北东或北北东，但倾向南东者，控制的矿体均向北东向侧伏，侧伏角为 40° ~ 65°。控矿断裂走向北北西，倾向南西者，矿体向南东侧伏，如范家埠金矿床。走向北北西，倾向北东者，矿体向北西侧伏，如栖霞马家窑金矿床。胶东地区金矿体的区域性侧伏规律表明，成矿期控矿断裂是在统一的应力环境下有规律活动的结果。尽管断裂方位不一致，但均表现出了上盘左行斜落运动轨迹。从而造成了不同倾向的断裂，其控制的矿体侧伏方向不一致性的现象。

（2）断裂构造的拐弯或交汇部位赋矿：断裂构造的拐弯位置是适宜成矿物质富集的引张扩容空间，胶西北许多金矿体赋存于断裂构造的拐弯部位。如焦家金矿床，矿体赋存于焦家主干断裂走向由 35°转向 8°的部位，且矿体偏向于走向方位较大段；而望儿山金矿床+30m 中段矿体赋存在断裂走向由 26°转向 9°的部位。两条断裂的交汇处和主断裂分支复合或其与侧羽断裂交汇处是成矿的有利部位，其中靠近主干断裂位置更有利于矿体的赋存。

（3）断裂构造倾角变化部位赋矿：剖面上，断裂构造倾角变化部位，即压扭性断裂的倾角变缓处和张性断裂的倾角变陡处是构造的引张扩容段，常形成厚大矿体。如焦家金矿床，由地表至-400m，断裂倾角由近 70°渐变为 45°左右，主矿体厚大部位出现于-100m 以下断裂产状明显变缓处。

(4) 矿体尖灭再现、分支复合规律：胶西北金矿床矿体常具尖灭再现、分支复合、膨胀夹缩特点。矿体不仅在倾向上尖灭再现，同时在走向上也表现出尖灭再现特点；矿体的分支复合不仅在平面上经常见到，在剖面上也非常普遍。

二、石墨矿成矿规律

（一）区域成矿模式

胶东地区石墨矿集中分布于莱州南部–平度–莱西–莱阳地区，矿床分布受古元古界荆山古弧后盆地亚相陡崖石墨变粒岩片麻岩–片岩组合的控制。矿床主要赋存于荆山群陡崖组徐村段石墨黑云斜长片麻岩或石墨透辉变粒岩内，其成矿环境属于相对稳定的滨海–浅海环境，温暖湿润的气候条件下原始生物大量繁衍，为原岩碳沉积提供了来源，海底基性火山喷发携带CO_2，亦产生部分碳质，在半稳定构造条件下，形成了含高碳、铝等特征的陆源碎屑–富镁碳酸盐岩陆棚滨浅海沉积建造。经中高温区域变质后，形成变粒岩、石墨片麻岩、石墨透辉岩以及石墨大理岩，含矿建造为变粒岩–含夕线黑云母片麻岩–镁质大理岩变质建造。变质程度达到了高角闪岩相–角闪麻粒岩相，变质程度的高低对于晶质石墨矿床的形成起到了决定性作用，与荆山群沉积北部相邻的粉子山群沉积区，沉积的巨屯组层位内碳含量与荆山群陡崖组徐村段不相上下，但后期的区域变质仅达到了低角闪岩相，相应的仅形成了隐晶质石墨而无法形成石墨矿床。

（二）控矿地质体

与石墨矿成矿密切相关的地质体为陡崖石墨变粒岩片麻岩–片岩组合，严格受地层层位控制，岩性由大理岩、片麻岩、变粒岩、片岩、透辉岩、透闪岩和斜长角闪岩等组成，含晶质石墨的变质岩石主要为斜长片麻岩（占矿石总量的70%~80%），其次为透闪透辉岩（占矿石总量的10%~20%），少数为大理岩。这些变质岩与石墨矿体之间往往为渐变过渡关系，其原岩为浅海陆源含碳质成熟度较低的碎屑岩–黏土岩（泥灰质岩）–碳酸盐岩的沉积建造。前人对莱西南墅石墨矿碳稳定同位素的研究表明，南墅石墨矿中碳的轻重同位素比例同矿体围岩大理岩中碳酸盐矿物碳的轻重同位素比例完全不同，两者非属同源，这就否定了石墨碳来自碳酸盐的可能。同国内及国外资料对比，南墅石墨的碳相当于有机质碳，围岩大理岩中碳酸盐矿物的碳则相当于沉积碳酸盐的成分，南墅石墨矿石中的碳来自于有机质（兰心俨，1981；王克勤，1988）。当原岩中含有足够数量的有机质时，石墨矿的成矿才成为可能，胶东地区主要石墨矿床都集中于胶北古陆南缘莱西、平度等地的徐村段含石墨变质岩系中。乳山午极、威海马格村等地的同一层位原岩中没有足够的有机质，未能形成石墨矿床。胶东地区石墨矿体的产出与大理岩密切相关，大理岩多作为矿体的顶、底板或夹层出现，如南墅各矿区、牟平徐村、威海大西庄、平度境内的石墨矿等，说明含碳质的沉积岩环境接近碳酸盐岩的沉积环境，或是统一环境下沉积的产物。

（三）控矿构造

胶东石墨矿的形成与基底褶皱构造关系密切，均受控于区域上大型褶皱构造，如平度地区、仓村–吉林大型复式背斜呈北东向控制着张舍、东石岭、西石岭、田庄、矫戈庄等石墨矿的产出，刘戈庄石墨矿产于刘戈庄–田庄向斜。褶皱构造对石墨矿体的形态和品位有一定影响，石墨矿体主要分布在背斜构造的两翼或向斜构造的核部，产于背斜构造翼部的石墨矿层（体）规模大、保存好、形态简单；产于褶皱转折端处的石墨矿层（体）矿大，呈鞍状，但断层发育，形态复杂；褶皱构造倾伏端、转折部位，石墨矿品位较富，大型矿床多发育在褶皱的转折端。断裂构造多对石墨矿床具破坏作用，但早期的断裂为热液运移的通道，在一定程度上对石墨成矿也起到的促进作用（颜玲亚等，2020）。

（四）变质作用对石墨矿的控制规律

1. 区域变质作用对石墨矿成矿的控制作用

从变质作用及元古宙非金属含矿变质沉积建造分布特点看，胶东石墨、滑石、菱镁矿等主要非金属矿床的展布具有明显的规律性。主要表现在一些大、中型石墨矿床几乎全部赋存于麻粒岩相条件下形成的含矿变质沉积建造中，主要分布于平度明村、莱西南墅、莱阳旌旗山和栖霞大庄头等地，含矿层归属于古元古界荆山群；滑石、菱镁矿、蓝晶石、透辉岩、石英岩、大理岩等非金属矿床主要产在麻粒岩相带两侧呈大体对称展布的角闪岩相条件下形成的含矿变质沉积建造中，主要分布于莱州粉子山、蓬莱金果山、福山张格庄、莱阳荆山、五莲坤山等地，含矿层主要归属于粉子山群。由此可见，不同的非金属矿床明显受控于不同的原岩建造类型、不同的变质相及不同的大地构造环境。

中–高级区域变质作用是胶东石墨矿成矿的必要条件。含有相当数量有机物质的泥砂质沉积岩，只有在变质作用过程中，岩石内的有机物遭受一系列的分解反应，才能导致晶质石墨的产生（都城秋穗，1979）。变质作用下有机碳转变为石墨的过程，实际上是碳的构造有序化，在沸石相中，有机碳仍然是非晶质或仅仅显示一种发育不完全的石墨化构造，当到了角闪岩相时，才完成有序化的石墨构造，生成结晶完好的石墨。可见石墨矿床的形成，必须是碳质集中并有适宜的热力学条件，几乎所有的工业矿床都出自变质作用或内生作用，但以前者的工业价值最大。对南墅石墨矿田的变质相进行多组矿物温、压估测认为，主期变质温度为760°～875°，压力在0.5GPa左右，地热梯度为41～46℃/km，属低压相系麻粒岩相，从而使得原岩中的碳质在更有利的环境中结晶成晶片大的晶质石墨矿床。

在同一地层单位的非麻粒岩相发育区，如牟平徐家、海阳郭城、莱阳荆山等地的角闪岩相变质级发育区，其含矿性相差很大，变质程度越高，变质岩石中石墨晶片越大，含矿性越好，反映了变质作用与石墨矿形成的密切相关性。再如，发育在胶北隆起区北部福山巨屯和东厅、蓬莱疃顶、莱州粉子山等地的粉子山群巨屯组，也是一套含石墨变质岩系，为以石墨（黑云）片岩、黑云片岩、石墨大理岩为主夹（石墨）黑云变粒岩、石墨透闪岩的岩石组合，原岩为含碳质黏土岩、粉砂岩及碳酸盐岩，经历低角闪岩相变质作用，尽管这套含石墨变质岩系中固定碳含量达5%～8%（高者达10%），普遍高于荆山群陡崖组徐村段变粒岩-片麻岩相含石墨变质岩系中的固定碳含量（一般为3%~5%），因变质程度低，其石墨结晶程度差，石墨片径为0.03~0.1mm，鳞片细小，不能形成工业矿床。粉子山群巨屯组具有良好的成矿物质基础，但缺乏合适的区域成矿条件，变质程度仅有低角闪岩相，远不能满足优质鳞片石墨矿结晶的温度条件（王沛成和张成基，1996）。

2. 混合岩化作用对石墨矿成矿的控制作用

一般在胶东较大的晶质石墨矿区中，变质岩石中混合岩化作用较普遍，有些地段混合岩化作用较强（如莱西南墅石墨矿区岳石矿段）。混合岩化作用对区域变质作用阶段形成晶质石墨矿石进行了一定的改造，主要表现为混合岩化的重结晶作用，使含片麻理矿石中石墨鳞片片径加大（粗大），利于选矿（南墅院后矿段）；混合岩化的重熔作用，使部分碳质迁移，形成石墨脉（脉内石墨鳞片片径较大，固定碳含量较高）；重熔作用产生的长英质脉体注入石墨片麻岩之片麻理中，引起近脉壁两旁石墨鳞片粗化。

因此，胶东石墨矿床是古元古代碳硅质泥岩系（孔兹岩系），经角闪岩相-角闪麻粒岩相的中高级变质作用使原岩中的碳质鳞片粒径变大形成的。

三、铁矿成矿规律

（一）主要成因类型

胶东地区铁矿类型主要有两个，与区域变质作用有关的沉积变质型、与岩浆活动有关的岩浆型，其中以前者为主。

（二）铁矿成矿规律

1. 空间分布规律

（1）沉积变质型：古元古代变质型铁矿分为莲花山式及马陵式。其中莲花山式分布较为局限，严格受古元古界粉子山群小宋组含矿层位控制，含矿带分布于昌邑-莱州市西南，呈北北东向展布，含矿带平面上延绵50余千米，宽1~2km。受中生代燕山早期玲珑序列二长花岗岩体的侵入，铁矿层遭受不同程度的改造作用，矿层倾向、矿层形态发生不同程度的改变，矿石质量局部变富。剖面上铁矿体倾角一般较缓，一般小于10°，受岩浆侵入作用影响，局部产状变化较大，可从几度至30°之间变化。矿体呈层状、似层状、透镜状，单个矿体厚度一般在数米至十几米之间，延伸长度一般在数十米至数百米之间。

马陵式铁矿分布在莱阳、乳山等地，赋矿地层为荆山群野头组，矿体特征与莲花山式铁矿床类似。该层位的铁矿床普遍受后期的岩浆热液改造。

（2）岩浆型：该类型铁矿分布零星，主要分布于胶东烟台市南，莱阳市北、昌邑地区等。形成铁矿的岩浆岩为古元古代侵入的莱州、海阳所序列的变角闪（橄榄）辉长岩等，原岩属于超基性侵入岩。铁矿床特征及分布特征与肖家沟式相似，形成的岩浆型铁矿以中小型为主。

2. 时间分布规律

胶东铁矿集中分布于两个时代：古元古代、古元古代末期—中元古代早期、新元古代震旦期。

1）沉积变质型

莲花山式受变质型铁矿赋存于古元古界粉子山群小宋组变粒岩–浅粒岩–石英岩组合，矿床形成时代为古元古代。矿体呈层状、条带状北东向集中分布于昌邑–莱州地区，严格受层位控制。莱西、乳山等地区沉积变质型铁矿床形成后受燕山早期侵入的玲珑序列二长花岗岩影响，铁矿层发生不同程度的改造作用。侵入岩对铁矿床的改造作用主要体现在两个方面，其一是铁矿体的形态发生改变，在岩浆上拱的影响下，铁矿体往往变薄或增厚，铁矿体由层状变为不规则状、透镜状等；其二是早期形成的磁铁矿物晶体粒径普遍增大，矿石内 mFe 品位不同程度地增高。

马陵式铁矿是受变质改造的典型代表，分布于荆山群野头组透辉大理岩、变粒岩组合内，受变质铁矿体形成后受燕山早期岩浆的侵入作用，铁矿体除形态发生改变外，还发生不同程度的交代作用，使原铁矿体的成分变得较为复杂，mFe 品位发生不同程度的升高。该类型赋存在胶北地区的南部，局部分布于胶南–威海造山带东北部的海阳、乳山地区。

2）岩浆型

大庙式岩浆型铁矿床严格受古元古代中后期莱州序列基性、超基性变角闪石、变辉石岩以及中元古代早期的海阳所序列变辉石岩、变辉长岩控制。前者主要分布于莱州–蓬莱一带的胶北地区，后者主要分布于牟平–海阳地区。铁矿床是在岩体结晶分异过程中形成的，铁矿床成矿年龄与侵入岩体年龄基本一致，大致在 1865～1719Ma。

四、铜及多金属矿成矿规律

（一）主要成因类型

胶东地区铜、钼、铅锌多金属矿床但分布范围较广，类型众多，主要有斑岩型、夕卡岩型、岩浆热液型、热液裂隙充填型、陆相火山岩型等。不同矿种矿床类型略有差异，钼矿主要有夕卡岩型、斑岩型、岩浆热液型等。铜矿主要有岩浆热液型、热液裂隙充填型、陆相火山岩型。铅锌矿则有夕卡岩型、热液裂隙充填型等。

（二）分布规律

1. 铜矿

区内的铜矿分布较为零星，胶西北地区、胶南–威海造山带东部、胶莱盆地内等均有分布。胶西北地区形成矿床类型主要有岩浆热液型，铜的成矿作用主要与早白垩世雨山、大店序列石英闪长玢岩、花岗闪长斑岩等浅成侵入岩有关，岩体呈岩株状，在其周围的断裂裂隙或接触的白云质大理岩内形成铜矿床，该类型以烟台福山王家庄铜矿为代表。矿床形成时代为早白垩世。以牟平–即墨断裂为界，东部胶南–威海造山带内岩浆热液型铜矿床主要分布于海阳徐家店东部、海阳市周边，以密集小型铜矿床、矿点为主，铜矿床（点）围绕早白垩世伟德山序列二长花岗岩侵入体，矿床（点）分布于岩体内的断裂裂隙内或周边，矿床的形成与伟德山侵入岩体密切相关。荣成市北部，呈近东西向椭圆形分布的伟德山二长花岗岩体周边广泛分布有夕卡岩型铜、钼、铅锌多金属矿床，铜、钼多金属矿床围绕伟德山岩体分布，岩体与富含碳酸盐岩围岩接触带处形成夕卡岩型多金属矿床，矿床的形成与伟德山岩体密切相关。

2. 钼矿

区内的钼矿成矿作用有两期：第一期形成于晚侏罗世，与其有关的成矿地质体为中生代燕山早期幸福山岩体斑状中细粒含黑云母二长花岗岩，矿床类型为邢家山式接触交代（夕卡岩）型钼（钨）矿床，该类型矿床仅分布于烟台市福山区邢家山地区，为一超大型钼矿床，其内共伴生有一个中型钨矿床，成矿年龄为158～160Ma；第二期形成于早白垩世，主要形成了斑岩型钼矿，仅分布于栖霞市尚家庄附近，钼矿床赋存于早白垩世伟德山花岗斑岩内，为山东唯一的中型斑岩型钼矿床，钼矿床的成矿作用与伟德山花岗斑岩密切相关。此外，在荣成北部的伟德山侵入岩体周围分布有以钼为主或伴生钼矿床，矿床类型为夕卡岩型，以荣成冷家钼矿为代表，矿床的成矿作用与伟德山二长花岗岩体密切相关。

3. 铅锌矿

区内的铅锌矿床类型主要有夕卡岩型，该类型矿床与早白垩世二长花岗岩伟德山岩体密切相关。代表性矿床为栖霞香夼铅锌矿床，矿床分布于伟德山二长花岗斑岩与南华系香夼组灰岩接触带附近，铅锌矿体受夕卡岩、大理岩带控制，该区二长花岗斑岩内还共伴生有斑岩型铜、钼矿体，矿床分带明显。其余夕卡岩型铅锌矿床的分布也与伟德山岩体的分布密切相关。区内热液裂隙充填型铅锌矿床较为发育，主要赋存于小型断裂内，往往与区内的萤石、重晶石矿共伴生，分布零星，规律性不强。

五、主要研究内容

（一）研究基础

胶东地区集中分布金、石墨、多金属及能源等矿产。金矿是我国最大的集中分布区，已探明金资源储量超5000t，是世界第三大金矿集中区。2005年以前主要在500m深度以浅，探明金资源储量约1700t；2005年以后开展了深部找矿，在500～2000m深度探明金资源储量超2700t。目前，胶东地区最深的金矿勘探研究钻孔深度已达4006.17m。胶东新发现的深部金矿床数量多、规模大、分布集中，明显改变了以往认为“中国大型、特大型金矿床少，中小型金矿床多”的资源格局。在该区的金矿勘查及深部找矿取得战略性重大突破工作中，地质勘查单位做出了突出贡献，结合生产实践开展了大量的金矿成矿规律、成矿模式、找矿标志、找矿模型等金矿地质研究和找矿方法技术研究工作，并取得了丰硕的研究成果，为胶东地区及与之成矿背景相同、相似的矿集区的成矿预测和找矿突破提供了重要的理论及方法技术基础。

区内主要金矿带上大比例尺的综合地球物理勘查工作已完成。近年来，为配合危机矿山资源潜力评价和国家重点金矿整装勘查、深部金矿找矿及成矿预测科研工作，在区内开展了大量的综合地球物理深部金矿成矿预测、深部找矿新方法新技术研究工作。对利用综合地球物理信息，分析推断隐伏控矿构造的深部变化规律、圈定隐伏岩体与变质岩系的空间关系等控矿地质因素取得了大量的试验研究资料，在深部找矿与成矿预测生产研究中对胶东深部金矿地球物理解释等方面积累了丰富的实践经验。总结研究不同地球物理方法技术的有效性，提出一套区内深部金矿找矿的有效方法技术组合，建立区内深部金矿综合地球物理找矿模型。

（二）主要研究内容

立足在金矿、石墨矿、多金属矿及能源矿产成矿带的典型矿床研究，以地质、地球物理等多学科综合分析研究以提高找矿效果为主要途径，全面总结金矿、石墨矿、多金属矿及能源矿产与综合地球物理信息的对应关系，总结不同地球物理找矿勘探方法技术在找矿中的作用，提高找矿方法技术应用效果，完善地质–地球物理找矿模式，推广示范指导胶东金矿、石墨矿、多金属矿及能源矿产勘查找矿工作。

具体研究内容如下：

（1）对胶东大地构造位置、区域地质特征、区域地球物理特征、区域地球化学特征等地质背景进行分析研究；

（2）查明胶东主要金矿、石墨矿、多金属矿及能源矿产的展布规律；

（3）查明区域重、磁场在研究解决区域构造格架、岩浆岩、变质岩地层相互关系中的作用；

（4）确定典型金矿、石墨矿、多金属矿及能源矿产上的地球物理异常特征及对应关系；

（5）明确地球物理勘查技术在金矿、石墨矿、多金属矿及能源矿产的应用研究及找矿；

（6）明确深部金矿勘探技术方法有效性及应用效果；

（7）进行金矿、石墨矿、多金属矿及能源矿产找矿方向及成矿预测。

第二章　胶东地质背景

第一节　大地构造位置

胶东地区位于华北板块东缘和扬子板块东北端，两者的叠合部位为苏鲁造山带，以牟平-即墨断裂带、五莲断裂为界可划分为胶辽隆起区（Ⅲ）和胶南-威海隆起区（Ⅳ）两个Ⅱ级构造单元，进一步划分为胶北隆起、胶莱盆地、威海隆起三个Ⅲ级构造单元（张增奇等，2014）（图2-1）。

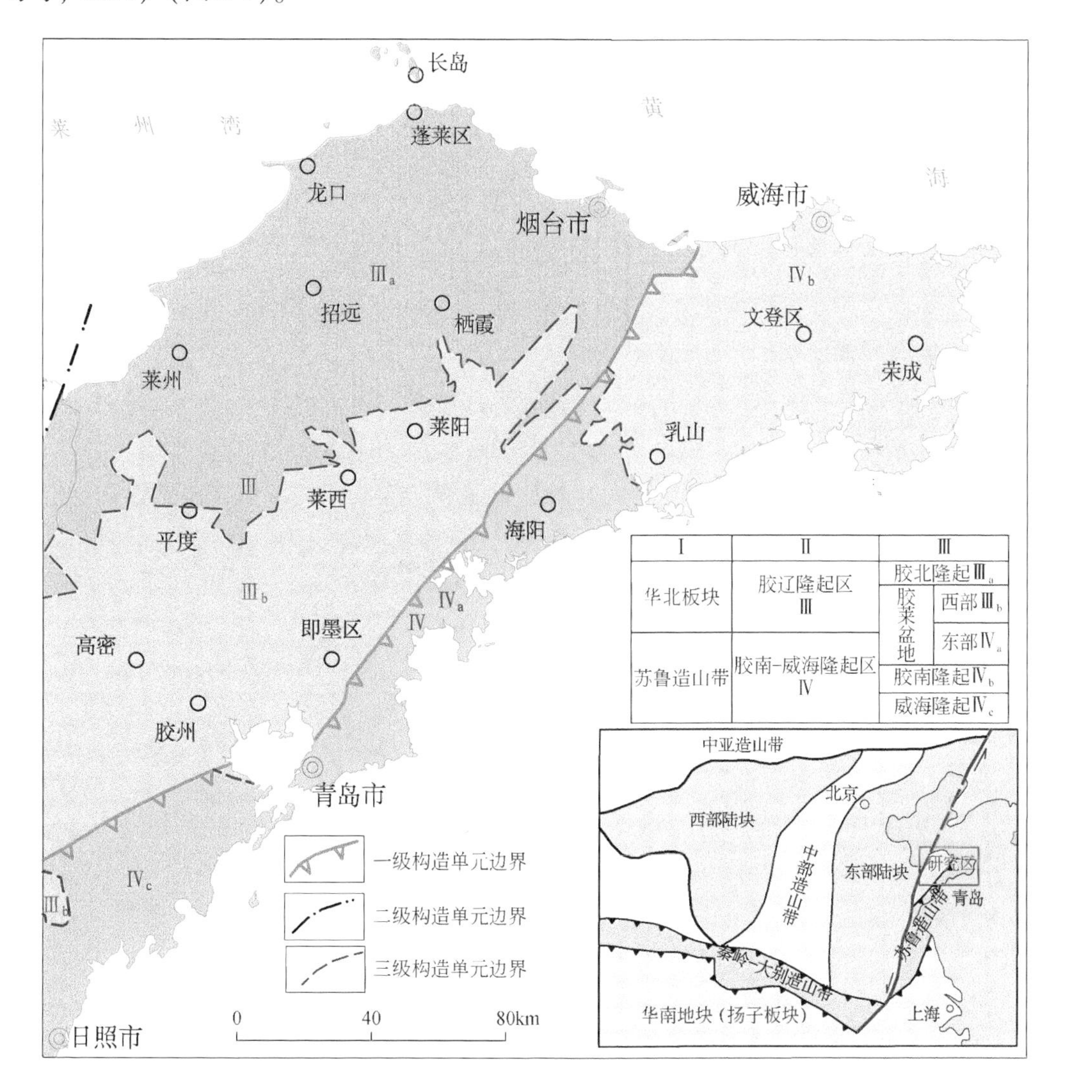

图2-1　研究区大地构造位置图

第二节 区域地质特征

胶东地区是环太平洋沿海火山-构造岩浆带的组成部分。也是环太平洋成矿域的重要成矿区之一。该区有 3000Ma 的地壳演化历史时期，经历了早前寒武纪结晶基底形成（3000～1800Ma）、中元古代—青白口纪克拉通发展（1800～780Ma）、南华纪—中三叠世陆洋板块活动（780～250Ma）、晚三叠世—早白垩世陆洋板块拼合转化（250～99.6Ma）和晚白垩世—新生代板内造山（99.6Ma 至今）多个阶段。在这漫长的历史演化阶段形成了山东最古老的古陆核，发育有古元古代—新元古代海相碳酸岩沉积岩系，中生代大规模中基性-中酸性-酸性-偏碱性的岩浆岩类及白垩纪“热河动物群”“恐龙动物群”，同时形成了世界闻名的金矿床。胶东地区地层、构造、岩浆岩分布情况见图 2-2。

一、地层

胶东地区地层属于华北-柴达木地层大区，鲁东分区与胶南-威海地层分区。出露地层主要为中太古界唐家庄岩群，新太古界胶东群，古元古界荆山岩群、粉子山群、胶南-威海变质表壳岩组合，中元古界芝罘群，新元古界蓬莱群，中生界莱阳群、青山群和王氏群，古近系五图群和新近系临朐群以及第四系（表 2-1），缺失古生界及早中生界二叠系—侏罗系。

（一）太古宙变质地层

太古宙地层包括中太古界唐家庄岩群和新太古界胶东岩群（表 2-1）。唐家庄岩群残留在 2900Ma 英云闪长质片麻岩中，呈零星包体状产于栖霞序列 TTG 片麻岩中，岩性有蛇纹岩、蛇纹石化橄榄岩、透闪阳起石岩、斜长角闪岩、磁铁石英岩、磁铁二辉麻粒岩等，变质程度达麻粒岩相。胶东岩群分布于栖霞、蓬莱和招远等地，为一套达角闪岩相变质的中基性火山岩、碎屑岩夹硅铁质岩石建造，岩性为磁铁石英岩、黑云变粒岩、斜长角闪岩等。

（二）元古宙地层

元古宙地层包括古元古界荆山群、粉子山群和胶南-威海造山带表壳岩组合，中元古界芝罘群以及新元古界蓬莱群。荆山群分布于莱阳、平度等地，为遭受角闪岩相-麻粒岩相变质的正常浅海泥岩-碎屑岩-碳酸盐岩沉积建造；粉子山群分布于莱州、蓬莱、福山等地，为遭受绿片岩相-低角闪岩相变质的碎屑-泥岩碳酸盐岩建造，两群目前认为是同时异相产物。胶南-威海造山带表壳岩组合呈包体状残留于新元古代花岗质片麻岩中，为一套达高角闪岩相变质的泥质-碎屑沉积岩及碳酸盐岩沉积建造，经受岩浆侵位及多期变质变形作用叠加，原始层理被后期构造所置换，残缺不全。芝罘群分布于烟台市芝罘岛及邻近岛屿上，岩性为石英岩、钾长石英岩夹磁铁矿层，原岩为滨海-浅海相沉积的高成熟度的石英砂岩、长石石英砂岩夹碎屑沉积、泥质沉积及碳酸盐沉积，变质程度达低角闪岩相。

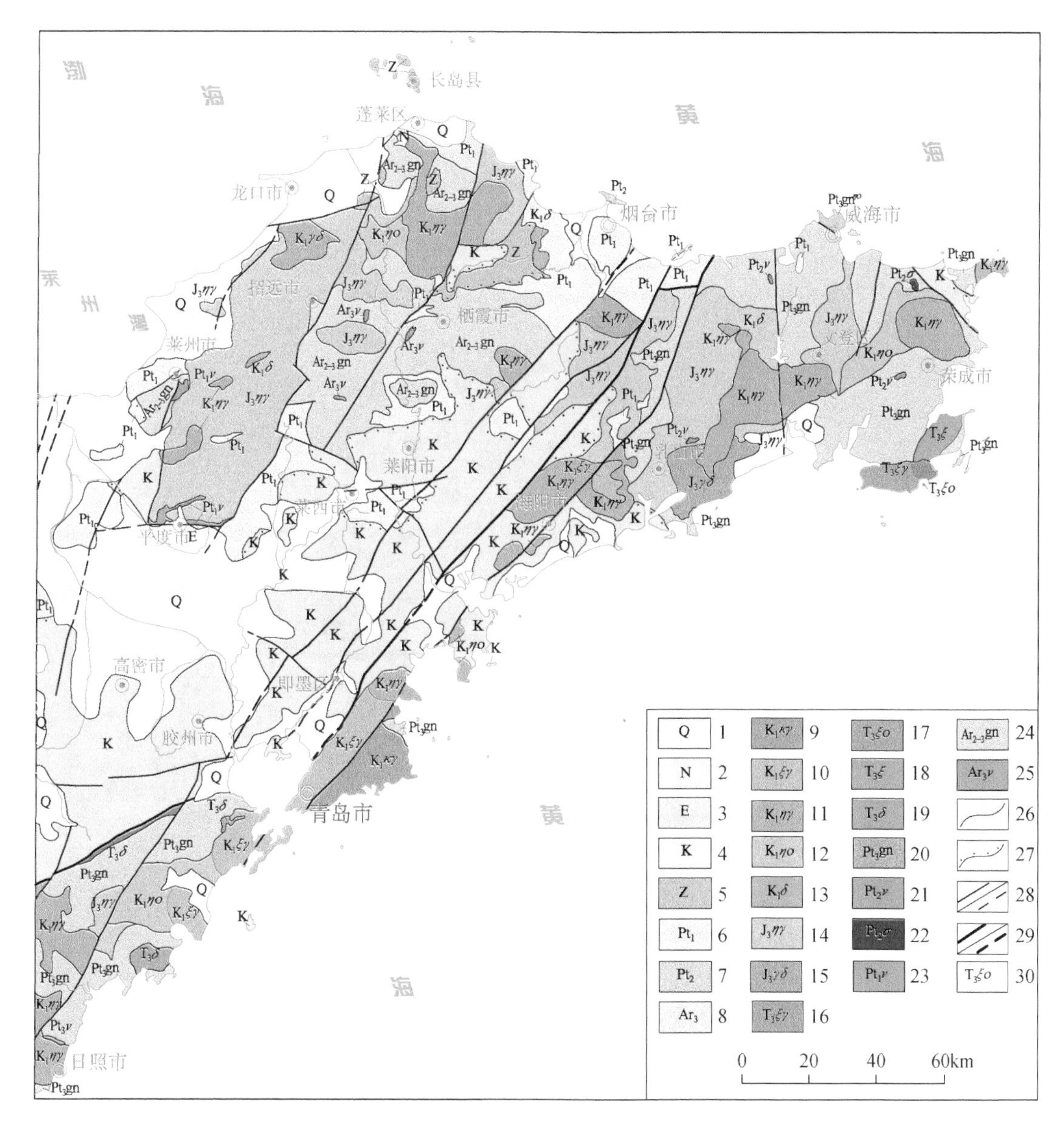

图 2-2　胶东地区地质简图

1. 第四纪；2. 新近纪；3. 古近纪；4. 白垩纪；5. 震旦纪；6. 古元古代；7. 中元古代；8. 新太古代；9. 早白垩世碱长花岗岩；10. 早白垩世正长花岗岩；11. 早白垩世二长花岗岩；12. 早白垩世石英二长岩；13. 早白垩世闪长岩；14. 晚侏罗世二长花岗岩；15. 晚侏罗世花岗闪长岩；16. 晚三叠世正长花岗岩；17. 晚三叠世石英正长岩；18. 晚三叠世正长岩；19. 晚三叠世闪长岩；20. 新元古代片麻岩类；21. 中元古代变辉长岩；22. 中元古代变辉石橄榄岩；23. 古元古代变辉长岩；24. 中—新太古代 TTG 质片麻岩；25. 新太古代变辉长岩；26. 地质界线；27. 角度不整合界线；28. 实测-推测断裂；29. 实测-推测区域分划性断裂；30. 地质代号

蓬莱群分布于蓬莱、长岛、栖霞一带，中下部遭受浅变质，为碎屑岩-泥岩-碳酸岩建造，岩性为板岩、千枚岩、灰岩及大理岩等，发育微古植物化石，顶部灰岩产叠层石，时代为震旦纪—青白口纪。

表 2-1　胶东地区地层–构造–岩浆划分一览表

地质时代			年龄/Ma	岩石地层			构造旋回	岩浆侵入		火山活动	变质作用
代	纪	世		群	岩性组合	沉积建造		序列	岩石类型		
新生代	第四纪		2.588		黏土、冲积砂砾层	现代堆积及河湖相沉积	喜马拉雅期		玄武岩	基性、超基性火山喷发强烈	无
	新近纪	中新世	5.3 23.0	临朐群	玄武岩夹砂岩、粉砂岩	陆相火山岩夹碎屑岩			玄武玢岩，辉绿玢岩		
	古近纪	始新世	33.8 55.8	五图群	细砂岩、含煤岩系	陆相断陷盆地内碎屑沉积			基性岩脉	火山活动微弱	无
中生代	白垩纪	晚白垩世	65.5 99.6	王氏群	紫红色砂砾岩、细砂岩	陆相河湖相夹火山爆发相	燕山期		基性玄武玢岩	中基性、中酸性火山喷发强烈，以裂隙式、中心式喷发为主	无
		早白垩世		青山群	安山岩、流纹岩及火山碎屑岩	陆相火山岩夹碎屑沉积岩		崂山	晶洞碱长花岗岩–正长花岗岩–二长花岗岩		
								伟德山	闪长岩–石英二长闪长岩–花岗闪长岩–（斑状）二长花岗岩		
			145	莱阳群	砂砾岩、砾岩、砂岩夹页岩及火山碎屑岩	陆相河湖相夹火山岩		郭家岭	闪长岩–石英二长岩–斑状花岗闪长岩–斑状二长花岗岩		
	侏罗纪	晚侏罗世	163.5					玲珑	混合岩化花岗岩–（含斑）二长花岗岩–不等粒花岗岩		无
		中侏罗世	174.1					文登	含斑（斑状）白云母二长花岗岩		
								垛崮山	花岗闪长岩–二长花岗岩		
	三叠纪	晚三叠世	201.3 237				印支期	槎山	正长花岗岩		无
								宁津所	正长岩–石英正长岩		

续表

地质时代			年龄/Ma	岩石地层			构造旋回	岩浆侵入		火山活动	变质作用
代	纪	世		群	岩性组合	沉积建造		序列	岩石类型		
新元古代	震旦纪		543 680	蓬莱群	板岩、千枚岩、石英岩、灰岩	陆缘滨浅海相碎屑岩-碳酸岩	晋宁期	铁山	正长、碱长花岗质片麻岩	少量基性火山岩	低绿片岩相
								月季山	二长、二长花岗质片麻岩		
	青白口纪		800 1000					荣成	奥长花岗、英云闪长质、二长花岗质片麻岩		角闪岩相
中元古代	长城纪		1600 1800	芝罘群	石英岩、长石石英岩夹磁铁石英岩	滨浅海相碎屑岩	四堡期	海阳所	变辉石橄榄岩-角闪石岩-变辉长岩	基性、超级性火山喷发活动	角闪岩相
古元古代				粉子山群	磁铁石英岩、变粒岩、大理岩、片岩、石墨岩系	陆缘滨浅海相碎屑岩-碳酸岩	吕梁期	莱州	橄榄岩-变角闪透辉岩-辉石角闪岩-变辉长岩	中基性火山喷发活动	绿片岩-角闪岩相
								大柳行	片麻状黑云母二长花岗岩		
				荆山群	片岩、变粒岩、大理岩、含石墨岩系	海相泥质岩、碎屑岩、碳酸盐岩					高角闪岩相-麻粒岩相
			2500	胶南威海表壳岩	斜长角岩、变粒岩、大理岩、含石墨片麻岩、片岩、石英岩	海相泥质岩、碎屑岩、碳酸盐岩					高角闪岩相-麻粒岩相
新太古代		晚期		胶东岩群	斜长角闪岩、黑云变粒岩及磁铁石英岩	中基性火山岩、碎屑岩类硅铁建造	阜平-五台期	谭格庄	片麻状奥长花岗岩-片麻状花岗闪长岩	中基性-中酸性火山喷发	高角闪岩相-麻粒岩相
								栖霞	英云闪长质片麻岩		
		早期	2800					马连庄	变辉石橄榄岩-变角闪石岩-斜长角闪岩		

续表

<table>
<tr><th colspan="3">地质时代</th><th rowspan="2">年龄/Ma</th><th colspan="3">岩石地层</th><th rowspan="2">构造旋回</th><th colspan="2">岩浆侵入</th><th rowspan="2">火山活动</th><th rowspan="2">变质作用</th></tr>
<tr><th>代</th><th>纪</th><th>世</th><th>群</th><th>岩性组合</th><th>沉积建造</th><th>序列</th><th>岩石类型</th></tr>
<tr><td rowspan="2">中太古代</td><td rowspan="2"></td><td rowspan="2">晚期</td><td rowspan="2">3200</td><td rowspan="2">唐家庄岩群</td><td rowspan="2">蛇纹岩、蛇纹石化橄榄岩、透闪阳起岩、斜长角闪岩</td><td rowspan="2">基性-超基性火山岩建造</td><td rowspan="2">迁西期</td><td>十八盘</td><td>英云闪长质片麻岩-奥长花岗质片麻岩</td><td rowspan="2">基性、超基性火山岩喷发</td><td rowspan="2">麻粒岩相</td></tr>
<tr><td>官地洼</td><td>变辉石橄榄岩、变辉长岩</td></tr>
</table>

注：据《山东省地层侵入岩构造单元划分对比意见》修改，胶南-威海表壳岩、荣成系列侵入岩仅分布于胶南威海造山带区域。

（三）中生代地层

中生代地层仅发育白垩纪地层，多分布于胶莱盆地内，自下而上分为下白垩统莱阳群和青山群、上白垩统王氏群。莱阳群分布于莱阳、海阳郭城和乳山等地，为山麓洪积相、河流相、湖泊相沉积，局部为火山喷发相。中下部岩性为粉砂岩、砂岩、砂砾岩、砾岩、页岩、黑色页岩、微晶灰岩等，上部为火山碎屑岩夹熔岩、流纹质凝灰岩等。莱阳群含有丰富的昆虫、植物、双壳、腹足类化石，属“热河动物群”。青山群分布于断裂带内，盆地边缘等地，为一套中酸性及中-基性火山岩及河湖相碎屑沉积岩，主要岩性为安山岩、玄武安山岩、粗安岩、流纹岩及不同粒级的火山碎屑岩、砂岩、砂砾岩等。火山喷发具有旋回性，根据酸性-中基性-酸性-偏碱性的岩石类型划分为后夼组、八亩地组、石前庄组及方戈庄组四个岩性组，沉积夹层中有恐龙化石，同位素年龄多在 90 ~ 125Ma，属早白垩世。王氏群主要出露于胶莱盆地内，为红色碎屑岩系，局部夹有基性火山岩，为干旱-半干旱环境下的河流相间有浅湖相沉积，岩性以红色砂砾岩、砾岩为主，间有黄绿色、灰绿色的砂岩、钙质含砾细砂岩、粉砂岩、泥岩等，局部有淡水灰岩、泥灰岩，有时见石膏薄层。王氏群中产恐龙、恐龙蛋化石，是山东重要的恐龙化石层位。

（四）新生代地层

胶东地区新生代地层局限，主要为第四系松散堆积物，局限出露新近系临朐群，钻孔中见古近系五图群。五图群地表未出露，见于钻孔中，分布于龙口-蓬莱市间，南、东两侧以断裂为界，为中新生代断陷盆地继承性沉积，属含煤和油页岩的沉积建造。岩性主要为砂砾岩、砂质页岩、碳质页岩、泥岩夹褐煤、碳酸盐岩等。临朐群集中于栖霞市唐山硼及大、小方山一带，岩性为玄武岩夹砂砾岩。第四系松散堆积物主要分布于沿海、沟谷、山麓及平原一带，可划分为八个组级单位。更新统史家沟组分布于蓬莱一带，为岩被状产出的玄武岩。中—下更新统大站组黄土堆积分布较广，黑土湖组湖沼积局限分布。全新世中晚期地层包括临沂组及沂河组（河流相）、寒亭组（风积）、潍北组（河-海交互沉积）、旭口组（海积），它们多为同时异相产物，此外还常见有上更新统—全新统山前组（残坡积）。

二、岩浆岩

（一）侵入岩

胶东地区侵入岩类发育广泛，占基岩出露面积的60%。从地质时代上看，除未见海西期侵入岩外，自中太古代至新生代喜马拉雅期均不同程度地出露。从侵入岩的岩石类型看较为齐全，有超镁铁质-铁镁质岩、中性岩、酸性岩、偏碱性岩。按照形成时代及岩性组合，共分为阜平期、五台期、吕梁期、晋宁期、加里东期、印支期、燕山早期、燕山晚期和喜马拉雅期9期，建立了19个岩浆序列（表2-1）。

1. 中太古代侵入岩

中太古代侵入岩是山东省目前出露最古老的侵入岩，包括官地洼序列、十八盘序列。官地洼序列岩性为变辉石橄榄岩、变辉长岩类，经受麻粒岩相变质，分布于莱西唐家庄、马连庄、官地洼及莱阳的谭格庄以西地区，呈包体状分布于栖霞序列TTG片麻岩中。十八盘序列岩性为英云闪长质片麻岩、奥长花岗质片麻岩，分布于栖霞市十八盘一带，经历了角闪岩相以上变质、变形，具局部重熔作用，条带、条纹状构造发育。

2. 新太古代侵入岩

新太古代侵入岩主要发育两套TTG岩系，早期岩浆活动形成2.7Ga的超铁镁质-铁镁质岩石（马连庄序列）及英云闪长质片麻岩（栖霞序列）；晚期形成了2.5Ga的TTG岩石及2.4Ga的同熔型花岗岩（谭格庄序列），这些岩石均经受了低角闪岩相区域变质作用。马连庄序列岩性为变辉石橄榄岩、斜长角闪岩，分布于莱西唐家庄-马连庄、栖霞以西和东南部、招远和莱州南部，规模较小多群居，呈椭圆或透镜状岩瘤、岩株、岩枝状产出，呈包体散落于栖霞序列TTG花岗质片麻岩中。栖霞序列广泛分布于招平断裂以东、桃村-东陡山断裂以西、胶莱盆地以北的招远、莱西、莱阳、栖霞等地区，此外在莱州南、蓬莱及烟台莱山区以东亦有出露。原岩由英云闪长岩-奥长花岗岩-花岗闪长岩所组成的TTG系列花岗岩类，遭受角闪岩相变质作用和局部地段韧性剪切叠加改造，形成一套条带、条纹和片麻状构造发育的灰色片麻岩类。

3. 古元古代侵入岩

古元古代侵入岩分布局限，包括莱州序列、大柳行序列。大柳行序列局限分布于栖霞北部，蓬莱东南等一带，岩性为片麻状二长花岗岩，岩石经受角闪岩相变质作用，形成时代为2200～2000Ma。莱州序列散落分布于胶东地区的栖霞、招远、莱阳、莱西、平度、莱州一带，集中分布在玲珑-平度侵入岩带南部的东西两侧，岩性为变纯橄榄岩（蛇纹岩）、变角闪透辉岩、变辉石角闪石岩、变辉长岩（斜长角闪岩）、变角闪闪长岩，经受了角闪岩相和绿片岩相叠加变质作用。

4. 中元古代侵入岩

中元古代侵入岩仅出露海阳所序列，分布于威海隆起区，呈大小不等的岩株、岩瘤状断续散落在荣成序列片麻状花岗岩中，原岩为一套从超基性-中性-中酸性的岩石组合，遭受了高压榴辉岩相变质作用，形成蛇纹岩、角闪石岩、斜长角闪岩类，形成年龄为17亿年。

5. 新元古代侵入岩

新元古代侵入岩仅分布于威海隆起区，以大范围的花岗质片麻岩为主，主要发育英云闪长质片麻岩-奥长花岗质片麻岩-花岗闪长质片麻岩-二长花岗质片麻岩的荣成序列，斑纹、条纹状二长花岗质片麻岩的月季山序列，正长花岗质片麻岩-含霓石碱长花岗质片麻岩-碱性花岗质片麻岩的铁山序列，形成于780～680Ma，这些岩石普遍经受低角闪岩相变质和韧性剪切带的叠加改造。

6. 中生代侵入岩

中生代岩浆活动是中国东部中生代大规模岩浆活动的重要组成部分，代表了华北东部中生代构造转折事件，与燕山晚期岩石圈减薄相关，发育晚三叠世的宁津所序列的正长岩-石英正长岩类、槎山序列的正长花岗岩类；晚侏罗世地壳重熔型弱片麻状含石榴二长花岗岩-含斑二长花岗岩-不等粒花岗岩的玲珑岩体、垛崮山序列含绿帘石花岗闪长岩及斑状二长花岗岩、文登序列的斑状（含斑）二长花岗岩；早白垩世早期发育有郭家岭闪长岩-石英二长岩-花岗闪长岩-二长花岗岩序列、伟德山花岗闪长岩-含斑二长花岗岩-二长花岗岩序列；早白垩世晚期发育崂山晶洞二长花岗-正长花岗岩-碱长花岗岩类。这四期岩浆事件反映了中国东部中生代构造体制转换过程，即由华北板块、扬子板块陆陆碰撞至太平洋板块向亚欧大陆俯冲转换。另外，区内中生代脉岩发育，常呈群、带状展布，岩性复杂，主要为闪长质、二长质、正长质、花岗闪长质、花岗质脉。这些侵入岩都与金矿关系密切。

7. 新生代侵入岩

新生代喜马拉雅期岩浆活动较弱，主要为橄榄玄武玢岩、玻基辉橄玢岩、辉绿玢岩等基性岩脉。

（二）火山岩

胶东地区火山岩分布广泛，火山活动历时较长，从太古宙开始，到新生代终止，以中生代火山活动最为强烈。从岩性上看，以中基性-中酸性岩为主，基性岩较少。

1. 前寒武纪火山岩

主要分布于前寒武纪变质地层中，岩性为基性、中性、酸性的火山熔岩及碎屑岩类，这些火山岩均遭受后期绿片岩相、角闪岩相、麻粒岩相不同程度的区域变质作用，转变成麻粒岩类、斜长角闪岩类、片岩类、浅粒岩类等区域变质岩。中太古代火山岩分布于唐家庄岩群中，为基性、中基性-中酸性火山岩。新太古代火山岩分布于胶东岩群，岩性为基性、中酸性火山熔岩及火山碎屑岩类，有拉斑玄武岩、安山质、英安质、流纹岩及晶屑凝灰岩等。中元古代火山岩分布于荆山群、粉子山群，岩性为拉斑玄武岩。

2. 中生代火山岩

山东省中生代火山岩较发育，且具有岩性复杂、时代集中、规律性演化等特征，主要分布于白垩世火山岩地层（青山群），或者呈夹层、潜火山岩形式分布于白垩世陆相沉积地层（莱阳群、王氏群）中。岩石类型包括基性、中性、酸性、偏碱性熔岩，火山碎屑岩，潜火山岩及火山–沉积岩，以钙碱性系列为主。

下白垩统莱阳群：呈夹层状产出，局部地段火山物质增多，构成城山后组，岩性为晶屑凝灰岩、安山岩、玄武安山岩及火山碎屑岩类，为早中白垩世强烈火山喷发的前奏。

下白垩统青山群：以火山熔岩、火山碎屑岩为主，潜火山岩次之，火山–沉积岩最少。岩性为后夼组的流纹岩、流纹质晶屑凝灰岩、角砾凝灰岩；八亩地组的玄武安山岩、安山岩、粗安岩、玄武粗安岩、英安岩及相应的火山碎屑岩；石前庄组的流纹岩、球粒流纹岩、石泡流纹岩、晶屑凝灰岩、角砾凝灰岩及火山碎屑岩、火山沉积岩等；方戈庄组的玄武粗安岩、粗安岩等。青山群火山岩总体为酸–中–酸–偏碱性，由钙碱性–碱钙性演化，其中八亩地组为白垩世火山活动鼎盛时期的产物，火山喷发时限为122～117Ma。

上白垩统王氏群：呈夹层状产出于辛格庄组及红土崖组中，岩性为溢流相的玄武岩、安山岩等。火山活动较弱，为中生代火山活动末期的产物。

3. 新生代火山岩

新生代火山岩以超基性–基性熔岩为主，属碱性玄武岩系列。主要见于新近系临朐群及第四系更新统史家沟组，分布于栖霞、蓬莱等地区。新近系临朐群仅出露尧山组，岩性为橄榄玄武岩、橄榄霞石岩等，火山岩规模小、分布局限。第四系更新统史家沟组，岩性为玻基辉橄岩、橄榄霞石岩、橄榄玄武岩，规模小、分布更为局限，为新生代火山作用末期产物。

三、构造

胶东地区经历了古陆核的形成、克拉通的发展、板块的裂解和拼合等重大构造事件，地质构造非常复杂，主要包括早前寒武纪的变质变形构造、中生代的盆岭构造、新生代的断块构造，其中早前寒武纪地质体普遍发育片理化、片麻理，褶皱构造、韧性变形构造发育；断裂构造以北东、北北东向为主，其次为东西向和北西向。

（一）褶皱构造

胶北地区褶皱构造主要表现为前寒武纪的基底褶皱构造，可划分为三期，第一期褶皱主要发育在莱西市马连庄–唐家庄–栖霞市大柳家一带的中太古代 TTG 质花岗岩中，总体呈北东东向带状展布，构造形迹因后期变质变形叠加改造而残缺不全。第二期褶皱主要发育新太古代早期的胶东岩群和栖霞片麻岩套变质深成岩，主要褶皱形态有短轴背斜（或穹隆）及紧闭、中常褶皱构造。第三期褶皱是在栖霞片麻岩套变质侵入岩被改造成具有面状构造的地质体后，在南北向挤压应力场作用下，条带状构造片麻岩在空间上形成了一系列轴向东西的背、向形构造。

（二）韧性剪切构造

区内韧性剪切带主要发育在前寒武纪变质基底中，规模较大且具有代表性的有三条。

（1）栖霞-唐家泊韧性剪切带：分布于栖霞市城-唐家泊一带，呈北西西向展布。北西端被栖霞断裂切断，东南端被牙山岩体侵入截断，出露长度为35km，宽一般在3km左右，由强烈变形的太古宙TTG岩组成，并经受了后期较强烈的褶皱作用。面理产状有两组，倾向190°~210°，倾角50°~70°和倾向20°~30°，倾角50°~65°，拉伸线理产状稳定，与韧性剪切带的方向一致。

（2）海阳桃园-蓬家夼北西向韧性剪切带：西起桃园、埠西头，东至蓬家夼，西被郭城断裂截断，东被崖子断裂截切。长约13.5km，宽8km，总面积约达100km²。主要表现为糜棱岩化二长花岗岩，面理波状起伏不平，倾角小于20°，一般为210°∠15°~20°；线理产状为280°∠10°~20°。

（3）威海-荣成滕家-文登侯家韧性剪切带：分布于威海市-荣成滕家一带，北起威海市北部海岸，南到荣成市南部海岸，长度约80km，宽一般为5~10km，中间被伟德山岩体侵入切割。总体呈北东—北北东—南北向展布，南段呈北东向，北段逐渐变为北北东向—南北向，空间上呈向东南突出的弧形。该带主要由南华纪强烈变形的长英质片麻岩组成，最强部位岩石为超糜棱岩和绢云石英片岩，糜棱面理产状，南部（文登侯家地区）倾向120°~150°，倾角35°~60°，北部（荣成-威海地区）倾向150°~180°，倾角30°~60°，拉伸线理与剪切带方向一致，一般在110°~180°。

（三）脆性断裂构造

胶东地区脆性断裂构造极其发育，主要有北东向、北北东向、北西向、近东西向及近南北向五组，其中以北北东向和北东向断裂最为明显，且与金矿成矿关系密切。

1. 北东向断裂

该方向断裂主要为区域分划性断裂——牟平-即墨断裂带，与五莲断裂带一起构成了胶南-威海造山带的北界，同时控制了白垩纪胶莱拗陷的形成和发育。断裂带北起烟台市牟平区，经栖霞市桃村、海阳市郭城、朱吴，向南延至即墨市、青岛市。由多条北东向、呈雁列展布的断裂组成，延伸长约200km，宽20~40km，斜切胶东半岛，主要由桃村-南泉断裂、郭城-即墨断裂、牟平-青岛断裂、海阳断裂等四条主干断裂构成，断裂间距10km左右，单个断裂带宽几十米至数百米，断裂带及附近发育中基性、中酸性的、具同方向的脉岩带、脉岩群。断裂带总体走向35°~45°，倾向南东为主，亦有直立或北西倾者，倾角一般为60°~80°。该断裂带以中生代燕山期活动最为强烈，新生代以来，断裂仍有活动。

2. 北北东向断裂

该方向断裂与胶东地区金矿成矿关系最密切，为控矿断裂，主要有焦家断裂、招远-平度断裂、栖霞断裂等。焦家断裂呈“S”形展布。以朱桥、黄山馆为界分为南、中、北三段，南段位于朱桥以南，多被第四系覆盖；中段南起朱桥，向北逐渐转为北北东向到新城，再沿北东向拐向辛庄；北段从辛庄沿北东向至龙口市黄山馆，全长70km。中段由主干断裂和派生的“人”字形分支断裂（望儿山支断裂、邱家断裂等）构成。断裂走向为10°～70°，以30°为主，倾向北西，倾角为30°～50°，局部较陡，可达78°，呈弧形弯曲延伸。整个断裂带出露宽度不一，最宽处可达1000余米。已探明新城、焦家、河西三个特大型金矿床及一批大、中型金矿床均位于该断裂带上。招远-平度断裂是胶西北S形断裂中规模最大的一条，是在基底深大断裂的基础上发展起来的一条控矿断裂。断裂南起平度城东的上庄，总体呈北东向延伸，经招远城转为北东东向，延至龙口市颜家沟一带。断裂全长120km，宽度150～200m，断面倾向南东，倾角30°～70°，发育有连续稳定的主裂面，其两侧发育有宽大的构造岩带。台上、大尹格庄、夏甸、东风、玲珑等特大型金矿床与该断裂相关。栖霞断裂北起栖霞市寨里，向南经栖霞市区到莱阳市榆科顶，长度为20km，宽度为1～2km，总体走向为250°左右，倾向北西，倾角50°～75°，平面上和倾斜延伸均呈舒缓波状变化。断裂带具有多期活动，早期表现为右旋扭性，中期表现为张性，断裂西盘下降，后期为右旋压扭性。

3. 近东西向断裂

该方向断裂控制了中生代陆相沉积盆地构造边界，同时对盆地的形成、发展具有重要影响，主要断裂有西林断裂、黄山馆断裂、平度断裂、金刚口断裂等。西林断裂位于栖霞的尹家-西林-孚庆集、吴阳泉一带，为臧家庄凹陷的北界。该断裂带可见长度35km，宽300～500m，总体走向近东西向。在西端被北北东向的陡崖断裂所切，在中部因受逆时针旋转的肖古家断裂构造的牵引，断裂走向转为北东70°。断裂倾向南，倾角为25°～56°。断裂带上盘为中生界莱阳群，下盘为中生代燕山晚期的郭家岭系列斑状花岗岩。断裂带显示先压后张的多期次活动特点，沿断裂带有大量不同种类的花岗岩、石英闪长玢岩等脉岩贯入。平度断裂出露于门村-平度-泉子崖-上庄一带，长22km，宽数十至百余米，总体走向90°，倾向南，倾角50°左右，断裂下盘为古元古界荆山群及中生代玲珑岩体，上盘多为第四系覆盖，偶见古元古界荆山群地层，断裂带内发育强糜棱岩化岩石及构造角砾岩等，是中生代断陷盆地的北界。黄山馆断裂位于龙口市黄山馆-蓬莱大辛店一带，为龙口断陷盆地南界，控制了龙口新生代断陷盆地发展的全过程，断裂带总体近东西走向，延伸达45km。断裂带宽度变化大，从百余米至近千米。断面产状北倾，倾角较陡，多在50°～70°。断裂带上盘为龙口第四系冲积平原，下盘为大面积的玲珑期和郭家期花岗岩。该断裂。断裂带内发育碎裂岩、碎粒岩及碎裂岩化花岗岩、断层泥等。断裂带内见有绿帘石化、绿泥石化、硅化等蚀变现象以及煌斑岩等脉体贯入。金岗口断裂位于莱阳市金刚口一带，为古元古界荆山群与中生代陆相盆地的边界断裂，断裂走向90°左右，倾向北，倾角70°。断裂长30km，构造破碎带宽50～150m。具硅化、褐铁矿化、绿泥石化、绢英岩化蚀变，性质为张扭性。

4. 近南北向断裂

金牛山断裂带分布于牟平-乳山金牛山一带，长度约35km，由多条断裂组成，走向0°～15°，倾向北西或南东，倾角65°～80°，规模较大的断裂带内多发育石英脉，带内蚀变有黄铁矿化、绢英岩化、金矿化、硅化、绿泥石化、碳酸盐化等。断裂具多期活动特征，早期具张性活动，并充填石英脉，晚期表现为左旋压扭性。邓格壮金矿、初家沟金矿等分布于该断裂带中。米山断裂分布于文登区米山镇一带，地表形成南北向断续展布的山脊，长度大于35km，宽度为120km，走向近南北，倾向南东，倾角60°左右，为重要的地质分界断裂，断裂西侧为中生界玲珑期二长花岗（昆嵛山岩体），断裂东侧为新元古代荣成序列花岗质片麻岩。断裂由硅化碎裂岩和石英脉组成，有的石英脉被挤压呈透镜状，并发育裂隙，石英脉两侧岩石破碎并蚀变，主要为硅化、娟英岩化、黄铁矿化、绿泥石化。断裂具多期活动特征，早期具张性活动，并充填石英脉，中期为左旋压扭性，石英脉呈雁行状分布，晚期表现为左旋张扭性。

5. 北西向断裂

该方向断裂一般规模不大，多分布于前寒武纪变质结晶基底内及变质基底和中生代地层的边界上，少量发育于胶莱盆地内，断裂性质多为张性或张扭性。主要有栖霞大柳家断裂和玉皇顶断裂、海阳大山东夼断裂、荣成俚岛等，其中俚岛断裂规模最大。俚岛断裂分布于荣成俚岛地区，断裂长度27km，宽10～30m，断裂西侧为新元古代荣成序列片麻岩和中生代伟德山期二长花岗岩，东侧为中生代青山群火山岩，断裂带走向317°，倾向40°，倾角70°，产状不稳定，断裂带由构造角砾岩、碎裂岩、断层泥组成，该断裂具有多期活动特征，早期控制了中生代盆地的形成，晚期对盆地有破坏作用。

第三节　地球物理特征

一、岩（矿）石物性特征

胶东地区以往的地质矿产勘查过程中积累了大量的岩矿石物性参数，本次研究工作收集了前人所测的物性数据和近年来胶东地区开展调查评价工作中测试的具有代表性的物性数据，经统计整理后的成果如表2-2、表2-3和表2-4所示。

表2-2　胶东地区地层岩石密度、磁性参数统计表

地质年代	地层	岩性	密度/(10^3kg/m^3)			磁性			
			平均值	变化范围	系或群加权平均	磁化率 κ/10^{-6}×4π SI		剩余磁化强度 Jr/(10^{-3}A/m)	
						平均值	变化范围	平均值	变化范围
新生代	第四系	土类	1.71	1.44～1.93	2.28	微弱		微弱	
		玄武岩	2.71	2.30～2.91		2109	792～4124	6946	748～27932
	新近系	橄榄霞石岩	3.03	2.87～3.19		1095	0～18364	35369	690～98619
		泥砂、砾岩类	2.35	1.84～2.70		微弱		微弱	

续表

地质年代	地层	岩性	密度/(10^3kg/m^3)			磁性			
			平均值	变化范围	系或群加权平均	磁化率 $\kappa/10^{-6}\times4\pi$ SI		剩余磁化强度 Jr/(10^{-3} A/m)	
						平均值	变化范围	平均值	变化范围
中生代	王氏群	砂岩	2.60	2.26~2.75	2.60	18.7	0~81.5	7.7	0~52.31
	青山群	流纹岩	2.43	2.27~2.59		715	3.2~3485	283	5.8~1621
		安山岩	2.56	2.37~2.77		464	0.6~2063	462	2.8~2217
	莱阳群	钙质页岩	2.64	2.49~2.75		6.4	0~12.3	6.7	0.5~22.2
新元古代	蓬莱群	灰岩	2.75	2.69~2.87	2.73	2.6	0~12.3	1.6	0~21.1
		大理岩	2.76	2.65~2.87		10.4	3.8~41.4	2.1	0~11.1
		板岩	2.74	2.73~2.81		19.2	6.6~87.4	4.7	0~18.5
		石英岩	2.64	2.64~2.66		8.2	0~60.0	12.8	0~97.5
古元古代	芝罘群	石英岩	2.67	2.62~2.69	2.71	4.1	0~367	26.8	0~974
		长石石英片麻岩	2.82	2.69~3.38		95.7		334	
	粉子山群	片岩	2.75	2.49~3.06	2.78	86.4	3.3~137	18.8	1.1~78.8
		大理岩	2.83	2.21~3.37		4.0	0~172	2.5	0~72.5
		黑云变粒岩	2.67	2.52~2.99		56.3	0~859	8.7	0~197
		斜长角闪岩	2.97	2.84~3.04		67.6	40.5~99.5	4.7	1.1~21.9
		斜长片麻岩	2.66	2.54~2.81		96.0	0~857	18.0	0~153
	荆山群	大理岩	2.79	2.53~3.13	2.79	7.2	0~30.0	2.1	0~12
		蛇纹石化大理岩	2.79	2.47~2.99		21.0	0~235	15.1	0~357
		透闪变粒岩	2.79	2.50~2.99		21.9	17.7~29.6	15.0	0~37.9
		黑云变粒岩	2.74	2.49~2.91		43.6	4.2~86.0	13.1	1.7~19.9
		黑云片岩	2.79	2.46~3.01		27.7	2.6~66.3	15.8	1.9~24.1
新太古代	胶东群	黑云变粒岩	2.68	2.55~3.03	2.82	80.0	0~1536	10.1	0~134
		斜长角闪岩	2.98	2.69~3.28		794	26.8~35960	222	0~9225
		浅粒岩	2.68	2.67~2.68		4.7	0.6~10.6	3.0	0~18.3
		黑云斜长片麻岩	2.66	2.41~3.02		144	0~6339	18.3	0~315
中太古代	唐家庄岩群	黑云变粒岩夹麻粒岩	2.93	2.87~2.99	2.93	1398	965~1831	405	335~474

注：岩浆岩密度、磁性参数资料，引自以往该地区综合地质调查报告。

表 2-3　胶东地区岩浆岩矿石密度、磁性参数统计表

侵入时期	岩体	岩性	密度/(10^3kg/m^3)			磁性			
			平均值	变化范围	同期平均值	磁化率 $\kappa/10^{-6}\times4\pi$ SI		剩余磁化强度 Jr/(10^{-3}A/m)	
						平均值	变化范围	平均值	变化范围
中生代	崂山	中粗粒二长花岗岩	2.56	2.41～2.75	2.56	545	56～2340	151	7.0～3690
	伟德山	细粒二长花岗岩	2.57	2.47～2.89	2.59	485	2.0～1291	942	9.5～2159
		斑状中粗粒二长花岗岩	2.63	2.36～2.91		1735	246～7653	565	31.4～1765
		巨斑状中粒含角闪二长花岗岩	2.61	2.43～2.69		1127	266～2498	53.8	8.0～274
	埠柳	细粒辉石角闪石英二长花岗岩	2.76	2.66～2.95	2.78	1620	1257～3433	216	23.4～474
		细粒辉石角闪闪长岩	2.79	2.58～2.92		836	666～1021	44.7	7.0～128
	郭家岭	斑状中粒花岗闪长岩	2.65	2.50～2.74	2.63	230	3.3～2124	56	0～427
		花岗闪长岩	2.60	2.58～2.62		348	0～2188	145	0～838
	玲珑	黑云二长花岗岩	2.57	2.48～2.60	2.60	233	23～493	8	1～23
		中粗粒二长花岗岩	2.52	2.44～2.68		138	31.0～639	30.9	2.1～145
		片麻状粗中粒二长花岗岩	2.65	2.54～2.70		263	15.9～793	30	1.2～456
		片麻状混合花岗岩	2.56	2.40～2.69		146	24.3～490	15.1	3.1～30.0
	文登	含斑粗中粒二长花岗岩	2.57	2.50～2.61	2.58	156	2.9～492	25.0	6.2～88.2
		花岗闪长岩	2.58	2.51～2.63		103	0～448	39.0	1.0～226
古元古代	双顶	二长花岗质片麻岩	2.76	2.53～2.98	2.76	217	4.3～538	38.5	7.3～92.2
	莱州	斜长角闪岩	2.83	2.29～3.25	2.83	862	4.0～6167	187	2.0～1128
	大柳行	片麻状细粒含黑云二长花岗岩	2.77	2.59～2.93	2.77	399	88.0～960	67.0	14.0～309

续表

侵入时期	岩体	岩性	密度/(10^3kg/m^3)			磁性			
			平均值	变化范围	同期平均值	磁化率 $\kappa/10^{-6}\times4\pi$ SI		剩余磁化强度 Jr/(10^{-3} A/m)	
						平均值	变化范围	平均值	变化范围
新太古代	栖霞	细粒奥长花岗质片麻岩	2.83	2.62～3.08	2.80	243	34.4～480	87.4	19.4～178
		中细粒含角闪黑云英云闪长质片麻岩	2.82	2.53～3.29		356	17.3～513	151	10.1～282
		细粒含角闪黑云英云闪长质片麻岩	2.78	2.06～3.17		348	14.6～621	147	12.8～204
	马连庄	变辉橄榄岩	2.84	2.57～3.60	2.84	13922	40～103484	35376	19～367097
		变辉长岩	2.76	2.67～2.83		439	47～963	123	23～224
		变角闪石岩	2.93	2.79～3.01		411	3.0～3881	109	3.0～1111
中太古代	十八盘	灰黑色片麻状含紫苏英云闪长岩	2.71	2.62～3.00	2.71	669	3.0～4051	503	14.0～2780
	官地洼	变橄榄石岩	2.71	2.67～2.94	2.63	422	14～1414	140	20.0～713
		蚀变辉长岩	2.51	2.39～2.62		29.0	2.0～105	7.0	2.0～11.0
	金矿石	仓上金矿	2.59	2.35～3.63					
	石墨矿	刘戈庄石墨矿	2.15	2.03～2.20		微弱		微弱	
	磁铁矿	莱州祥山铁矿				68000		180200	
	钼矿	邢家山钼矿	3.17						

注：岩浆岩密度、磁性参数资料，引自以往该地区综合地质调查报告。

（一）岩（矿）石的磁性特征

由表2-2可以看出，地层中除第四系外唐家庄岩群的磁性最强，平均磁化率为$1398\times10^{-6}\times4\pi$ SI，平均剩余磁化强度（简称剩磁）为405×10^{-3}A/m；中生代中的安山岩、流纹岩磁性中等，平均磁化率分别为$464\times10^{-6}\times4\pi$ SI、$715\times10^{-6}\times4\pi$ SI，平均剩磁分别为462×10^{-3}A/m、283×10^{-3}A/m；王氏群、莱阳群、蓬莱群、芝罘群、粉子山群、荆山群的磁性均较低，平均磁化率均小于$100\times10^{-6}\times4\pi$ SI，平均剩磁均小于20×10^{-3}A/m；玄武岩和橄榄霞石岩的磁性均属于强磁性，但是这两类岩石在胶东地区零星分布。因此在磁场上，唐家庄岩群一般反映为高磁异常；青山群因其磁性变化较大，一般反映为正负跳跃磁场或杂乱变化的磁场；王氏群、莱阳群、蓬莱群、芝罘群、粉子山群、荆山群一般反映为较平缓的波动磁场。在变质岩中，各种岩性中所含铁磁性矿物及结构构造有很大差异，导致磁性极不均匀。浅粒岩、变粒岩磁性微弱，一般小于$10\times10^{-6}\times4\pi$ SI，在磁场上表现为平稳低

表 2-4　胶东地区岩（矿）石电性参数统计表

岩石类型	岩石名称	电阻率 ρ_s /（Ω·m）	极化率 η_s /%	岩石类型	岩石名称	电阻率 ρ_s /（Ω·m）	极化率 η_s /%
岩浆岩	榴辉岩	3541	1.72	沉积岩	橄榄霞石岩	79749	2.78
	细粒辉长岩	3640	2.28		砂岩	1881	1.45
	石英闪长岩	1365	1.69		钙质页岩	3237	0.88
	辉岩闪长岩	4158	2.31		灰岩	81174	4.59
	正长斑岩	4724	2.35	蚀变岩	绢英岩化花岗质碎裂岩	1450	6.37
	花岗闪长岩	4397	2.85		黄铁绢英岩化糜棱岩	86.9	10.6
	二长花岗岩	6607	2.17		黄铁矿化蚀变岩	335	7.72
	中细粒黑云团花岗岩	10034	2.23		黄铁绢英岩化碎裂状花岗岩	960	7.49
	霏细岩	864	1.03	金矿石	新城金矿	1740	22.1
变质岩	大理岩	64007	5.83		焦家金矿	1220	23.6
	片岩	12661	2.69	石墨矿	刘戈庄石墨矿	78	45
	变粒岩	6241	2.78	铅锌矿	凤凰山铅锌矿	851	37.7
	片麻岩	7506	2.34	钼矿	尚家庄钼矿	1940	13.3
	斜长角闪岩	319	3.93	铜矿	王家山铜矿	400	10～25

注：岩（矿）石电性参数资料，引自以往该地区综合地质调查报告。

磁场特征；角闪岩类磁性较强，磁性变化范围也较大，斜长角闪岩磁化率平均值为 $794\times10^{-6}\times4\pi$ SI，变化范围为（26.8～35960）$\times10^{-6}\times4\pi$ SI，剩磁也较大，平均值为 222×10^{-3} A/m，变化范围为（0～9225）$\times10^{-3}$ A/m，表明斜长角闪岩类磁性强而不均匀，在磁场上一般表现为杂乱跳跃的正磁场特征；片麻岩类磁性介于两者之间，磁化率平均值在（100～400）$\times10^{-6}\times4\pi$ SI，属于中等磁性，在磁场上一般表现为弱的波动磁场特征。

由表 2-3 可以看出，侵入岩中基性-超基性、中性侵入岩的磁性很高，磁化率和剩磁分别为 $1085\times10^{-6}\times4\pi$ SI 和 1780×10^{-3} A/m；中酸性侵入岩磁性一般，磁化率和剩磁分别为 $494\times10^{-6}\times4\pi$ SI 和 95×10^{-3} A/m；酸性侵入岩的磁性较低，磁化率和剩磁分别为 $259\times10^{-6}\times4\pi$ SI 和 62×10^{-3} A/m。玲珑花岗岩类磁性相对较低，磁化率平均值一般在（138～263）$\times10^{-6}\times4\pi$ SI，在磁场上一般表现为平稳的低磁场特征；郭家岭超单元的花岗闪长岩类，磁性相对较强，磁化率一般在（230～348）$\times10^{-6}\times4\pi$ SI，剩余磁化强度也较强，一般为 56×10^{-3}～145×10^{-3} A/m，在磁场上一般表现为杂乱的正磁场特征。总体上看，基性-超基性、中性侵入岩一般反映为高磁异常，中酸性侵入岩一般反映为波动磁场，酸性侵入岩一般反映为低缓平稳的磁力低异常。断裂构造带内，碎裂岩及蚀变岩类的磁性，与原岩相比会有明显降低，磁化率一般都较低，这是由于断裂的挤压及热液蚀变，破坏了原岩的磁性，使原岩退磁的结果。这样，在磁场上一般会表现为条带状的低负磁场或较断裂带两侧的磁场有所降低。一般情况下，断裂构造带上的磁场为负磁异常或低于两侧的条带状低磁异常或等值线梯级带。等值线梯级带的特征一般为下盘呈条带状或条带状正高磁场，上盘为平稳的低缓正磁场或负磁场。另外，断裂形成过程中有磁性岩脉侵入，也会形成低负磁异常中的带状或串珠状的高磁异常带。从已探明的金矿床来看，金矿床绝大多数分布在平缓的弱磁场区或负磁场区。磁铁矿是最典型的铁磁性矿物，当岩石中达到一定含量且其地质体具一定规模时，可形成相当强度的磁异常，其磁化率、磁化强度值非常高，与围岩相比具有十分明显的异常反应。在矿区内利用磁测手段寻找富铁地质体，具有充足的地球物理前提。

（二）岩（矿）石的密度特征

由表2-2可以看出，白垩系的平均密度约为$2.60\times10^3kg/m^3$，粉子山群和荆山群的平均密度均为$2.78\times10^3kg/m^3$，唐家庄岩群的平均密度为$2.93\times10^3kg/m^3$，胶东群变质岩的密度为$2.80\times10^3kg/m^3$，可见地层之间密度变化较大。白垩系与粉子山群、荆山群之间存在$0.18\times10^3kg/m^3$的密度差，白垩系与唐家庄岩群之间存在$0.33\times10^3kg/m^3$的密度差，当白垩系与这三个地层以断裂或较陡的不整合界面在水平方向接触时，当它们的厚度和规模达到一定程度时，就会在接触界面附近产生重力异常，较新地层一侧反映为重力低异常，较老地层一侧反映为重力高异常，两者过渡地段将产生重力梯级带。如果它们呈垂直接触关系，白垩系厚度的变化也会产生相应的重力异常，变薄就会使重力值降低，增厚则会使重力值升高。粉子山群、荆山群与唐家庄岩群之间存在$0.15\times10^3kg/m^3$的密度差，若两者水平方向接触，亦可产生相应的重力异常。

由表2-3可以看出，酸性侵入岩（玲珑花岗岩等）的密度为$2.60\times10^3kg/m^3$，中酸性花岗岩（花岗闪长岩）的密度为$2.63\times10^3kg/m^3$，中性侵入岩的密度为$2.71\times10^3kg/m^3$，基性-超基性侵入岩的密度为$2.93\times10^3kg/m^3$。可见酸性、中酸性、中性侵入岩之间的密度差异很小，一般为$0.03\times10^3\sim0.09\times10^3kg/m^3$，很显然，它们相互接触时一般不会产生明显的重力异常。但它们与基性-超基性侵入岩体之间却有$0.33\times10^3\sim0.42\times10^3kg/m^3$的密度差，存在一个明显的密度界面，当它们水平方向接触时，只要达到一定规模就会产生重力异常。

粉子山群、荆山群、变质岩类的密度值基本相当（仅片麻岩略偏低，斜长角闪岩稍偏高），这些岩石相互接触一般不会产生明显的重力异常。但当它们与侵入岩体之间却存在着明显的密度界面，当它们相互接触时，就会在其接触界面处产生明显的重力异常。酸性-中酸性-中性侵入岩产生重力低异常，粉子山群、荆山群、变质岩则产生重力高异常。在花岗岩分布区，反映为明显的重力低异常，变质岩和粉子山群、荆山群分布区，则反映为明显的重力高异常。利用重力异常可以圈定出老变质岩系和花岗岩类的分布范围。

（三）岩（矿）石的电性特征

1. 电阻率特征

由表2-4可以看出，胶东地区各类岩石之间存在一定的电阻率差异，岩矿石电阻率可分为高阻、中阻、低阻三类，灰岩、橄榄霞石岩、大理岩、片岩的电阻率为高阻，均在

10000Ω · m以上；花岗岩类岩石电阻率为中等，其电阻率平均值一般在4000Ω · m以上，最高可达10034Ω · m，但由于其岩性、结构、构造的不同，造成电性不均匀，致使电阻率变化范围较大；碎裂岩、角闪岩明显低于其他岩石的电阻率值。当岩石经破碎蚀变后，且被液化物质或水充填，其电阻率比原岩明显降低，反映在视电阻率曲线上会表现为明显的低阻特征，而当破碎带中的岩石硅化程度较高时，视电阻率曲线则会表现为低阻带中的局部高阻。蚀变花岗岩在富水条件下呈现低阻反映，这一特点可在岩体内有效地划分断裂构造带，焦家断裂带、三山岛断裂带等断裂均显示以上电性特征。岩体与胶东岩群地层接触带的电场特征为高、低电阻率值的突变（岩体高，胶东岩群低），形成视电阻率变化梯度带。

2. 极化率特征

由表2-4可以看出，花岗岩、花岗闪长岩、变质岩、沉积岩等原岩的极化率低而稳定，一般在3%以下，而岩石经矿化蚀变后，极化率则明显升高，一般在7%以上，蚀变矿化强烈的富矿石则更高，极化率达20%以上，是各类正常岩石极化率的4～5倍。碎裂岩和蚀变岩类极化率较高，且随着硫化矿物含量的增加而增大。蚀变岩型金矿金含量往往与硫化物的含量关系密切，呈正相关关系，就是说金含量越高，其极化率也越高，根据这一特性可利用激电法寻找硫化矿物富集体，以达到间接寻找金矿体的目的。实践表明，胶东地区焦家、新城、夏甸等金矿床上视极化率都显示为高值特征。石墨矿具有低阻、高极化特性；银、铜、铅锌矿具有高极化特征；辉钼矿石是典型的金属硫化物，能产生很强的激发极化效应，具有高阻、高极化的特点。以上各类岩矿石与围岩的电性差异，为激电法寻找矿床提供了地球物理前提。

二、区域重磁场特征

胶东地区区域重磁场宏观上反映出胶东的区域构造格架、岩浆活动和地层分布。重力场、磁场总体上走向呈北东—北北东，重力场强度变化大，以胶莱盆地为界，南北两侧低，中间强度高；磁场则表现为场强低缓，北、中部场强低、变化小，南部场强高、变化大。胶东地区重磁场特征反映了南部、北部较强的岩浆活动，中部壳层变薄，基底构造呈近东西向，局部构造呈北东向，以及较高密度、较强磁性的古老结晶基底呈带、呈块分布的总体格局（图2-3、图2-4）。

（一）区域重力场特征

根据胶东地区1∶50万布格重力异常资料（图2-3），重力场呈现三方面特征：一是强烈波动性；二是北东走向高低相间的分带性；三是胶莱盆地重力高与胶北、胶南隆起重力低的“反常”性。

1. 强烈波动性

胶东地区重力场与鲁西重力场相比，表现为高重力背景上的强烈波动重力场，背景值平均在10×10^{-5}～$20\times10^{-5}m/s^2$。这种大范围的区域重力场的巨大差异，表明了沂沭断裂带

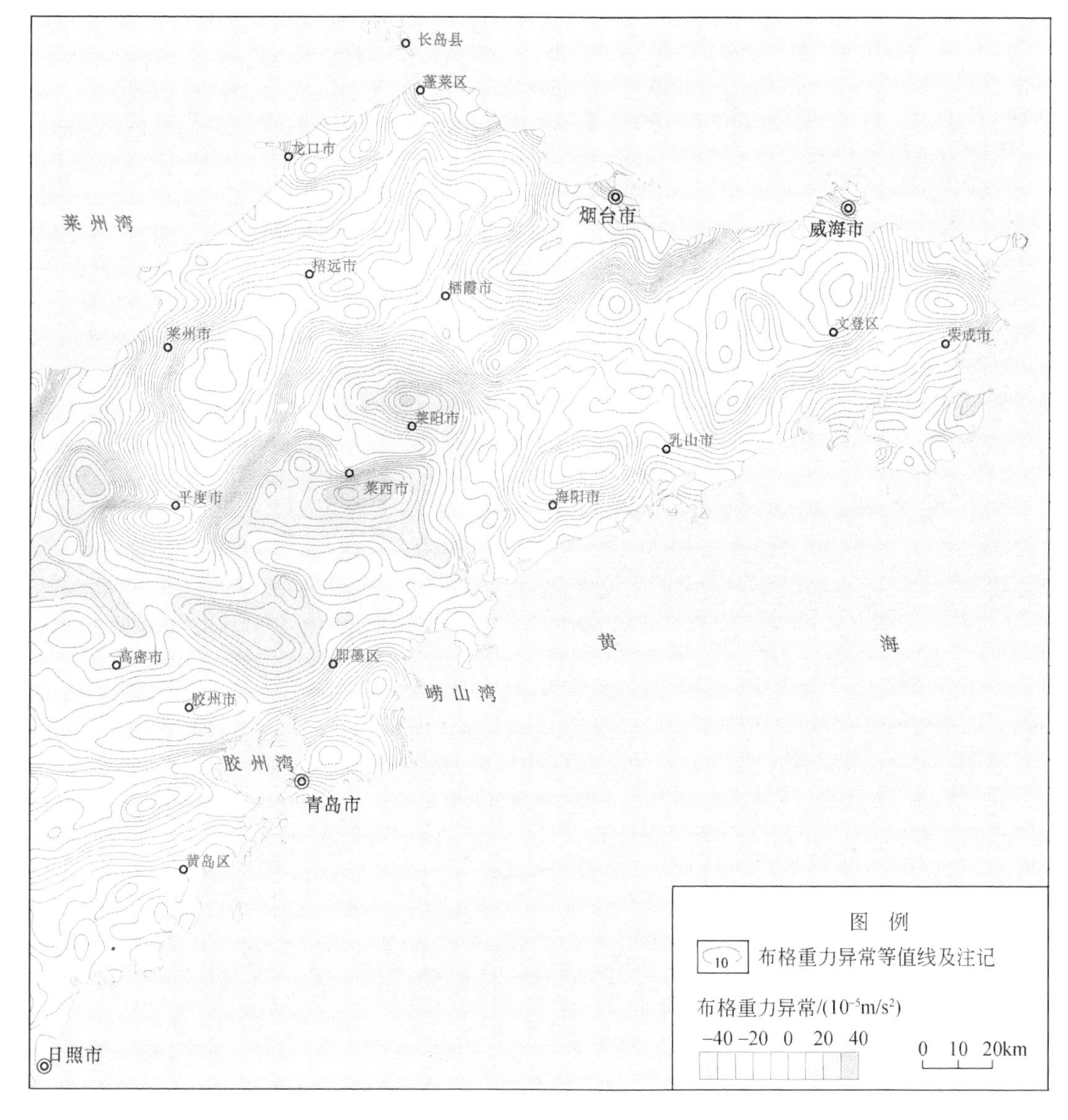

图 2-3　胶东地区布格重力异常图

两侧地壳结构的巨大差别，充分表现出沂沭断裂带对地壳运动的巨大控制作用。

胶东地区布格重力场值变化范围较大，全省重力场的最高点——莱西市南大望城重力高异常即位于本区内，布格重力异常高达 $34\times10^{-5}\,m/s^2$。胶西北玲珑岩体内重力场值小于 $-27\times10^{-5}\,m/s^2$，重力差达 $61\times10^{-5}\,m/s^2$，重力场跌宕起伏，高低相间。引起此波动的原因是该区处在华北板块与秦岭-大别-苏鲁造山带两个一级构造单元接触部位构造活动强烈，导致花岗岩侵入的不均衡性，岩体规模、厚薄不等；以及地壳运动的差异性，此起彼伏，升降幅度各异。

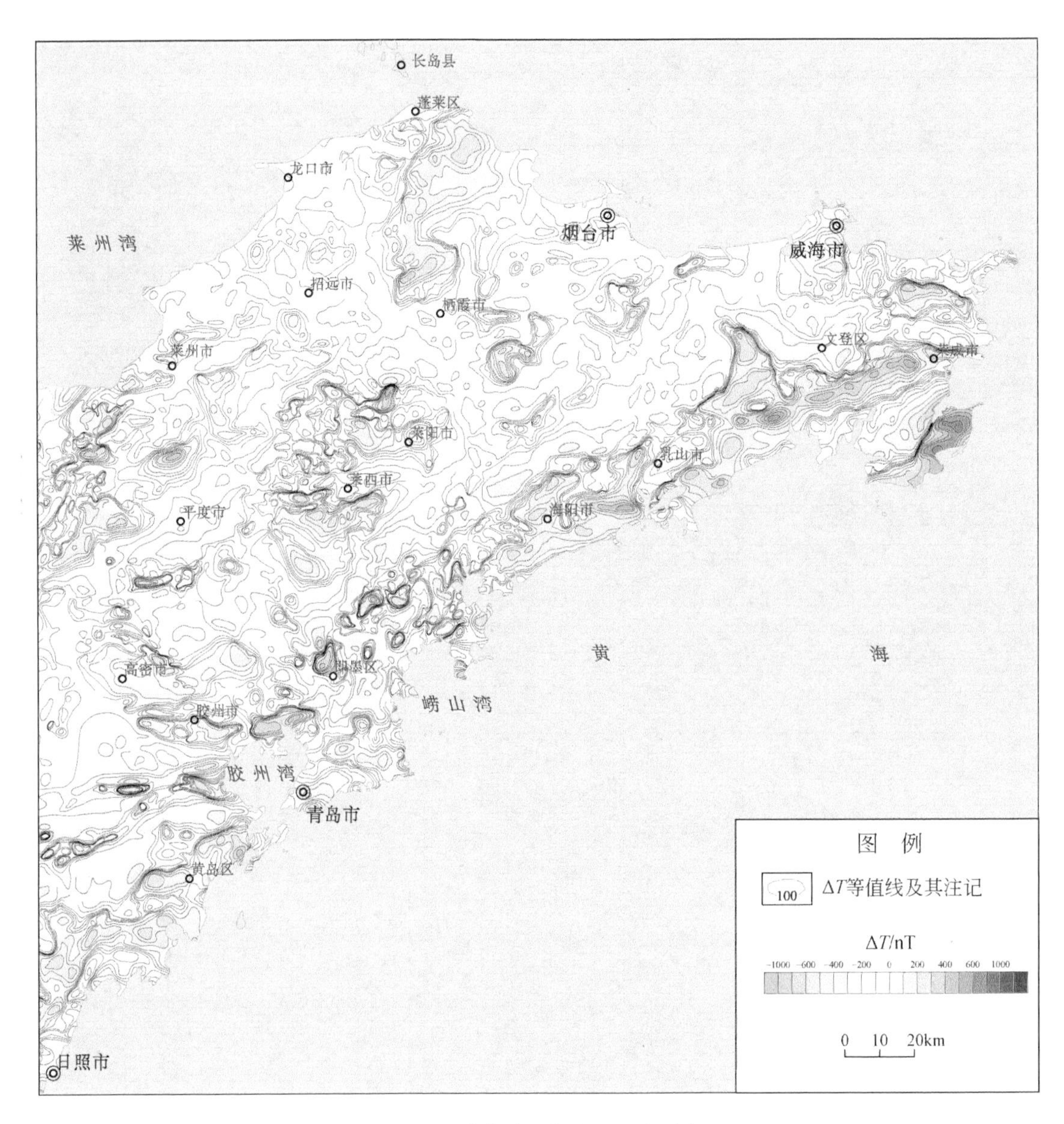

图 2-4　胶东地区航磁 ΔT 平面图

2. 北东走向高低相间的分带性

胶东地区重力场自西向东可分为六条北东走向的高低相间的重力异常带，依次为蓬莱-龙口-莱州重力高；艾山-玲珑岩体重力低；烟台-栖霞-莱阳-胶州重力高；伟德山-昆嵛山-招虎山岩体重力低；荣成-即墨南重力高；大店-崂山岩体重力低。

重力场的分带走向决定了本区重力异常多为北东走向，北西向和东西向次之。同时，也反映了本区地质构造的分带性和其走向以北东向为主。根据胶东地区的物性资料，重力高为高密度的太古宙—元古宙变质岩群（胶东岩群、荆山群、粉子山群等）的反映，重力低为相对低密度的玲珑、郭家岭、栖霞、伟德山、崂山、荣成等超单元中酸性岩浆岩体以及中—新生代地层引起。

在以上北东向分带现象的同时，还可以看到沿招远-栖霞-文登一线有一明显的重力低带，烟台-胶州重力高带在栖霞一带也出现了较宽大的重力低鞍部，牙山岩体即分布其中，同时艾山岩体与玲珑岩体重力低异常在此线处有一明显的错动，此东西向构造带大致与栖霞复背斜的轴部相吻合。

3. 胶莱盆地重力高与胶北、胶南隆起重力低的“反常”性

胶东地区中西部的重力高异常区大致对应于胶莱盆地区，四周重力低区对应于胶北、胶南隆起，按照一般规律，拗陷区由于沉积了低密度的新生代地层，在重力场上应反映为重力低，而隆起区由于高密度的老地层隆起应反映为重力高，但本区却出现了相反情况。

胶莱拗陷内沉积有几百米至数千米厚的低密度的中新生代地层，胶莱盆地低密度、厚300～5000m的中生界直接覆盖在高密度的变质岩之上，莱阳群、青山群、王氏群所引起的重力降远远低于其他地区复式花岗岩体和新生界松散层引起的重力降，导致胶莱拗陷的重力场高于其他地区。区域内重力场在重力高背景上的波动，取决于中生界的沉积厚度，厚度小的地段由于高密度的变质基底岩系（荆山群）上隆引起重力场升高，如莱阳北、莱西南等地；反之则为重力低，如莱阳南等处。

重力场分布特征与金矿床有明显的对应关系，据“山东省金矿资源总量预测报告”资料，矿化分布在$0\times10^{-5}\sim30\times10^{-5}m/s^2$范围内，而$-8\times10^{-5}\sim2\times10^{-5}m/s^2$为弱矿化区，$2\times10^{-5}\sim20\times10^{-5}m/s^2$为矿化集中分布区。已知矿田单元与重力值相对变低或增加的“鼻状区”有对应关系，且宽缓梯度变化的负“鼻状区”对矿化的指示意义尤为明显。

（二）区域磁场特征

胶北地区的磁场特征表现为磁力低背景上的波动场（图2-4）。该区大面积出露变质岩和中酸性岩浆岩，这些岩石的磁性平均值都较小（郭家岭超单元除外），故表现为低背景；但由于很多岩石的磁性变化范围较大，故呈现出波动性。区内有两处磁力高的区域：在莱州西南地段有许多中、小型磁铁矿及变质岩中较强磁性的斜长角闪岩含量增多导致磁场升高、波动性加剧；在艾山-蓬莱东地段有一南北向带状磁力高区，这是中等磁性的郭家岭超单元花岗闪长岩的反映。

胶南地区的磁场特征表现为磁力高。由地质资料可知，胶南隆起区大面积出露各种侵入岩体和青山群火山岩，变质岩零星以残片状保留在二长花岗岩体中。物性资料表明，胶南地区崂山、伟德山、月季山、雨山、大店、荣成等超单元的中酸性岩和碱性岩多数磁性较强，青山群火山岩也为强磁性并且剩磁强的地质体，故引起磁力高。

胶莱盆地的区域磁场特征呈现剧烈的波动性，整个磁场十分杂乱。单个异常面积不大，但强度较高，高者为正数百至几千纳特，低者则为负几百至负上千纳特，而且往往高低相伴，几乎每个正异常北侧都伴有幅值很大的负异常。这是典型的火山岩的磁场特征，在盆地边部青山群分布地区表现得尤为明显。因为火山岩磁性强、离散性大，尤其剩磁强，在斜磁化、反磁化的作用下使得磁场异常杂乱。在莱西市南、莱阳北、高密东、胶州南等地各有形态较规则的磁力高异常，这是变质岩（荆山群）上隆所引起，荆山群中斜长角闪岩含量增加和野头组中含磁铁层位所致。

海阳-威海磁场特征表现为磁力高背景上的波动场。高磁场分别由荣成超单元滕家、大时家花岗闪长岩（乳山-荣成一带）、宁津所超单元碱性岩（石岛附近）、青山群火山岩（俚岛附近）等引起；沿海的负磁场主要由低磁性的伟德山超单元引起。由于各岩体之间的磁性差异及岩体本身磁性的不均匀和斜磁化作用，使得磁场波动性较大。

第四节 区域地球化学特征

通过对胶东 Au 及相关成矿伴生元素 Ag、As、Cu、Pb、Zn、Sb、Bi、W 等分析研究，圈出与 Au 成矿有关的组合异常 10 处（编号为 AS01 ~ AS10），同时组合异常外存在一定面积的 Au 单元素异常区 12 处（编号为 Au01 ~ Au12），编制地球化学综合异常图（图 2-5）。不同组合异常区其元素组合特征、异常特征参数均有明显差异，分别叙述如下。

一、组合异常特征

AS01：异常元素组成为 Au-Ag-Hg-Cu-Pb-Zn，水系沉积物点 418 个，面积为 $1690km^2$，Au 最高值为 $690×10^{-9}$，Au 均值为 $29.18×10^{-9}$，Au 衬度值为 9.45。分布在烟台市招远、栖霞等地，地质背景为白垩纪中酸性岩、侏罗纪中酸性岩、太古宙中酸性岩、震旦系以及第四系。

AS02：异常元素组成为 Au-Ag-As-Bi-Cu-W-Zn，水系沉积物点 94 个，面积为 $382km^2$，Au 最高值为 $64×10^{-9}$，Au 均值为 $5.06×10^{-9}$，Au 衬度值为 1.64。分布在烟台市和蓬莱市，地质背景为白垩纪中酸性岩、侏罗纪中酸性岩、太古宙中酸性岩、震旦系以及古元古界。

AS03：异常元素组成为 Au-Ag-As-Cu-Hg-Pb-Sb-Zn，水系沉积物点 328 个，面积为 $1355km^2$，Au 最高值为 $930×10^{-6}$，Au 均值为 $10.30×10^{-9}$，Au 衬度值为 3.34。分布在烟台市福山区和栖霞市，地质背景主要为太古宙中酸性岩和古元古界，其他地层也有出现。

AS04：异常元素组成为 Au-Ag-As-Pb，水系沉积物点 367 个，面积为 $1468km^2$，Au 最高值为 $670×10^{-9}$，Au 均值为 $16.85×10^{-9}$，Au 衬度值为 5.46。分布在烟台市牟平区、莱山区及乳山市，地质背景主要为白垩系、白垩纪中酸性岩、太古宙中酸性岩，其他地层也有出现。

AS05：异常元素组成为 Au-Bi-W，水系沉积物点 73 个，面积为 $321km^2$，Au 最高值为 $198×10^{-9}$，Au 均值为 $12.81×10^{-9}$，Au 衬度值为 4.15。分布在威海市区，地质背景主要为侏罗纪中酸性岩、白垩纪中酸性岩、元古宙中酸性岩。

AS06：异常元素组成为 Au-Ag-Bi-Hg-W，水系沉积物点 6 个，面积为 $28km^2$，Au 最高值为 $11×10^{-9}$，Au 均值为 $4.7×10^{-9}$，Au 衬度值为 1.52。分布在威海市和乳山市，地质背景主要为白垩纪中酸性岩、元古宙中酸性岩。

AS07：异常元素组成为 Au-Pb，水系沉积物点 27 个，面积为 $134km^2$，Au 最高值为 $136×10^{-9}$，Au 均值为 $8.03×10^{-9}$，Au 衬度值为 2.60。分布在烟台市和莱州市，地质背景主要为太古宙中酸性岩和古元古界。

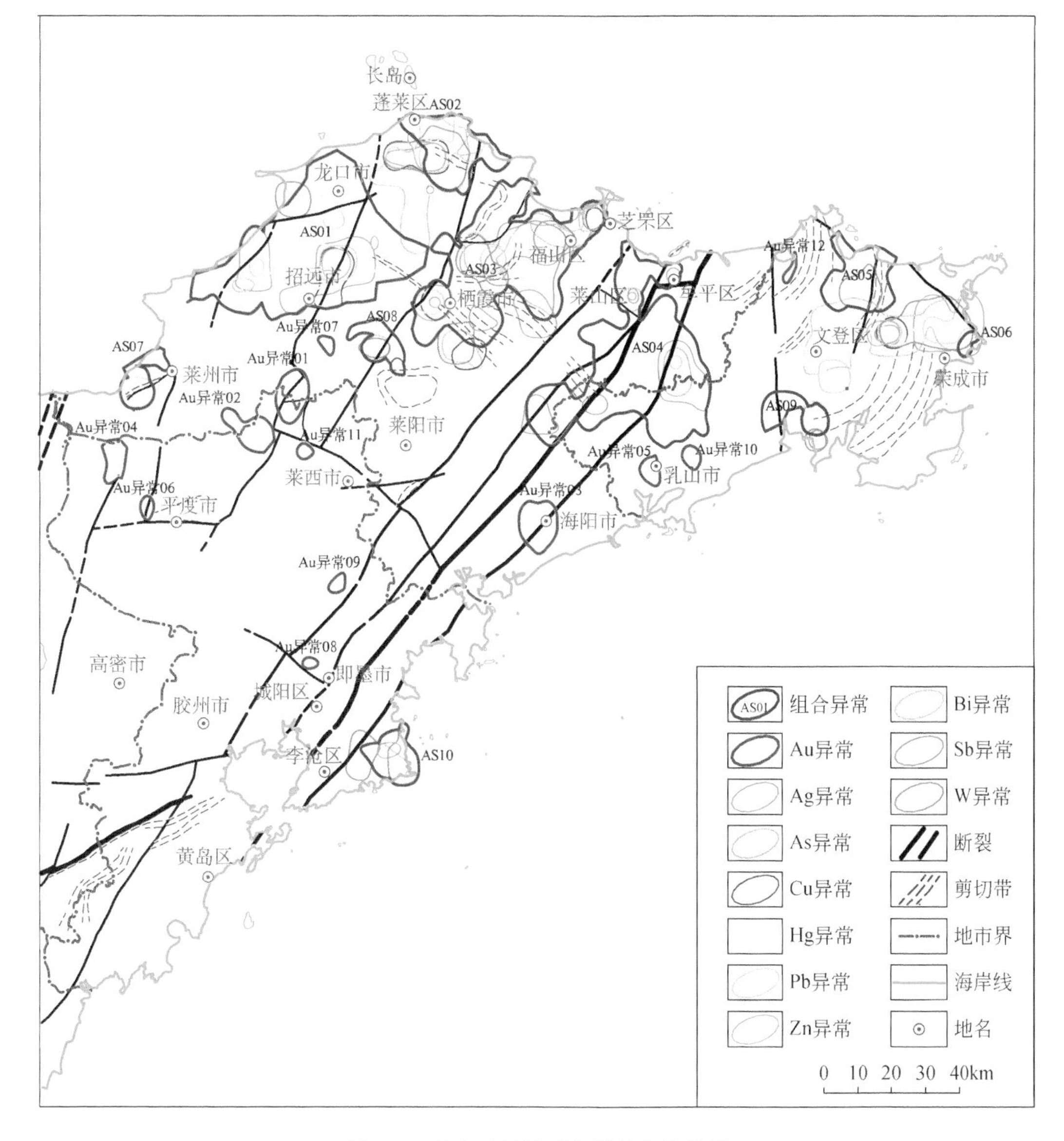

图 2-5　胶东地区地球化学综合异常图

AS08：异常元素组成为 Au-Bi-Cu-W，水系沉积物点 34 个，面积为 138km²，Au 最高值为 18×10^{-9}，Au 均值为 4.69×10^{-9}，Au 衬度值为 1.52。分布在烟台市栖霞市西南，地质背景主要为侏罗纪中酸性岩和太古宙中酸性岩。

AS09：异常元素组成为 Au-Ag-Hg-Pb-Sb-W，水系沉积物点 29 个，面积为 145km²，Au 最高值为 969×10^{-9}，Au 均值为 36.46×10^{-9}，Au 衬度值为 11.81。分布在威海市文登区西南，地质背景主要为白垩纪中酸性岩和元古宙中酸性岩。

AS10：异常元素组成为 Au-Bi-W-Zn，水系沉积物点 35 个，面积为 181km²，Au 最高值为 66×10^{-9}，Au 均值为 4.55×10^{-9}，Au 衬度值为 1.47。分布在青岛市李沧区，地质背

景主要为白垩纪中酸性岩和元古宙中酸性岩。

二、Au 单元素异常特征

在综合异常之外，全区有 12 处 Au 单元素异常，以 Au01 ~ Au12 表示，Au 单元素地球化学异常特征如下。

Au01：异常区包含水系沉积物点 30 个，面积为 109km^2，Au 最高值为 125×10^{-9}，Au 均值为 9.03×10^{-9}，Au 衬度值为 2.93。处于青岛市莱西市西北，地质背景主要为白垩纪中酸性岩、侏罗纪中酸性岩和太古宙中酸性岩。

Au02：异常区包含水系沉积物点 26 个，面积为 105km^2，Au 最高值为 41×10^{-9}，Au 均值为 8.08×10^{-9}，Au 衬度值为 2.62。处于青岛市莱西市、平度市与烟台市莱州市交叉处，地质背景较为简单，为侏罗纪中酸性岩。

Au03：异常区包含水系沉积物点 31 个，面积为 131km^2，Au 最高值为 1887×10^{-9}，Au 均值为 62.07×10^{-9}，Au 衬度值为 20.11。处于海阳市，地质背景较为简单，为白垩系和白垩纪中酸性岩。

Au04：异常区包含水系沉积物点 3 个，面积为 67km^2，Au 最高值为 19×10^{-9}，Au 均值为 12.43×10^{-9}，Au 衬度值为 4.03。处于青岛市平度市北部长乐镇，地质背景较为简单，为古元古界。

Au05：异常区包含水系沉积物点 8 个，面积为 38km^2，Au 最高值为 46.8×10^{-9}，Au 均值为 10.84×10^{-9}，Au 衬度值为 3.51。处于威海乳山市西侧，地质背景较为简单，为侏罗纪中酸性岩。

Au06：异常区包含水系沉积物点 4 个，面积为 20km^2，Au 最高值为 14.8×10^{-9}，Au 均值为 6.2×10^{-9}，Au 衬度值为 2.01。处于青岛市平度市店子镇，地质背景较为简单，为白垩系和侏罗纪中酸性岩。

Au07：异常区包含水系沉积物点 4 个，面积为 18km^2，Au 最高值为 6.4×10^{-9}，Au 均值为 5.23×10^{-9}，Au 衬度值为 1.69。处于烟台市招远市齐山镇，地质背景为太古宙中酸性岩和侏罗纪中酸性岩。

Au08：异常区包含水系沉积物点 4 个，面积为 11km^2，Au 最高值为 17.5×10^{-9}，Au 均值为 6.73×10^{-9}，Au 衬度值为 2.18。处于青岛市即墨区北安街道办，地质背景为白垩系。

Au09：异常区包含水系沉积物点 5 个，面积为 20km^2，Au 最高值为 15×10^{-9}，Au 均值为 5.4×10^{-9}，Au 衬度值为 2.15。处于青岛市即墨区华山街道办，地质背景为第四系。

Au10：异常区包含水系沉积物点 6 个，面积为 27km^2，Au 最高值为 48×10^{-9}，Au 均值为 10.07×10^{-9}，Au 衬度值为 3.26。处于威海市乳山市大孤山镇，地质背景为侏罗纪中酸性岩。

Au11：异常区包含水系沉积物点 4 个，面积为 16km^2，Au 最高值为 19×10^{-9}，Au 均值为 9.23×10^{-9}，Au 衬度值为 2.99。处于青岛市莱西市南墅镇，地质背景为古元古界和白垩系。

Au12：异常区包含水系沉积物点3个，面积为13km^2，Au最高值为3.7×10^{-9}，Au均值为3.42×10^{-9}，Au衬度值为1.11。处于威海市环翠区，地质背景为元古宙中酸性岩和胶南-威海变质表壳岩组合。

第五节 区域遥感特征

研究区西南部为胶莱盆地，其余地区属于典型的中低山丘陵区，地势起伏较大，大部分区域海拔高度在50~300m，地势总体上表现为内陆较高、近海较低。胶莱盆地和中低山丘陵区在遥感影像上的色调、影纹均有一定的差异，具有不同的岩性、构造、异常影像特征。胶莱盆地遥感特征表现为色调深、影纹多平直、局部地段粗糙，河流宽阔、库塘较多、居民区集中，地貌多为山前倾斜平原、冲洪积平原，区内受农田及第四纪堆积物覆盖，基岩零星出露，地质体、构造信息反映较弱。中低山丘陵区遥感特征表现为色调浅、影纹粗糙、条带状纹理发育，地形起伏较大、沟谷切割，植被发育、多分布在山顶，河流弯曲而狭窄，大部分地区有岩层出露，构造、地质体解译明显。

一、主要岩性遥感影像特征

岩石的组成成分、内部结构、光照条件等因素决定了它的光谱特征。岩性解译就是利用不同岩层反射光谱差异所形成的形态、结构、纹理、色调等影像差异，来判定出露地面的岩石的物理特性和产出特点，划分不同岩石类型或岩性组合。所有内生、外生矿床均与一定时代的岩性、地层及岩相有关，因此在成矿预测的过程中，首先要找出有关图像图形、地貌特征或与一定植物的联系，以便发现矿床赋存的有利层位与构造。

（一）沉积岩遥感影像特征

沉积岩成层性明显，带状纹理结构是其典型的解译标志，不同的岩石由于成分和结构的差异以及环境因素的影响，遥感影像特征略有差异。研究区内沉积岩主要发育于中生界王氏群、莱阳群等地层中，岩性以砾岩、杂砂岩等碎屑岩类为主，该岩石类型影像特征变化较大，遥感影像特征具有区域性。砾岩常形成单面山，地面起伏较大，水系和植被不发育，在图像上多呈斑点状、斑块状等不均匀色调；质硬厚层砂岩以条带状纹理为主，水平岩层形成平顶山及陡坎，倾斜岩层多形成单面山或猪背岭，水系密度小，多为平行羽状、束状水系等，植被不发育；质软层理发育的砂岩在图像上以条纹或条纹带状为主，地形平缓，形成垄岗状山脊，植被比较发育；部分黏土岩类，在图像上常呈现区域性的特殊纹理，如蜂窝状纹理。

（二）火山岩遥感影像特征

研究区内火山岩多发育于中生界青山群石前庄组、八亩地组等地层和莱阳群曲格庄组地层中，岩性以凝灰岩、集块岩、角砾岩为主。凝灰岩类遥感影像特征与细砂岩、粉砂岩和黏土岩类相近，凝灰岩分布区地形平缓，具有稀疏的树枝状或钳状树枝状水系，常有似条纹状的纹理。集块岩、角砾岩类遥感影像特征呈不规则的似层状、块状分布，在遥感图像上色调不均匀，多呈斑点状、斑块状纹理。水系不发育，多受断裂和裂隙控制，具有与裸露的砾石相似的地貌形态特征。

（三）侵入岩遥感影像特征

研究区内侵入岩形成时代集中于元古宙、太古宙和中生代，其中以新元古代震旦期和中生代燕山晚期发育较多，岩石类型从超基性-基性-中酸性-酸性-偏碱性皆有，以酸性为主。遥感影像特征表现为清晰的圆状、透镜状、哑铃状和不规则形态，分布有均匀的斑块状纹理，树枝状或向心状水系及与围岩的不协调关系是其主要解译标志。通常情况下从酸性向中性，岩石色调有从浅向深的变化规律。同一地区、相同波段组合形成的图像上，不同的岩石类型具有不同的色调特征。

岩脉多发育于中生代侵入岩内及附近围岩中，具有区域性分布的特点，常成群、成带分布。岩脉一般为凸起的线状、透镜状垄岗地形，少数基性、超基性岩脉或多次构造破碎的岩脉可能呈现凹形槽沟地形。中酸性或碱性岩脉与基性、超基性岩脉在色调上具有明显差别。

（四）变质岩遥感解影像特征

研究区内绝大部分中高级变质岩为太古宙、元古宙基底变质岩系，岩性以片麻岩类为主，有比较均匀的色调、单调且定向排列的断续细线纹理是其特征解译标志。大部分低级变质岩是分布于结晶基底之上的线变质岩系，岩性为黑云片岩、大理岩、变粒岩，其影像特征与沉积岩非常相似。

片麻岩类主要发育于新太古代栖霞岩套、中元古代海阳所岩套、新元古代荣成岩套中。岩石裸露良好时，在遥感影像上可见代表区域片麻理走向的断续线性影纹。片麻岩区一般为低缓地形，似垄岗状和馒头状山脊，有农田分布。残积土壤和坡积物发育地区，主支脊间没有明显界线；岩性坚硬地区，主支脊成羽毛状斜交或近于直交，最小一级冲沟往往同片麻理方向一致，构成密集羽毛状或“丰”字形水系。

黑云片岩、大理岩、变粒岩发育于古元古界荆山群陡崖组、野头组、禄格庄组地层中，地貌上为微切割-强剥蚀丘陵区，微地貌为岭地，局部为荒坡岭。多为旱地，局部为园地，在遥感影像上反映为不规则块状，淡红色和暗灰色等影像特征，纹理发育，北东向纹理呈不规则细纹状、蜿蜒曲折、延伸较短、断续出现的异常特征。片岩类岩石层状特征明显，在影像上呈条带（线）状纹理发育，常形成低缓丘陵或岗状地表。与构造有关的冲沟构成的密集平行线普遍存在纹理，往往代表板理、千枚理、片理的方向。大理岩类常具有陡峻的地形，单面山、猪背岭等地貌，层理发育，出露良好时，遥感影像上具有明显的条纹条带状纹理。变粒岩类其影像特征与片麻岩相近，有时因暗色矿物的含量变化和浅粒岩的出现，具有条带状影像；浅粒岩一般呈浅色正地形，在遥感影像上较容易解译。

二、地质构造遥感影像特征

构造运动是地壳内部的内在活动因素，它与变质事件、热事件、成矿作用联系在一起，而内生矿床和外生矿床的形成和分布均不同程度地受一定地质构造事件的控制，因此地质构造与矿床形成密切相关。遥感影像可以直观、逼真地反映各类地质构造要素，能有效地揭示隐伏构造，清晰地显示活动构造，地质构造在遥感图像上常表现为线性与环形特征。线性构造、环形构造及构造交叉部位，往往是成矿的重要部位，通过对遥感图像上色调、阴影、形状的研究可以更直观地划分构造性质，有利于成矿预测。

线性特征在图像上表现为呈连续或断续的线状或带状展布，其空间分布形式有一定规律性。从遥感影像图上可以看出，研究区内线性断裂主要发育北东向、北西向、近东西向三组，以北东向规模最大，控制着区内地形地貌、地层、岩体的展布，尤其是中生代燕山期的侵入岩分布区发育更为密集，影像特征较为清晰，有明显色线异常，断裂两侧色调、纹理各不相同。线性形迹主要反映了断裂和节理等构造，是构造应力作用下的岩石形变带、软弱带和应力集中带，对岩浆活动起着控制作用，这些部位成为成矿溶液赖以上升、运移的有利通道或沉淀、富集的场所，对导矿、运矿、储矿起着重要作用。

环形构造在图像上表现为近圆形的构造环带特征，多是地壳内部活动的表现，对形成火山型、热液型矿床关系密切（如斑岩型铜矿大多位于不同规模环形构造的边缘）。从遥感影像图上可以看出，研究区内环形构造规模中等，主要发育于变质岩和侵入岩的分布区，环形影像特征局部地段较为清晰，环形构造在色调和影纹上比较醒目，形态为圆形、椭圆形，多为单环，有环形的水系网、浑圆状花岗岩体等解译标志，与其余构造环的关系多为相交、相切。

区内资料研究表明，环形构造与线形构造彼此间存在互为依存的构造复合关系，环形构造呈定向直线排列表现为线性构造，前者反映的可能是热源点或混合体中心，是金矿的成矿母岩，后者反映的是隐伏断裂，为成矿溶液及其源出的有利通道，前者的分布受后者的控制。同时，环形构造和线形构造两者独立并存，在构造上具有复合关系，环形构造与区内的北东和东西向线性构造的交切复合部位是金矿化富集的最有利地段。

第三章　地球物理勘探技术

第一节　重 力 勘 探

一、理论基础

重力勘探是以地壳中不同岩、矿石的密度差异为基础，通过观测重力场的变化规律来研究地质构造和寻找矿产的一种物探方法，依据的物理理论基础是万有引力定律。在重力勘探中，将地下岩石、矿物密度分布不均匀所引起的重力变化，或地质体与围岩密度的差异引起的重力变化，称为重力异常。在实际工作中不是根据一个点上的重力异常值的大小，而是根据一条测线上或某一区域面积上的重力异常值进行研究，这时关注的是一条测线或一定面积上的重力异常变化。当重力异常变化值为零时，习惯上也说没有重力异常。在一条测线或一块面积上以某一点的重力值作为正常值，而以其他测点的重力值与之比较得到的差值称为相对重力异常。

在重力勘探中，将野外使用重力仪测量的值经过校正、变换、分离等，可以得到重力异常值，特别是由单一密度分布不均匀因素如起伏密度界面、断裂、矿体等引起的重力变化。然后利用不同的反演方法，计算出重力异常体的几何参数和物性参数。最后，综合地质认识，推断地下地质构造、矿体、油藏资源等的分布，从而达到重力勘探的目的。

二、工作方法

在使用重力仪进行野外观测前，需要对重力仪器进行调节校验、格值标定以及性能试验。设备符合要求后，可进行野外数据观测。重力测量工作依据的规范有：《大比例尺重力勘查规范》(DZ/T 0171—2017)、《区域重力调查规范》(DZ/T 0082—2021)、《重力调查技术规范（1∶50000)》(DZ/T 0004—2015)、《海洋重力测量技术规范》(DZ/T 0356—2020)。

（一）仪器性能试验

施工前后需对所用仪器进行检测、保养和格值测定，进行仪器静态、动态、一致性等性能试验。仪器性能各项指标均符合规范要求方可投入野外生产。

1. 静态试验

选择温度环境变化较小、地基稳固、无扰动干扰的试验场地。连续观测不少于24h，每30min观测一次，经固体潮改正后，并绘出仪器的静态零点掉格曲线，利用线性回归法计算出静态掉格率。

2. 动态试验

采用多点动态试验，试验点距和路面状况应与工作区的地形情况类似，在工作区内选择 18 个以上试验点，选择地基稳固、干扰较小、相邻两点间重力段差在 $0.5\times10^{-5}\sim5\times10^{-5}m/s^2$，以汽车或步行运输重力仪，采用双程往返观测方式进行，相邻两点间单程观测时间间隔不大于 20min，试验时间不少于 12h。

3. 一致性试验

一致性观测点数不少于 30 个，起止于同一点，点距与测网点距相同或相近，相邻点间重力差一般应大于 $1\times10^{-5}m/s^2$，用于测量观测时 $|\varepsilon_{一致性}|\leqslant0.060\times10^{-5}m/s^2$。

4. 格值测定

重力仪的格值测定时间与动态试验时间相同，重力仪的格值测定在国家长基线或国家格值标定场进行，观测方法为三程小循环法。

（二）技术要求

1. 基点网的布置和观测

重力基点的实地确定宜根据预设方案，结合地形和高程情况进行，应选在地基稳固、联测方便、周围没有震源、附近地形和其他引力质量近期内不发生较大变化、重力水平梯度变化较小、近期不被占用的地方，避免设在大型建筑物、陡崖、涵洞、河堤和湖、海边等地点。

目前最常用基点网观测方式有三种：①单向循环重复顺序 1→2→3→……1→2→3→……；②往返重复顺序 1→2→3……3→2→1；③三重小循环顺序 1→2→1→2→3→2→3→4→3→4……（上列数字是测点号）。目前常用的观测方式为三重小循环观测。每台仪器的合格观测数据，于相邻两点间（一个边段）可得一个独立增量。基点网的每一边段上应有三个以上的独立增量。基点联测方法与基点网的观测方法相同，观测精度不低于基点网精度。

2. 重力测点布设和重力观测

野外观测起闭于基点，在基点上进行“基-辅-基”观测，基点三次读数，读数间隔 5min 左右，基点上前后两次平均读数之差不超过 $0.010\times10^{-5}m/s^2$。基点闭合时间均严格按动态试验确定的闭合时间控制。每个测点读数两次，两次读数差值均不大于 $0.005\times10^{-5}m/s^2$。测点由重力工作技术人员（或重力仪操作员）选址确定，测点均选择在地形平坦处，尽量避免测点处在建筑物、陡坎等微地形突变处 20m 以内，以避免出现畸变点。

3. 检查点的布置与观测

检查点的布置应在时间上与空间上都大致均匀，即每天的观测和每一条测线上的点都应受到检查。检查观测与初次观测时所用的仪器不同、操作人员不同、观测路线不同。检查观测不应集中于施工后期统一进行，而应在平时的普通点观测工作之中穿插进行，以便及时发现问题而尽快解决。检查点应占测量点总数的 5%～10%，在大面积的区域调查中也不应少于3%。

（三）海洋重力测量

海洋重力测量主要受四个方面的干扰：厄缶效应、水平加速度影响、垂直加速度影响、交叉耦合效应，所以海洋重力测量基本上采用走航式的连续观测方法。海洋与陆地重力测量相比，有它的特殊要求：需要在港口、码头建立重力基点，重力测量采用单次观测法，起始、闭合于这些基点；需要准确的船只运动参数；要求船只沿航线测线尽量保持匀速、直线航行。重力仪安装连接完毕后，通电加温时间应不少于48h，确保重力仪传感器内部达到正常恒温，然后启动系统进行重力仪校验；重力仪校验应包括重力仪参数测定、联机试验和码头静态稳定性试验，校验不合格的重力仪不能用于海上作业。

1. 重力仪参数测定

参数测定按重力仪使用手册的要求进行，应满足重力仪正常运行至少3h以上，确保陀螺运转稳定；每项参数测定至少做两次；测定结果符合使用手册的技术要求，且经主管技术部门签字认可。

2. 联机试验

重力仪系统与导航定位系统联机试验应在作业前进行；启动重力仪系统，正常后实现与导航定位系统同步；信号通道正常；数据传输、存储正常；应获得不小于1h的数据记录。

3. 码头静态稳定性试验

作业开始前和作业结束后，调查船停靠码头时分别进行一次静态稳定性试验。

（四）航空重力测量

航空重力有非常明显的高速测量的优点，与地面重力及其他的地球物理方法相比也有很大的优点。主要受五个方面的干扰：飞机发动机扰动、厄缶效应、水平加速度影响、垂直加速度影响、交叉耦合效应。

三、数据处理

根据野外观测得到的重力数据通过初步整理得到各个测点的相对重力值，相对重力值经过地形、中间层、高度及纬度校正得到重力异常值。重力资料的数据处理就是利用计算机对重力异常数据进行有关的数学计算和图像处理，以得到用于进一步深化重力解释的异常资料，其具体目为：①消除因重力测量和对测量结果进行各项校正所引进的一些偶然误差或与勘探目标无关的某些近地表小型密度不均匀体的干扰；②从叠加异常中分离出由勘探目标引起的异常；③把实测重力异常转换成其他的位场要素，以满足重力解释，解重力反问题的需要。重力异常转换也用于异常分离的目的。

（一）重力异常的分离

重力解释中应用较多、又有一定效果的异常分离方法，包括图解法、平均场法、高次导数法、解析延拓法、趋势分析法、频率域滤波法等。

（二）重力异常的正演

简单规则的几何形状的物体引起的重力异常可以通过理论计算得到，几何形状不规则的二度体或三度体，是把不规则复杂形体分解为许多小的几何形状规则或不规则的单元。对于不规则的单元，每个单元的异常值可以预先给出，或者易于用解析式计算；对于规则的单元，每个单元的异常值可以用解析式计算。所有这些单元重力效应的累加，就是这个不规则复杂形体的重力异常。

（三）重力异常的反演

目前常用的人机交互重力模拟方法实际上属于最优化选择法，只不过计算机的“选择”过程需要在人的控制下进行，主要是由“人”修改模型体的形状，以实现理论异常同观测异常的拟合。

以中国地质大学（武汉）刘天佑老师开发的GMS4.0重磁处理软件来介绍二维人机交互式反演程序的计算过程为：①按照软件要求准备观测数据文件；②运行二度半人机交互软件，添加地质体，填入取得的物性参数；③修改地质体形态，使正演曲线和实际观测曲线能较好的拟合。

四、地质应用

重力勘探在很多领域发挥着重要作用，因为铜、铁等金属或其赋存体的密度明显高于围岩，可以直接利用重力勘探找金属矿，或者通过研究金属矿赋存的岩石或构造间接找矿；盐矿、煤矿的密度比围岩低，当盐矿或煤矿形成一定规模时，也可以使用重力测量法进行勘探；在油气勘探中，可以使用小比例尺的重力异常寻找有利于油气藏形成的地段，也可以使用高精度的重力测量直接寻找与油气藏有关的低密度体；在铁路路基铺设等工程建设中，可以使用重力测量探测地下岩溶及地表溶洞等对工程建设不利的地区，从而避开这些区域或者采取相应的措施；水文地质调查也需要用到重力勘探，可以使用重力测量来寻找地下水资源；大区域的重力异常往往与地球的深部构造有关，因此重力勘探在地球深部构造及地壳结构研究、划分大地构造单元等方面发挥着重要的作用。

第二节　磁法勘探

一、理论基础

磁法勘探是利用地壳内各种岩矿石间的磁性差异所引起的磁异常来寻找有用矿产或查明地下地质构造的一种地球物理勘探方法。岩石、矿石受现代地磁场的磁化而产生感应磁化强度，用它与现代地磁场强度的比值（即磁化率）表示岩石、矿石受磁化的难易程度。

岩石、矿石在形成过程中还受到当时地磁场的磁化而获得磁性，这种磁性经漫长地质年代保留至今称为剩余磁化强度。所以岩石、矿石的磁性由感应磁化强度和剩余磁化强度两部分组成。岩石、矿石磁性的差异是磁法勘探解决地质找矿问题的基础。

在磁法勘探中，将野外使用磁力仪测量的值经过正常场改正、变换、分离等，可以得到磁异常值，然后利用不同的反演方法，计算出磁异常体的几何参数和物性参数。最后，综合地质知识，推断地下地质构造、矿体资源等的分布，从而达到磁法勘探的目的。

二、工作方法

在使用磁法仪进行野外观测前，需要对磁法仪器进行性能试验、日变站及校正点选择、工作参数选定等基础性技术试验工作。设备符合要求后，可进行野外数据观测。磁法勘探执行技术标准为：《地面高精度磁测技术规程》(DZ/T 0071—1993)、《海洋磁力测量技术规范》(DZ/T 0357—2020) 和《航空磁测技术规范》(DZ/T 0142—2010)。

（一）仪器性能检查

施工前后需对所用仪器进行检测、保养，进行噪声、一致性等性能试验。仪器性能各项指标均符合规范要求方可投入野外生产。

1. 磁力仪噪声水平测定

选择一处磁场平稳而又不受人文干扰场影响的地区，将所有仪器的探头置于此区，并使探头间距离保持在20m以上，以免探头磁化时相互影响。然后使这些仪器作同步日变测量，观测时要求时钟要达到秒级同步。取同步的100个左右的观测值计算每台仪器的噪声均方根值 S。对于仪器噪声不符合设计要求的，有明显系统误差的以及观测均方误差达不到要求的仪器，应查明原因，必须重新进行调节和校验，如仍达不到要求，则立即停止使用。仪器经过调节和校验后，应重新进行性能校验。

2. 探头一致性测定及主机一致性校验

首先将成套仪器所配探头编上号，然后用两台仪器作秒级同步日变观测。其中台站性仪器及一个探头固定不变，及以此为准进行比较。另一台仪器分别轮换与其他探头相连接，并注意更换探头时主机不能关机，各探头位置应保持一致，调谐场值预先调好并保持不变，每个探头取得30个以上有效读数，而后分别求出其与台站仪器读数的差值，并计算各差值组的算术平均值，比较此算术平均值即可判定探头的一致性。当探头一致性满足设计要求时，不需进行改正，否则必须进行改正，以保证工作质量。

为校验主机一致性，可使用同一探头，用不同的主机轮换做日变观测，使每台主机读数20～30次，将整个测量段的日变曲线绘出，察看曲线变化是否有脱节现象。若曲线“圆滑”，即表明主机的一致性良好。

3. 仪器设备一致性测定

仪器一致性是保证工作质量的重要环节，正式生产前应对所有用于生产的（包括备用的）仪器性能、可达到的观测精度和各仪器间的一致性，进行现场校验，以保证满足设计和规程的要求。要求观测点不少于50个，其中少数观测点要处于较强的异常场上（约为均方误差的五倍以上）。各仪器的观测结果没有明显系统误差。用全部仪器重复观测值算出的总观测均方误差不大于设计均方误差值的三分之二。

4. 探头高度选择

要在测区内的典型地段，做三个探头高度的磁测试验，仔细研究表层磁性不均匀的影响，以此作为选择最佳探头高度的依据。探头最佳高度一旦确定，必须在全区内保持不变，其误差不应超过探头高度的十分之一。

（二）地面磁测技术要求

1. 日变观测

在高精度磁测时，如不设立分基点网进行混合改正，则必须设立日变观测站，以便消除地磁场周日变化和短周期扰动等影响。日变观测站必须设在正常场（或平稳场）内温差小、无外界磁干扰和地基稳固的地方。观测时要早于出工的第一台仪器，晚于收工的最后一台仪器。注意与测线观测仪器时钟严格同步，用自动记录方式，记录时间应不大于0.5min。

2. 测线磁场观测

每天测线观测都是始于基点而终于基点，必须用一台同类仪器按上述要求进行日变观测，野外观测时，操作员严禁携带铁磁性物品。做好现场记录、注意地质、地形和干扰物的记录，以便分析异常时使用。

3. 质量检查

有严格检查量，平稳场检查点数要大于总测点数的3%，异常场检查点数为总检查点数的5%~30%。磁测的质量检查评价以平稳场的检查为主。检查观测应贯穿于野外施工的全过程，做到不同时间、同点位、同探头高度。

（三）海洋磁测技术要求

1. 日变观测

日变观测站必须设在邻近工区或同纬度的磁场平静区、无外界磁干扰和通信联络通畅的地方，控制半径一般不超过300km。仪器灵敏度不低于0.01nT，磁力仪观测误差由于±0.3nT。日变站采集时间段大于海上作业时间段，采样时间间隔不大于0.5min。

2. 海上作业要求

拖曳电缆长度应大于调查船长度的三倍；连续长时间作业，系统信号强度稳定，数据可靠，曲线平滑；备用传感器应处于随时可用的状态；作业中传感器尾翼松动或缠绕障碍物导致数据不稳定时，应及时处置；遭遇恶劣海况或雷电天气导致数据跳变次数较多时，应及时处置；遭遇磁暴或磁扰日时，应准确记录初动、持续、消失时间，磁暴持续期间磁测资料作废。

3. 调查船航行

采用海洋磁力仪拖曳式连续磁力测量法作业，调查船航行要求如下：沿布设测线匀速、直线航行，航速不大于12.0kn，提前上线距离应大于500m，延长下线距离应大于500m。观测点航向偏离设计航线的左右距离应不大于设计线距的1%，其中95%的观测点应不大于设计线距的0.5%；对于大比例尺调查，观测点横向偏离设计航线的左右距离应不大于50m，其中95%的观测点应不大于25m。东西向测线每次航向修正量应小于2°，南北向测线每次航向修正量应小于2°，每分钟修正一次航向夹角。东西向测线航速变化应小于0.5kn，南北向测线航速变化应小于0.2kn。上下线舵角应小于15°。

4. 原始资料验收

海上作业完成后，应进行原始资料验收。评价要求为：①数据记录、班报记录、工作报告等资料齐全为资料合格；②磁力抖动度大于1nT的单段测线长度少于测线总长的10%为数据合格。同时满足以上两个条款为合格，无差错为优秀，个别差错为良好，不满足任何一条时为不合格。

（四）航空磁测技术要求

在做测线飞行前应对航磁仪器系统、导航定位系统、飞机磁场的补偿及地面日变监测系统按规范与设计要求进行检验，使其达到精度要求，在停机坪附近建立航磁校正基点。

1. 基线测量飞行

每次飞行测量前、后在选定的基线上进行测量，应力求航向、航距、离地飞行高度相同。当使用的航磁系统在测量时有精度所不允许的零点漂移时应进行基线测量。

2. 测线测量飞行

在测区范围内，按设计在地形图上布置测线；然后分别选用无线电导航定位系统、地形图目视导航、照相定位或GPS导航定位，进行测线磁测。当发现某测线的测量质量较差或对收录数据有怀疑时，可对这些测线进行重复测量。

3. 切割线测量飞行

为了联系和调整测线的磁场水平和通过磁场调平校正磁日变的低频部分，以及检查全测区的测量质量，需要做与测线尽量正交的切割线飞行。切割线应尽可能选在平静磁场上和地形高差变化较平缓地段，并且尽量接近测线的离地高度。切割线的间距按所使用飞机的飞行速度确定。

4. 导航定位工作

使用全球卫星导航定位系统（GPS）不能满足定位精度要求时可使用差分GPS方法，用雷达高度计、气压或GPS确定飞行高度。

5. 磁日变观测

按规范要求在地面选择磁日变站址。每个测区正式飞行前，在静磁日进行2～3个昼夜连续观测，选择其中一昼夜测量结果求出该日平均值，即为该站的磁场基值。日变观测的采样时间应与空中磁力仪同步。

6. 航磁测量总精度评价

航磁测量的总精度是由航磁系统的观测误差、各项校正不充分或不准确等误差的总和。

三、数据处理

（一）磁异常的分离

目前磁异常的处理与转换的方法主要有插值、圆滑和划分异常（如区域场与局部场的分离，深源场与浅源场的分离等）、磁异常的空间换算、分量换算、导数换算（计算垂向导数、水平方向导数等）、不同磁化方向之间的换算（如化磁极等）以及曲面上磁异常转换等。

（二）磁异常的正演

简单规则的几何形状的物体引起的磁异常可以通过理论计算得到，几何形状不规则的二度体或三度体，是把不规则复杂形体分解为许多小的几何形状规则或不规则的单元。对于不规则的单元，每个单元的异常值可以预先给出，或者易于用解析式计算；对于规则的单元，每个单元的异常值可以用解析式计算。所有这些单元重力效应的累加，就是这个不规则复杂形体的磁异常。

（三）磁异常的反演

磁异常剖面反演方法有切线法、特征点法等，常用的人机交互磁异常 2.5D 模拟方法，实际上属于最优化选择法，只不过计算机的“选择”过程在人的控制下进行，主要是由“人”修改模型体的形状，以实现理论异常同观测异常的拟合。

国内外常用的重磁处理软件较多，基本都可以实现剖面人机交互反演及三维正反演，以中国地质大学（武汉）刘天佑老师开发的 GMS 4.0 重磁处理软件来介绍二维人机交互式反演程序的计算过程为：①按照软件要求准备观测数据文件；②运行二度半人机交互软件，添加地质体，填入不同地层及岩体的物性参数；③修改地质体形态，使正演曲线和实际观测曲线能较好的拟合。

四、地质应用

磁法勘探在固体矿产的普查、详查、油气构造、煤田构造的普查以及某些地质问题研究、地质填图等工作中，不同程度地发挥作用，尤其在铁矿普查与勘探中发挥着不可替代的作用。磁测资料的解释过程步骤一般如下：①磁测资料的预处理和预分析；②平面磁测资料的位场变换，对磁异常进行定性解释；③剖面资料的 2.5D 反映，对磁异常进行定量解释；④地质推断解释。

第三节　电 法 勘 探

电法勘探是勘探地球物理学中的一个重要分支，是电学、电磁学、电子学及电化学在解决地质找矿及地质学问题中发展起来的一门应用科学。电法勘探包括电阻率法、激发极化法、充电法、频率域电磁法、瞬变电磁法、自然电场法、大地电磁测深法和甚低频法等。结合胶东地区地质情况，本书选取了多种适合该地区的电法勘探手段，如瞬变电磁法、激发极化法、可控源音频大地电磁法、大地电磁法、广域电磁法等。下面分别从基本原理、工作方法以及地质解释应用方面对其进行介绍。

一、理论基础

（一）瞬变电磁法

瞬变电磁法（transient electromagnetic method，TEM）是利用不接地回线或接地电极向地下发送脉冲式一次电磁场，用线圈或接地电极观测该脉冲电磁场感应的地下涡流产生的二次电磁场的空间和时间分布，从而解决有关地质问题的时间域电磁法。瞬变电磁场源分为接地式和感应式两种。当发射装置中电流突然阶跃下降为零时，在其周围产生急剧变化的电磁场。它是形成地中涡流的激发源。该场以两种途径传播到地下介质中，第一种途径是电磁波从空气中以光速直接传播到地表各点，并将部分能量传入地下，在离场源足够远的地表面上形成垂直向下传播的不均匀平面波；第二种途径是电磁能量直接从场源所在地传播到地下，它在地中激发的涡流，似“烟圈”那样随时间推移逐步扩散到大地深处。在场的传播初期，第一种途径的场是瞬间建立的，而第二种由于在传播中受到大地阻抗作用，建立的时间相对较迟，故这期间两种传播方式的场在时间上是分开的。随后，这两种场互相叠加在一起。再后来，第一种传播方式的场衰减至可忽略不计，这时地中的二次场主要由第二种传播方式的场激发产生。

（二）激发极化法

激发极化法（induced polarization method，IP）是以不同岩、矿石激电效应之差异为物质基础，通过观测和研究人工建立的直流（时间域）或交流（频率域）激电场的分布规律，来探查地下地质情况的一种分支电法。当向地下供入稳定电流时，可观测到测量电极间的电位差随时间而变化，并经过相当时间后趋于某一稳定的饱和值；在断开供电电流后，测量电极间的电位差在最初一瞬间很快下降，而后便随时间相对缓慢地下降，并在相当长时间后衰减接近于零。这种在充电和放电过程中产生随时间缓慢变化的附加电场现象，称为激发极化效应，它是岩、矿石及其所含水溶液在电流作用下所发生的复杂电化学过程的结果。金属矿物的激发极化效应由强变弱的顺序是：石墨、黄铜矿、磁铁矿、黄铁矿、方铅矿和磁黄铁矿。因此，激发极化法主要用来寻找铜、多金属等硫化矿床以及与它们相伴生的贵金属、稀有金属和其他矿产。也可用以寻找磁铁矿、有极化效应的赤铁矿和镜铁矿、锰矿以及镍矿等黑色金属矿床。还可寻找石墨矿、煤和地下水。

（三）可控源音频大地电磁法

可控源音频大地电磁法（controlled source audio- frequency magnetotelluric method，CSAMT）是在大地电磁法和音频大地电磁法的基础上发展起来的一种人工源频率域测深方法。实质上是人工源卡尼亚电阻率法，其具有三个特点：①使用人工源，而不是使用天然源；②测量卡尼亚视电阻率，而不是测量单分量视电阻率；③可改变频率进行测深。

（四）大地电磁法

大地电磁测深法（magnetotelluric sounding method，MT），是苏联学者 Tikhonov 和法国学者 Cagniard 提出的利用天然交变电磁场研究地球电性结构的一种地球物理勘探方法。大地电磁场源由高频和低频组成，高频部分是由赤道附近的雷电产生的，低频部分是由太阳风与地球电离层作用产生的。该方法不需要人工供电，不受高阻层屏蔽，对低阻层分辨率高，而且勘探深度随电磁场的频率而异，浅可以几十米，深可达数百千米。因此，近年来在许多领域都得到了成功应用。

（五）广域电磁法

广域电磁法（wide field electromagnetic method，WFEM）是相对于传统的可控源音频大地电磁法（CSAMT）和磁偶源频率测深法提出来的。CSAMT 法采用人工场源，克服了 MT 场源信号微弱的缺点，但它沿用在远区测量一对正交电磁场，按远区近似公式计算视电阻率的做法，限制了它的适用范围。磁偶源频率测深法突破了远区限制，大大拓展了频率域电磁法的观测范围，但它需要将非远区测量值校正到远区，增加了野外和室内工作量。针对此问题，何继善院士提出了广域电磁法，采用适合于全域的公式计算电阻率，拓展了人工源电磁法的观测范围，提高了观测速度和精度。

二、工作方法

（一）瞬变电磁法

瞬变电磁法所采用的主要回线组合有六种。

第一种是发射接收同一回线组合，这种方式是用一个回线既当发射回线又当接收回线，回线的边长可以由 5m 变到 200m 左右。先供电到回线中，当电流断开时，回线两端转接到接收机，开始测量不供电期间的瞬变响应。第二种是发射-接收重叠回线组合，此回线组合的几何形状与同一回线组合一样，只是发射回线和接收回线是两个独立的回线，两者空间上重叠在一起。有时为了降低超顺磁效应，发射回线和接收回线要分开 3m 左右，这称为偏离回线组合。第三种是内-回线组合，此组合是重叠回线的一个变种，它由偶极接收线圈放在大发射回线的中心而组成。发射回线和接收线圈在作剖面观测时同时移动，即接收线圈总是在发射回线的中心。第四种是分离发射-接收回线组合，这种组合的发射回线和接收回线相隔一固定距离。比如两个 50m 边长的回线，中心相距 100m。第五种是双回线组合，这种组合由两个相邻并联的回线组成。此组合对直立导体耦合比较好，而对覆盖层的耦合减弱。两个回线这样连接，使两回线中由电性干扰感应的相位相同的噪声反向相加。这意味此种组合能使回线噪声大为减弱。比如，采用这种组合有助于在 50Hz 噪声源附近工作。第六种是大定源发射回线、移动接收线圈组合，这种组合铺设长达 1km 的大发射回线，固定其位置不移动，用一小的接收线圈沿垂直回线一边的测线移动进行观测。在详查工作时，发射回线要布置在对目的物激励最佳的位置，接收线圈沿测点以大约 10m 的点距移动。

工作装置的选择应根据勘探目的、施工条件和各种装置的特点等因素综合考虑决定。如果探测目标深度在 100m 以内，要求达到较高的分辨率，围岩电性较好（易产生集流效应）时，同点装置是首选对象。如果要求进行较大深度的探测，或测区崎岖或有河谷等其他障碍使铺设动源回线困难时，则应选择大回线定源装置。增大发射回线和接收回线边长，将会增强信号强度，并延长有效信号的持续时间，从而有利于加大探测深度。但两者的增加使野外工作难度增加，同时使测量结果受影响的范围扩大，从而降低了横向分辨率。此外，在保证预定勘探深度的情况下，一般都应选择尽可能小的回线边长。

常见的近区瞬变电磁测深工作装置有电偶源、磁偶源、线源及中心回线等装置。一般认为，探测 1km 以内目标层的最佳装置是中心回线装置，它与目标层有最佳耦合、受旁侧及层位倾斜的影响小等特点，使所确定的层参数比较准确。线源或电偶源装置是探测深部构造的常用装置，它们的优点是场源固定，可以使用较大功率的电源，可以在场源两侧进行多点观测，有比较高的工作效率。这种装置所观测的信号衰变速度要比中心回线装置慢，信号相对较大，对保证晚期信号的观测质量有好处。缺点是前支畸变段出现的时窗要比中心回线装置往后移，并且随极距的增加向后扩展，使分辨浅部地层的能力减小。此外，该装置受旁侧及倾斜层位的影响也较大。

（二）激发极化法

激发极化法可以用于地质工作的各个阶段。在 1∶50000 或 1∶25000 的小比例尺面积性普查工作中，用来发现和寻找远景区或矿化带，也可配合同比例尺的地质填图；在 1∶10000 的中比例尺详细普查工作中，用来圈出矿化富集带的大致范围，为进一步详查提供依据；在 1∶5000 或 1∶2000 的大比例详查工作中，用来圈定矿体或矿化带的平面范围和走向，配合地质判断极化体的产状，埋深及大致规模，以指导钻探及山体工程。

1. 交流、直流激电法的选定

激发极化法因其供电方式的不同，分为直流（时间域）和交流（频率域）两大类。直流激发极化法供以单向或双向不同宽度（几秒到几分钟）的脉冲电流，测量断电后某一时刻的二次场强度及其衰减特性；交流激发极化法供以不同频率（0.01 到几十赫兹）的交变电流，测量复电阻率的幅值或相位以及频率特性。两种方法原理相同，但在技术方法上存在较大区别（傅良魁，1982）。直流激电法的优点是当供以长脉冲时，可以获得最大限度的激电异常，从而有利于在极化效应小的情况下测量；由于在断电 100ms 以后研究二次场，因而受电磁耦合影响较小。交流激电法的优点是由于接收机有选频和滤波系统，只接收发送机送来的固定频率的信号，所以在压制电极的不稳定极化、天然大地电流场、工业游散电流和接地不良等所产生的干扰方面具有较强的能力；由于测量的是总场，可以在信号较弱条件下进行有效测量；可供分析的参数较多，如振幅和相位、实分量和虚分量、频谱特征等。对于地形平坦、干扰小、接地较好地区，适宜采用直流激电法；反之，则采用交流激电法。

2. 频率的选择

为了获得最大的频率效应，所选取工作频率的范围越大越好。理论上频率可从 0 到无穷大，但实际频率范围只能取在超低频附近的有限范围内。选择工作频率关系到交流激电法效果的好坏，选择时需要考虑频宽、频段、矿种及结构构造、干扰因素、电磁感应和效率等。频宽过窄会造成异常不突出，选择较大频宽可突出勘探目标体的异常幅值，但频宽过大会导致测量缓慢、电磁感应影响明显。在寻找硫化矿（黄铜矿、磁黄铁矿、方铅矿）、块状矿体或颗粒大的侵染状矿体时，最好选择低频段；在寻找磁铁矿、细粒侵染状矿体时，最好选择高频段。相对于直流激电法，交流激电法有一定的压制干扰能力。在矿区，常常会受钻机、水泵、卷扬机、电钻、变压器等设备开动关断影响，因此，所选工作频率要尽量避开干扰，可通过实验选定。对于中梯和对称四级装置来说，电磁感应是选择频率时需优先考虑的问题。当装置和极距一定，在某一固定区域，电磁感应只与频率有关。交流激电法的工作频率越低，过渡时间越长。为了缩短单点观测时间以提高效率，在不明显降低异常值的情况下，低频尽量选得高一点。

3. 装置的选择

激电法常用的装置有中间梯度、联合剖面、对称四级测深和偶极装置。中间梯度排列常用较大的供电极距，在同一供电装置上，只移动 MN 极，便可一线供电，多线测量，效率较高。在 1∶10000 或更大比例尺的面积性工作中，可迅速获得面上资料，在地形平坦地区，也可用来进行小比例尺普查工作。它的突出优点是异常形态简单。当无矿化或相邻极化体干扰时，可判断极化体的倾向。同时对水平产状矿体反应灵敏。但其供电电极距较大，因而对供电电流和电源功率要求比较大，造成装置笨重。偶极装置主要用于频率域激电法。除在小比例尺普查找矿阶段使用单个或两个极距进行偶极剖面观测外，通常偶极-偶极装置都采用多个极距的测量，即供电和测量偶极长度保持相同，逐个改变偶极间隔系数进行观测。其特点是装置轻便、异常幅值大、分辨能力强。在山区 1∶25000～1∶50000 的普查工作中，可以大量采用。当研究极化体的产状及形态时，可有独特之处。因此常用在详查和精测剖面工作中。测深装置的特点是可了解不同深度极化率变化情况，根据测深曲线可确定极化体的埋藏深度和倾斜方向，适用于详查或勘探阶段；它的缺点是受水平方向的浅部极化体影响较大。另外，大极距时需用大功率电源，生产效率低，测深装置只用于直流激电法中。联合剖面主要用来确定极化体顶部的位置及其倾斜方向，适用于详查和勘探阶段，用以检查和评价异常。主要缺点是勘探深度浅、装置笨重。联合剖面多用于直流激电法中。

4. 电极距与测网的选择

当矿体的埋深和规模一定，且装置选定之后，异常形态和大小与电极距的大小有关。

在低阻覆盖存在的情况下，覆盖层越厚，电阻率越低，所需的电极距就越大。通常电极距的选择主要考虑勘探深度、分辨能力和异常幅值。勘探深度主要决定于供电电极距 AB，分辨能力主要决定于测量电极距 MN，异常幅值与两者都有关。在布置测网之前，应根据地质及以往物化探资料合理确定测区范围。测网密度由工作性质、探测对象的大小和埋深来确定。在普查工作中，线距应小于探测极化体的走向长度，点距应保证至少有三个点有异常显示。在详查工作中，至少应有 3～5 条测线和 5～10 个测点穿过极化体异常。

（三）可控源音频大地电磁法

CSAMT 法采用的人工场源有磁性源和电性源两种。磁性源产生的电磁场随距离衰减较快，为保持较强的观测信号，场源到观测点的距离一般为数百米，故其探测深度较小，主要用于解决水文、工程或环境地质中的浅层问题。电性源是在有限长的接地导线中发送音频电流，以产生对应频率的电磁场，通常称其为电偶极或双极源。根据供电电源功率不同，电性源 CSAMT 法的收发距离可达到十几千米，因而探测深度较大，主要用于地热、油气藏和煤田探测及固体矿产深部找矿。根据场源和测量方式的不同，可将 CSAMT 分为四类。

第一类是可控源音频大地电流法（controlled source audio-frequency electrotelluric，CSAET），用 CSAET 时，只布置一个场源，测量一个分量E_x或E_y，间或测量一个与被测电场垂直的水平磁场分量，以计算卡尼亚视电阻率。CSAET 只能用于一维构造而且磁场相当均匀的地区的普查工作。第二类是标量 CSAMT，其布置一个场源，在测点同时测量互相垂直的水平电磁场分量E_x和H_y，或E_y和H_x，并以此计算卡尼亚视电阻率。标量 CSAMT 用于一维或已知构造主轴方向的二维地区。在构造复杂的地区，标量 CSAMT 成功与否完全取决于场源和测量方位的选择以及资料采集的密度，且单场源工作法的解释存在错误风险。例如，一条直线延伸且倾角很陡的断层，如果场源偶极垂直于断层走向（TM 极化），用标量法是有效的；然而如果场源偶极平行于断层布置（TE 极化），断层的识别及其位置的确定就十分困难。在构造复杂的地区，最好作网状标量 CSAMT，或者采用矢量和张量 CSAMT。在实际工作中，如供电偶极布在 x 方向，一般选E_x和H_y作为标量 CSAMT 的测量值。用E_x、H_y装置在垂向区工作时，不仅场信号强，而且在野外工作也方便。因为测量偶极布置在 x 方向，不仅测站移动时不需要重新定向，而且布极和布线也都很方便，而用E_y和H_x装置时，就没有这种优点，除非测点沿 y 方向布置。第三类是矢量 CSAMT，只用一个场源可在测点测量四个或五个电磁场分量（E_x、E_y、H_x、H_y，有时也测H_z）。矢量 CSAMT 可用于研究二维或三维构造，但与张量相比，反演的非唯一性较为严重。矢量测量比张量测量少 50% 的采集和处理工作，因此其耗费也低。第四类是张量 CSAMT，张量测量要求布置两个场源，因为与天然大地电磁场不同，单场源的电磁场的极化方向是固定的，不能用测量的结果计算张量阻抗要素。因此，必须使用两个极化方向的场源。两个场源即可互相正交布置，也可分开布置。用张量测量时，必须记录五个分量（E_x、E_y、H_x、H_y、H_z）。

CSAMT 的供电偶极距一般长 1～3km，电源应该能提供频率范围很宽、高稳定度的标准波形，其输出电流为 20～100A，电压高达 1000V。测点距供电偶极的距离 5～10km。一般用不极化电极接收电场，其电极距 10～300m。场源对 CSAMT 测量结果的影响（主要是近场区和过渡区测量的影响）是十分明显的。在保证信号有一定强度的情况下，应尽量在远区测量。实际工作中如果出现了在过渡区测量的情况，特别是在高阻区、低频段时，解释过程中也必须进行校正。场源的影响，本质上就是非平面波的影响，因为近区和过渡区，由人工场产生的波都不是平面波。除此之外，场源下面或场源和测点下面复杂的地质构造，也会导致近区、过渡区甚至远区电磁场的畸变。

（四）大地电磁法

大地电磁测深的野外工作包括选点、布极、观测等内容。观测的是频率为 $1\times10^{-4}\sim1\times10^{5}$Hz 的近似平面波的天然电磁场。一切无线电波、工业游散电流等都被视为干扰。在工业发达的地区干扰现象往往特别严重，加之大地电磁场非常微弱，所以严格执行操作规程，有效地避免或抑制干扰、提高原始数据质量对大地电磁测深尤为重要。测点点位选在地形开阔、平坦、一般地形高差不大于极距长度的 10%，避免在小丘、河谷附近布置测点，尽量远离电台、电站、高压输电线、铁道等工业设施，此外对两个电极周围的地表条件，如温度、湿度、地表岩石的电阻率等选择大致相同，最大限度地避免极化电位差不同因素造成的影响。在 MT 野外观测中，采用单站五分量数据采集系统。电极布置采用“十”字形装置，X 轴取磁北方向，Y 轴指向东，角度误差小于 1°。不极化电极埋设采用刨坑浇盐水的方法，使之与土壤紧密接触。两对电极间的距离均采用 100m，并取等长的电线连接，避免传输线长短不一造成的干扰。水平磁场传感器离中心 10m 左右，方向互相垂直，埋入地下 80～100cm，并避免水沟、树根、公路旁及与其他信号传输线交叉或相距太近。探测深部构造进行路线测量时，点距一般不超过 40km。设计测线应基本垂直于区域构造走向。测区内如有地震测线、垂直电测深点、深钻孔等，设计测线应与其重合或靠近，且设计测线应避开城镇或大的居民点。

（五）广域电磁法

1. 装置的选定

综合考虑地质任务、测区地质构造特征、地形地貌、噪声水平、仪器设备性能等条件，选择合适的装置。广域电磁法有标量、矢量和张量三种测量方式。对于水平电流源的一个分量（磁场或电场分量）进行观测的方式称为标量测量，具体有 $E\text{-}E_x$、$E\text{-}E_\phi$、$E\text{-}H_y$、$E\text{-}H_z$ 等多种方式。对于水平电流源的两个分量（E_x、E_y）或五分类（E_x、E_y、H_x、H_y、H_z）进行观测的方式称为矢量测量，矢量测量方式一般用于探测地下二维和三维地质目标体。

2. 工作参数

工作参数分为频段、收发距、供电电极、接收电极等。测量选用的工作频率范围依据勘查任务目的，拟探测的最大深度和测区大地平均电阻率初步确定。实际测量时，使用的最低频率应比计算的频率再低 1～3 个频点，并通过实验最终确定。最小收发距受探测深度限制，最大收发距受场源信号能量限制。最小收发距是以趋肤深度为标准确定的，在保证一定的信噪比的前提下，收发距只需大于探测深度的三倍。对于最大收发距，其受电流强度、大地电阻率、发射电极长度、最小可探测信号强度影响。供电电极通常取 1 ~ 3km。接收电极 MN 长度根据所勘查的地质目标体的规模、埋深和信噪比大小确定，通常在 20 ~ 200m 之间选择。MN 距离大，信号强，横向分辨率低；MN 距离小，信号弱，横向分辨率高。

三、地质应用

瞬变电磁法、激发极化法、可控源音频大地电磁法、大地电磁法、广域电磁法等电法勘探手段在胶东深部断裂构造、金矿普查勘探等研究领域发挥了重要作用，取得了显著效果。如瞬变电磁法在黑岚沟金矿探矿工作中，探明了金属硫化矿物富集体的分布范围，有效发现了矿致异常；激发极化法在焦家断裂带深部金矿勘探中优势突出，多参数组合解释提供了更丰富的地质信息，能够有效区分矿异常和非矿异常；可控源音频大地电磁法在莱州朱桥地区电性填图研究中取得了较好的效果，面积性的 CSAMT 数据采集是一种三维的立体地电填图，靠着丰富的地电信息，对于查明隐伏构造、追踪其平面变化特征是高效、经济的地球物理勘探技术方法，尤其在探测深度 2000m 左右深大控矿构造方面取得了较好效果；大地电磁法在三山岛断裂和焦家断裂带深部变化规律研究中，勘探深度达 5000m 以上，对两带之间的构造变化特征有明显的反应；广域电磁法在栖霞-蓬莱金矿带研究中，能够对 3000m 以内的断裂构造变化规律进行识别。

第四节　地 震 勘 探

一、理论基础

地震勘探方法的基本原理与利用声波反射现象测定障碍物与观测点间距离的方法非常类似。通过在地面某一点人工激发地震波，随着地震波向下传播，遇到两种不同介质的波阻抗（即介质速度与密度的乘积）分界面时会发生反射，通过布置在地面的检波器和地震仪将反射波引起的地面震动信息记录下来，通过一系列技术方法，达到解决地质问题的目的，这种物探方法称为反射波地震勘探，也是胶东地区主要应用的地震勘探方法。

地震勘探基本上可分为以下三个环节：①地震资料采集，这个阶段的任务是在地质工作和其他物探工作初步确定的靶区（控矿断裂构造）布置测线，通过人工激发地震波，并用野外地震仪把地震波记录下来。这一阶段的成果是得到了记录着地面振动情况的原始数据。②室内资料处理，这个阶段的任务是根据地震波的传播理论，利用大型计算机，对野外获得的原始资料进行各种“去粗取精，去伪存真”的加工处理工作。这个过程实际上是对地下目标地质体成像的一个过程，成果可以直接或间接地反映目标地质体的形态。这一阶段得出的成果是地震时间剖面或地震数据体，以及地震波速度资料等。③地震资料解释，经过计算机处理得到的地震剖面，虽然已能反映地下地质体的一些特点，但地下的情况是非常复杂的，地震剖面上的许多现象，既可能反映地下的其实情况，又可能是某些假象。而地震资料的解释就是以地质理论为指导，综合钻井、测井以及其他物探资料，运用地震波传播的原理，对地震剖面进行深入的分析、研究、判识，最终准确确定各目标地质体地质意义的过程。这一阶段得出的成果是构造图、成果报告等。

二、工作方法

野外数据采集工作是整个地震勘探中最重要的基础工作，主要包括试验工作和生产工作。根据研究地质问题的不同，采集环境的不同，地震资料采集野外方法也不尽相同，本书主要介绍胶东陆地地震勘探野外工作情况。

（一）试验工作

试验工作的目的在于通过实践了解在工区使用地震勘探方法解决所提出问题的可行性，并确定最适宜的野外工作方法技术。具体试验内容则需要根据地质任务、工区构造特点、地震地质条件拟定。试验项目通常包括以下几种。

1. 干扰波调查

包括干扰波类型、特性，宜采用“L”形、“十”字形观测系统，单个检波器、小道距、长排列（或连续追踪）的方式进行观测，宽频带接收。

2. 地震地质条件的了解

如低速带特点、潜水面位置等。其中低速带调查一般采用小折射或微测井方式。采用小折射方法时排列需布设在地形平坦地段，排列长度一般宜为低、降速带总厚度的8～10倍。选择检波点距时，各速度层至少应有四道控制，初至应清晰，并实测偏移距。采用微测井方法时可采用单井或双井。

3. 激发因素的选择

如激发方式、激发岩性、激发药量、激发井深等。

4. 接收地震波的最佳条件

如适合的观测系统、检波器组合形式、仪器因素等。试验工作需在正式生产之前进行，采用单一变量原则，由简单到复杂。试验前要有明确的目的、方案，同时对试验成果进行及时整理，从而有效指导下一次试验或生产工作。

（二）生产工作

1. 地震测量

测量是地震勘探工作的前提和基础，主要是根据地震野外施工设计方案，应用测量设备与方法，将工程布置图上的激发点、接收点放样到实地。

1）测线实测

根据设计批复测线位置推算接收点及激发点坐标信息，测线号、测点号按西小东大、南小北大的原则编排，测线桩号以m为单位进行编号。所有物理点应实测坐标与高程，并按规定提供测量成果。放样的接收点和激发点应设立明显、牢靠的标志。测量过程中应注意记录对地震施工有影响的重要地形、地物信息，如居民地、工矿设施、道路桥涵、河流水渠、地下管线等，并绘制测线草图。当日测量数据应及时进行室内整理，并检查与设计相符情况，及时提交测量成果。

2）物理点偏移与变观

二维地震测线布设在遇到障碍物时，可在激发点或接收点上提前转折，转折角不大于6°，转折段偏离设计测线的最大垂直距离不应大于4～6个道距，并应回到原测线位置和方向上。采用弯曲测线施工时，测线转折时转折角一般宜小于30°，转折点位为激发点或检波点位，并绘出平面施工略图。严重弯曲的地段应增加激发点位，加密观测接收，确保覆盖次数。宽线测线布置应采用线性正交排列型。

2. 地震波的激发

胶东地区开展地震勘探工作的激发方式仍以使用炸药为主，在大型村庄、厂区等地段也可以配合大吨位可控震源或其他激发方式。使用炸药震源在井中激发时，需在设计规定位置钻取炮井，并根据试验工作结论，钻至合理位置，按照规定将装好的炸药下放至井中指定位置，引爆激发。激发参数的选择以试验结论和技术设计中的规定为准。在同一勘查区采用两种震源联合施工时，应做震源激发的对比工作。炸药震源激发时，井深、药量参数应按照试验结论执行，并在地震班报中准确记录。遇到单井深度不能达到要求时，可采用组合激发方式，但组合激发方式应由理论计算和试验确定，以最大限度地压制干扰，突出有效波。井组合中心偏离设计激发点位置最大不得超过四分之一道距，胶东地区各井井底高差不超过2m。多台爆炸机的爆炸信号应一致，最大时差不得大于1ms。

3. 地震波的接收

这一工作是通过布置在地面的检波器和地震仪来实现的，即检波器、电缆按照设计的观测系统和参数在地面形成一定排列，线路连通到地震仪，在爆炸信号发出的同时启动记录系统，确认获得合格单炮后，可继续进行下一炮激发、接收工作。胶东地区宜采用低频或全频检波器，且同一勘探区不得使用不同参数和不同类型的检波器。根据地质任务的要求和干扰波调查资料，应在试验的基础上确定低频检波器的组合形式、连接方式、组内距及组合基距。生产工作需在试验工作完成并取得合理的试验工作成果后开始。生产工作过程中需要准确填写工作班报，为室内工作打好基础。

（三）野外观测系统

在反射波地震勘探中，观测系统是指地震波的激发点和接收点的相互位置关系。观测系统按接收和激发的相对关系可分为二维观测系统、三维观测系统、宽线观测系统、非纵观测系统、弯线观测系统等几种。胶东地区现今主要采用二维观测系统、宽线观测系统，随着技术的发展，勘探任务要求的提高，三维观测系统也将逐渐得到应用。

1. 二维观测系统

二维观测系统是沿一个方向（测线）布置炮点、检波点的方法。在水平地层的假设下，波经过的路径在测线下方的剖面内。

2. 宽线观测系统

宽线观测系统也可称为三维观测系统，是因为在平面上激发、接收，但并不追求横向上的一致效果，在纵向上又与二维相近。它能得到地层的倾角信息，并能实现超级叠加以提高资料的信噪比。虽然采用三维处理方法，但解释方法又与二维相类似。在横向连续施工的情况下，可得到与三维地震类似的资料。

3. 多次覆盖观测系统

多次覆盖是现今地震勘探野外作业中最基本的工作方法，胶东地震勘探野外工作采用的也是多次覆盖方法，一次覆盖或多次覆盖是指被追踪的界面观测的次数。

三、数据处理

地震数据处理是地震勘探三大基本环节之一，主要目的是把野外采集到的地震数据，通过一系列处理流程和处理手段，突出有效波，压制干扰波，以得到高信噪比、高分辨率、高保真度的地震剖面。因此，地震数据处理既要适应野外采集条件多变的情况，又要满足地震资料解释的各种需求。地震数据处理是通过执行一个或者多个处理流程来实现的，一个处理流程包括许多处理步骤，一个处理步骤又包括需要处理模块。地震数据处理程通常包括三个部分，即预处理、叠前处理、叠后处理。

（一）预处理

预处理主要包括野外原始数据解编、观测系统导入、数据编辑。野外原始数据解编将segd格式数据转成segy格式数据；观测系统导入，导入检波点、炮点坐标，并进行空间属性检查；数据编辑，包括废炮、废道、野值、坏道的删除，保证原始数据质量。

（二）叠前处理

叠前处理是地震数据处理流程的重要内容，主要目的是生成高品质的地震剖面以及精确的估计偏移速度。主要步骤包括静校正、噪声压制、反褶积、速度分析、动校正、叠前偏移、水平叠加等。

1. 静校正

几何地震学的理论都是以地面为水平面、地下介质均匀为假设前提的。当地形起伏不平，低速带、降速带厚度及速度变化剧烈等情况下，观测到的时距曲线不是一条双曲线，也就不能准确地反映地下的构造形态，特别是在丘陵、山区更为突出。静校正是通过研究地形、地表结构对地震波传播时间的影响，设法把由于上述因素造成的时差求取出来，再对其进行校正，使畸变的时距曲线恢复为双曲线的过程，包括基准面校正和剩余静校正。

2. 噪声压制

地震勘探采集的数据往往会受到各种干扰，因此并不能直接用来反演和解释，需要首先进行数字信号处理，通过利用有效波和干扰波在频率、速度、能量上的差异，突出有效波，压制干扰波，提高地震资料信噪比，以期获得精确、可靠的反演和解释结果。

3. 反褶积

相邻岩石层之间的波阻抗差形成反射后，由沿地表的测线所记录，可表示为地层脉冲响应与地震子波的褶积。这个子波有许多成分，包括震源信号、记录滤波器、地表反射和检波器响应等。地层脉冲响应是当子波为一个尖脉冲时所记录的，包括反射（反射系数序列）和所有可能的多次波。反褶积是消除激发信号在传播过程中所受滤波作用的处理方法，是某种滤波过程的逆过程，通过反褶积过程可有效压缩地震子波、拓宽频带宽度、提高地震资料的分辨率。实现方法多样，如地表一致性反褶积、预测反褶积、最小平方反褶积、同态反褶积等。

4. 速度分析

地震波在地层中的传播速度是地震资料处理中的重要参数，一方面可以根据声波测井记录获得直接的速度信息；另一方面可以根据地震资料推导出间接的速度，如层速度、均方根速度、平均速度、叠加速度、偏移速度。叠加速度是能产生最好叠加效果的速度，速度分析就是指从实际资料中求取叠加速度的过程。

5. 动校正

一般情况下，根据时距曲线的形态可以大致了解地下反射界面的形态，但是并不直观地一一对应。为使得时距曲线更直观地反映地下反射界面的形态，需要从反射波旅行时减去正常时差，因此动校正也称正常时差校正。动校正之后道集资料会发生畸变，因此需要切除畸变，以获得较好的叠加效果。

6. 叠前偏移

叠前时间偏移是基于绕射叠加成像原则，直接在时间域进行偏移处理，然后再做叠加，以实现真正的共反射点叠加。数据处理过程中保证分辨率和振幅，在共反射点道集上进行速度分析，该方法具有较好的构造成像效果和保幅性，能够解决叠后时间偏移存在的不足，满足大多数探区对地震资料的精度要求。

7. 水平叠加

水平叠加是将野外多次覆盖观测系统采集到共中心点道集记录，经静校正、动校正再叠加起来，以压制多次波和随机干扰，提高信噪比，并且能直观地反映地下构造形态。

（三）叠后处理

1. 叠后偏移

水平叠加剖面上的地震道都以转换为自激自收记录，因此在地震水平界面情况下，反射点在接收点正下方，但当地下界面倾斜时，反射点向界面上倾方向偏移。叠后偏移就是将水平叠加时间剖面上显示出来的反射点位置偏离反射点真实位置，使得反射波归位、绕射波收敛。

2. 其他叠后处理

其他叠后处理主要包括叠后去噪、叠后反褶积、叠后滤波及振幅归一化处理等。

四、地质应用

地震勘探是众多地球物理勘探方法的一种，是解决油气勘探、煤田构造勘探最有效的地球物理方法，但在金属矿勘探中却少有应用。其原因主要是金属矿区很难满足地震勘探所需的水平层状介质这一基本假设条件。近年来，国内金属矿地震方法技术应用研究取得了一些重大进展。自2013年来，在胶东地区金矿找矿中，开展了多期二维地震勘探方法试验，利用地震方法了解了深部地质体之间的关系，刻画了胶东主要控矿断裂的空间形态，得到了钻探验证，取得了较好的深部金矿勘查效果。

第五节　放射性测量

一、理论基础

放射性是某些元素的特殊物理性质。这些元素的原子核能够自发地发生变化，由一个元素的原子核，变为另一个元素的原子核，在变化过程中伴随放出射线，这种现象称为核辐射现象，亦即放射现象，这些元素称作放射性元素。放射性元素很多，可分为两类：一类是天然放射性元素，另一类是人工放射性元素。天然放射性元素天然地具有放射性，如铀、镭、钢、钍、钾等。人工放射性元素必须经过人工核反应之后才显示出放射性现象。天然放射性元素衰变过程中产生的射线，主要由三种不同种类的射线组成：α射线、β射线和γ射线，也可以分别叫作α粒子、β粒子和γ光子。α射线是带正电的氦原子核流；β射线是带负电的电子流；γ射线是波长极短的电磁波即光子流。

岩石之所以具有天然放射性，是因为其中含有镭、钍、钢、铀及其衰变产物，以及钾的同位素和其他某些放射性元素的结果。各种不同岩性的岩石由于放射性元素的含量不同，自然放射性强度是不同的。岩石中放射性元素的含量与岩石在形成时的物理化学条件有关。一般来说，岩浆岩中放射性含量最高的是酸性岩，超基性岩的放射性最弱。在沉积岩中，放射性的强弱主要取决于岩石的泥质含量，泥质含量越高放射性越强，一个原因是泥质颗粒吸附放射性元素的能力很强，同时泥质颗粒细，沉积时间长，有充分时间使铀从溶液中分离出来，并随之一起沉积下来。另一个原因是在泥质沉积物中常含有较多的钾矿物从而使天然放射性强度大大增加。地表土壤中放射性主要是由地下水的作用形成的。地下水将其中所溶解的放射性物质，搬运至有利于吸附和沉积的地段，从而形成放射性异常。

二、工作方法

（一）地面γ测量

地面γ测量是一种应用最广泛的核辐射探测方法，它是利用仪器测量地表岩石或覆盖层中放射性核素发出的射线，根据射线强度（或能量）的变化，发现γ异常或γ射线强度（或能量）的增高地段，来查明地质构造、寻找矿产资源以及解决水文、工程地质问题等。地面γ测量又分为γ总量测量和γ能谱测量。

1. γ总量测量

1）工作准备

仪器标定：标定是把γ辐射仪测得的计数率换算成统一的放射性元素含量单位或照射量率，求出仪器灵敏度，即单位核素含量引起的计数率或者照射量率。可以采用标准模型标定或点状镭源标定。

仪器本底的测定：仪器的本底测定是每台仪器都要做的工作，而且在仪器大修之后或到新的测量地区都需要重新测量，可采用水面测量法或铅屏法。水面测量法是最常用的测量方法，要求水域附近没有岩壁，水域范围测量10m以上且水深超过10m。在缺少上述水面地区，可以使用铅屏法。

仪器三性检查：为保证测量结果准确可靠，必须对仪器进行准确性、稳定性和一致性检查，仪器的稳定性和准确性一般同时检查，而且都在标定架上进行检查。准确性检查即用仪器测量已知照射量率为1的标准源，测量结果与1相比较，相对误差在±10%以内则符合要求，否则要查明原因，请专业人员修理，若更换了重要元件，则必须重新标定仪器以后才可以使用。稳定性检查即观测仪器长时间读数，若对于同一测点、同一测量条件下，读数误差总的范围不超过+10%，认为稳定性好。一致性检查即同一型号的多台仪器在同一测点上测量该点的γ射线照射量率，计算每个仪器与所有仪器读数平均值的相对误差，若在±10%以内则认为仪器的一致性好。

2）野外技术要求

将仪器置于正常工作状态。路线测量时，一般在区调、普查找矿、普查评价比例尺相同或稍大的地形图上布设测量路线，在测量过程中，必须连续听测，探测器要靠近地面左右摆动，大体上按照布设路线“蛇曲”前进，测线左右摆动的幅度应在线距的四分之一至二分之一之间。野外工作时，应充分运用成矿模式和找矿判据，寻找对成矿有利的构造和岩性。在测点上将仪器的探头放在比较平坦基岩露头上，要注意几何条件的一致性。在路线测量过程中注意背景值的变化，若发现偏高，应立即追索，圈定范围，分析原因，若浮土覆盖地段出现偏高点，应采用刨坑测量。在路线测量过程中，应仔细观察岩性、构造、各种找矿标志、地貌、浮土覆盖和植被等情况，发现成矿有利的地质条件时，应仔细找异常。在工作中，应随时检查仪器的工作状态，注意自然环境（温度，湿度等）变化对测量结果的影响，遇雨要停止工作。读数记录要求应按测网精度要求进行测量和记录，并把实际路线、测点位置和γ值及时标在地形图上，观测点应尽量选在基岩露头上，基岩表面尽可能平整，每一测点要按下启动开关读数，在野外记录下测量距离、点号、测点性质、地形和地貌特征等。在野外工作过程中发现异常点、带后必须做如下工作：检查仪器工作是否正常，如仪器工作正常，应立即进行重复测量；对异常应详细追索，圈定分布范围，了解γ场分布规律，做好记录；了解异常赋存地质条件、控制因素、围岩蚀变、矿化特征等，并详细记录；采集有代表性的标本和样品，并作地质特征素描图；将异常位置，最高γ值及产状准确标在工作用图上，并做好现场标记，回驻地及时向技术负责报告；在确认达到异常点、带标准时，要填写异常卡。

3）质量检查

野外仪器检查分仪器的野外短期稳定性检查和仪器的野外长期稳定性检查。路线检查：检查线主要布置在成矿有利或工作质量有怀疑的地段，线面结合，以抽检为主互检为辅相合的方式进行，检查工作量不少于基本工作量10%。不规则测网两次测量路线基本一致，测量数据曲线形态相似，面积相对误差在区调阶段不超过±20%，在普查阶段不超过+15%，在1/4至1/2的线距范围内不漏异常点（带）、偏高场及明显找矿标志的异常点。规则测网两次测量数据曲线形态相似，面积相对误差不超过±10%，不漏异常点（带）和偏高点。异常点（带）检查：对具有矿化及有地质意义的点（带）做100%检查，一般异常点（带）检查50%。应检查异常位置、性质、规模，进一步了解异常赋存地质条件、控制因素、围岩蚀变、矿化特征，并提出评价和下一步工作意见。

2. γ能谱测量

1）工作准备

仪器标定：能谱仪标定的目的有两个，其一是确定总道Te的格值，这与辐射仪确定格值是一样的；其二是为了准确测定γ能谱仪的换算系数A_i、B_i、C_i（i=1、2、3）。换算系数的测定必须在铀、钍、钾饱和模型上进行，然后在混合模型上检验仪器测定eU、eTh、K含量的准确度。换算系数准确与否，将直接影响仪器测定eU、eTh、K含量的准确度。除了新仪器启用、仪器大修后以及野外工作之前要对仪器进行校准外，在野外工作期间，更换了探测元件（如碘化钠晶体、光电倍增管等）、变更了分析器甄别阈，以及一切可能使能谱仪的换算系数发生变化的情况下，均应重新校准仪器，通常情况下应每年对仪器进行一次校准。仪器本底的测量与地面γ辐射仪一样可在水面上测量，也可用铅屏法，一般用水面法。仪器的三性检查包括准确性检查、短期稳定性检查、一致性检查。

2）野外技术要求

将仪器置于正常工作状态。测点选择是将仪器的探头放在比较平坦基岩露头上，要注意几何条件的一致性。视仪器探头晶体体积大小及测量对象的含量高低确定测量时间。若仪器探头晶体为475mm的规格及被测含量为正常情况时，测量时间为1min取一次读数，当发现异常时取两次读数，每次1min，其允许误差为当eU$\leqslant 10\times10^{-6}$时，绝对误差为$2\times10^{-6}$；当eU$>10\times10^{-6}$时，相对误差±10%；当eTh$\leqslant 25\times10^{-6}$时，绝对误差为$3\times10^{-6}$；当eTh$>25\times10^{-6}$时，相对误差为±10%，K的绝对误差为1%。仪器工作期间每隔2h进行一次仪器工作状态的有关参数检查，必须记录其结果。出工前要把已知的地层（岩性），岩体界线，构造位置，各类异常事先标在地形图上，在沿路线测量时，要认真观察地质现象。在测区内，对各种地层单元或岩性，均匀地取n个有代表性的样品（n>30个）分析铀、钍、钾及伴生元素，按项目要求，提供铀镭平衡的研究资料等。测量工作提交以下资料：实际材料图、野外原始记录、仪器工作状态有关参数。当遇到异常时（大于异常下限）应对异常进行追索，工作程序如下：检查仪器工作是否正常，如仪器工作正常，进行重复测量；观察地质现象；按一定的加密点线距进行测量，追索异常；在记录本上记述异常位置，赋存地层及岩性，控制因素，围岩蚀变、矿化特征，异常形态、规模、性质等；在异常最高部位取样，进行铀、钍、钾及伴生元素分析，必要时应做岩矿鉴定；对异常进行评价，并提出进一步工作意见。

3）质量检查

野外仪器检查分仪器的野外短期稳定性检查和仪器的野外长期稳定性检查。路线检查：检查路线主要分布在成矿有利或工作质量有怀疑的地方，以互检方式进行。检查工作质量为区调阶段5%，初查和详查阶段10%。异常点（带）检查即对具有矿化及有地质意义的点（带）做100%检查，一般异常点（带）检查50%。

（二）氡气测量

氡气测量一般是指利用氡射气测量仪器在野外条件下直接测量从土壤（或岩石）中抽取的气体中氡浓度，目的是发现浮土覆盖下的放射性物体，圈定构造带或破碎带，划分岩层的接触界面。从测量方式上，瞬时测氡法较为常用。

1. 仪器标定

标定的目的是使仪器的读值变为氡的浓度值，因此需要在测量条件一致的情况下，对仪器进行标定，确定测量仪的每个读数值相当于氡的浓度值。测氡仪的标定方法主要是循环法和真空法。使用液体标准氡源进行仪器标定。

2. 野外技术要求

1）仪器检查

每日出工前需对仪器进行例行检查，检验仪器的密封系统是否良好，电池电压值和校验信号是否正常，阈值旋钮的刻度是否在原位，稳定性检验是每日出工前和收工后用工作源检测，每次计数与标准计数的相对误差应不大于±10%，并绘制仪器稳定性检验曲线。

2）测点上的工作程序

到达测点后，核对测点上的标志并记录土质及景观情况。使用钢钎和大锤，或专用打孔器，打孔100cm左右，一般为80cm或100cm，插入取样器，并及时将取样器上部锥体周围土壤踏实，防止大气窜入孔中稀释氡浓度。放入铝收集片，将仪器的三通开关打到“吸”，均匀提升抽筒，抽气量为1.5L，45s完成取气。抽气结束后，仪器开关打到“关”，按下“加高压”按钮，高压时间一般为2min。高压结束，仪器报警，从抽筒中取出收集片放入探测器中测量其收集的RaA放出的α粒子的多少，测量时间2min。测量结束后，仪器报警，记录下读数。将读数换算成氡浓度，$N_{Rn}=k\cdot n$，k为仪器的标定系数，n为收集片上2min的计数值。然后进行下一个点的测量，重复以上步骤。

3）异常处理

高于本底三倍为异常，当发现异常时，应及时检查仪器的工作状态，并进行以下工作：在原孔附近重新打孔进行第二次测量，确定氡气来源是否充足；进行氡、钍射气定性；加密测点、测线，圈定异常范围；观测地质、地貌情况并记录；采集标本，设立临时异常标志，填写异常登记表。

3. 质量要求

为了检查野外观测的质量，须选择几个有代表性的剖面进行检查测量。检查工作量占总工作量的5%~10%。检查测量一般由技术熟练的工作人员用性能良好的仪器来进行。

检查观测时应注意能使取样深度和抽气量与基本测量时尽量一致。检查测量结果应与基本测量结果绘在同一张图上，如果两次得到的剖面上氡浓度的变化趋势重复得相当好，则认为测量结果是令人满意的。

三、地质应用

胶东地区开展的放射性测量主要用于铀矿普查、土壤放射性调查、地热田资源勘查等领域。γ射线对地层的穿透深度虽然比较浅，但多数高放射性矿体的铀、钍、钾矿物受到风化、淋滤，元素的迁移形成分散晕或分散流，扩展了找矿信息，所以利用地面γ测量能寻找到放射性矿床及与放射性元素伴生的金属矿床。氡是一种放射性气体，气体迁移速度快、距离大，而且该气体有明显向上垂直运移的能力，能从地下深处沿着裂隙通道运移到地表，因此，可以利用氡气测量探测裂隙、构造发育情况。在沉积岩或沉积变质岩地区，利用氡气测量寻找外生铀矿是最高效的，在岩浆岩地区，如果是成矿条件与构造破碎带关系密切时，应用效果也是最好的。

第六节　地球物理测井

一、理论基础

地球物理测井又叫钻井地球物理勘探，简称测井，是在勘探和开采石油、煤及金属矿体的过程中，在钻孔中应用地球物理特性测量地球物理参数的方法。地球物理测井是以矿岩层物性的差异为依据，用来划分钻孔岩性、评价矿层、查明勘探区或矿区的矿层分布、水文地质条件和地质构造形态，以及解决其他某些地下地质问题的一门技术学科。

（一）方法分类

测井方法众多，电法、声波、放射性是三种基本方法。特殊方法有电缆地层测试、地层倾角测井、成像测井、核磁共振测井、随钻测井等。

1. 按勘查或开采的对象分类

测井按其勘查或开采的对象不同，可分为煤田测井、油田测井、金属与非金属测井和水文测井、工程测井、地热测井、煤层气测井、页岩气测井等。

2. 按物理性质分类

测井按其物理性质可分为电测井、电化学测井、放射性测井、声测井、热测井、磁测井、重力测井等。

3. 目前主要使用的测井方法

地球物理测井已实现方法系列化、仪器组合化、信息数字化、数据处理和资料解释自动化的水平。

（二）基本原理

1. 电法测井

根据油（气）层、煤层或其他探测目标与周围介质在电性上的差异，采用下井装置沿钻孔剖面记录岩层的电阻率、电导率、介电常数及自然电位的变化。电法测井包括电阻率法测井、激发极化法测井、微电极测井、侧向测井、感应测井、介电测井、自然电位测井、人工电位测井等。

2. 声波测井

声波测井是利用声波在岩石中的传播性质来研究钻孔内岩石岩性的。声波测井主要包括声速测井、声波幅度测井、全波列测井和井下声波电视测井。其中，声波速度测井是测量井下岩层的声波传播速度（或时差），以确定井剖面地层的岩性、估算储层孔隙度、岩石强度，判断煤层等，是主要的测井方法之一。声速测井仪器主要有单发射单接收、单发射双接收和双发射四接收三种类型。

3. 放射性测井

放射性测井是测量井剖面岩石的天然放射性射线强度，或测量经过放射性源照射后，岩石所产生的次生放射性射线强度，用以发现放射性矿藏，确定岩石成分，计算岩石物性参数，判断矿层等。放射性测井包括自然伽马测井、伽马–伽马测井（散射伽马测井或人工伽马测井）、中子测井、中子伽马测井等。

4. 其他测井

其他测井包括工程测井、水文测井、热测井、煤层气测井等。工程测井包括井斜（方位）测井、井径测井、井温测井和地层产状测井等。水文测井包括流速流向测井、流量测井等，在实际工作中，视电阻率、密度、声波、中子测井等也属于水文测井。井温测井、井液测井也是热测井。煤层气测井包括视电阻率、自然伽马、密度、声波、中子测井、井斜测井、井径测井和地层产状测井等。

1）井温测井

井温测井也称热测井，它能够取得井内各深度的温度资料，判断井筒中温度变化的位置和原因，对井筒中流体的各种参数进行物性分析，研究与剖面中的岩性及地质构造有关的自然热场或人工热场。井温测井方法有梯度井温、梯度微差井温及径向微差井温测井。井温测井仪可单独下井，也可与其他测井仪组合。井温测井仪由探头和电子线路构成。探头敏感于与其相接触的井内液体的温度，并将其转化为电信号，电子线路将这一电信号加以放大并传输到地面，经处理后得到测点的温度值。

2）井斜测井

井斜测井是测量井斜角和倾斜方位角的一种测井方法。井斜角又称顶角，是井轴与铅垂线之间的夹角；倾斜方位角是井轴水平投影线与磁北方向顺时针的夹角。井眼在地下空间的位置与形态是预先设计好的，其轨迹一般为垂直井、倾斜直井或弯曲形定向井，在油气勘探与开发领域则大量应用复杂结构井（包括水平井、多分支和大位移井）等新技术。在钻井施工中，受地质因素和工艺因素的影响，使实际井眼往往偏离设计轨迹，这种现象叫作钻孔弯曲。利用井斜测井获得的井斜角和倾斜方位角数据，可以绘制实际井眼轨迹。井斜测井是基于地球重力场和磁场的测量方法，测斜仪器的核心部件是由加速度计和磁力计组成的传感器，加速度计测量重力加速度的三个正交分量 g_x、g_y 和 g_z，可以计算出井斜角；磁力计测量地磁场的三个正交分量 H_x、H_y 和 H_z，结合重力分量的测量值可以计算倾斜方位角。

3）井径测井

钻孔的井径因岩层岩性和胶结程度、破碎情况不同而变化，为了测定钻孔的井径，需要进行井径测井。井径仪种类多，一般有电阻式井径仪、感应式井径仪，以及伽马井径仪和声波井径仪。使用的井径仪多属于滑线电阻式井径仪，电阻尺的滑动头通过机械方法与四条测量杆连接，当测量杆随井径的变化缩小和张大时，就带动滑动头相对移动，从而将井径的变化转化成电阻的变化。供电回路 AB 供上电流，测量回路 MN 间即产生电位差，该电位差与滑动头位置有关，故测量出 MN 间电位差，就可得出井径的数值。

二、工作方法

（一）测井任务

测井一般应完成以下地质任务：①划分钻孔岩性剖面，提供原位地层、岩体、矿体及干扰地质体物性参数，为地面物探工作提供某些物性参数、协助解释地面物探异常，推断解释地层时代；②确定矿或矿化带的性质、层位、厚度（即通常所称定性、定深和定厚）及结构，寻找钻探打漏的矿层，以弥补钻探采心率的不足；③确定地层倾角倾向，研究矿产资源的成矿规律、地质构造及成矿环境；④定性校正品位曲线，指导劈样分析，在物性条件有利的情况下，定性区分矿物成分以及贫矿与富矿；⑤测算地层孔隙度，确定含水层位置及含水层间的补给关系，估算涌水量，并配合矿区水文地质工作解决某些水文地质问题（如确定含水层位置、寻找喀斯特溶洞等）；⑥测算地层地温，并分析、评价地温变化特征；⑦测算矿体及其围岩的岩石力学参数；⑧固井质量检查评价和套管校深；⑨确定钻孔顶角与方位角；⑩对其他有益矿产提供信息或做出初步评价。

（二）技术要求

1. *方法选择原则*

采用的测井参数应满足地质、钻探和地面物探工作的需要，且应充分考虑工区内岩（矿）层与岩层间是否存在明显的物性差异，以解决矿产地质任务为目的，其原则如下。

1）金属矿测井

金属矿测井的可选方法有自然电位、视电阻率、视极化率、激发极化、三分量磁测、磁化率、自然伽马、伽马-伽马（密度）、声波时差、X-射线荧光、井温测量等。物性参数测量可选择视电阻率、磁化率、自然伽马、伽马-伽马（密度）、声波时差、井温等方法。

2）煤田测井

凡探煤钻孔，必须选择测量电阻率、自然伽马、补偿密度、自然电位或声波时差、井径、井斜等参数；复杂结构煤层或薄煤层的地区，还应选择采用垂直分辨率高的测井方法；凡要求进行煤层气评价的钻孔，必须选择测量补偿密度、自然伽马、声波时差、中子-中子、双侧向、自然电位、双井径、井斜、井温等参数；还可考虑选择下列测井项目，如微球形聚焦、微电极、地层产状、超声成像、核磁共振；凡要求进行水文地质评价的钻孔，还应选择测量扩散、流量等参数方法；凡要求进行工程地质评价的钻孔，还应选择测量超声成像等参数；凡要求进行地温评价的钻孔，还应选择测量简易井温或近稳态井温；凡要求进行固井质量检查的钻孔，还应选择声幅、全波列（声波变密度）、套管接箍等参数；所有测井钻孔均应测量井液的密度、电阻率及温度。

2. 技术要求

1）一般测井方法

自然伽马仪器下井前用刻度环或标准源进行检查，其响应值与基地读数比较，误差不大于5%。同时，在照射量率相当于2.9pA/kg情况下，计算涨落引起的相对标准误差，其值不大于5%。自然电位测井测量时应辨清极性，使曲线异常右向为正，左向为负。曲线的基线应在岩性较纯的泥岩或粉砂质岩层段确定。测量线路的总电阻，应大于接地电阻变化值的10倍。电阻率测井电极系下井前，须外接标准电阻作两点检查，检查值与计算值的相对误差不得大于5%。同一勘查区应采用同一类型的电极系，接地电阻的变化对测量结果的影响不大于2%。补偿密度测井仪器下井前用检查装置测量长源距和短源距的响应值，与基地读数相比，相对误差不大于5%。计算煤层处由涨落引起的相对标准误差，其值不大于2%。伽马测井下井前用检查装置测量，响应值与基地读数相比，相对误差不大于5%。中子-中子测井下井前在检查装置上测量，响应值与基地读数相比，相对误差不大于5%。声波时差测井下井前或测井时在钢管（或铝管）中检查，其响应值与标准值相差不得超过8μs/m。在井壁规则的井段，非地层因素引起的跳动，每百米不得多于四次。且不允许在目的层上出现（孔径扩大除外）。声幅测井以测量钻井自由套管井段的曲线幅值标定为100%。测量范围从井底遇阻处起，至水泥返高面之上至少五根接箍反应明显自由套管处止。超声成像测井仪器下井前，应在专用泥浆筒中作声反射和磁扫描线的监视检查。深度比例尺应根据精度要求及岩层倾角大小进行选择。极电位测井测量线路的总电阻应大于接地电阻变化值的20倍。电极系必须有扶正装置，该装置应既能保证测量电极M不与比较电极N短路，又能使比较电极不与井壁接触。激发极化测井目的层的异常值（极化电位）应大于同种电极排列所记录的自然电位异常值的五倍。井径仪器下井前必须用已知直径进行检查，误差不大于10mm。

2）井中激发极化法

井中激发极化法应与激电测井、电阻率测井、自然电位测井等密切结合，以了解井壁的物性情况和查明目的层的特征。激发极化法应用条件为工作区内没有地下埋设管线的影响、激发源有较大的供电电流、由于二次场较弱，要求工作区内无较强的干扰电场。井中激电的测量装置宜优先采用梯度测量方式，若梯度测量信号太弱，则采用电位装置。当二次场测量信号太小（接近激电测量仪最小测量精度要求），视极化率值不可靠时，宜用总场梯度测量进行异常解释。应重视现场试验和资料的综合研究，选择有效的观测方式进行测量，选用合适的参数进行资料的综合研究，以突出有用信息，做到经济、有效。作参数的选择应有可靠的依据，由试验结果来确定，或者参考以往工作经验选择。根据工作区存在的干扰情况进行初步分析及测试时，对于观测参数（脉宽、延时、采样宽度、采样块数、叠加次数等）要进行合理设计。

3）井中磁测

采用提升测量模式在全孔所有可测井段测量。井中磁场强度测量，连续测量时采样间距0.1～1.0m，连续测量达不到精度要求时，应采用点测工作方式。点测时应根据下井时的连续测量数据来确定目标体的大小采用相应的点距，磁场变化平缓段采样间距5～10m。在有旁侧异常和矿层的井段采用加密测量，加密测量应以突出异常的细节为原则。同一钻孔分段测量时，应使用同一仪器测量。在测量连接处重复观测段不少于20m（最少应有三个重复点），其误差应满足质量检测的规定要求，否则应重复进行全孔测量。测井速度一般不得超过15m/min，在异常段一般不得超过10m/min。各种井下仪器记录的深度零点应与钻探采用的深度起算点一致；起始深度要记录清楚，计算准确；操作员工作记录表应真实准确，字体工整，字迹清楚，内容齐全。测井深度误差不得超过0.1%的要求。井中高精度 ΔT 测量应做日变改正。

4）井斜测井

仪器下井前必须进行测试，顶角和方位角的检查点各不少于两个；实测值与罗盘测定值相差应顶角不大于1°、方位角不大于20°（顶角大于3°时）。仪器下井前、后必须在井口进行吊零检查，误差不大于0.5°。点测时在顶角大于1°时，每一测点应同时测量顶角和方位角。当顶角小于3°或测斜点附近（10m以内）有铁磁性物体时，方位角误差不作要求。点测时测点间距一般不大于50m，定向斜孔不大于20m，最深测点距孔底不大于10m。相邻两个测点间顶角变化大于2°或方位角变化大于20°（顶角大于3°）时应加密测量，测点加密到10m后可不再加密。点测时检查测量每200m不少于一个点，最深测点必须检测。检测值与原测值相差：顶角不大于1°，方位角不大于10°。连续记录的仪器可不作检查测量。

5）井温测井

仪器下井前应进行检查，实测值与给定值相差不大于1℃。测量范围应自井液液面至孔底，且距孔底的距离不应大于10m。点测时测点间距为20m。相邻两个测点温差大于2℃时应加密测点，点距加密到5m后，可不再加密。当曲线形态反常时，应进行检查测量，测量值与检测值相差不大于1℃。测温期间不得循环井液。简易测温孔应在测量其他参数前、后各测一次井温。近稳态测温孔应按12h、12h、24h、24h间隔顺序用同一仪器进行测温，直至24h内温度变化不大于0.5℃或总测温时间已达72h为止。稳态测温孔测量时间间隔及精度应符合设计要求。井液有纵向流动的钻孔不应作近似稳态、稳态测温。测量时必须准确记录停止井液循环时间及各次测量最深点的起测时间。地层倾角测井时，微聚焦电阻率应使用同一标准电阻，对三个测量道进行检查，其幅值相差不大于10%。

6）扩散法测井

应在清水中测量，并准确记录水位。泥浆孔必须洗孔后测量。盐化前后两条井液电阻率曲线幅值变化应大于1/4。盐化井液应均匀（差异不得大于15%）；因水文地质条件影响或井径变化（超过100mm），均匀程度不作要求。对单一水位含水层的钻孔应至少测量三条在含水层段差异明显的曲线；对存在纵向补给关系的钻孔，应至少测量四条反映补给全过程的曲线，且最后两条界面位置接近不变。36h后仍达不到上述要求可终止扩散测量。每条曲线的测量技术条件必须一致，测速应均匀且不宜大于15m/min。测量时应记录每条曲线起止时间。

7）流量测井

流量测井按解决地质任务不同可施行简易流量测井和常规流量测井。测量方式可采用点测、连续测量和定点持续测量。井液中不得混浊、不得含有影响仪器灵敏度的杂质。测量时测速变化不应大于5%，且测速应与井液流动速度明显不同。测量在每次水位降低（或抬高）时，应分别测量提升和下放时的曲线。简易流量测井，可在一次水位降低（或抬高）时测量，自然条件下有井液纵向水流的钻孔可直接测量。常规流量测井应在抽（注）水量、水位稳定后测量流量，测量次数应与抽水次数一致。

三、数据处理

（一）野外测井记录的输入和预处理

在利用计算机对测井资料进行数字解释之前，需将全部数据送进计算机进行一系列的预处理工作。对模拟曲线来说，则先要进行数字化，把模拟曲线转换成数字量，再作预处理。经过预处理后的数据带，可用于曲线回放、作频率交会图和参数选择等预解释工作，并成为解释程序的输入带。

（二）选择解释模型和参数

经过预处理后的数字曲线，在进行各种定量计算之前，需根据钻孔的地质情况和选择的测井系列，选择合理的解释模型，确定定量解释所必需的初始参数。这直接关系到解释成果是否合理可靠，特别是那些新勘探区，地质情况还不够清楚，更需要摸索着试探进行。为此，应根据预处理后回放的测井曲线作一些人工分析和试算工作，并选择某些层段做出各种类型的交会图，利用它们来判断岩石成分和确定有关的参数，为下一步的测井分析程序提供准确的参数。

（三）进行测井数据的计算机解释

有了经过预处理后的数字曲线和选择好解释模型与解释参数后，即可用测井分析程序进行计算机的数字解释。有时还得先用分层程序和校正程序对解释层段进行分层和数据校正。测井分析程序主要是进行岩性解释、分层、岩性分析和矿质分析、岩石强度计算，其中岩性解释程序用来分析地层中砂岩骨架、泥质和孔隙的含量体积比，并以表格和柱状图的形式显示出来；分层程序主要用来划分煤岩层的深度、厚度；煤层分析程序可计算煤层中炭、灰、水的含量；岩石强度计算程序可计算强度指数、杨氏模量、切变模量和体积模量。测井分析程序有时还包括地层倾角资料的分析计算、层速度、波阻抗与反射系数计算和合成地震记录等专门的解释程序。

（四）解释成果显示与输出

通过显示程序将解释成果带上的计算成果数据按照一定的格式在绘图仪及打印机上显示和打印出来，这是数字处理的最后工序。通常这种成果图有两种，一是曲线图；一是数据表。两者往往都是必要的，前者对于地质的解释及对比较为方便；后者可以读出各深度采样点处的解释数据，对定量分析较为方便。

四、地质应用

地球物理测井从20世纪70年代开始用于胶东放射性矿藏勘查，此后，随着胶东石油、煤炭、金矿等资源勘查的深入开展，地球物理测井得到了普遍应用，取得了良好的地质效果。在研究地质构造方面，岩石受应力作用发生断裂破碎后，有的变为疏松碎块状，孔隙度增大，渗透性加强，反映在测井曲线上，往往是电阻率和密度变小、井径增大，结合对比邻近孔曲线及钻探资料，就可以比较确定断层破碎带的位置。在地层研究方面，新老地层由于沉积时期、沉积环境不同，其结构、构造、孔隙度和含水性等不同，一般在界面处测井曲线呈现明显台阶异常反应，根据其变化规律及不同地质时代地层的曲线组合特征，结合区域地质规律分析，可比较准确地确定各标志层层位和地质时代界面。地球物理测井在煤矿勘查与开发中发挥了重要作用，通过测井可以确定煤层层位，并对煤层进行定性与定厚解释。高阻煤层特点是电阻率值高、密度小、声速小，当灰分含量不高时，放射性元素含量很低，因而在视电阻率电位、声速、伽马-伽马和自然伽马曲线上，有突出的异常显示；天然焦或低阻无烟煤的特点是电阻率曲线近似于一条接近零线的直线，且密度较小，在电极电位或自然电位曲线上，呈现明显正异常；如煤层灰分含量低、顶底板围岩层的自然放射性强度较高，可用伽马-伽马和自然伽马两种曲线来定性。确定煤层厚度，要有两种或两种以上物性参数的精测曲线（比例尺1∶50），按各自的分层解释原则综合进行。通过物性标志层法、岩相-旋回特征对比法、测井曲线层组法等测井曲线对比方法，对比电阻率、自然电位、中子、声速、密度和自然伽马测井曲线等，参考井径、产状资料，进行煤层沉积缺失分析、煤层断层分析等。此外，地球物理测井在金属矿勘查中应用也非常广泛，井中三分量磁测井在磁铁矿勘查中发挥了独有的作用；井中激发极化测量对于铅锌矿、石墨矿、金矿等具有高极化特征的矿产资源具有独特的找矿优势。

第四章　胶东物探技术应用实例

第一节　物探技术在基础地质研究中的应用

胶东金矿与燕山早期玲珑二长花岗岩、燕山中期郭家岭花岗闪长岩有关，主要赋存于北北东向断裂带内；石墨矿赋存于古元古界荆山群中，主要分布于平度、莱西等地区；银、铜等多金属矿与燕山期侵入岩关系密切，主要分布于栖霞-蓬莱-福山一带、荣成伟德山岩体外围和海阳招虎山岩体南缘。胶东地区1∶20 万重力调查和航空磁测已全覆盖，2010 年来，在胶东北部大部分地区开展了 1∶5 万高精度重、磁测量，在胶东北部海域开展了1∶25 万浅海重力测量。本节主要利用面积性重力、磁测资料宏观地解译与金等矿产资源成矿密切相关的断裂构造、地层和岩浆岩的空间展布特征，并进行构造单元的划分。

一、断裂构造推断解译

由于断裂构造运动造成断裂两盘和断裂带内的物质成分、岩石结构、构造等发生变化，使其物理性质——密度、磁性、电性、弹性、光反射性、热传导性等发生相应的改变。当这种变量大到足以引起可观测到的地球物理场异常时，就可以为地球物理工作研究分析断裂构造提供依据。

（一）识别标志

利用区域重磁基础图件推断断裂的平面位置时，首先应确定走向明显的线性构造特征线，各种构造特征线是不同时期、不同性质、不同地质构造及其他因素在重磁场上的综合反映，必须结合区域地质、钻井及其他已知资料进行综合分析。断裂构造在重磁基础图件上一般具有以下标志。

1. 重力图件上的标志

（1）走向明显的重力梯级带；
（2）狭长的带状异常；
（3）异常带的水平错位或平移；
（4）异常等值线的同向扭曲；
（5）重力场发生明显变化的分界线；
（6）重力高与重力低之间的线性过渡带；
（7）方向导数线性排列的极值连线；
（8）水平梯度模线性排列的正极值连线；
（9）导数图线性异常的平移或错位。

2. 磁力图件上的标志

(1) 走向稳定的不同区域磁场的梯度带;

(2) 不同磁场区的分界线;

(3) 狭长的低磁或低负磁异常带;

(4) 串珠状、长条状正磁异常带;

(5) 磁异常的扭曲、错动、变形、宽度突变。

(二) 区域分划性断裂构造

按照《山东省地层、侵入岩、构造单元划分方案》的构造单元划分，以沂沭断裂带(昌邑-大店断裂)、牟平-即墨断裂带(朱吴断裂)和五莲断裂为界，划分为鲁西、胶北、胶南-威海三个变质地质单元，胶东地区胶北单元归属塔里木-华北太古宙—古元古代一级变质地区所属的华北变质亚区，主要变质期为新太古代—元古宙；胶南-威海单元归属羌塘-扬子-华南元古宙—早古生代一级变质地区之扬子变质亚区，主要变质期为印支期。

1. 沂沭断裂带

沂沭断裂带是郯庐断裂带山东段，南起郯城以南，北入渤海，大致沿沂河、沭河及潍河的水系方向展布，在山东境内陆域控制长度为290km，海域控制长度为70km，宽20~60km，北宽南窄。断裂总体走向10°~25°，平均为17°左右。沂沭断裂带内地质构造复杂，由四条主干断裂及其所夹持的地质体组成“两堑夹一垒”构造系统，自东向西依次为昌邑-大店断裂(F_4)、安丘-莒县断裂(F_3)、沂水-汤头断裂(F_2)、鄌郚-葛沟断裂(F_1)，F_4西倾、F_3东倾，夹安丘-莒县地堑；F_2西倾、F_1东倾，夹苏村-马站地堑；F_3、F_2之间为汞丹山地垒。重力、航磁、人工地震、大地电磁测深、地热和深源岩浆的研究资料表明：沂沭断裂带为一条陡倾的深达地幔的复杂断裂带。其中安丘-莒县断裂和昌邑-大店断裂切入莫霍面33~34km，属超壳断裂；鄌郚-葛沟断裂和沂水-汤头断裂切入康氏面，属壳内大断裂。该带在重力场中表现为东高西低的缓梯级带背景上的块状、椭圆状重力高或重力低异常组成的北北东向串珠状线性异常带。带内重力高异常反映基底凸起，重力低异常反映中新生代凹陷。磁场表现为北北东向长条状、椭圆状正或负线性异常、星点状杂乱异常组成的复杂磁异常带。作为鲁西和鲁东两大构造单元的分划性断裂，其两侧的重、磁场特征截然不同，鲁西为重力低磁场杂乱区，异常走向北西；鲁东为重力高磁场低值区，异常走向北东。四条主干断裂之间及每条断裂的不同区段重、磁异常特征也不相同，反映出该断裂带的复杂多变性。

昌邑-大店断裂是沂沭断裂带的东界断裂，也是胶东与鲁西的分划断裂。在重磁场上总体表现为西低东高的重、磁梯级带。陆域重力以莒县为界可分为南北两段，南段重力场为西高东低的梯级带，断裂在莒县、临沭正异常边部通过；北段东侧为重力高，反映了胶北地块太古宙—早元古代变质岩及侵入岩组成的高密度基底，西侧为低密度的鲁中隆块太古宙—元古宙的花岗岩系列老岩体；向北进入莱州湾海域后，布格重力异常主要表现为规模大、水平变化率大的重力梯级带，水平变化率可达$4.8\times10^{-8}/s^2$，断裂带两侧表现为西低、东高特征，且断裂两侧重力场特征有明显的不同，西侧为块状的重力高、低相间重力场，东侧为长条状的渐变重力高，而且形态不规则。昌邑-大店断裂在航磁图上，以贾悦、小店为界分为南、中、北三段。南段表现为正磁背景中的梯级带；中段主体为负磁背景中的梯级带，水平变化率为50nT/km；北段为东正西负的梯级带磁异常。北入莱州湾后，磁场表现为不同磁场的分界线、梯级带、磁力低异常带等特征。所有重、磁场特征反映了此断裂对两侧的地壳运动起着明显的控制作用，从断裂两边的地层分布、重力场、磁场特征来看，该断裂具有形成早、活动时间长的特点，形成时代可追溯到印支期以前，且直到新生代古近纪仍有大规模的升降运动，从而导致了东、西两盘第四系厚度的巨大差异（西厚东薄）。通过剖面反演计算，该断裂产状呈高角度，由浅入深倾角变大，深部接近直立。

2. 牟平-即墨断裂带

断裂南起胶州湾，经青岛市、即墨市、海阳市朱吴、郭城、栖霞市桃村、烟台市牟平区，北入黄海。由多条北东向呈雁列展布的断裂组成，斜切胶东半岛，陆域延伸长约150km，宽20～40km。牟平-即墨断裂主要由桃村断裂、郭城断裂、朱吴断裂、海阳断裂等四条主干断裂构成，断裂间距10km左右，单个断裂带宽几十米至数百米。总体走向40°～45°，倾向以南东为主，亦有直立或北西倾者，倾角一般为60°～80°。每条断裂都以左行平移为主，兼有张扭或压扭。单条断裂错移量以桃村断裂最大，达35km，其余断裂为7～10km，整个断裂带的总错移量近100km。该断裂带与五莲断裂一起构成了苏鲁造山带的北界，同时控制了白垩纪胶莱盆地的形成和发育。

在陆域，此断裂带桃村断裂区域重、磁场特征较明显，究其原因桃村断裂西侧多荆山群、粉子山群，东侧多花岗岩体，两者的密度、磁性差异较大，故西侧表现为重高、磁高的特征，东侧则为重低、磁低的特征。再加上其左行平移量大，更加剧了断裂两侧的重、磁场差异性。例如，牙山和院格庄两岩体本为同一岩体，被错为相距35km的两个岩体，在重、磁图上便产生了同一异常被错断的典型断裂异常特征。其余三断裂则几乎都断在同一地层或岩体中，即使不是同一地体，因错移量不大，仅在局部地段有差异，因而异常显示不明显。断裂中虽有脉岩和破碎带，但在小比例尺区域重、磁图上也未明显反映出来，仅在某断裂的某段出现重低、磁低或串珠状磁高异常，如朱吴断裂北段、海阳断裂中段。

依据北黄海重力资料，朱吴断裂由养马岛西侧呈北北东向延伸入北黄海，海域控制长约33km，布格重力异常主要表现为规模大、水平变化率大的重力梯级带，为不同重力场特征分界线，断裂两侧虽均为重力高，西侧走向北西、东侧走向北北东异常特征，该断裂对两侧地层、岩体构造形态具有明显的控制作用。海域重力高异常表明该段基岩为前寒武纪变质岩，以出露的古元古界荆山群为主。桃村断裂由烟台市东侧延伸入北黄海，呈北北东向展布，斜交于朱吴断裂，海域控制长约23km；布格重力异常主要表现为串珠状重力低异常和重力等值线局部弯曲和错动，在布格重力垂向一阶导数图反映更为明显，为梯级带特征，西侧重力高反映了中元古界芝罘群的分布，东侧为古元古界荆山群和粉子山群。

3. 五莲断裂

五莲断裂是扬子克拉通与华北克拉通的分划性断裂。西起莒县南大店附近，向东北经五莲、郝官庄延至胶州湾，走向由40°逐渐转为70°，总体走向65°，倾向北北西，倾角65°～80°，全长近150km，呈向北西弯曲的“弓形”，在诸城市林家村镇大岳峙被沭边断裂所切割，是胶南隆起与中生代莱阳盆地的边界断裂。断裂作为胶莱盆地和胶南隆起两种磁场的过渡带在重、磁场上表现十分清晰，重力场上表现为北高南低的较醒目的梯级带，航磁图上为低负背景中的串珠状低磁带，断裂处的带状低负背景场是胶南隆起上，中强磁性岩体在斜磁化作用下产生的伴生负异常，断裂破碎使岩石磁性进一步降低，故引起了更低的串珠状低磁带。对比地质图和重、磁推断成果图发现，地质图上的断裂位置较重、磁推断的断裂位置偏北 3 ~ 10km，西部偏移小，东部偏移大。地表的断裂倾向为北北西，重力推断的断裂倾向为南南东。由此可推出该断裂为一逆掩断裂。在殷家庄村南，该断裂带露头上发育有小型逆冲断层，即为该断裂带深部逆推性在地表的反映。

（三）主要断裂特征

1. 北北东向断裂

北北东向断裂是胶北地区最为发育的断裂构造。自西向东可划分为多个密集的断裂构造带，这些带多数在航磁、重力及遥感影像上都有清晰的显示，在地貌上多控制水系的延展。断裂带方位主要为 10° ~ 25°，断面以南东倾为主，发育有几十至几百米乃至几千米的破碎带。主体表现为左旋压扭性运动性质。该区绝大部分的金矿（点）床均产于北北东—北东向断裂中，分布于主要断裂成矿带和之间的区域。著名的三山岛、新立、焦家、新城、台上、大尹格庄、夏甸等众多的金矿床均赋存于该断裂系统之内。从断裂带内的岩性和断裂带空间发育位置及切割的地质体分析，北北东向断裂并非同步形成，而具有多期性。这些断裂多将古老的东西向断裂切割成片段状。从断裂带的岩性特征看，总体发育特点是北部强、南部弱。发育于玲珑序列内的北北东向断裂，则主要形成于中生代，在强大的南北向左旋扭动应力场的作用下，除一系列古断裂的复活外，在玲珑序列这个巨大的岩基中随着一组北北东走向的新生的压剪切面的进一步演化而成一组密集的断裂束。带窄、延伸长、方位稳定、断距小是发育于玲珑序列中这一组断裂束中各断裂的共同特点。现将三条主要控矿断裂重、磁场特征简述于下，其他断裂见表 4-1。

表 4-1 胶东主要北北东向断裂特征一览表

断裂名称	产状	规模	地质特征	重力场、磁场特征
招远–平度	走向 15° ~ 20°，倾向 105° ~ 110°，倾角 40° ~ 60°	长达 120km，宽 <1000m	断裂切割栖霞序列、玲珑岩体、荆山群等，带内发育断裂破碎带，糜棱岩化、构造角砾岩等	重力场表现为梯级带异常特征；磁场表现为不同磁场的界线
龙口–莱州	走向 40°，倾向 310°，倾角 40°	长 40km，宽 500 ~ 1000m	断裂多被覆盖，断续出露，切割	重力场、磁场表现为不同特征场的界线
三山岛–仓上	走向北北东，倾向南东	控制长约 42km	断裂多被覆盖，南北延伸入海	重力场、磁场表现为不同特征场的界线
玲珑	走向 28°，倾向 298°，倾角 70°	长 21km，宽 200m	断裂切割玲珑岩体，为龙口断陷盆地东界，带内岩性为碎裂岩、碎粉岩、断层泥等	重力场表现为不同重力场的界线、梯级带异常特征；航磁特征不明显，仅在局部表现为不同磁场的界线

续表

断裂名称	产状	规模	地质特征	重力场、磁场特征
栾家河	走向20°~35°，倾向110°~125°，倾角40°~80°	长46km，宽50~500m	断裂切割栖霞序列、玲珑岩体、荆山群等，带内发育糜棱岩化、碎裂岩化、断层泥、片理化带等，煌斑岩脉发育	重力场表现为重力梯级带、重力异常转折特征；航磁特征不明显
丰仪	走向20°~35°，倾向110°~125°，倾角65°~90°	长93（160）km，宽30~300m	切割荆山群、栖霞序列、玲珑岩体、栾家河岩体、郭家岭岩体，带内岩性为碎裂岩、挤压扁豆体，局部糜棱岩化	重力场表现为重力梯级带、重力异常宽度突变、重力异常转折特征；航磁表现为不同磁场的界线、梯级带、负磁异常带特征
紫现头-解宋营	走向10°~15°，倾向100°~105°，倾角60°	长50km，宽50~200m	断裂切割郭家岭岩体及粉子山群，为藏家庄盆地西界，带内岩性为碎裂岩、碎粒岩、构造透镜体，片理化带	重力场、磁场特征不明显
寨里-杨础	走向15°，倾向105°，倾角55°	长51km，宽<1000m	断裂切割栖霞序列、荆山群、莱阳群，带内发育糜棱岩，构造角砾岩、碎裂岩等，断面发育擦痕	重力场表现为重力梯级带特征；航磁特征不明显
金牛山	走向0°~15°，倾向90°~105°，倾角60°~82°	长>40km，宽数十米	断裂发育于震旦纪花岗岩中，断裂带内发育碎裂岩、角砾岩、断层泥及挤压扁豆体，羽状裂隙发育，断裂具多期活动性。带内充填煌斑岩脉、石英脉，与金矿关系密切	重力场、磁场特征不明显

1）招远-平度断裂

该断裂带南起胶莱盆地北缘平度麻兰，向北经平度宋格庄、尹府、赘莱山、莱西南墅、招远夏甸、新村、道头，总体呈15°~20°方位延伸，经招远市北转向65°，在玲珑镇东北部的九曲村附近分支为东南侧的破头青断裂和西北侧的九曲-蒋家断裂，长达120km，纵穿胶北隆起，切割东西向断裂、北东向断裂，被北西向断裂切割。

纵观重、磁场特征，以道头为界，可将招平断裂带分为南段和北段两个不同场区。南段显示为北北东向等值线密集的重力梯级带异常，表现为西低东高的重力异常特征，磁场则表现为不同特征场的分界线。招平断裂带南东侧（上盘）重力值为$0\times10^{-5}\sim16\times10^{-5}m/s^2$，为全区最高；磁场则以北东向高低相间的带状和块状跃变场为主，反映了招平断裂带南部上盘为高密度、磁性不均匀的元古宙和太古宙变质岩分布区；断裂西侧（下盘），重力值为负值，最低达$-26\times10^{-5}m/s^2$，磁场则表现为平稳的负磁异常特征，ΔT在$-100\sim0nT$，反映了低密度、弱磁性的中生代玲珑序列花岗岩分布。在该段成矿带上旧店、夏甸、曹家洼、大尹格庄大型、特大型金矿床集中分布在布格重力异常梯级带等值线密集及转折部位。

北段在道头-招远市一带穿过近东西向的重力低异常区，招远市向北转为北东东向重力缓变带。招平带此段上盘表现为相对杂乱的重力异常波动特征，重力值集中在$-15\times10^{-5}\sim-6\times10^{-5}m/s^2$，下盘则表现为平稳的重力低异常特征，重力值集中在$-18\times10^{-5}\sim-12\times10^{-5}m/s^2$。

在剩余重力异常和垂向一导异常上，断裂两侧的异常差异更为清晰。断裂北段总体位于平稳低缓的负磁场背景上。该段总体位于胶西北部北东向展布的玲珑复式岩体中部轴心部位，重、磁场特征反映该段主要分布低磁低密度的中酸性玲珑花岗岩体，栖霞序列新庄单元片麻岩规模不大。

2）龙口-莱州断裂

断裂北起龙口邢家，南经辛庄、金城、寺庄、平里店向南展布，区内出露长度约40km，宽100～500m，总体走向30°，倾向北西，倾角25°～40°，局部60°～70°。沿走向及倾向均呈舒缓波状展布，膨胀夹缩、分支复合特征极为明显。中部的新城-大家坡地段沿新太古代马连庄序列基性-超基性岩与玲珑花岗岩接触带展布；新城以北及大家坡以南地段主要展布于玲珑花岗岩体内。焦家断裂具有多期次活动的特点，依据断裂与成矿的关系，可将焦家断裂划分为三个主要活动期，即早期控矿断裂、中期控矿断裂和后期控矿断裂。成矿前控矿断裂为左行压扭性质；中期成矿断裂为右行张扭性质；成矿后断裂活动压扭性质。成矿前后该断层经历了挤压-引张-挤压的过程，总体表现为左行压扭性质。

断裂布格重力异常总体反映为缓梯级带特征，北西侧为重力高，南东侧为重力低，反映了断层两侧岩性具有明显的密度差异。断裂金城-寺庄段梯级带特征相对清晰；在金城北和寺庄南，布格重力异常等值线由北东向转为近东西向，反映了受不同方向断层穿插切割的特征，因断裂发育在玲珑花岗岩体内，两侧无明显的密度界面，断裂上布格重力异常反映不明显，表现为等值线间距加大、局部扭曲的异常特征。在该成矿带上龙埠、焦家、马塘、寺庄、前陈家特大型金矿床，集中分布在布格重力异常梯级带等值线密集及转折部位，为“鼻形”重力高的尖部。北部的新城金矿、河西金矿、上庄金矿等均沿重力高与重力低接触带分布。

龙口-莱州断裂两侧磁场特征明显不同，南东侧为正负相间的波动磁异常特征，以正磁异常为主，北西侧为相对平缓的负磁异常特征。该断裂带上的大型、特大型金矿床均有局部封闭的相对高磁异常与之相对应。如龙埠金矿、焦家金矿、马塘金矿、寺庄金矿、河东金矿及上庄金矿床等，断裂下盘均对应有局部封闭的高磁异常伴生，该局部高磁异常应为郭家岭岩体所致。

3）三山岛-仓上断裂

该断裂位于三山岛-仓上-潘家屋子一带，南北两端均延入海中，整体走向北北东，倾向南东，控制长约42km。从布格重力异常图上看，该断裂带反映为线性重力梯级带，在平面上呈“S”形。向北由三山岛金矿延伸入海，进入近东西向重力低值区，布格重力异常上反映较弱，剩余重力异常及垂向一阶导数中有梯级带表现，反映断裂上盘局部残余高密度的早前寒武变质岩；向南从新立西延入渤海，跨海后经仓上、潘家屋子，大约以220°走向延伸入海，重力场上以重力梯级带特征为主，再向南进入重力高场区后，重力场特征表现为重力异常等值线向南同向弯曲，说明变质岩区内沿断裂有花岗岩侵入。在ΔT异常图上，主要沿不同磁场区分界线展布，断裂下盘磁场值明显低于上盘，沿断裂方向上盘具有串珠状高磁异常展布。断裂下盘（北西侧）重力低磁力低主要为中生代玲珑二长花岗岩反映，上盘（南东侧）重力高波动磁场特征为早前寒武纪变质岩反映。

2. 北东向断裂

胶东地区北东向断裂发育，集中分布于牟平–即墨一线，多与沂沭断裂带和牟平–即墨断裂有关。规模最大的牟平–即墨断裂带前面已经详述。现将其他几条主要断裂带叙述于下，其他断裂见表4-2。

表4-2　胶东北东向主要断裂特征一览表

名称	产状	规模	主要特征	重力场、磁场特征
日照–青岛	走向30°～35°，倾向南东，倾角60°～85°	长150km，宽10～580m	切割元古宙地质体及中生代地质体。断面波状，局部平直，发育构造角砾岩、碎裂岩、断层泥及挤压劈理化带。充填煌斑岩、石英脉。有重晶石化、硅化、萤石化、方铅矿化等	重力场表现为缓梯级带特征；磁场表现串珠状、长条状磁异常带特征
相家沟–洙边	走向30°～45°，倾向90°或270°，倾角65°～80°	长112km，宽400～500m	主要切割晋宁期花岗岩及中生代地层、花岗岩。由3～5条平行断面组成，有较多脉岩充填，蚀变强烈，南段有金矿化。构造岩有构造角砾岩、碎裂岩、碎粉岩	重力场表现为不同特征场的界线；磁场表现为磁力异常的扭曲、转折、突变特征
船坊	走向30°～50°，倾向270°，倾角65°～85°	长40km，宽200～1000m	发育于变质基底与中生代盖层界限处，断面上发育摩擦镜面及擦痕，构造岩由构造角砾岩、构造透镜体、挤压扁豆体组成	重力场表现为缓梯级带特征；磁场特征不明显
塔山店子–苗家	走向30°，倾向南东，倾角56°～80°	长48km	切割新元古代花岗岩及中生代岩体。发育构造角砾岩、构造透镜体、断层泥、片理化岩石及玻化岩	重力场、磁场特征不明显
肖古家	走向30°～45°，倾向120°～315°，倾角55°～70°	长55km，宽30～300m	断裂切割栖霞序列、蓬莱群、磁山岩体及粉子山群，带内岩性为碎裂岩、断层泥、构造角砾岩，局部见糜棱岩，带内北部充填含金石英脉褐铁矿化、绢英岩化、硅化、碳酸盐化	重力场表现为不同特征场的界线、重力异常转折特征；磁场表现为不同磁场的界线特征

1）日照–青岛断裂

该断裂也是胶东地区规模最大的北东向断裂之一，多沿水系展布，被第四系覆盖。断裂总体走向30°～35°，倾向南东或北西，倾角60°～85°，长达145km，断裂破碎带宽几十米至几百米。日照–青岛断裂整体位于低重力场区，反映了断裂处于低密度的临沭–胶南侵入岩体内，断裂上重力场特征不清晰，仅在局部表现为低缓梯级带。航磁异常上南段异常特征不明显，在巨峰以北表现串珠状、长条状磁异常带。

2）相家沟–洙边断裂

该断裂是胶东地区规模最大，露头最好的北东向断裂之一。总体呈30°～45°方向展布，倾向120°，倾角65°～80°，破碎带长达167km，宽100～500m。1∶25万潍坊幅区调报告认为它切割五莲–青岛断裂后与招远–平度断裂相接，断裂全长280km左右，为胶东地区仅次于安丘–莒县断裂带和牟–即断裂的一条大规模北东向断裂带，称之为“招远–黄墩断裂带”。断裂整体位于临沭-胶南侵入岩带内，重力场、磁场特征不明显，在南段重力场局部表现为不同特征场的界线，航磁异常局部表现为磁力异常的扭曲、转折、突变特征。

3. 东西向断裂

胶东地区东西向断裂构造地表出露比较零星，连续性差，一般延伸数千米至几十千米，发育有几十米至数百米甚至千余米的断裂破碎带。带内多发育有构造角砾岩、碎裂岩及褐铁矿化、绿泥石化、硅化等动力变质岩和多样性的蚀变现象，在区域重、磁资料上多有显示，地貌上大都发育在正负地形交界处。

从区域资料分析，具规模的东西向断裂是胶东地区形成较早的断裂，伴随着南北向拉张应力场形成并显示张性活动，多伴有中基性岩浆活动。在以后的多次变形过程中，由于主应力场与东西向断裂方位斜交，故多显示一些压扭性、张扭性结构面。在某些区段旋转而被改造成北东东向。晚白垩世末期至新生代以来，在南北向拉张应力场作用下，东西向断裂又显示张性结构面，从而在断裂两盘常形成反差明显的地貌态势。在下降盘多伴有（或控制）盆地的形成，作为中新生代断陷盆地的边界。西林-吴阳泉断裂（藏格庄盆地）、黄山馆-大辛店断裂（龙口盆地）、平度-门村断裂（平度盆地）对各盆地的形成都起到明显的制约作用。现对两条主要断裂描述如下，其他断裂见表4-3。

表4-3 胶东主要东西向断裂特征一览表

断裂名称	产状	规模	地质特征	重力场、磁场特征
西林-吴阳泉	走向270°，倾向180°，倾角25°~40°	长35km，宽300~500m	断裂位于藏家庄断陷盆地的北缘，上盘为中生界，下盘为中生界及郭家岭花岗闪长岩，断裂东部切割粉子山群，断裂带内岩性为碎裂岩、角砾岩、糜棱岩及擦痕，阶步断层泥等，脉岩发育，蚀变强烈	重力场表现为缓梯级带异常特征；航磁表现为缓梯级带异常特征
黄山馆-大辛店	走向85°~95°，倾向355°~50°，倾角50°~70°	长45km，宽800m	断裂为新生代龙口断陷盆地南缘，东部切过艾山岩体，多被北东向、北北东向断裂切割而成阶梯状。带内岩性为碎裂岩、糜棱岩，断层泥，蚀变强烈	重力场表现为梯级带异常特征；航磁表现为不同磁场的界线
百尺河	走向80°~90°，倾向170°~180°，倾角50°~80°	长94km	主要于莱阳群、青山群及王氏群中被北西向及北东向断裂切割	重力场表现为梯级带异常特征；航磁表现为不同磁场的界线
芝山-黑虎山	走向90°，倾向0°，倾角70°	长6.5km，宽数十米~1000m	断裂发育于早前寒武纪不同地质单元的界线上，北盘为新太古代栖霞序列，南盘为荆山群，东端被北北东向断裂切断，西部被招远断裂所截，带内发育糜棱岩、碎裂岩等	重力场特征不明显；航磁表现为不同磁场的界线
平度-门村	走向90°，倾向180°，倾角50°	长22km，宽几十到百余米	断裂北盘为荆山群及玲珑序列，南盘为第四系覆盖，断裂带内发育强糜棱岩化岩石及构造角砾岩等，是平度新生代断陷盆地的北界	重力场表现为梯级带异常特征；航磁表现为不同磁场的界线

续表

断裂名称	产状	规模	地质特征	重力场、磁场特征
金刚口	走向85°，倾向355°，倾角60°～70°	长20km，宽30～50m	断裂南盘为荆山群，北盘为王氏群，断裂带内岩石普遍具碎裂岩化发育构造角砾岩，并具玄武玢岩脉侵入	重力场表现为梯级带异常特征；航磁表现为梯级带异常特征
七宝山-大茅庄	走向80°，倾向350°，倾角65°～80°	长20km，宽10～50m	发育构造透镜体、近水平擦痕，由两条主断裂构成。主要切割莱阳群、青山群，次为王氏群，控制七宝山、红石山火山机构，被沂沭断裂切割	重力场特征不明显；航磁表现为不同磁场的界线
刘家庄-水泉头	走向90°，倾向5°，倾角84°	长28km，宽50～300m	发育一组平行断面，有构造角砾岩、构造透镜体，有垂直擦痕及斜擦痕、水平擦痕，切割新元古代片麻岩、青山群、王氏群、中生代侵入体	重力场表现为重力异常等值线的同向弯曲；航磁表现为线性低磁异常带
孙家庄-葛家山	走向80°～90°，倾向8°或175°，倾角80°	长15km，宽100～600m	发育一组平行断面，有碎裂岩、碎粉岩、镜面及垂直擦痕，切割中生代岩体、岩脉及潜火山岩、王氏群	重力场表现为重力异常等值线的同向弯曲；航磁表现为梯级带异常特征

1）西林-吴阳泉断裂

该断裂位于栖霞的尹家、西林、孚庆集、吴阳泉一带，区域上属西林-陡崖-毕郭S形断裂带的东段，是胶东重要的控矿赋矿断裂之一。作为臧家庄断陷盆地的北界，对该盆地的形成演化具有明显的制约作用，它不仅影响控制了盆地内中生界地层的发育，而且对蓬莱群、粉子山群发育有明显的制约。这些不同时代的构造层均处于该断层的上盘，自南向北，由老到新有规律地排列。断裂长约31km，宽300～500m，总体走向近东西，西端被北北东向的紫现头-解宋营断裂所切断，且未见延伸。断裂带东部因受逆时针断裂构造的牵引，方位有向北偏转之势，总体走向近东西，西林村以东向北东方向偏转，呈蛇形弯曲，倾向南，倾角25°～40°。断面空间呈舒缓波状，其上盘岩性为中生界莱阳群的砾岩，下盘为燕山早期的郭家岭斑状花岗闪长岩，下盘岩石强烈破碎，被挤压及韧性变形。断裂带具先压后张多期活动特点，主断面呈舒缓波状，带内及其两侧次级断裂裂隙发育，并伴有潜火山作用。

该断裂总体表现为重、磁场缓梯级带特征，断裂西段两侧布格重力异常特征明显不同，东段异常等值线发生同向弯曲，剩余重力异常图表现为梯级带，剩余重力异常上梯级带相对更为清晰；磁场上反映为磁力高和磁力低之间的过渡带。该断裂北侧的重力高、磁力波动场反映了荆山群及胶东岩群地层岩石高密度、磁性不均的物性特征；断裂北侧的重低、磁低则是低密度低磁性的白垩系反映。

2）黄山馆-大辛店断裂

该断裂位于龙口市黄山馆-蓬莱大辛店一带。作为龙口断陷盆地南界断裂，总体近东西走向，控制长约74km，海域控制长约30km，陆域多被覆盖。向西经黄山馆延伸入海，交汇于昌邑-大店断裂，东部切过艾山花岗闪长岩后向东踪迹不明。断裂在中西部出露连续，中东部多被北北东向断裂所截而呈阶梯状。断裂带宽度变化大，从百余米至千余米不等。断面产状北倾，倾角较陡，多在50°~70°。断裂带上盘为龙口第四系冲积平原。该断裂形成时代为前寒武纪，中生代又活动强烈，规模较大，断裂东部作为基岩与第四系松散堆积的界线，控制了黄县新生代断陷盆地发展的全过程。从断裂两盘的地质体和带内岩性特点综合分析，该断裂的晚期活动具明显的张性特征。

该断裂在布格异常图中总体表现为不同特征场的界线、梯级带特征，局部呈等值线同向弯曲、重力低异常带等特征。断裂下盘布格异常等值线呈近东西向展布，东西向重力异常幅值向南逐渐下降，说明玲珑花岗岩体由北向南逐渐变厚；布格异常总体表现为西高东低异常特征，西部海域重力值高达$26\times10^{-5}m/s^2$，东部龙口盆地重力值在$-10\times10^{-5}m/s^2$以下。对应航磁ΔT极化异常图，该断裂总体表现为不同磁场分界线，陆域龙口盆地一带，断裂以北表现为负磁异常特征，以南表现为波动磁异常特征，龙口盆地以东则表现为北高南低特征；西部海域，断裂以北表现为波动磁异常特征，以南表现为负磁异常特征。断裂以南，重力异常等值线、磁异常等值线呈近东西向展布，主要反映玲珑花岗岩下伏的基底构造呈东西向分布。但是由于中生代岩体发育，破坏、歪曲了胶东岩群地层的东西向展布，这在重力异常图、磁异常图中均有明显反映。断裂以北自西向东反映了早前寒武纪变质岩-新生代盆地-早前寒武纪变质岩分布。

4. 北西向断裂

该组断裂不发育，一般规模较小，多限于北东向断裂之间，方位为310°~330°，延伸数千米至十几千米，宽数米至十余米。内岩性为碎裂岩及碎裂岩化岩石。断裂为张扭性，切割最新地质体为崂山序列。

长岛-威海断裂（区域上称为张家口-蓬莱断裂带）是一条区域的分划性大断裂，该断裂对其两侧的不同演化阶段沉积、岩浆活动和构造发育都起到了一定的控制作用，它不仅是渤海湾盆地内一条重要的构造转换带，还是我国大陆东部黄海-东海地区新生代裂陷盆地群内的重要构造转换带。该断裂带在构造区划、区域构造演化及地震活动等方面均具有重要的意义。断裂走向北西西，控制长度达200km，断裂在重力场上有明显反映，以长岛-威海断裂为界，两侧的构造格局明显不同，其西南侧总体呈总体高低相间的重力场特征，构造单元长轴走向均沿北北东—北东向展布，东北侧总体呈重力高特征。航磁ΔT平面图上，表现为不同磁场的分界线、梯级带、磁力低异常带等特征。长岛-威海断裂以北，发育多条北西向断裂大致呈等间距分布密集发育（间距一般为5~10km），并错断其他方向断裂，为长岛-威海断裂的次级断裂。

5. 南北向断裂

南北向断裂不甚发育，其方位多在5°~355°，主要有米山断裂、岗山断裂及巨山沟断裂等。延长在几十千米，宽几十米至数百米。带内岩性为碎裂岩、碎粉岩、断层泥及劈理化带。断面参差不齐，倾角较陡，断裂显张性及张扭性。切割最新地质体为伟德山序列，其活动在青山群形成之前。

米山断裂发育于区域内中南部，自初村（西）向北、自泽头（东）向南均延伸入海，总长约50km，是胶东地区规模最大的南北向断裂构造。据其发育特征，可以分为北段、中段、南段北段两盘皆为荣成片麻岩套之邱家片麻岩体；中段基本为“昆嵛山复式岩基”

和荣成片麻岩套的界线；南段基岩裸露差，多为第四系所覆，断裂切割中生代白垩纪岩体和火山岩地层，并被多条北东向断裂所切割而呈阶梯状。断裂总体走向0°，产状主体向东倾斜，倾角在50°左右。断裂带宽数十米至数百米，最宽处近千米。带内岩石强烈破碎和蚀变，所见主体岩性为花岗质碎裂岩、碎裂岩化花岗质片麻岩、碎裂岩化脉石英，碎裂岩化糜棱岩、断层泥等。断裂两侧地质质体密度差异不大，因此布格重力异常仅在局部表现为线性梯级带、等值线同向扭曲特征，垂向二阶导数、剩余重力异常上线性梯级带特征相对清晰些。航磁异常表现为线性梯级带、宽度突变带、等值线同向扭曲特征。

二、地层推断解译

（一）元古宙—太古宙地层

太古宙零散分布于鲁东地层分区内，古元古宙地层广泛分布于半岛北部，是山东石墨矿、菱镁矿、滑石矿、大理石板材等非金属矿产的赋存层位。中元古宙芝罘群局限分布于烟台市芝罘岛及其邻近崆峒岛等各大、小不同的岛屿之上，总体呈北西向展布，五莲群主要分布在胶南隆起西北边缘，五莲县东北部。新元古宙蓬莱群主要分布于栖霞、福山及龙口屺姆岛、长岛等地。

元古宙—太古宙地层集中分布区在重力场上均表现为重力高特征，如在昌邑-大店断裂东侧，峡山水库-东宋镇一带，重力场值集中在$3\times10^{-5}\sim32\times10^{-5}m/s^2$；蓬莱-牟平沿海地区，长岛-威海断裂的南部，重力场值集中在$6\times10^{-5}\sim26\times10^{-5}m/s^2$；张戈庄镇-观里镇一带，重力场值集中在$-6\times10^{-5}\sim37\times10^{-5}m/s^2$；发城镇-午极镇荆山群分布区，重力场值相对较低，多在$6\times10^{-5}m/s^2$以下，但相对重力高特征亦较为明显；长岛群岛周边海域表现为重力高异常特征，推测长岛-威海断裂以北、牟平-即墨断裂以西海域，仍有蓬莱群广泛分布。磁场上，除在峡山水库-东宋镇一带和蓬莱东部表现为正磁异常特征外，其他分布区多表现为波动杂乱的正负磁场特征，表明地层内部磁性体分布不均匀。

（二）中生代地层

中生代地层广布于中生代盆地之中，系一套陆相碎屑岩和陆相火山岩沉积，胶东地区中生代地层出露广、连续性好，发育有白垩系莱阳群、青山群和上白垩统—下古新统王氏群。莱阳群较集中分布于胶莱盆地边部，在其他中生代陆相盆地中也有零星分布，厚度各处不同，胶莱盆地北缘1600m，内部4000～6000m，南缘1700m。青山群集中分布在胶莱盆地中。王氏群集中分布于胶莱盆地中央，各地各组出露厚度差异甚大，莱阳地区总厚1424m；胶州地区总厚3931m。

胶东中生代盆地主要包括胶莱盆地、臧家庄盆地和俚岛盆地三部分，其中胶莱盆地规模较大。胶莱盆地西界为张舍-景芝断裂、昌邑-大店断裂孟幢-小店段；南界为五莲-青岛断裂；东界为桃村-东陡山断裂，北界为平度-南墅-莱阳北部-桃村一线，呈不规则的40°～50°走向的似菱形，长轴莒县-莱阳一线长140km，短轴胶州湾-高密一线长约70km，面积约$5000km^2$，被重力高、磁力低（负磁场）所表征。区内重力场是全省陆域的最高者，场值一般达 $10\times10^{-5}\sim20\times10^{-5}m/s^2$，全省重力场的最高点-莱西市南大望城重力高异常即位于此区内，重力值为 $34\times10^{-5}m/s^2$。重力异常多为近东西向椭圆状，重力高和相对重力低异常相间排列，呈现出东西成带南北成块的格局。异常平缓，曲线圆滑。胶莱盆地的区域磁场特征，呈现剧烈的波动性，整个磁场十分杂乱。单个异常面积不大，但强度较高。高者正数百至几千纳特，低者则负几百至负上千纳特。而且往往高低相伴，几乎每个正异常北侧都伴有幅值很大的负异常。这是典型的火山岩的磁场特征，在盆地边部青山群分布地区表现得尤为明显。因为火山岩磁性强、离散性大，尤其剩磁强，在斜磁化、反磁化作用下使得磁场异常杂乱。

基底以断裂构造为主，有近东西向、北西向两组，有诸城-张应断裂、百尺河-廿五里夼断裂、胶州断裂、明村-兰村断裂、蓼兰-下普东断裂及以胶州湾为中心的放射状扇形断裂等。把胶莱盆地切割成近东西、北西的碎块，形成各块间高低不同的基底。沉积盆层为中生界莱阳群、青山群、王氏群，主体为微褶皱40°～50°展布的向斜盆地，沉积中心位于诸城-平度兰底一带，厚度为3000m左右，往南北两侧渐薄，披覆在元古界前寒武系结晶基底上。下白垩系莱阳群，出露广泛，遍布于胶莱盆地周缘和内部，在胶莱盆地北缘不整合盖于胶东（岩）群，荆山群包体与太古宙—元古宙侵入岩组成的基底上，南缘与早元古界胶南（岩）群及晚元古代花岗片麻岩以断层相隔，部分不整合于粉子山群（五莲群）包体与元古宙侵入岩之上，被青山群不整合覆盖，是一套横向变化大，各地区成岩环境具差异性的陆相盆地碎屑岩沉积，厚度各地不一。航磁图上平稳的负磁场背景上的星点状、条块状、串珠状正磁异常，为下白垩统青山群火山岩系及新生代玄武质火山岩引起的，反映沿断裂或断裂交汇处形成的线形或中心式喷发沉积。胶莱拗陷自晚白垩世以来，总体呈上升状态，基本上缺失新近系，仅有零星分布于平度南部。从地层沉积关系上看，莱阳群明显不整合于前寒武纪地层之上，青山群在拗陷的东南缘比较清楚地不整合于莱阳群之上，而北缘则不清楚，呈假整合或过渡关系。王氏群与青山群之接触关系亦然，按王氏群、青山群、莱阳群由新到老的顺序，有从东南向西北的超覆现象，表现为塌陷由东南向西北逐渐迁移，随着拗陷的加深，东北部、西南部的沉积有向中部迁移的趋势。这反映了胶南-文荣造山带对胶莱拗陷盆地形成的影响。拗陷的西缘，中新生代地层明显地超覆在胶北隆起之上，而南部的五莲-青岛断裂和东部的桃村-东陈山断裂的主要片段切割了莱阳群等中生代地层，破坏了拗陷的南东缘，部分地段被中生代地层超覆，因此认为胶莱拗陷是一个挤压而成的拗陷。

断裂北侧为胶莱盆地，沉积了较厚的低密度的莱阳群、青山群、王氏群，南侧为胶南隆起，分布着相对较高密度的中生代侵入岩。北侧胶莱拗陷区反而表征为重力高的原因主要有三点：一是胶莱拗陷为莫霍面相对隆起区，其莫霍面深32km，比南北两侧隆起区浅约2km；二是胶莱盆地基底为巨厚的变质岩系；三是南北两侧隆起区因大规模岩浆侵入导致岩层密度降低，而胶莱拗陷内低密度岩体相对较少。

（三）新生代地层

新生代古近纪、新近纪地层和第四系均有出露，其中第四系分布最广。鲁东地层分区古近纪和新近纪地层分布甚少且局限，多被第四系覆盖。第四系广布于华北平原分区和山地、丘陵边缘及各大水系两侧地区，其中龙口盆地规模较大。

龙口盆地位于胶北隆起区的西部，屺坶岛凸起以东，北半部位于海域，南半部位于陆域，南部以黄山馆断裂为界线，东部以玲珑断裂为界，北部以长岛-威海为界线，西部进入海域，亦有明显的盆地界限，呈椭圆状分布，长轴走向北东。龙口盆地为中生代形成、新生代继承和发展的断陷盆地，接受低密度的白垩系青山群和古近系五图群沉积，因而在重力场上显示重力低异常特征，布格重力异常值介于$-13\times10^{-5}\sim3\times10^{-5}m/s^2$，极小值位于蓬莱市东北约7km海域内。对应航磁异常则表现为负磁异常特征。

三、岩浆岩推断解译

胶东地区岩浆岩主要有太古宙、晚元古代及中生代三个形成期，元古宙以来的岩浆活动比鲁西地区强烈得多，大致可分为栖霞、玲珑-平度及鹊山-昆嵛山、临沭-胶南及海洋所-威海三条侵入岩带和胶东中生代、临朐-蓬莱新生代两条火山岩带。下面重点对与成矿关系密切的三条侵入岩带叙述如下。

（一）栖霞侵入岩带

胶东地区第一套TTG（栖霞片麻岩）广泛分布在桃村断裂以西、招平断裂以东、胶莱拗陷以北的广阔地域内，岩性从早期的英云闪长质、奥长花岗质到晚期的花岗闪长质构成胶北隆起区的新太古代TTG花岗岩系列。

新太古代栖霞片麻岩分布区，在夏甸镇-蛇窝泊镇以南、栖霞市东、蓬莱南、莱州南等地，高密度的栖霞片麻岩套和元古宙—太古宙地层的叠加，在重力场上表现为重力高特征，重力值集中在$0\times10^{-5}\sim25\times10^{-5}m/s^2$。在招远-栖霞等其他区域，栖霞片麻岩套为低密度的中生代玲珑岩体侵入，因此多位于低重力背景或者重力梯级带上，但局部多为异常等值线外凸、低缓重力高等相对重力高异常反应，在剩余重力和垂向一导图上表现相对明显一些，反映出中生代花岗岩体内的栖霞片麻岩体总体规模有限。磁场上，总体位于平缓的负磁场内，磁场值集中在-150～0nT，说明栖霞片麻岩套为弱磁异常特征。在唐家泊镇-桃村镇一带岩套所反映的高磁异常，磁场值最高达400nT，为磁性较强的牙山岩体侵入栖霞片麻岩套的反映，重力场上也为重力低反映，证明此区栖霞片麻岩套厚度不大。

（二）玲珑-平度侵入岩带

该复式岩体是胶东地区规模最大且与胶东金矿成矿关系最为密切的中酸性岩体。位于胶西北部地区，分布于平度北部、莱州、招远、栖霞西部、龙口市东部广大地区。玲珑-平度侵入岩带并不单指玲珑岩体和郭家岭岩体，而是指以两岩体为主的若干个低密度岩体的共同分布区，主要由崔召、郭家店、玲珑、毕郭、寺口、艾山等岩体组成。该区位于胶北隆起的西北部，主要岩体均呈北北东向分布，严格受断裂构造控制，西起莱州湾和柞村-仙夼断裂，东到招远-麻兰断裂（南段）、栖霞断裂（中段）和肖古家断裂（北段），南起平度断裂，北到黄城断裂和古岘-潮水-大辛店一线，分布范围约120km×40km，为一近似“反S”形重力低区。

1. 重力场、磁场特征

该复式岩体重力场表现为周边重力高，中间重力低，重力高与重力低过渡带等值线密集，形成了鲜明的重力梯级带的重力场特征，周边布格重力 Δg 背景值 $10\times10^{-5}\sim20\times10^{-5}m/s^2$，中间布格重力 Δg 异常值 $-24\times10^{-5}\sim-14\times10^{-5}m/s^2$，异常降低幅值达 $30\times10^{-5}\sim40\times10^{-5}m/s^2$，布格重力异常以 $0\times10^{-5}\sim10\times10^{-5}m/s^2$ 的等值线基本圈定岩体的形态，主体形态呈S形重力低。该岩体以道头–三山岛一线为界分为南北两个不同重力异常区，南部重力低，岩体东西两侧重力等值线密集，梯度变化率大，反映了岩体厚度大两侧产状陡立，岩体的形态呈岩墙状。北部重力值相对南部高，两侧重力等值线相对稀疏，重力梯级带呈宽缓的缓变带，反映了岩体似岩床形态由南向北逐渐变薄的分布特征；在整体重力低异常背景下，又可细分了几个局部异常区：平度–驿道异常区重力异常值在 $-25\times10^{-5}\sim-10\times10^{-5}m/s^2$，招远–栖霞异常区重力异常值在 $-14\times10^{-5}\sim0\times10^{-5}m/s^2$，苏家店–潮水异常区 Δg 在 $-10\times10^{-5}\sim0\times10^{-5}m/s^2$。以上重力场特征分别反映玲珑、郭家岭、毕郭、艾山岩体发育深度不同的地质特征。

磁场总体呈低负背景，其中夹有块状、条带状局部高异常，为高磁性花岗闪长岩岩体的反映，如苏家店–潮水条带状正磁异常 ΔT 为 100～200nT，为燕山晚期艾山花岗闪长岩的反映。大面积的低缓磁异常为中酸性玲珑花岗岩的反映。串珠状高磁异常为郭家岭花岗岩的反映。

2. 岩体空间形态重、磁联合反演计算

利用重、磁联合反演计算，对玲珑复式岩体的空间分布形态进行了定量计算，计算结果显示如下。

艾山岩体的空间形态似近南北向的岩床，南起寺口北向北经苏家店、村里集、大辛店、刘家沟延入黄海，主体近南北向长50km，宽10～20km，向深部收缩，2.5km以下发育根部相岩墙，反映该岩体沿断裂侵入。

片麻状二长花岗岩玲珑岩体，底界面呈块状台阶式分布，每块呈向下凹的弧形。底界面一般深度如下：莱州–郭家店地区为7～8km，毕郭–牙山地区为4～5km，艾山–遇驾夼地区为5～6km，招远–栖霞以北，岩体成分由酸性向中性转化，密度有所增大，重力反演的底界深度偏浅。1992年在“胶东破碎带蚀变岩型金矿床地质–地球物理–地球化学找矿模型评价指标研究及预测”项目中，对玲珑岩体进行过详细研究，最大深度7.5km。

燕山早期郭家岭岩体，表现为磁力高、重力低。磁力高被低负磁背景场所掩盖，重力低被玲珑岩体重力低所掩盖，本身的重、磁场特征没有表现出来。失去了重、磁反演的前提条件，根据侵入关系推断，艾山岩体大部分区段侵入到郭家岭岩体中，郭家岭岩侵入到玲珑岩体中，郭家岭岩体底界面深度介于艾山岩体与玲珑之间。艾山岩体底界面约2.5km，玲珑岩基底界面5～6km，推测郭家岭岩体底界面深度3km左右，3km以下发育近东西向根部相岩石，与该岩体的分布趋势相一致。

总体看来，该复式岩体平面形态似北东向分布的双菱形组合，底界面形态总体呈南深北浅，东深西浅的展布特征。

（三）鹊山–昆嵛山侵入岩带

该岩体位于山东半岛东部，包括昆嵛山岩体、伟德山岩体、金牛山岩体、文登岩体、院格庄岩体、招虎山岩体等岩体群。重力推断岩体的轴向有两组，一组为北东45°，海阳–威海一线，长约115km，宽约45km；另一组为近东西向，观水–文登–荣成一线，长约115km，宽约20km，两组方向呈“x”形斜交，交汇中心为昆嵛山岩体和文登岩体部位，岩体群整体北东60°左右，宽约50m，面积约7000km^2。

该地区重力场的总体特征是北、西、南三面重力高包围着向东开口的中部重力低，在中部重力低背景上又有几个椭圆状局部异常，分别是院格庄、招虎山、莒格庄、草庙子、崖西、冯家重力低和昆嵛山、大水泊北重力高。周围高、中部低，之间为重力梯级带，是中生代燕山晚期中酸性侵入岩的反映。航磁异常呈北北东向展布，南半部乳山到荣成正异常条带，为燕山晚期正长花岗岩、石英二长岩，二长花岗岩等较强磁性的岩石引起，北西部负磁异常，为晋宁期、印支期弱磁性的二长花岗岩引起。

综合地质情况和岩石重、磁参数资料可知，北部的重高磁低为荆山群引起，推测牟平市周围第四系覆盖区的基岩也应为荆山群。西部的重高磁低亦为荆山群引起，推测此地段大面积分布的中生界莱阳群之下即为荆山群。郭城断裂和朱吴断裂之间的莱阳群厚度不大。牙山地段为重低磁高（环带）局部异常，是牙山岩体的反映。南部的重高磁高区情况稍复杂些，这一带地表多为莱阳群、伟德山序列的二长花岗岩（海阳岩体、三佛山岩体等）、垛崮山序列的花岗闪长岩、崂山序列的正长花岗岩（招虎山岩体）、玲珑序列的二长花岗岩等，密度都不大，但此处的伟德山、垛崮山、崂山序列的磁性较强。所以，推测该地段的高磁异常由伟德山、垛崮山、崂山序列引起，但厚度不大，下部为荆山群，故表现为重力高。

据重力反演计算，该复式岩体横截面呈二级台阶状倒梯形组合，宽约55km。文登以北底界深度8～9km，文登以南底界面深3～4km。牟平–牛心岛横向剖面，重力反演计算结果底界形态似台阶状梯形，南黄以北底界面深7～8km，以南深3km左右。海阳–鸡鸣岛纵向剖面基底呈波浪形，为三凸三凹的起伏。基岩底界面深度如下：海阳市城阳区深5km，乳山市诸往镇深3～4km，金牛山深7～8km，昆嵛山深5～6km，文登北10km处深8～9km，桥头镇深2～3km。综合以上分析，该复式岩体在北西向横向剖面上，底界起伏是两侧浅，中部深；在北东向纵向剖面上，虽有波状起伏，但总体是西南部浅，东北部深，空间形态似“多粒花生”形，向西北方向倾伏。

院格庄局部重力低异常处磁场为环形磁力高围着磁力低，这是伟德山序列院格庄岩体的反应，磁场变化反映了岩体从边缘到内部的磁性差异，边缘相磁性强，中心相磁性弱。昆嵛山局部重力高对应磁力高，且磁力高较重力高的范围大得多，南部与山东半岛南部的北东向强磁带相连。对比地质图可知，重磁高对应了伟德山序列、南宿亚序列的花岗闪长岩和柳林庄序列（柳林庄岩体）的角闪石英二长岩，它们的密度相对周围的玲珑二长花岗岩稍大，故引起了稍高的重力局部异常，它们的磁性却较二长花岗岩强得多，故引起了强磁局部异常。莒格庄重、磁低是该地段玲珑花岗岩局部变厚所致。在乳山市东北17km处有郭家岭序列的二长花岗岩出露，即泽头岩体，围岩为玲珑和伟德山序列的二长花岗岩，重力场为一微弱的局部重力低。推测此地段的岩体总厚度稍大。在午极西南有大片的荆山群出露，重力场理论上应为显著的重力高，但却为平缓的重力低，推测此地的荆山群仅为一薄层，厚度不超过800m，下为玲珑或伟德山的花岗岩类。招虎山重力低、磁力高局部异常与海阳岩体、招虎山岩体严格对应，无疑是该岩体引起，岩体北侧条带状低负磁场是斜磁化引起的伴生负异常。

（四）临沭-胶南及海洋所-威海侵入岩带

此带即为五莲-青岛断裂和牟平即墨断裂带以南地区，西至沂沭断裂带，分布于鲁东南及胶东半岛东端之苏鲁造山带范畴内，威海-青岛-日照一带的沿海地区。主要由要由元古宙荣成序列、月季山序列、铁山序列和中生代崂山序列花岗岩、伟德山序列、埠柳序列、玲珑序列、大店序列正长岩、垛崮山序列、槎山序列、文登序列、宁津所序列、柳林庄序列岩浆岩组成。岩带总体走向北东，其内构造走向较复杂。在即墨-海阳段被胶莱盆地断开而分为临沭-胶南侵入岩带和海洋所-威海侵入岩带。

区内出露的不论是元古宙还是中生代岩侵入岩均为中低密度，因此重力场上总体表现为重力低异常特征。南段临沭-胶南段整体位于五莲-青岛重力梯级带南东侧，表现为北东东向的重力低特征，重力值集中在$-18\times10^{-5}\sim0\times10^{-5}m/s^2$，重力低场内表现为团块状、椭圆状的局部重力异常特征；北段乳山-威海段，重、磁场情况则复杂些，围绕中部低重力、负磁场的鹊山-昆嵛山侵入岩带，北部、东部重力场仍以重力低特征为主，向南沿海重力场则逐渐升高，反映了变质基底向东南逐步抬升。由于各岩体之间的磁性差异及岩体本身磁性的不均匀和斜磁化作用，使磁场的波动性比重力场波动性大，因此航磁以杂乱的正磁场特征为主，场值变化大，ΔT值集中在0～1000nT，在荣成市宁津镇异常值达1500nT以上，在五莲-黄岛一带、文登区泽库镇-荣成市崂山镇一带表现为北东东向带状负磁场特征，ΔT值集中在-600～0nT，主要反映了弱磁性的荣成序列片麻岩分布，其南部的高磁性体由于斜磁化作用产生的伴生负异常也加剧了磁场的负值效应。威海北部海域以重力高为主，磁场特征主要为平缓波动的低磁异常，反映了高密度的前寒武纪变质岩分布，新生代地层较薄。

四、构造单元划分

胶东地区二级大地构造单元分为胶辽隆起区和胶南威海隆起区。胶辽隆起区以昌邑-大店断裂与鲁西隆起区和华北拗陷区分界。苏鲁造山带是秦岭大别造山带的东延部分，其北界是五莲断裂带和牟平-即墨断裂带，西界是昌邑-大店断裂，南界是响水淮阴断裂，再以造山带中间的近岸断裂和连云港（海州）泗阳嘉山断裂为界，其北属于胶南威海隆起区。下面对三级构造单元重、磁场特征进行描述，四级构造单元划分及重、磁场特征见表4-4，胶东北部海域的四级构造单元主要依据已完成的1∶25万浅海重力测量资料进行划分。

表 4-4　胶东地区构造单元划分一览表

Ⅱ	Ⅲ	Ⅳ	Ⅳ级构造单元地质特征	Ⅳ级构造单元重力场、磁场特征
胶辽隆起区Ⅲ	胶北隆起 $Ⅲ_a$	胶北断隆 $Ⅲ_{a1}$	依据重力场对胶北断隆进行了海域划分。位于胶东西北，北部以长岛-威海断裂为界，东以桃村断裂为界，南与胶莱凹陷相接，西以昌邑-大店断裂为界。区内广泛分布中生代岩浆岩，基底为太古宙—元古宙，基底构造线以近北东向展布为主，断裂、地质体分布与走向以北东—北北东向为主	重力场总体上是西部、北部和东部等周边区域为重力高，中部和南部为重力低，等值线总体呈北东—北北东向展布，北西、东西、南北向次之，Δg_B集中在$-26\times10^{-5}\sim31\times10^{-5}m/s^2$。本区航磁表现为波动杂乱特征，以负磁异常为主，局部正磁异常。胶北断隆内地层构造较为复杂，局部地区荆山群、粉子山区、胶东群等老地层凸起，厚度较大，形成重力高的特征，局部地区由于地层断陷使得低密度地层沉积，或者岩体人侵造成老地层缺失，因此形成重力低异常
		回里-养马岛断隆 $Ⅲ_{a2}$	依据重力场对回里-养马岛断隆进行了海域划分。位于胶东北部，该断隆位于牟平-即墨断裂带内，西以桃村断裂为界，东以朱吴断裂、武宁断裂为界，向南约至观水-郭城-崖子一线。以莱山-高陵为界，该区西南段出露主要有白垩纪伟德山序列二长花岗岩、侏罗纪玲珑序列二长花岗岩，南与胶莱盆地相接；东北段出露主要为古元古界荆山群	西南段表现为重力低异常，Δg_B最低达$-17.5\times10^{-5}m/s^2$；航磁表现负磁异常背景下的局部正磁异常特征，ΔT值介于$-90\sim150nT$，等值线北西、北东向交错展布。东北段表现为总体表现为杂乱、波动的重力高特征，Δg_B等值线总体呈北东延伸，西部大致自崆峒岛北北东向延伸入海，东部自大窑镇北东向延伸入海，Δg_B介于$-6\times10^{-5}\sim40\times10^{-5}m/s^2$。对应航磁异常，总体表现负磁异常背景下的局部正磁异常特征，等值线北西、北东向交错展布，ΔT值$-120\sim130nT$
		长岛断隆 $Ⅲ_{a3}$	长岛断隆为依据重力场新划构造单元。位于长岛-威海断裂以北海域，东以桃村断裂、朱吴断裂为界。海域地质资料相对较少，根据长岛群岛地质情况，主要出露密度较高蓬莱群变质岩	重力场整体以重力高为主，局部为重力低异常，重力高极值$28.5\times10^{-5}m/s^2$，位于北隍城岛西北约4km附近，重力低主要位于芝罘岛西部约6km附近，极值$-5\times10^{-5}m/s^2$。磁场特征表现为波动杂乱的磁异常特征，以负磁异常为主，局部正磁异常，中部高、两侧低，中部海域磁力低背景局部磁力高异常，反映了火山岩分布；异常走向北东，与该区构造格局相对应
	胶莱盆地	西部 $Ⅲ_b$ 高密-诸城断陷 $Ⅲ_{b1}$	西以昌邑-大店断裂为界，南以五莲-青岛断裂为界，北部沿峡山水库北岸穿过，东部大致以高密-胶州一线为界。区内大部为第四系覆盖，以百尺河-二十五里夼断裂为界，北部出露以中生代莱阳群为主，南部以王氏群、青山群为主	百尺河-二十五里夼断裂以北重力场表现为重力高特征，其重力场值在$0\times10^{-5}\sim21\times10^{-5}m/s^2$，重力高背景下分布块状、椭圆状局部重力异常；磁场以平稳负磁异常为主，ΔT值为$-150\sim0nT$。断裂以南，重力场呈北东东走向展布，北部表现为长条状重力低，重力值$-8\times10^{-5}m/s^2$，南部表现重力高，沿北东东向有五个异常中心存在，异常峰值为$10\times10^{-5}\sim18\times10^{-5}m/s^2$；磁场以亦呈北东东走向展布，总体表现为负磁背景下的北东东向带状正磁异常特征

续表

Ⅱ	Ⅲ	Ⅳ		Ⅳ级构造单元地质特征	Ⅳ级构造单元重力场、磁场特征
胶辽隆起区Ⅲ	胶莱盆地	西部$Ⅲ_b$	平度-胶州断陷$Ⅲ_{b2}$	东以院里-李哥庄断裂为界，南部、西部与高密-诸城断陷相接，北部与胶北断隆相接。区内大部为第四系覆盖，在南部、东部出露王氏群，平度西自南向北依次出露莱阳群、青山群、王氏群	该区重力场除在平度南表现为一长轴近东西向的椭圆重力低外，大部分表现为等值线北西展布的重力高异常特征，重力场值最大达$31\times10^{-5}m/s^2$。磁场总体表现为负磁背景下的局部正磁异常特征，磁场值为-100～200nT。区内重、磁场特征反映了区内基底呈北西展布
			莱西-即墨断陷$Ⅲ_{b3}$	西以院里-李哥庄断裂为界，东以牟平-即墨断裂为界，南至城阳，北部大致以莱西-姜疃一线为界。除在莱西东部出露荆山群外，大部出露中生代白垩系	重力场上总体表现为重力高特征，重力场值在13×10^{-5}～$38\times10^{-5}m/s^2$，以刘家庄-灵山镇一线为界，重力异常南部呈北西向展布，北部则呈近东西向展布；磁场则呈波动杂乱的磁场特征，磁场变化范围为-600～600nT。表明该区构造南部以北西向基底凸起为主，北部以近东西向基底凸起为主，变质岩基底埋藏浅甚至出露地表，其间局部夹有凹陷
			莱阳断陷$Ⅲ_{b4}$	东以牟平-即墨断裂为界，南与莱西-即墨断陷相接，北与胶北断隆相接。出露地层主要为中生代白垩系，发城北局部出露荆山群	重力场上，在莱阳附近表现为近东西向重力高特征，姜疃-郭城表现为北东走向的重力缓变区，从北向南重力场值由$-12\times10^{-5}m/s^2$增至$32\times10^{-5}m/s^2$。磁场表现为负磁场背景下的杂乱正磁场特征，局部有北东走向较高的串珠状磁异常存在
胶南-威海隆起区Ⅳ		东部$Ⅳ_a$	海阳-青岛断陷$Ⅳ_{a1}$	位于牟平-即墨断裂以南，诸往镇-乳山口镇一线以西，大村镇以东沿海区域。出露地层主要为中生代白垩系，青岛周边出露崂山序列、埠柳序列，海阳周边出露中生代伟德山序列、崂山序列	重力场总体表现为波动背景下分布有中韩镇、盘石店镇两个重力低，岙山卫镇-海阳县一带则表现为相对重力高，重力值在-20×10^{-5}～$18\times10^{-5}m/s^2$，区内重力高主要分布白垩系，反映了基底隆起，重力低区主要反映了中生代崂山序列、伟德山序列和埠柳序列岩浆岩分布。磁场表现为波动杂乱特征，ΔT值-600～600nT，中生代岩浆岩分布区主要反映为负磁场为主的局部正磁异常特征，白垩系分布区则反映为正磁场为主的局部负磁异常特征
			五莲-莒南断陷$Ⅳ_{a2}$	位于胶莱盆地西南缘，呈北东带状展布，西以昌邑-大店断裂为界，北以五莲-青岛断裂为界，南部与胶南断隆相接。区内出露以中生代白垩系和中生代埠柳序列、大店序列岩浆岩为主，地层与岩浆岩呈北西向间隔展布	重力场主要表现为缓变带特征，重力值在-8×10^{-5}～$12\times10^{-5}m/s^2$，西北高、东南低，断陷西部布格异常曲线大致平行昌邑-大店断裂展布，北部则平行五莲-青岛断裂展布。磁场则以波动杂乱特征为主，ΔT值为-600～800nT，断陷西部主要以正磁场为主，正磁异常多延伸至胶南断隆，主要反映了中生代岩浆岩分布，北部地区则主要为负磁场特征，主要反映了白垩系分布

续表

Ⅱ	Ⅲ	Ⅳ	Ⅳ级构造单元地质特征	Ⅳ级构造单元重力场、磁场特征
胶南-威海隆起区Ⅳ	威海隆起$Ⅳ_b$	成山卫断隆$Ⅳ_{b1}$	依据重力场对成山卫断隆进行了海域划分。位于胶东半岛最东北端，武宁断裂以东，俚岛断裂以北陆海域。陆域出露以中生界青山群、崂山序列二长花岗岩为主，局部出露元古代荣成序列二长花岗质片麻岩	重力场以重力高为主，异常总体呈北西西-北西向展布，威海市-港西镇-俚岛镇一线表现为梯级带特征，局部重力低，重力低为5×10^{-5} m/s^2，向北、向东重力场逐渐升高，形成多个重力高，幅值达34.5×10^{-5} m/s^2。航磁总体表现为北西西-北西向展布特征，多呈串珠状、带状，负磁异常为主，局部正磁异常，ΔT值介于-700～170nT。推断区内总体以高密度的早前寒武纪变质岩分布为主
		乳山-荣成断隆$Ⅳ_{b2}$	位于朱吴断裂、武宁断裂、俚岛断裂以东、以南，诸往镇-乳山口镇一线东北区域。出露以中生代岩浆岩为主，西、北、东周边出露元古代荣成序列花岗质片麻岩，南部局部出露荆山群	重力场特征明显受北东、南北、东西向断裂控制，由三个重力低组成。上延后，多个重力低异常合而为一，重力异常北东向展布特征更为明显，说明该区深部北东向展布的构造是引起布格重力场变化的主导因素。航磁上，中西部表现为负磁异常特征，南、东、北周边表现高低相间、强波动性磁异常特征，等值线北西、北东向交错展布。ΔT异常值介于-150～1200nT。周围的高磁场分别由荣成序列滕家、大时家花岗闪长岩（乳山-荣成一带）、宁津所序列碱性岩（镆铘岛-石岛-凤凰尾一带）、青山群火山岩（俚岛凹陷内）等引起；中部及北部沿海的负磁场主要由弱磁性的玲珑序列、文登序列花岗岩引起

（一）胶辽隆起区

胶辽隆起区Ⅲ包括胶北隆起$Ⅲ_a$、胶莱盆地西部$Ⅲ_b$和北黄海隆起$Ⅲ_c$三个三级构造单元。

1. 胶北隆起

胶北隆起区西起昌邑-大店断裂，东到朱吴断裂、武宁断裂，南起平度-莱阳一线的中生界白垩系莱阳群、青山群沉积界线（即胶莱盆地的北界），北至胶东半岛北部海域（西起庙岛群岛东至养马岛）。

该区的重力场特征为西、北两面环状高，中部及南、东两面重力低，以重力低为主。重力高为高密度的太古宙—元古宙变质岩群（胶东群、荆山群、粉子山群等）的反映，重力低为相对低密度的中生代玲珑、郭家岭、伟德山等序列中酸性岩浆岩体所引起。

该区的磁场特征为在负磁背景上的波动磁场特征。变质岩和中酸性岩浆岩（郭家岭、韦德山序列除外）的磁性平均值都较小，表现为低背景；但变化范围较大，磁场特征具有波动性。在莱州南、昌邑东地段磁场升高、波动性加剧，这是因为该地段有许多中、小型磁铁矿及变质岩中较强磁性的斜长角闪岩所致。在艾山-蓬莱东地段有一南北向带状磁力高区，这是中等磁性的郭家岭序列、伟德山序列花岗岩的反映。

2. 胶莱盆地西部

该区南、东两面以五莲-青岛断裂和牟平-即墨断裂带为界，与胶南-威海造山带相邻，西到沂沭断裂带，与胶莱拗陷相对应。区内重力值在$0\sim30\times10^{-5}m/s^2$，磁场在$-200\sim-50nT$，胶莱盆地中低密度厚度为$300\sim5000m$的中生界直接覆盖在高密度的变质岩之上，所引起的重力低，远远低于鲁西北、鲁中、胶北、胶南地区，胶莱盆地重力高反映较高密度、弱磁性的太古宙—元古宙结晶基底，重力场在重力高背景上的波动，取决于中生界的沉积厚度，厚度小的地段变质岩基底上隆则重力场升高，如莱阳北、莱西南、兰村北等地；反之则为重力低，如莱阳南、胶州东、诸城北等处。

在莱西市南、莱阳北、高密-兰村一带及胶州南等地有几处面积较大重、磁高异常，形态规则，这是变质岩（荆山群）上隆所致，如莱西市南的大望城重、磁高异常即为荆山群裸露的大望城凸起引起。磁场之所以升高是因荆山群中斜长角闪岩含量增加和野头组含磁铁层位所致。

（二）胶南威海隆起区

1. 胶莱盆地东部

该区位于牟平-即墨断裂、五莲-青岛断裂以南，昌邑-大店断裂以东的海阳-胶南地区和五莲-莒南地区，出露地层主要为中生界白垩系莱阳群、青山群、王氏群，局部出露崂山序列、埠柳序列、伟德山序列、崂山序列、大店序列岩浆岩。区内重力值在$-20\times10^{-5}\sim18\times10^{-5}m/s^2$，重力场在波动背景下以相对重力高异常为主要特征，分布有盘石店镇、中韩镇、大村镇三个相对重力低异常。磁场表现为波动杂乱特征，ΔT值$-600\sim600nT$。区内重力高主要分布白垩系，反映了变质基底隆起，重力低区主要反映了中生代崂山序列、伟德山序列和埠柳序列岩浆岩分布。

2. 威海隆起

该区位于胶东半岛东端，牟平-即墨断裂、武宁断裂以东、以南，诸往镇-乳山口镇一线东北区域，出露以中生代岩浆岩为主，局部出露元古宙荣成序列、元古宇荆山群、中生界青山群。

重力场总体表现为中间低，向北、东、南重力场逐渐升高，在刘公岛-俚岛一线、乳山-荣成一线，表现为梯级带特征，外围形成多个重力高，重力值在$-25\times10^{-5}\sim34\times10^{-5}m/s^2$。重力低为中低密度的元古宙荣成序列片麻岩和中生代岩浆岩的叠加反映，周边重力高反映了元古宙—太古宙变质岩基底抬升，俚岛断裂北侧重力低所反映的中生界青山群和崂山序列二长花岗岩规模有限，下部仍以变质岩为主。对应航磁总体表现为高低相间、强波动性磁异常特征，等值线北西、北东向交错展布。ΔT 异常值为-700～1200nT。新元古代二长花岗岩磁性较低，反映为较平稳的低缓磁场；新元古代花岗闪长岩、中生界花岗闪长岩磁性均较强，反映为以正为主的波动磁场特征。

第二节　物探技术在金矿床勘探中的应用

一、破碎蚀变岩型金矿

破碎蚀变岩型（焦家式）金矿床主要分布于胶西北地区北部的莱州-招远一带，另外在招远南部-平度北部地区也有一定规模分布。金矿床主要受北北东、北东向断裂构造控制，自西向东主要集中在三山岛、焦家、招平三大断裂带内及相间的次级断裂内。

胶东地区分布的超大型、大型金矿床多为破碎蚀变岩型，如三山岛金矿（三山岛断裂），焦家、金城、寺庄金矿（焦家断裂），水旺庄、大尹格庄、夏甸金矿（招平断裂）。对应此类型金矿床的物探勘查工作也占较大比重，取得了一系列显著的金矿物探勘查及研究成果。2000年以前，以常规物探方法的中浅部勘查为主，主要包括高精度磁测、激发极化法（激电中梯、激电联剖、激电测深）、电阻率剖面法等；2000年以后，随着勘查程度及深度的不断提升，常规物探方法已难以满足勘探需求，进而陆续开展了可控源音频大地电磁测深（CSAMT）、大地电磁测深（MT）、频谱激电（SIP）等更大勘探深度的电磁法相关工作；近年来，随着勘探及研究深度的进一步加大，开展了广域电磁测深（WFEM）、反射地震等深部地球物理探测方法。

破碎蚀变岩型金矿床严格受断裂构造控制，因此相关物探勘查工作也主要以控矿断裂构造为目标。根据围岩条件的不同，大致可分为以下两大类：第一类为控矿断裂位于中生代花岗岩与前寒武纪变质岩系的接触带处，如焦家、寺庄等金矿床；第二类是控矿断裂发育在中生代岩体内或其与新太古代栖霞片麻岩套等老侵入岩的接触部位，如水旺庄、大尹格庄等金矿床。其中前者赋矿断裂两侧围岩一般具有较为明显的密度、磁性、电性等物性差异，具有较好的地球物理勘查前提，一般能够较好的识别出控矿断裂的地球物理特征；后者赋矿围岩物性差异相对较小，物探勘查难度相对较大，一般以宽大破碎蚀变带低磁、低阻、高极化等物探场特征与围岩相区分，开展相关物探勘查工作。本书主要介绍焦家断裂带焦家、寺庄、纱岭金矿，三山岛断裂新立金矿及招平断裂带水旺庄、夏甸-大尹格庄金矿的物探勘查实例。

(一) 焦家金矿

焦家金矿床以焦家断裂为主要控矿构造，焦家断裂沿玲珑花岗岩与新太古代变辉长岩接触带展布，中生代燕山期玲珑花岗岩和郭家岭花岗闪长岩分布于断裂下盘，新太古代变辉长岩及片麻岩分布在断裂上盘，矿体主要赋存于断裂构造带下盘，焦家断裂下盘发育有望儿山断裂等次级构造。相关勘查单位在焦家金矿及其周边矿区开展过大量不同比例尺的金矿物探勘查工作，在查明焦家断裂及其次级构造分布特征、圈定成矿有利地段等方面做出了突出贡献，并取得了良好的物探勘查效果。

图4-1为焦家断裂对称四级ρ_s^{AB}剖面平面图，该图利用视电阻率联合剖面法资料，依据电法理论的等效原理，将联剖两极视电阻率结果转换为对称四级视电阻率，更加直观地识别出焦家断裂两侧的电性特征及差异。图4-1中显示，以焦家断裂带为界，西侧（上盘）平缓的低阻电性层反映了前寒武纪变质岩的分布，东侧（下盘）为跳跃波动的高阻电性层，对应玲珑花岗岩分布区，曲线呈锯齿状跳动，显示出第四系覆盖较薄，局部岩石裸露。不同电场特征的分界地段反映出低阻变质岩系与高阻玲珑岩体的接触部位，快速、准确地查明上、下盘具有明显电性差异的断裂构造的展布特征，即焦家断裂的分布位置。

图4-2为焦家金矿112勘探线SIP勘探综合参数断面图，由图4-2可见复电阻率参数异常底部整体为高阻反映，结合CSAMT勘探资料推测，已知焦家断裂带自上而下呈舒缓波状缓倾，已知矿体上地球物理特征显示为低ρ_a（视电阻率）、低c_a（频率相关系数）、高m_a（充电率）、高τ_a（时间常数），其中m_a参数异常与已知矿体吻合最好。通过已知矿体及矿化蚀变带上的对比研究，按照由已知到未知的原则指导深部找矿。对AO距1000m以下的隐伏深部成矿段预测：已知矿体延伸至600点附近；而600～200点之间充电率和时间常数异常不连续，推断为无矿间隔；在-500～0点之间充电率和时间常数显示明显的高值异常，据已知矿体异常特征推断该段有隐伏矿体赋存。

焦家金矿开展的井中物探工作以激发极化法测井为主，采用激电测井方法所获得的视电阻率和视极化率对深部矿（化）体的反映最佳，不仅异常幅值高而且比较稳定，可视为原位测试，因此可作为确定矿（化）体位置的首选参数，对于判断矿化蚀变带深部变化特征，进行深部成矿预测具有重要作用。下面结合焦家成矿带120勘探线实测资料分析总结矿（化）体的井中激电异常特征（图4-3）。

图4-3显示，金矿体呈明显的串珠条带状高阻异常电性特征，这是由于矿化体硅化蚀变较强所致。井中物探装置极距小，分辨率高，对矿化蚀变带的定位精度精确。金矿体赋存于断裂蚀变带中，地面物探测量由于体积效应，反应的主体对象主要是断裂构造带异常，得到的测试结果往往是各种地质因素的综合反映，矿化体在断裂破碎带中只是其中比较小的组成部分，由于地面测量装置分辨率较低，矿（化）体本身的电阻率特征得不到真实的反映，因此矿化体本身的高阻电性特征被断裂破碎带整体的低阻所掩盖，以至长期以来在常规电法勘探中，矿（化）体被定为低阻高极化的电性找矿标志。而激电测井是把测

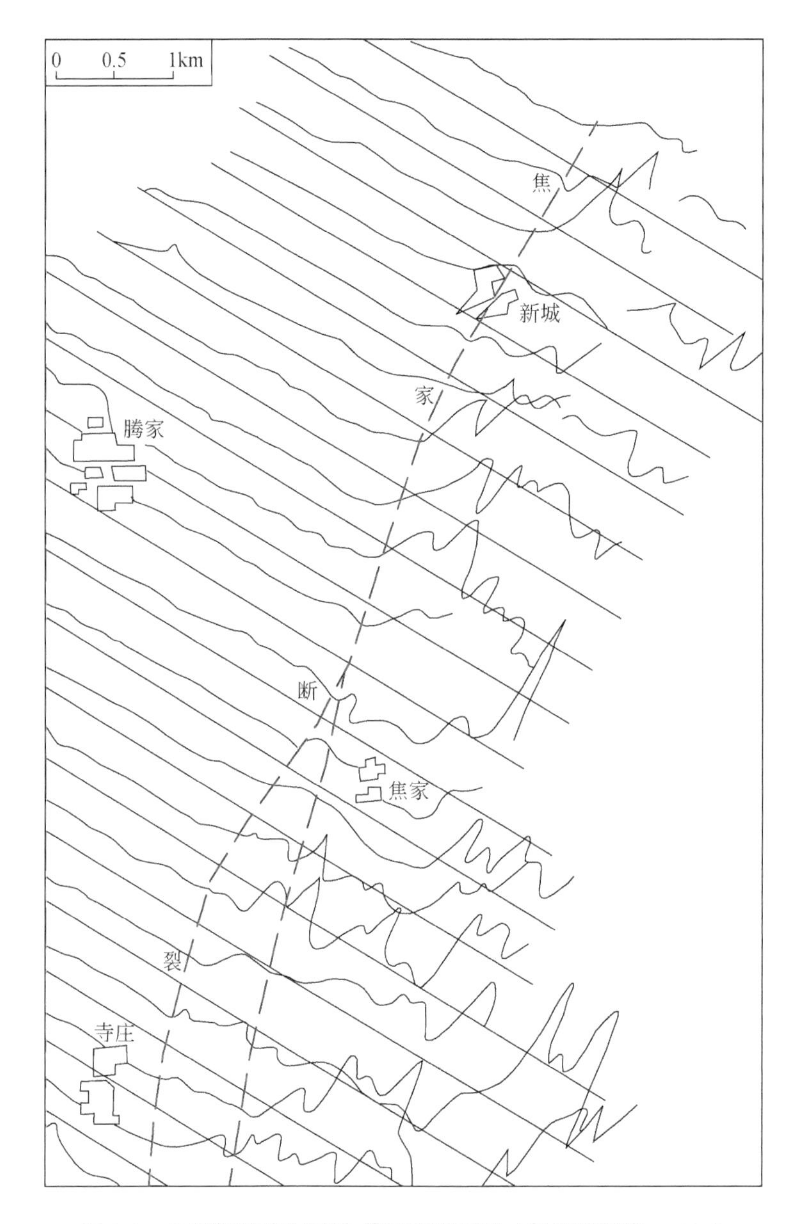

图 4-1　焦家断裂对称四级ρ_s^{AB}剖面平面图（据杨茂森等，1987）

量电极系直接下到井中，通过井液与井壁岩石近距离接触，这和地表测量相比可以看作是微观测量，则能更真实地反映矿（化）体及岩矿石的细节变化特征，因此当遇到硅化蚀变强烈的金矿体时自然会真实地显示为高阻特征。

但需要注意的是，并不是每个钻孔在矿（化）体的位置都是呈高阻反映，从图 4-3 中可以看出，ZK643 钻孔、ZK644 钻孔高阻异常特征并不明显，其原因之一是矿化体本身硅化相对较弱，其原因之二是即便是矿化体本身硅化强但破碎严重时，高阻电性特征反映同样不明显。

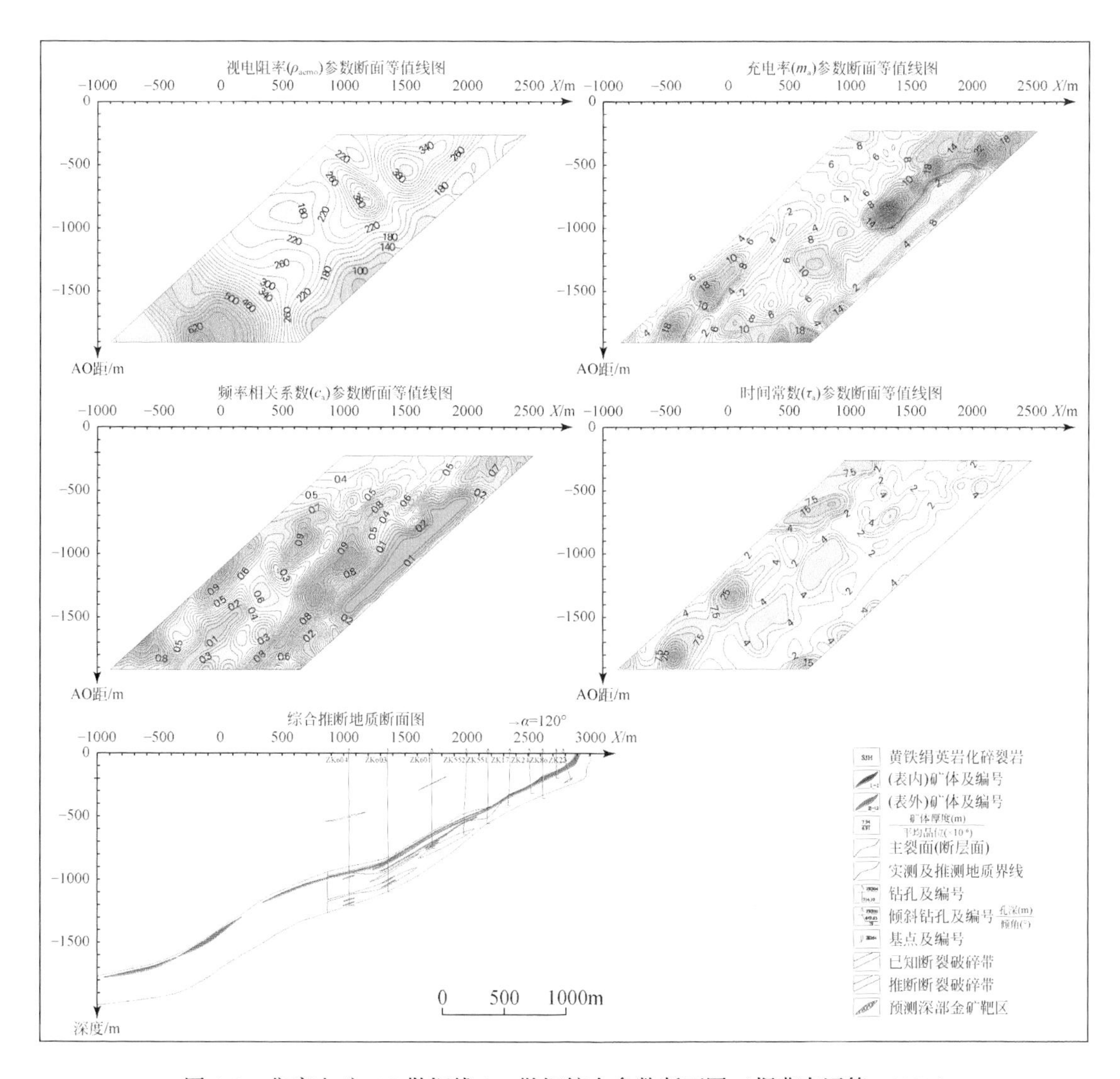

图4-2　焦家金矿112勘探线SIP勘探综合参数断面图（据曹春国等，2007）

各钻孔矿（化）体视极化率均呈高极化率异常反应。焦家断裂蚀变带黄铁矿化蚀变强烈，矿石中金属硫化矿物含量非常高，这是引起高极化率异常的主要原因。极化率异常规模的大小和幅值的高低与硫化物的分布范围、含量多寡及结构有关，蚀变岩型金矿金品位与金属硫化物含量一般呈正相关关系，因此视极化率异常的规模与幅值可间接反映金矿规模。

图4-3中显示，视极化率异常与金矿（化）体位置具有良好的对应关系，异常背景值约为5%，最大值为9%，ZK643～ZK641钻孔区段之间，激电异常形态完整、范围大、幅值高，以ZK642钻孔异常反应最高，该区段金矿体连续性稳定、厚度大；ZK644～ZK643钻孔之间，异常反应相对较弱，该段矿化相对较弱，矿体厚度较小；ZK646钻孔是该剖面激电测井最西端的钻孔，该孔控矿深度在900m左右，此处仍有激电异常反映，幅值虽然

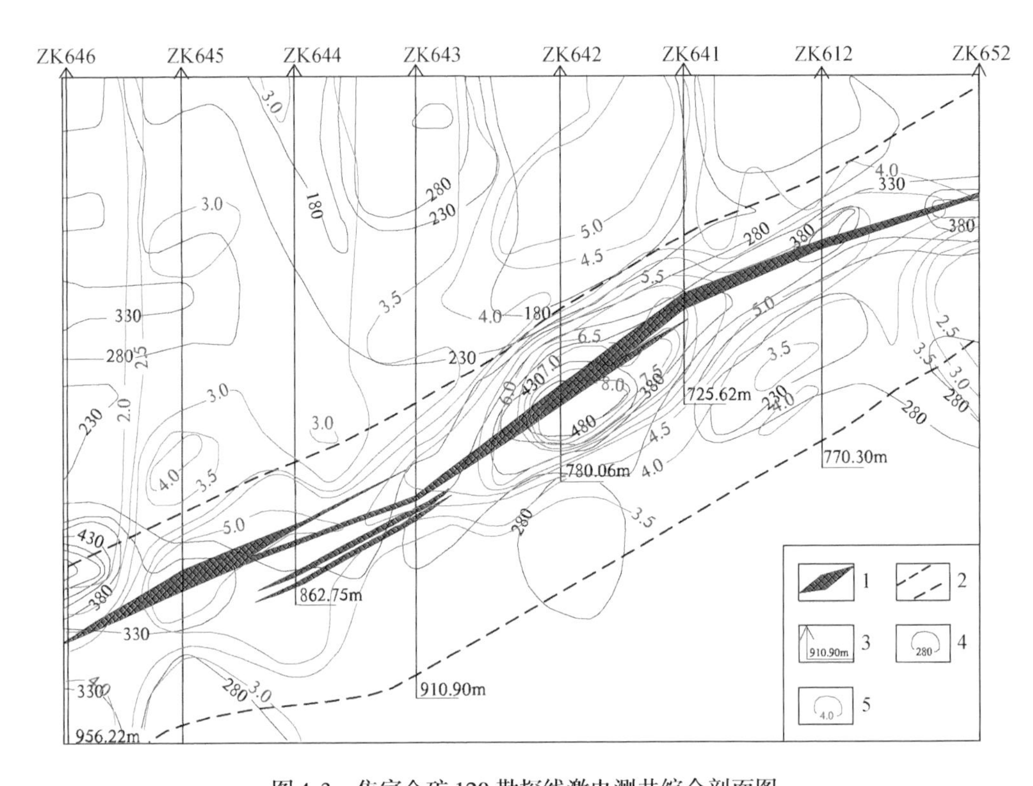

图 4-3　焦家金矿 120 勘探线激电测井综合剖面图

1. 金矿体；2. 蚀变破碎带；3. 钻孔位置及深度；4. 视电阻率等值线（Ω · m）；5. 视极化率等值线（%）

不高，但异常形态未封闭，指示矿体沿蚀变带向深部仍有继续延伸的趋势。后经验证，深部仍有连续稳定的工业金矿体分布，目前已探明了焦家深部特大型金矿。

（二）寺庄金矿

寺庄金矿位于焦家金矿西南约 2. 5km，焦家断裂在寺庄村东呈北北东向展布，大致以寺庄金矿为界，以北至红布金矿断裂主要沿新太古代马连庄序列变辉长岩（上盘）与中生代岩体（下盘）的接触带分布，以南断裂主要发育在玲珑二长花岗岩内。

图 4-4 是在寺庄金矿 264 勘探线上施工的 CSAMT 剖面资料，下盘的中生代玲珑二长花岗岩表现为相对高阻异常显示，上盘的前寒武纪变质岩系表现为相对低阻异常显示，焦家主干断裂带表现为高低阻过渡梯级带异常特征，呈舒缓波状向下延深。从图 4-4 上看，2000 ~ 3000 号之间低阻异常明显宽大，断裂带呈明显的低阻反映，钻探资料显示该段断层下盘矿化蚀变厚度大，主干断裂下盘沿走向及倾向具有北北东—北东向分支断裂，致使该剖面浅部主干断裂下盘岩石破碎、裂隙发育，电阻率明显降低，该段断层主裂面向下弯曲，蚀变带矿化程度强烈。1500 ~ 2000 号，等值线向下弯曲、间距宽大，与之对应的是该段蚀变矿化强烈，矿体厚度大且连续稳定，同时主矿带下部还有多层次矿带分布。梯级带变化规律及延深方向与断层的变化规律及延深基本一致，呈舒缓波状向北西缓倾，说明断裂带向下一直平缓延深。梯级带由陡变缓的部位，反映了断裂带在该段倾角由陡变缓的地

质特征，也是深部成矿的有利部位。根据该剖面推断的深部成矿有利部位，经后期深部勘探验证均见到了厚大工业矿体。

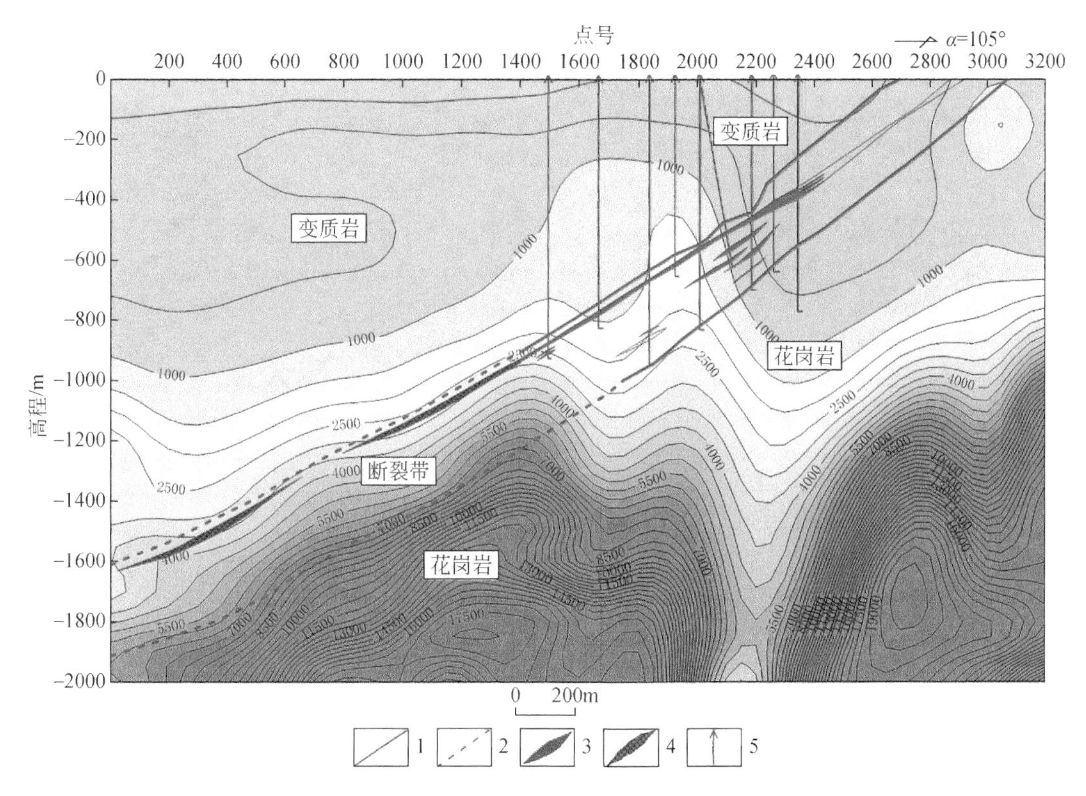

图4-4　寺庄金矿264勘探线CSAMT推断成果图（单位：Ω·m）

1. 已知断裂；2. 推断断裂；3. 已知矿体；4. 推断矿化体；5. 已知钻孔

（三）纱岭金矿

纱岭矿段位于焦家断裂以西的寺庄金矿床深部区域，距焦家断裂带的水平距离最近约1.6km，是近年来焦家断裂带深部新发现的超大型金矿床。随着勘探深度的不断增大，常规物探方法已难以满足勘探需求，近年来在南吕-欣木勘查区至纱岭深部勘查区陆续开展了深部地球物理探测方法，主要为高精度、大深度的反射地震法、广域电磁法（WFEM）等，其中广域电磁测深工作首次在胶西北金矿集区开展。图4-5为胶西北GY-01线广域电磁法反演解释剖面图，剖面东起寺庄金矿以东，自东向西经寺庄、纱岭、西岭金矿，剖面东部控制焦家主干断裂，西部控制三山岛断裂的中深部。该剖面施工钻孔较多，其中深度为3266.06m的“中国岩金第一见矿深钻”ZK01钻孔和深度为4006.1m的“中国岩金勘探第一深钻”ZK96-5钻孔位于剖面附近。

广域电磁法视电阻率反演断面图揭示了区内地层、岩体、断裂构造蚀变带电阻率的空间分布特征和规律。研究区内地层主要有三个电性层：燕山期的玲珑二长花岗岩为高阻层，电阻率一般大于5000Ω·m；新太古代栖霞片麻岩套及变辉长岩为中低阻层，电阻率

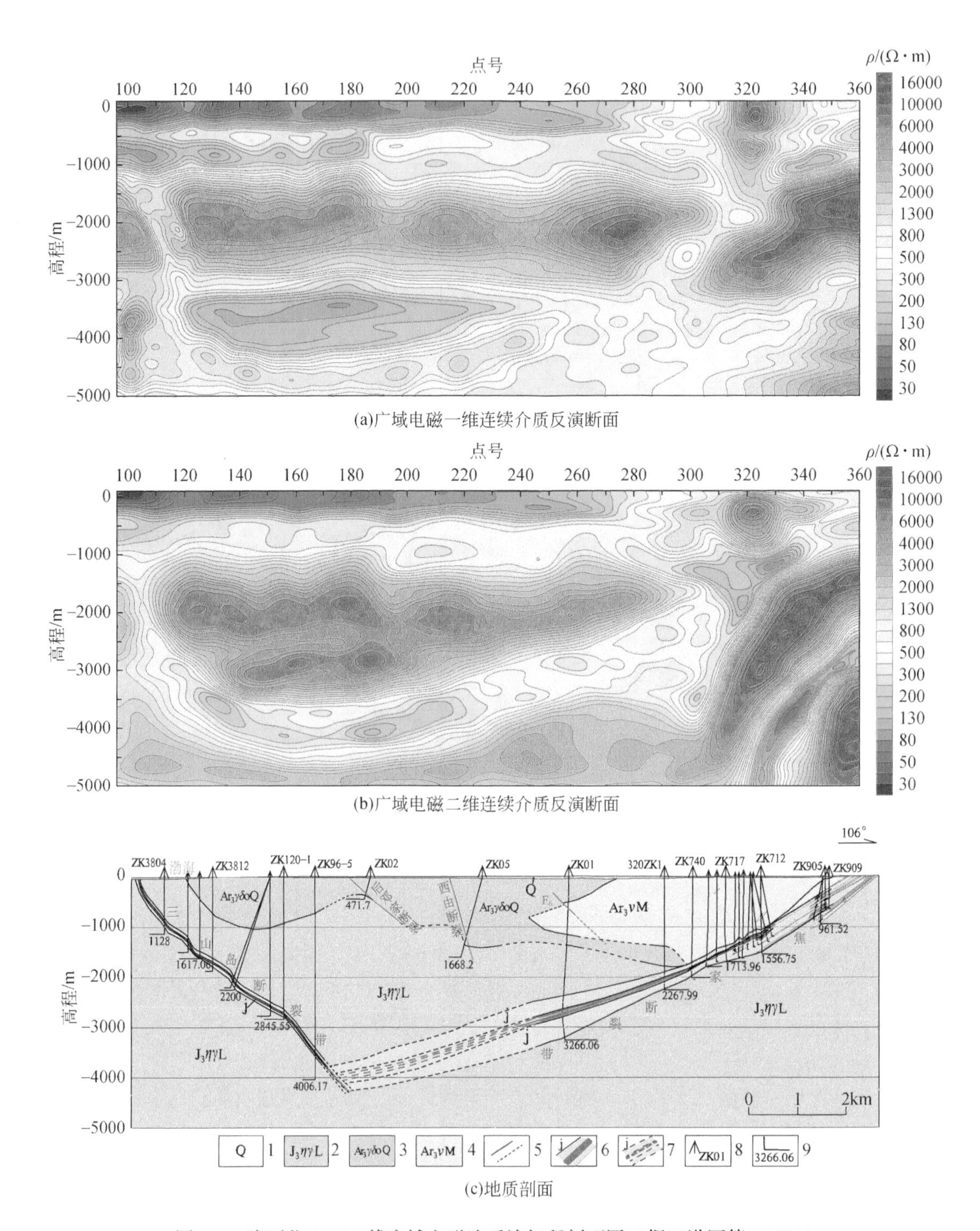

(c)地质剖面

图 4-5　胶西北 GY-01 线广域电磁法反演解释剖面图（据王洪军等，2021）

1. 第四系；2. 侏罗纪玲珑序列黑云二长花岗岩；3. 新太古代栖霞序列英云闪长质片麻岩；4. 新太古代马连庄序列中细粒变辉长岩；5. 实测及推断断裂；6. 含金蚀变带；7. 推断含金蚀变带；8. 钻孔位置及编号；9. 钻孔深度

变化范围 500 ~ 1000Ω · m；第四系为低阻层，电阻率值一般小于 500Ω · m。焦家断裂与三山岛断裂呈明显的宽大线性低阻异常带，其中焦家断裂（160 ~ 360 点）呈舒缓波状延伸，断裂在约-1500m 以浅沿胶东群变质岩与玲珑二长花岗岩的接触带展布，1500m 以深则发育于玲珑二长花岗岩岩体内。三山岛断裂带（96 ~ 160 点）相对焦家断裂倾角较陡，根据广域电磁测深成果，推断两者在位于西由-吴家庄子-原家一线附近深部相互交汇，交汇深度约 4000m。根据一维反演断面图中深部低阻带变宽，推断交汇部位破碎蚀变带有增厚趋势。

广域电磁法在胶西北金矿集中区强干扰环境下具有优异的应用效果，揭示了焦家断裂在深部未经钻探验证区域的展布特征，其解释成果为胶西北三山岛断裂和焦家断裂间深部探测提供了坚实的基础，同时也凸显了广域电磁法在胶西北金矿集中区深部是有效勘探方法。

（四）新立金矿

新立金矿位于三山岛断裂东侧，该断裂带沿走向、倾向呈舒缓波状延伸，总体走向为 38° ~ 67°；断裂带以灰白色-灰黑色断层泥为标志的主裂面连续发育，厚 0.05 ~ 0.5m，主裂面上下发育有 50 ~ 200m 宽的破碎带；东北端走向为 38° ~ 45°，控制了三山岛金矿床的展布，在新立矿床范围内逐渐转为 50° ~ 62°，控制了新立金矿床的空间分布。区内岩浆岩主要为新太古代五台-阜平期马连庄序列栾家寨单元（$Ar_3\nu M1$），呈岩基大面积侵入，岩性为中细粒变辉长岩（斜长角闪岩）；中生代燕山早期玲珑序列崔召单元（$J_3\eta\gamma Lc$），主要分布于三山岛断裂下盘，岩性为弱片麻状中粒二长花岗岩，蚀变带即发育于马连庄序列与玲珑序列接触带内带的弱片麻状中粒二长花岗岩中，带内构造岩发育、蚀变强烈。沿主裂面稳定分布的断层泥对深部上升的成矿热液起到阻隔富集作用，因而金矿的主矿体一般产于主断面以下。

以往地质勘查资料显示，三山岛断裂在新立金矿床深部 2000m 以下仍有延深，但深部断裂及矿化蚀变带的形态及找矿靶区尚不清楚。为解决这一问题，对区内典型剖面 0 勘探线进行了 CSAMT 测深，经过静态效应校正、过渡区校正、已知钻孔约束，进行反演计算，获得电阻率断面图，其结果见图 4-6。

该勘探线钻孔控制蚀变带最深接近 2000m，从图 4-6 可以看出：三山岛断裂构造蚀变带整体位于 800 ~ 1600Ω · m 的电阻率梯级带内，其上部为斜长角闪岩低阻体，下部为二长花岗岩高阻体；异常沿倾向呈缓-陡交替的波状形态，ZK7 ~ ZK10 钻孔控制的矿体即位于构造由缓变陡再变缓的位置，符合三山岛断裂带控矿规律。电阻率断面能够客观反映深部断裂带的展布规律，根据本区成矿规律，推断深部 2000 ~ 2500m 部位，蚀变带由缓变陡，是良好的找矿靶区，为今后该地区的深部金矿勘查工作提供参考。

（五）水旺庄金矿

水旺庄金矿位于招平断裂带北段分支——破头青断裂北东段上盘内，矿区地层地表是新太古代栖霞片麻岩套，呈岩基产出，外围及下伏为侏罗纪栾家河二长花岗岩，西侧以招平断裂带为界与玲珑花岗岩接触。图 4-7 为水旺庄金矿 Y3 勘探线地质-地球物理综合剖

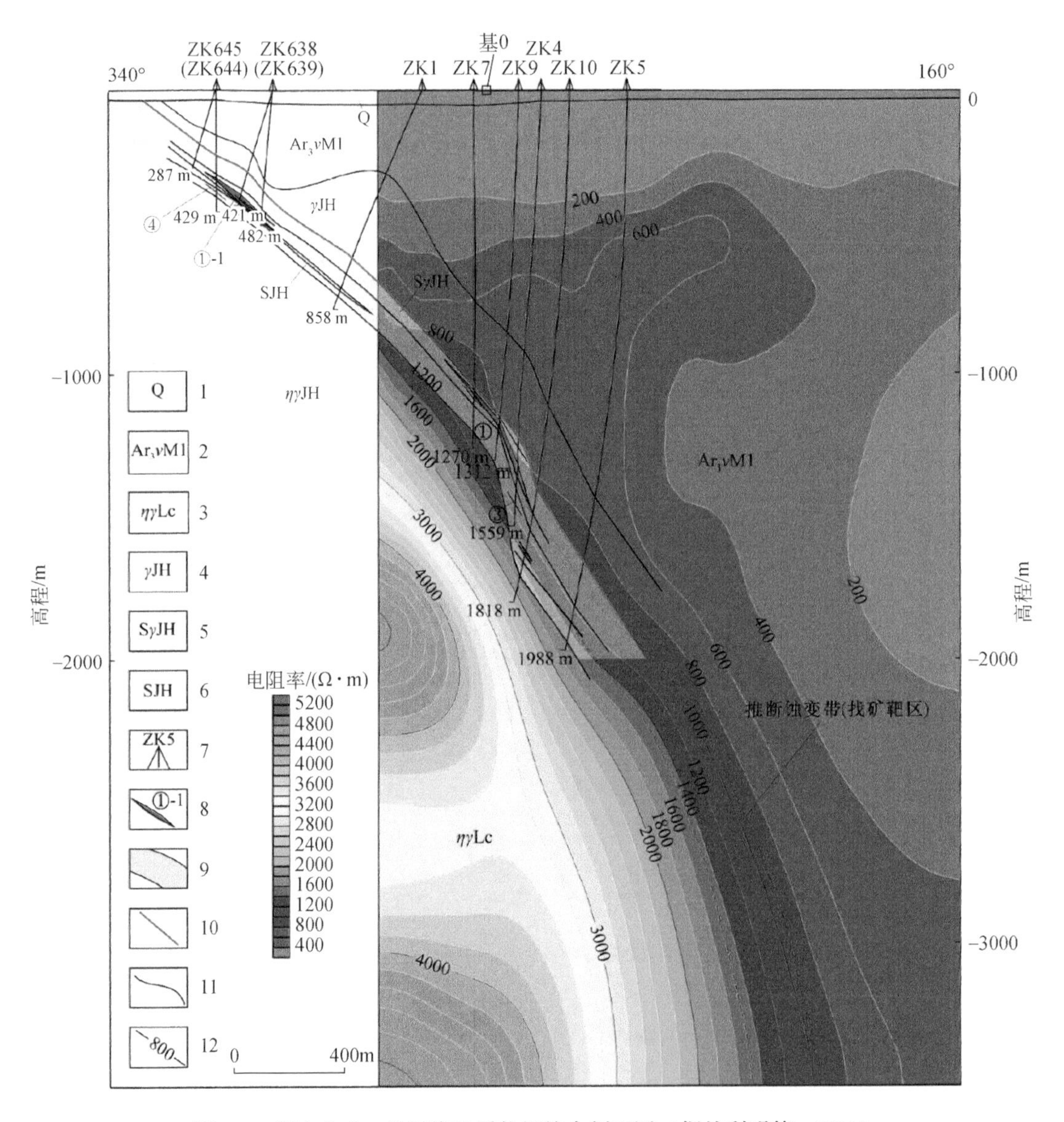

图4-6　新立金矿0勘探线地质物探综合剖面图（据杜利明等，2021）

1. 第四系；2. 马连庄序列变辉长岩（斜长角闪岩）；3. 玲珑序列中粒含黑云二长花岗岩；4. 黄铁绢英岩化花岗岩；5. 黄铁绢英岩化花岗质碎裂岩；6. 黄铁绢英岩化碎裂岩；7. 钻孔及编号；8. 矿体及编号；9. 蚀变带；10. 主断裂面；11. 岩性界线；12. CSAMT反演电阻率断面

面，剖面穿过水旺庄金矿区、破头青断裂及九曲蒋家断裂，开展了高精度重磁、CSAMT、SIP测量工作。

该区深部金矿同时受控于破头青断裂和九曲蒋家断裂，两条断裂蚀变带在深部基本为平行关系，主裂面之间相距400～600m，且两条蚀变带之间没有明显分界，形成一条宽600～800m的超大蚀变带。在CSAMT、SIP法视电阻率断面图中，上述宽大蚀变带位于视电阻率等值线梯级带处，该梯级带倾向南东，倾角相对较缓，指示了断裂蚀变带的深部变

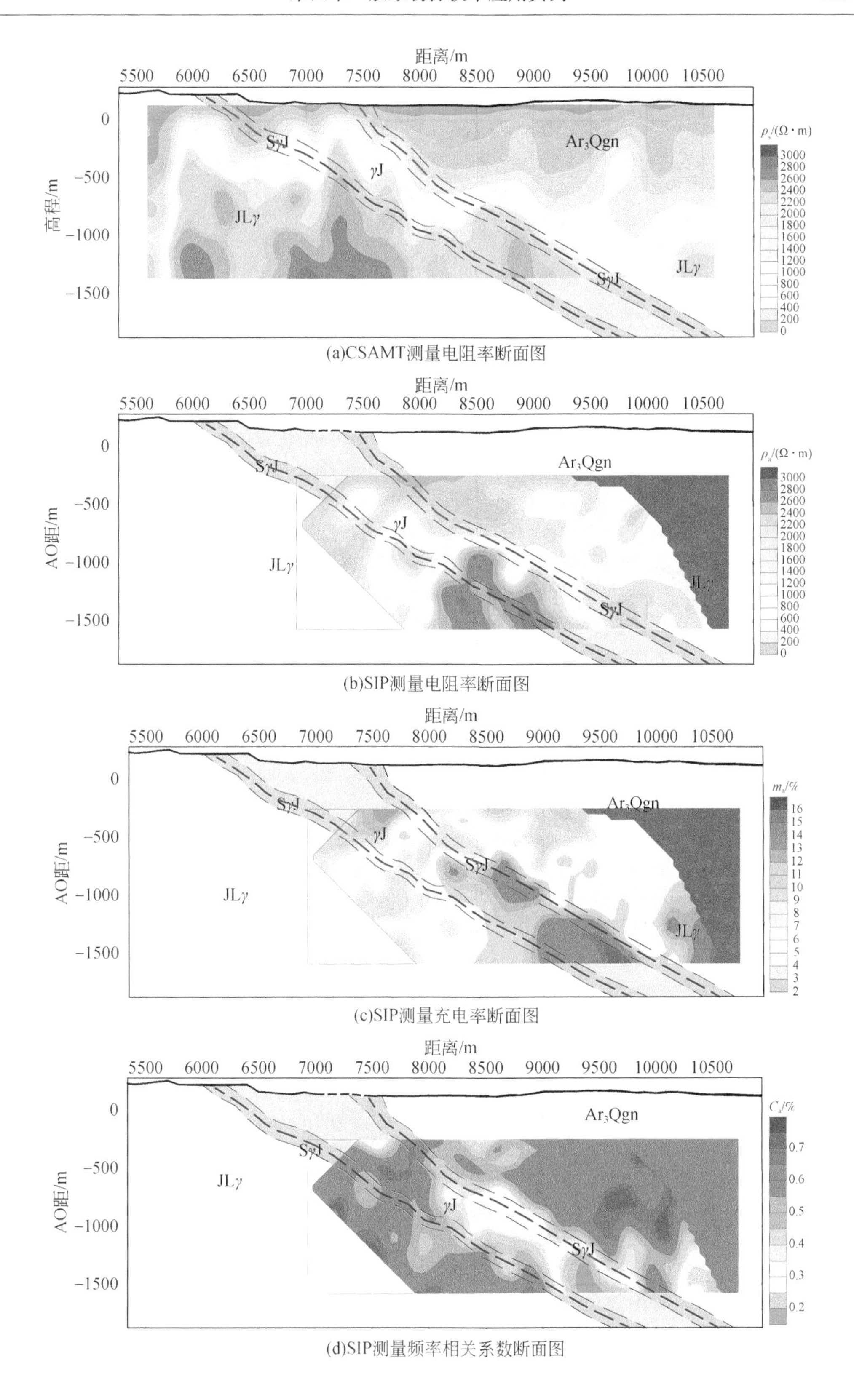

(a)CSAMT测量电阻率断面图

(b)SIP测量电阻率断面图

(c)SIP测量充电率断面图

(d)SIP测量频率相关系数断面图

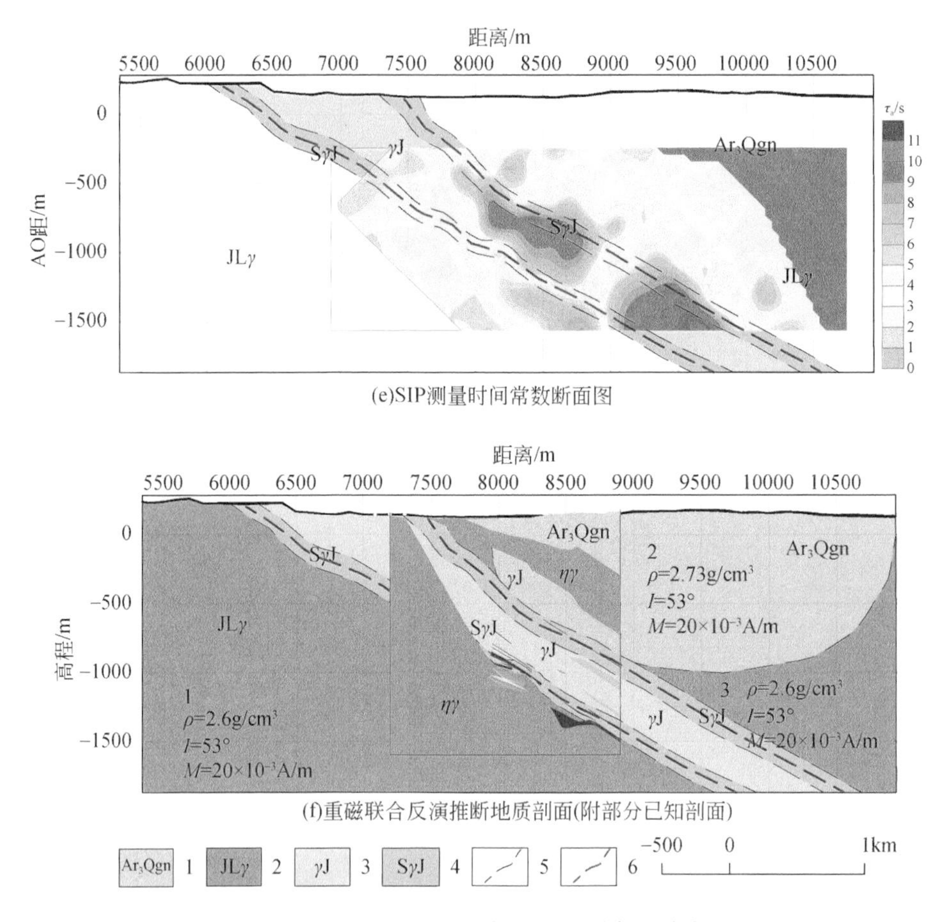

图 4-7　水旺庄金矿 Y3 勘探线地质–地球物理综合剖面

1. 栖霞序列；2. 玲珑序列；3. 绢英岩化花岗岩；4. 绢英岩化花岗质碎裂岩；5. 推断地质界线；6. 推断主断裂面

化特征，推断视电阻率等值线起伏变化较大、间距变大、陡缓转折部位和缓倾部位为成矿有利地段。后期钻探验证显示，金矿体主要位于 8000～9000 点区间，该段为视电阻率梯级带由陡变缓的转折部位及变缓辐射区，与上述推断吻合。宽大蚀变带在 SIP 频谱参数断面中反映为高充电率、高时间常数、低频率相关系数的异常特征，三参数异常对应性良好，异常带位置及延伸趋势指示了宽大蚀变带的深部走势。钻探验证结果显示，–1500～–1000m的含矿带与上述 SIP 异常完全吻合，同时 9000～9500 点的高极化异常在勘探深度范围内未见封闭，推断深部仍有较大找矿潜力。2019 年由山东省第六地质勘查院施工的深部钻孔在–2000m 以深见到了厚大矿体，验证效果与综合物探推断吻合良好。

（六）夏甸–大尹格庄金矿

招平断裂带平面上呈舒缓波状，大致沿玲珑序列花岗岩与栖霞序列英云闪长岩接触带呈弧形展布，中段断续出露长 25km，宽 40～460m，整体走向 14°（走向 5°～50°），倾向南东，倾角 21°～58°，是胶东地区最为重要的金矿成矿带之一。招平断裂带中段分布有大尹格庄、后仓、夏甸、道北庄、灵雀山、曹家洼、姜家窑、谢家沟等八个金矿床，其中受招平断裂带主构造控制的金矿床六个，受下盘低序次断裂控制一个（谢家沟金矿），受上盘次级断裂控制一个（灵雀山金矿），金矿床类型主要为蚀变岩型金矿，次之为石英脉型金矿和蚀变岩型-石英脉型金矿，断裂构造的产状变化部分容易赋矿，矿体呈现尖灭再现、分支复合规律、侧伏、侧列规律。近年来招平断裂带上取得一系列找矿突破，但是中段（招远城至夏甸）一直未取得较大找矿进展，各大院校及地勘单位相继开展了一系列物探工作，对该地区深部找矿前景进行预测。

图 4-8 为夏甸测区 490 勘探线 CSAMT 测量反演结果，测线穿越招平断裂带，上盘为栖霞序列英云闪长岩，下盘为二长花岗岩，探测目标体为断裂蚀变带，而断裂蚀变带即位于断裂带上下盘两种不同岩性的接触带上，局部断于花岗岩中。探测目标体的上盘栖霞序列呈中低阻电性特征，下盘二长花岗岩呈高阻电性特征，目标体呈相对低阻特征，同时应注意到，垂向分辨率与断层的厚度、埋深以及与围岩的电阻率差异及数据采集密度等因素有关，当断层埋深达到一定的深度时，体积效应低阻反应垂向分辨率降低，因此本次勘查深部的断裂蚀变带，在 CSAMT 视电阻率断面图上应呈过渡梯级带反应。因而，在 CSAMT 视电阻率断面图上，定向延深的低阻带或等值线梯级带异常为断层的反应。区内金矿成矿地质特征表明，金矿位于栖霞序列英云闪长岩与玲珑序列花岗岩的接触带上，断层主断面转折部位和局部膨大部位及不同方向断层的交汇部位，是金矿赋存的有利部位。这些赋矿有利部位在 CSAMT 断面图上的异常特征表现为过渡梯级带内等值线宽大稀疏向下同步弯曲，呈局部“U”形低阻异常。这些异常可以确定为找矿标志，因而 CSAMT 测量可起到间接找矿的作用。

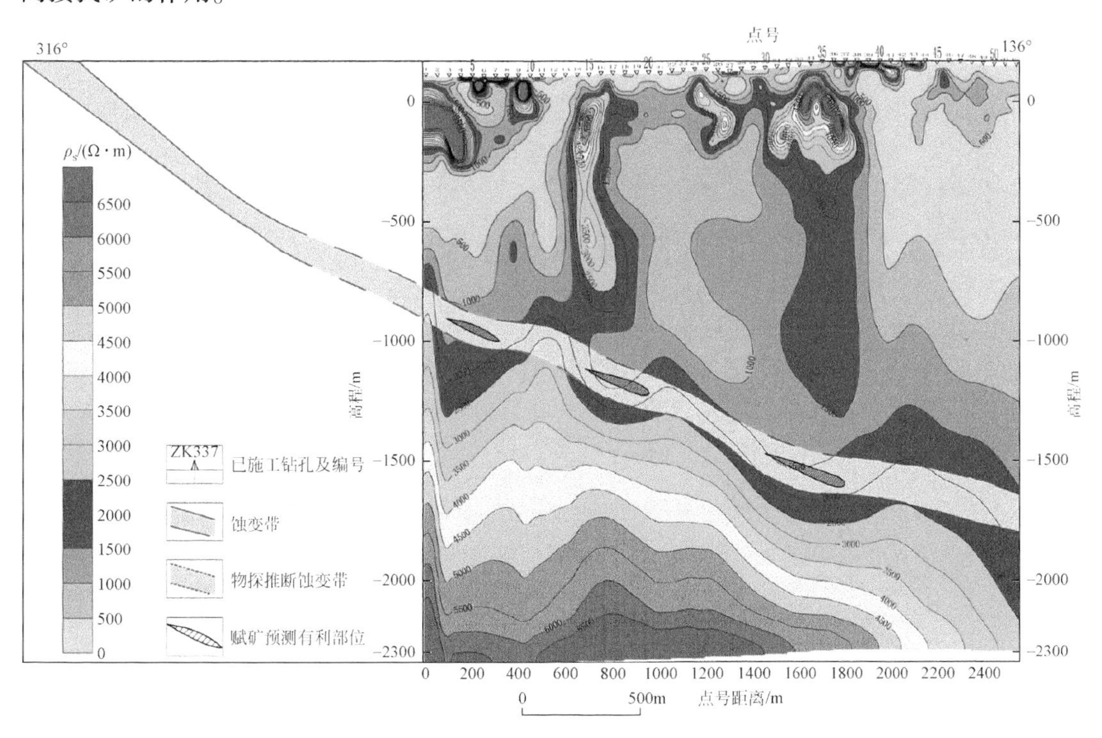

图 4-8　夏甸测区 490 勘探线 CSAMT 测量反演结果图

图4-9为大尹格庄测区92勘探线CSAMT测量反演结果图，招平断裂蚀变带为该区段主蚀变带，本区段蚀变带长约3000m，宽30～78m，最宽处约140m，总体走向20°，倾向南东，倾角21°～54°。大尹格庄金矿②号矿体位于该区段，矿体沿走向及倾向均呈舒缓波状延伸，膨胀夹缩、分支复合现象明显，形态变化较大。从图4-9中可以看出，浅部中低阻反映了胶东岩群地层，深部的高阻反映了二厂花岗岩的分布，两者之间存在一个电阻率梯度带，幅值约2500Ω·m，断裂带标高-2000～-500m，产状较缓，整体倾角在30°～45°，根据区域成矿规律结合该剖面异常特征，推断标高-1500m以深，在40～65号测点之间，视电阻率等值线同步向下弯曲，成矿地质条件较好。

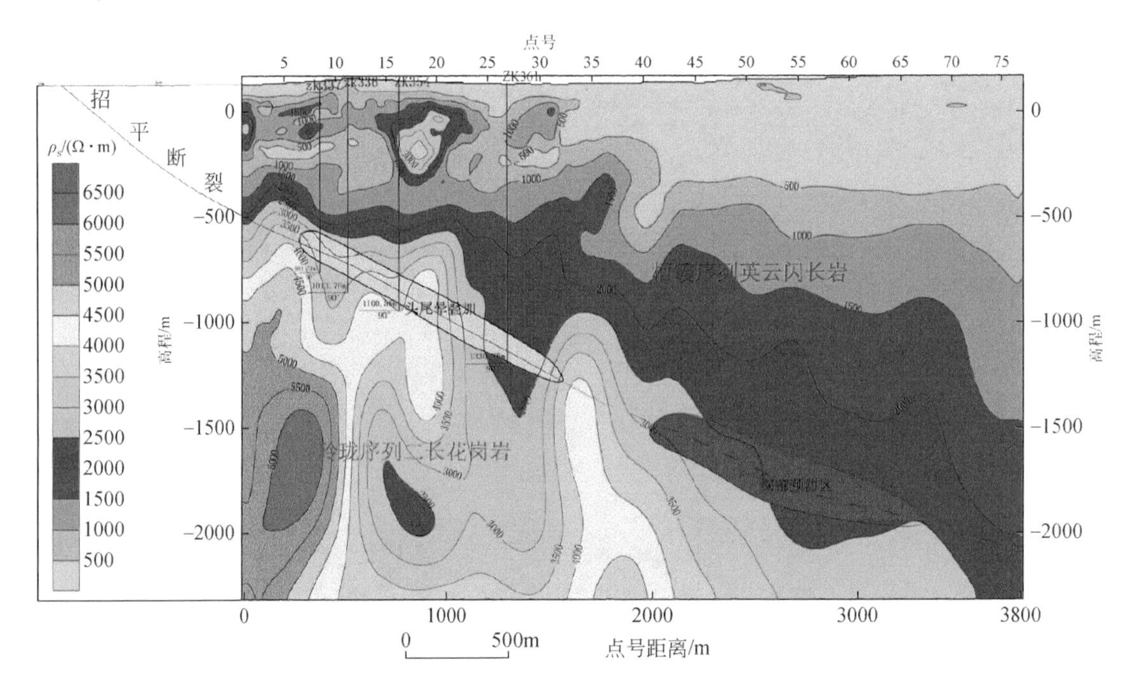

图4-9　大尹格庄测区92勘探线CSAMT测量反演结果图（附深部预测矿体）

通过对夏甸金矿、大尹格庄金矿进行深部矿体定位预测并开展工程验证，取得了良好的地质效果，在夏甸金矿床Ⅱ、Ⅰ号矿体深部分别施工481ZK6、550ZK6钻孔分别见到金矿体，说明金矿体向深部仍有较大延伸，且呈现出向东侧伏的成矿规律；在大尹格庄金矿床于94勘探线施工94K1钻孔，见到真厚度3.10m，金平均品位2.74×10^{-6}的金矿体，说明②号金矿体向深部仍有较大延伸（图4-10）。

二、石英脉型金矿

石英脉型（玲珑式）金矿主要分布在胶东招远市北（玲珑金矿）及蓬莱市东南部的大柳行地区（黑岚沟、燕山、庵口、虎路线等金矿），另外在栖霞东部（马家窑、百里店等金矿）及平度北部的旧店地区（旧店金矿）也有零星分布。金矿床主要发育在北东东—北东向主断裂的次级断裂、裂隙内，以热液充填方式为主形成石英脉型金矿床。相

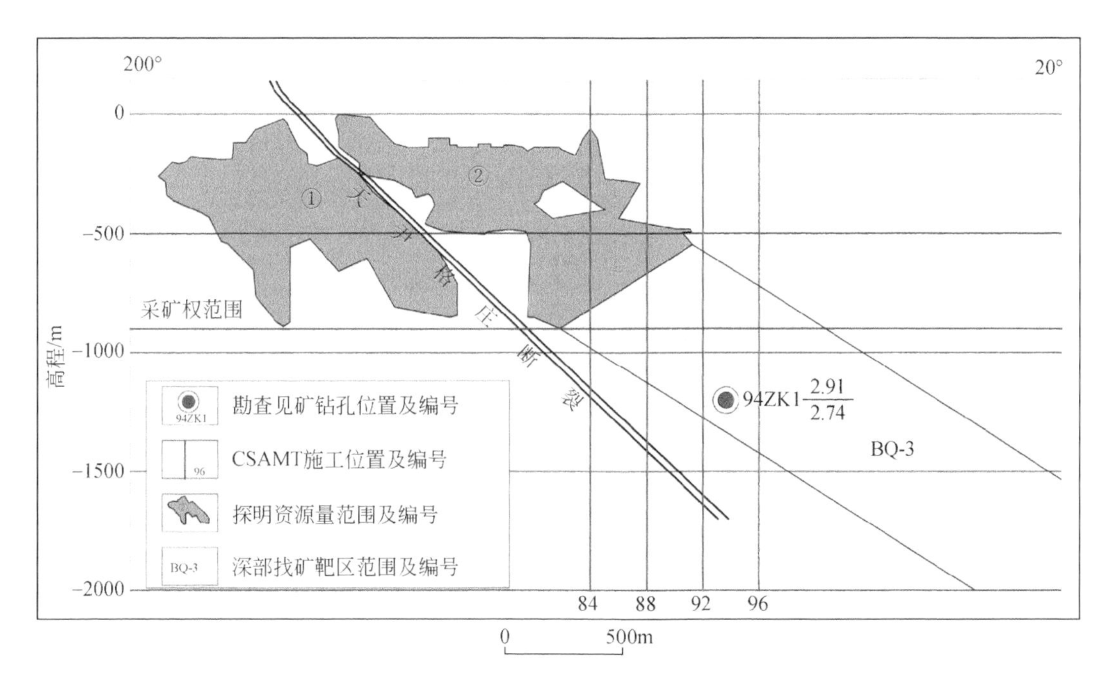

图4-10　大尹格庄金矿床深部预测垂直纵投影图

比于蚀变岩型金矿床，此类矿床控矿构造规模一般相对较小，成矿作用以含金石英脉裂隙充填为主，且围岩一般为岩性单一的侵入岩体，密度及磁性差异较小，所以重磁勘探往往难以取得理想的直接找矿效果，一般用于地质体圈定及断裂构造划分。各矿区内物探勘查以大比例尺电法工作为主，其中又以激发极化法作为主要勘探方法，取得了较为理想的物探勘查效果。

在石英脉型金矿床中，含金石英脉及其所处构造带内由于矿化蚀变作用，以黄铁矿为主的硫化物含量增多，根据硫化物含量不同对应极化率会有不同程度的升高，可较为明显地区别于围岩，花岗岩类为主的围岩极化率一般低而稳定，在区内一般表现为低背景极化率特征。由电性资料可知，石英脉与花岗岩类为主的围岩虽同为高阻特征，但前者电阻率又明显高于后者，此类矿床受构造规模所限及石英的高电阻率物理特性影响，在电法测量中沿控矿构造往往形成线性高阻异常带，激电特征总体表现为高阻、高极化异常，这是石英脉型金矿床典型的激电异常特征。但值得注意的是，低阻矿化蚀变带的规模大小、矿化强弱以及蚀变带内高阻石英脉的宽窄变化均会引起相应视电阻率特征改变，不可一概而论。分析认为，当断裂宽度较大、矿化蚀变相对较强时，一般可形成条带状低阻异常带；当断裂规模较小且矿化蚀变较弱时，此时断裂内含金石英脉的高阻特性较为明显，往往会形成高阻异常。不论哪一种情况，此类矿床中石英矿脉与围岩间一般会存在较为明显的电性差异，为物探找矿工作提供了可靠的地球物理前提。本书主要介绍招远市玲珑矿田九曲金矿与蓬莱市大柳行矿田黑岚沟金矿两处知名石英脉型矿床的物探勘查实例。

（一）招远市玲珑九曲金矿

九曲金矿位于招远–莱州成矿带玲珑金矿田的东北部，是玲珑矿田的重要成矿区段，属于典型的石英脉型金矿床。矿段内围岩以中生代玲珑序列二长花岗岩为主，北东东向破头青断裂是区内的主要控矿构造，它控制了玲珑金矿田的东南边界。破头青断裂下盘玲珑花岗岩体内发育有一系列北东东和北东向高角度次级断裂裂隙，这些断裂裂隙是九曲金矿床的主要控矿构造，控制着主矿脉（体）的分布及赋存位置，矿段内断裂裂隙总体走向50°左右，倾向北西，倾角为70°～80°。九曲金矿体由含金石英黄铁矿脉、含金黄铁矿石英脉、含金黄铁绢英岩化花岗岩组成。

图4-11为招远金矿九曲矿区56勘探线激发极化法剖面图，在剖面85点附近存在明显的视极化率 η_s 及视电阻率 ρ_s 单峰值异常，峰值区尖锐突出，异常呈明显高阻、高极化特征，与背景电场特征区分明显。其中 $\eta_{s(max)}=9\%$，比两侧背景场高出约3%；$\rho_{s(max)}=5600\Omega\cdot m$，明显高于约 $1200\Omega\cdot m$ 的背景视电阻率。地表位置小马泉矿脉露头与激电异常吻合较好，且有石英脉发育，局部裂隙中有黄铁矿化现象，显示出该区石英脉型金矿床呈现出典型的高阻、高极化激电异常特征。

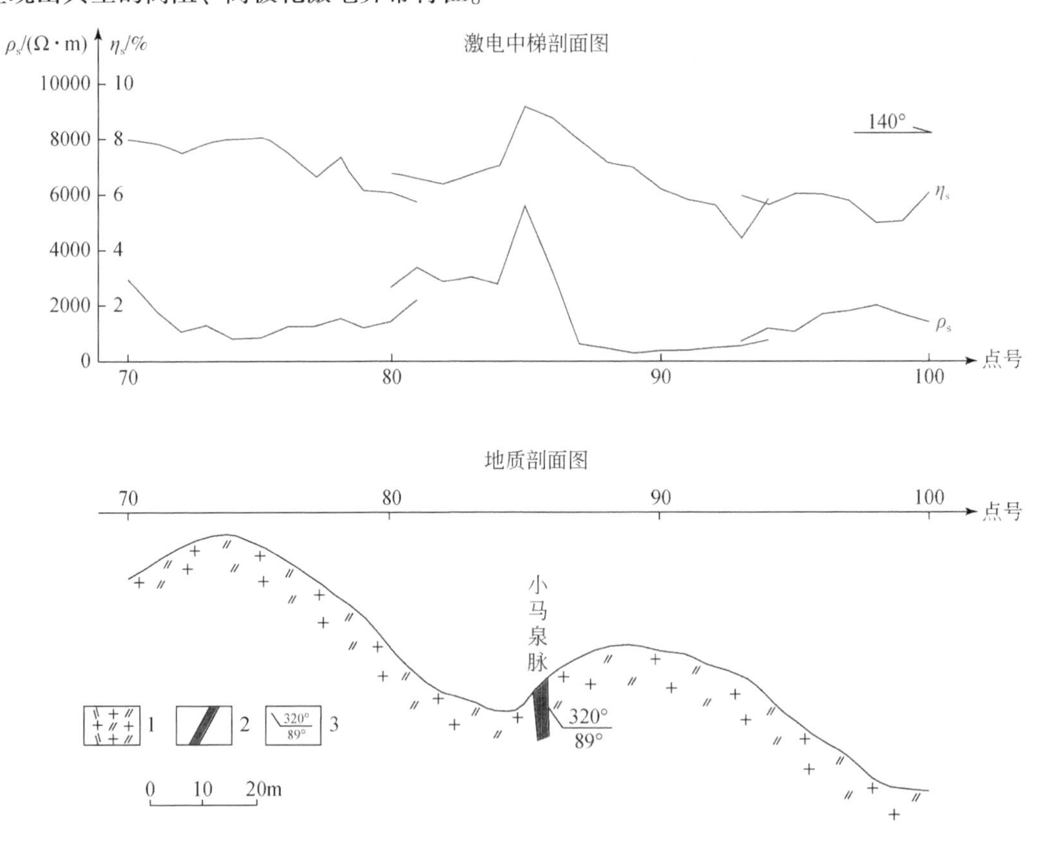

图4-11　招远金矿九曲矿区56勘探线激发极化法剖面图（据朱永盛等，1964）

1. 玲珑二长花岗岩；2. 石英金矿脉；3. 产状

（二）蓬莱市黑岚沟金矿

黑岚沟金矿位于栖霞-蓬莱金矿带北段、胶北隆起东北部，东北方向与蓬莱市大柳行金矿田相邻，是区域内为数不多的大型石英脉型金矿床之一。该金矿主要位于侵入岩分布区内，矿区内及北、西两侧大面积分布郭家岭序列罗家单元斑状含黑云二长花岗岩，以东分布郭家岭序列大草屋单元斑状含黑云花岗闪长岩及玲珑花岗岩体，东南主要为太古宙花岗闪长岩、古元古代二长花岗岩等早期侵入岩区。区内构造主要包括北东—北北东向和北西向断裂，其中北北东向的栖霞断裂和虎路线断裂为代表性的区域性断裂构造基本限定了区域内金矿分布的格架，并以此派生出了一系列北东—北北东向的低序次赋矿断裂。黑岚沟金矿床发育在郭家岭岩体东缘的北东向次级断裂带中，带内矿化蚀变较为明显，主要蚀变带类型为黄铁绢英岩带、黄铁绢英岩化碎裂花岗岩带等，矿石类型以石英脉型为主，且含金石英脉主要位于上述矿化蚀变带内。周边较为知名的石英脉型矿床有燕山、庵口等金矿，另有齐沟、门楼等石英脉-蚀变岩复合型金矿床。

黑岚沟金矿及周边黑金顶、沙沟（方家沟）、时金河等矿区均开展过以激发极化法为主的金矿物探普查工作，取得了良好的物探找矿效果。图4-12为黑岚沟金矿Ⅱ区激电中梯视极化率平面图，采用1∶5000比例尺激电中梯测量，网度40m×20m，测线方位105°，采用AB=1000～1200m、MN=20m装置，使用4″×4″矩形电流波发射，延时100ms。共圈定激电异常7处（Ⅱ-1～Ⅱ-7），异常分布范围及形态具有明显的规律性，基本沿已知断裂分布，且异常走向与断裂走向对应较好，反映了全区激发极化体的分布特点。经过对激电异常的对比分析研究，最终确定Ⅱ-1、Ⅱ-2为重点异常，这两处激电异常均具有一定规模，且连续性好、幅值高，利用激电测深法与瞬变电磁法测量对其进行综合研究（图4-13），综合分析推断矿区内金属硫化物富集体的分布情况，为探矿工程提供依据。

Ⅱ-1异常：位于Ⅱ区西南部，平面内以η_s=2.3%圈定，呈不规则长圆形，规模约400m×60m，自西向东以η_s=2.7%圈定三处高值区峰值分别为2.71%、2.72%、2.83%。激电测深断面图显示，在142～144点、148～150点出现激电异常高值区段，与平面位置对应；左侧高值区η_s=3.0%区段位于AB/2=9～22m，异常呈稀疏状；右侧高值区异常明显，呈直立状，η_s=2.8%等值线圈定两个异常深度，浅部位于AB/2=5～10m，深部位于AB/2=22～150m；对应的ρ_s断面图中，146点存在明显高阻体，η_s异常大致位于其两侧。在瞬变电磁法成果图中，在140～150点出现较为明显的二次电位异常，对应的ρ_τ中低阻异常位于146点高阻异常两侧。推断认为Ⅱ-1异常为硫化矿物富集引起，产状较陡，稍向东倾。

Ⅱ-2异常：位于Ⅱ区西南部、Ⅱ-1异常西侧，两者近乎平行排列，平面以η_s=2.3%圈定，走向长度约300m，异常南端膨大且向西扭曲；η_s=2.7%圈定两个高值区分别呈椭圆形和长条形，峰值分别为4.11%、3.33%。激电测深断面图显示，134～138点形成明显激电异常，整体西倾，浅部异常位于AB/2=4.5～15m，峰值达3.4%，且向下仍有延伸，反映极化体具有一定的延展深度；对应的ρ_s断面中，η_s异常整体位于高、低阻交界地段，异常中心对应低阻区东侧。瞬变电磁法成果图显示，与激电异常对应，在134～138

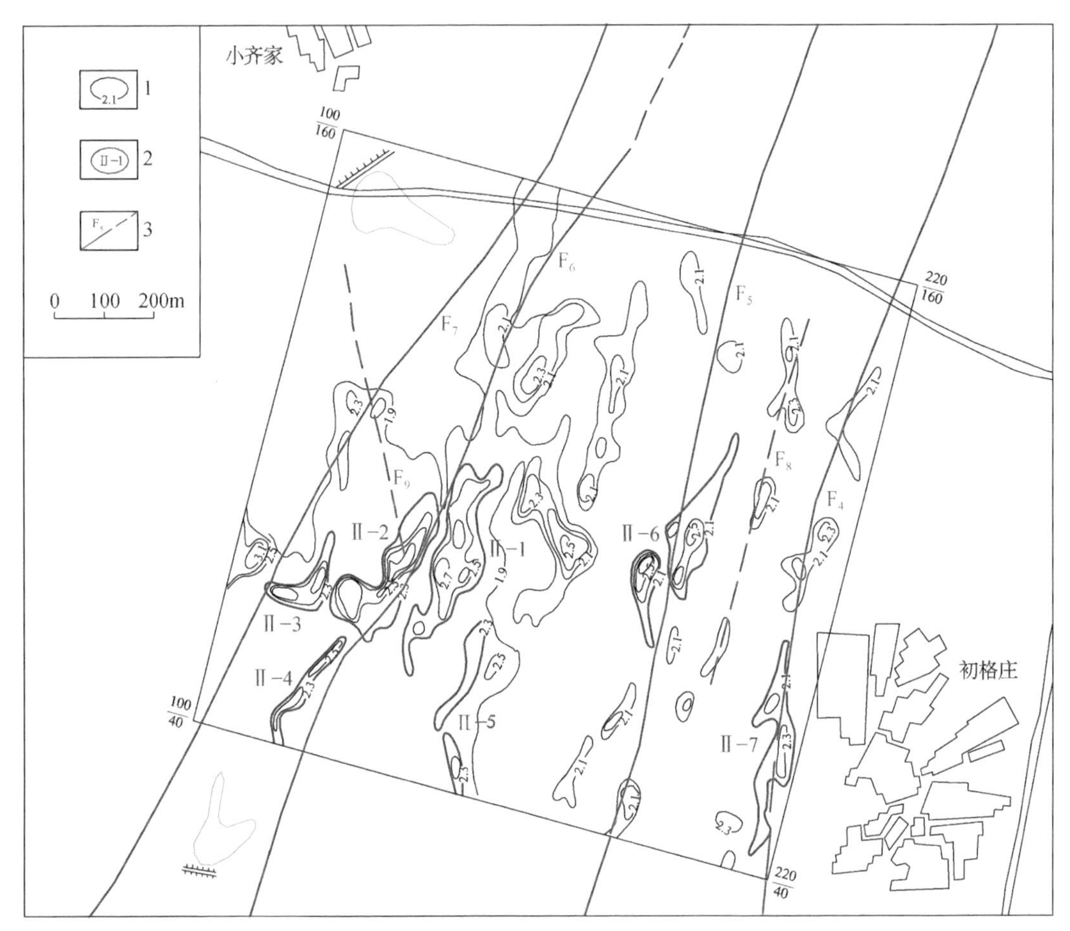

图4-12　黑岚沟金矿Ⅱ区激电中梯视极化率平面图（据万国普，1997）
1. 视极化率等值线及标注；2. 激电异常及编号；3. 实测或推断断裂及编号

点分布明显的二次电位异常。Ⅱ-2异常在横向及纵向均有一定延伸，推断认为该异常由向西倾斜、产状较陡的硫化矿物富集体所致。后期经过对相关重点激电异常进行钻探验证，取得了较好的找矿效果。

三、硫化物石英脉型金矿

硫化物石英脉型（金牛山式）金矿床主要指分布于牟平-乳山金成矿带中北段玲珑期昆嵛山花岗岩体西南边缘一带的金矿床，以沿断裂发育脉体宽大的含金硫化物（主要为黄铁矿）石英脉为其主要特征，大地构造位置处于胶南-威海隆起区（Ⅱ）威海隆起（Ⅲ）乳山-荣成断隆（Ⅳ）昆嵛山-乳山凸起（Ⅴ）。矿床主要发育在北北东向金牛山断裂带内及其两侧，其赋矿围岩和控矿构造位置、方向及矿石矿物组合与焦家式金矿床差异明显。此类金矿床分布相对集中，其中大型金矿床有西直格庄、邓格庄、金青顶金矿，另有黑牛台、福禄地、哈狗山、腊子沟等金矿遍布。

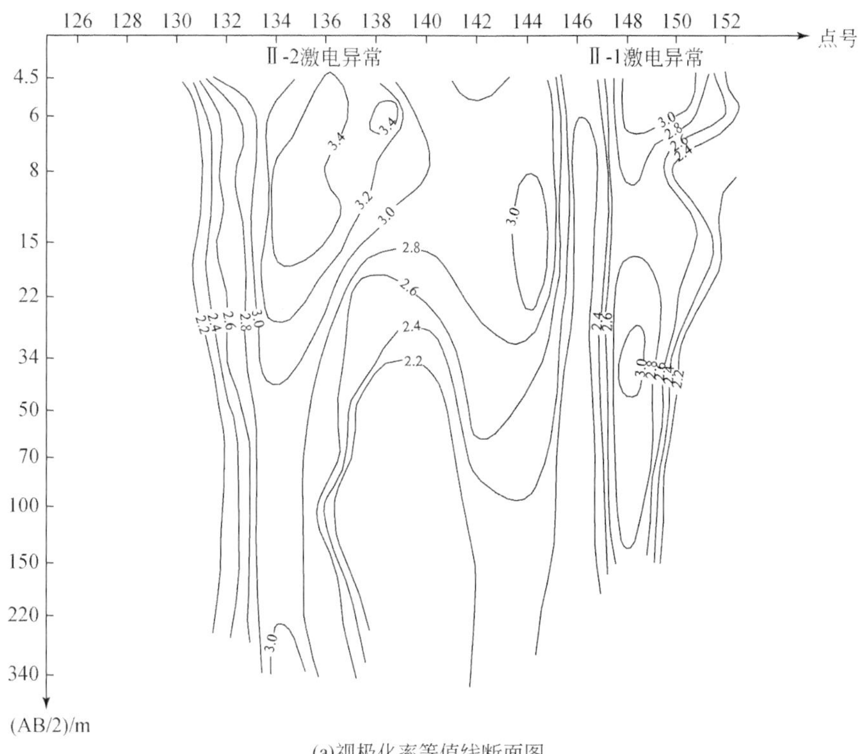

(a)视极化率等值线断面图

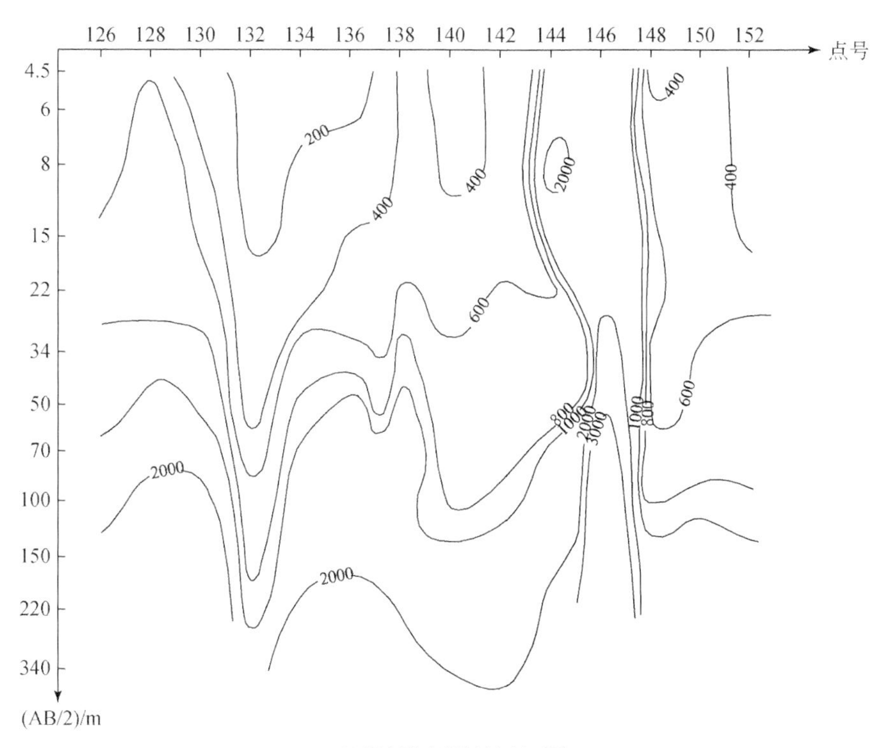

(b)视电阻率等值线断面图

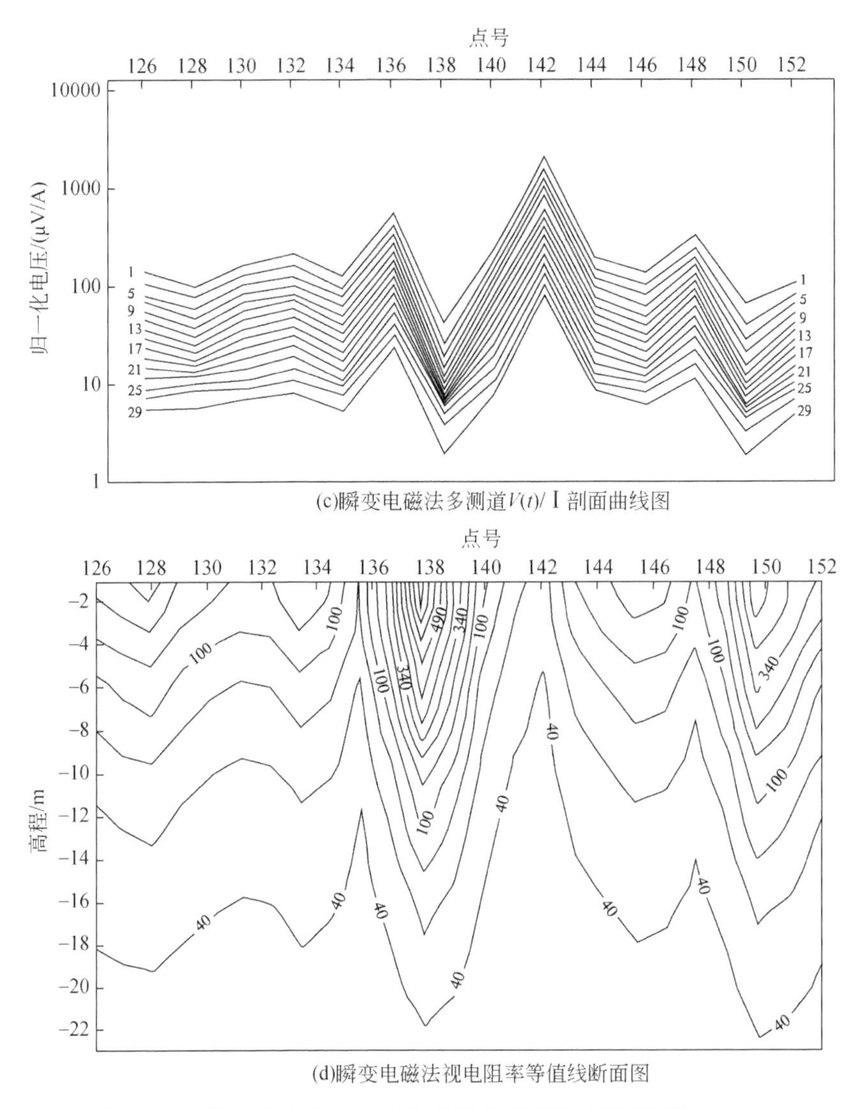

图4-13　黑岚沟金矿Ⅱ区80勘探线综合剖面图（据万国普，1997）

硫化物石英脉型金矿床的成矿时代、基本成矿条件和矿床成因与玲珑式石英脉型金矿基本相同，其主要区别在于赋矿断裂中的黄铁矿化更加显著，矿脉内黄铁矿含量偏高，从而形成低阻、高极化的电场特征，与玲珑式石英脉型金矿床高阻、高极化的激电异常特征存在较为明显的差异。区内早期物探勘查工作仍以常规电法勘探为主，效果较为理想，主要方法为视电阻率联合剖面法、激电中梯法、激电联剖法及激电测深法等，其他物探方法作为辅助。近年来，随着矿山企业不断发展，矿区内人文干扰增多，常规电法工作难以满足施工条件及勘探深度的要求，陆续投入可控源大地电磁测深（CSAMT）、频谱激电（SIP）、广域电磁测深（WFEM）等物探方法，在深部找矿及预测研究等方面取得了理想的效果。以往物探勘查工作大多集中在邓格庄、西直格庄和金青顶三处大型矿床内，本书对此进行着重介绍。

(一) 邓格庄金矿

邓格庄金矿位于烟台市牟平区水道镇东北方向约2km，位于玲珑序列九曲单元内、郭家店单元的西侧外边缘带，为一处知名大型金矿床。北东向海阳断裂与北北东向金牛山断裂在北部牟平石沟村附近交汇，邓格庄金矿恰好处于两组断裂相交夹成的锐角区之中。矿体发育在金牛山断裂西侧一系列北北东向为主的次级构造内，大多西倾，目前已发现12条矿化蚀变带，矿体主要围岩是九曲单元片弱麻状细中粒含石榴二长花岗岩。

图4-14为邓格庄金矿区22勘探线激电剖面图，方位角100.25°，自东向西依次穿过Ⅰ(Ⅰ-1、Ⅰ-2)、Ⅱ、Ⅲ号矿脉。采用激电联剖法AO=65m和105m两种极距对比，MN=点距=10m，根据联剖曲线的幅值变化可大致判断激电异常类型，根据不同极距联剖交点的相对位移及交点两侧的曲线形态可对矿脉的倾向特征进行推断。从图4-14中可以看出：Ⅰ号矿脉对于不同AB极距，在134点附近均存在明显的η_s高极化反交点，交点两侧曲线分离明显，且左侧开口面积明显大于右侧，显示出矿脉整体为北西倾向，当大极距AO=105时，η_s反交点略有南移，推断其原因为深部矿脉近乎直立，甚至出现反倾特征。对应的ρ_s曲线均存在分离不明显的低阻正交点，推断其原因为多条矿脉相邻且相互影响。Ⅱ号矿脉100点附近不同极距η_s曲线高极化反交点明显，反交点的相对位移反映了矿脉倾向北西，对应的ρ_s曲线存在中阻正交点。Ⅲ号矿脉位于剖面西端，规模相对较小，η_s曲线在72点附近存在低幅值的反交点，ρ_s曲线高、低阻分界特征明显，视电阻率西低东高，矿脉北西倾向一侧呈明显低阻特征。综上可知，22勘探线内三处矿脉整体呈现低阻、高极化特征，与本区矿脉地质特征及其物性资料对应；ρ_s曲线的跳跃变化反映出花岗岩体电阻率的不均匀性，也一定程度反映了地形的起伏变化；相比于ρ_s曲线而言，η_s曲线背景场平稳，矿脉处激电异常明显，交点清晰，其推断结果与已知矿脉特征较为吻合。

为了探究已知矿脉向北延伸情况及北部覆盖区地质构造特征，在矿区北部外围开展了1：2万静电α卡测量工作，工作网度为200m×20m，测线方向90°，并搭配1：1万土壤气汞测量进行资料综合解译。图4-15为西邓格庄工区静电α卡测量剖面平面图，以每5min 300脉冲作为异常下限，以沿走向至少有两条连续测线存在高值响应为原则，共圈定静电α卡异常六处，对比发现Ⅰ、Ⅱ、Ⅲ、Ⅵ号静电α卡异常与气汞异常明显关联，形态走向较为一致。静电α卡异常与气汞异常走向大多为北东向或北北东向，显示其受北东向或北北东向断裂控制明显，推断异常由断裂内矿化蚀变引起，根据高值异常的连线推断断裂构造六条。

(二) 西直格庄金矿

西直格庄金矿位于烟台市牟平区水道镇北约3km，金牛山成矿带以西，东南距邓格庄金矿约2.5km，是一处大型金矿床。矿床发育在东侧区域性海阳断裂与西侧西直格庄断裂之间的北北东向或近北东向次级断裂内，赋矿蚀变带大多东倾，局部反倾。矿区内主要分布玲珑序列九曲单元二长花岗岩与荣成序列玉林店单元二长花岗质片麻岩。

图4-16为西直格庄工区激电中梯η_s、ρ_s剖面平面图，采用1：5000比例尺激电三极测量，AM=MN=40m，双向短脉冲发射，正反向供电时间10″，放电时间5″。从图4-16中可

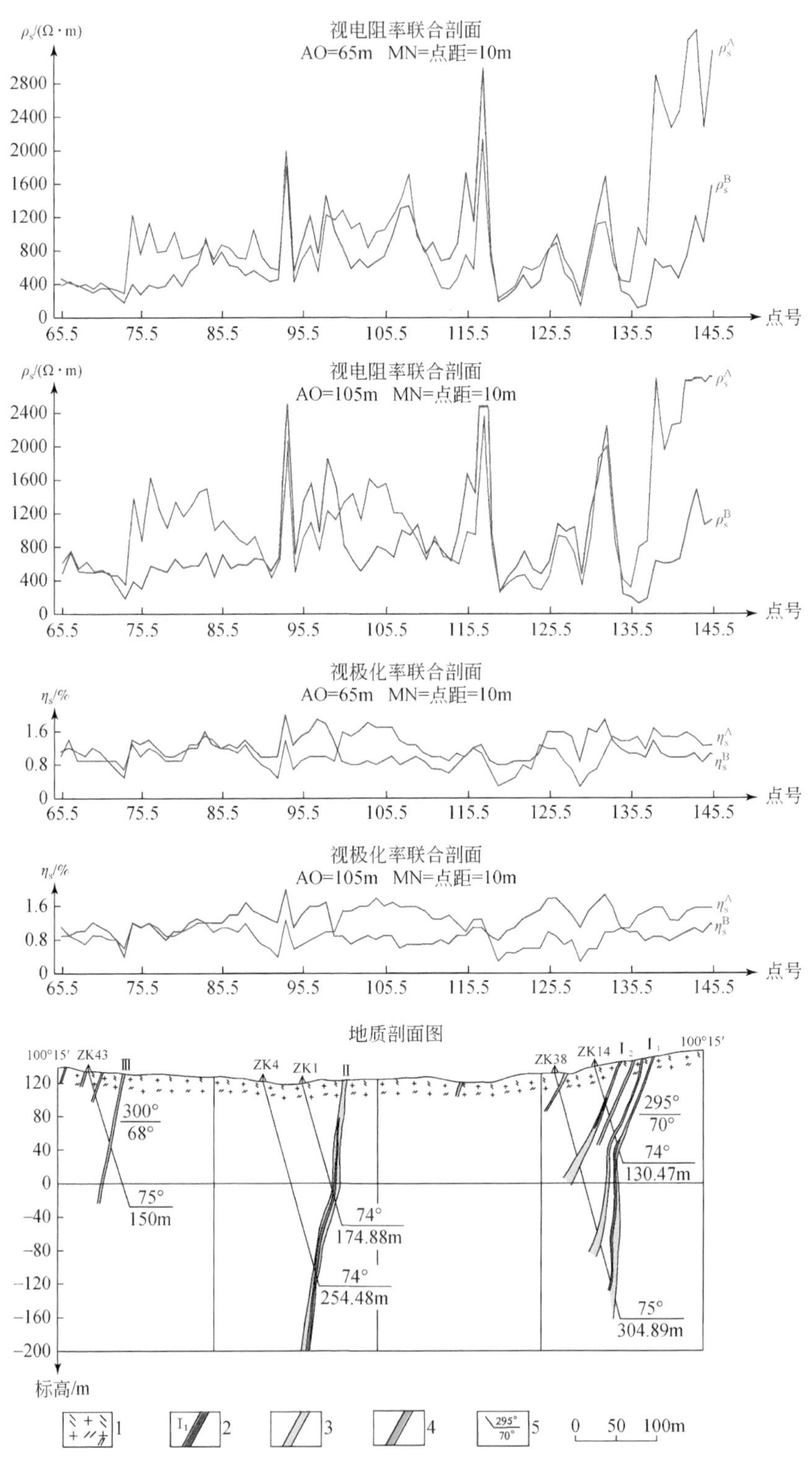

图 4-14　邓格庄金矿区 22 勘探线激电剖面图（据李延燮等，1986）

1. 玲珑二长花岗岩；2. 金矿脉及编号；3. 矿化蚀变带；4. 煌斑岩脉；5. 产状

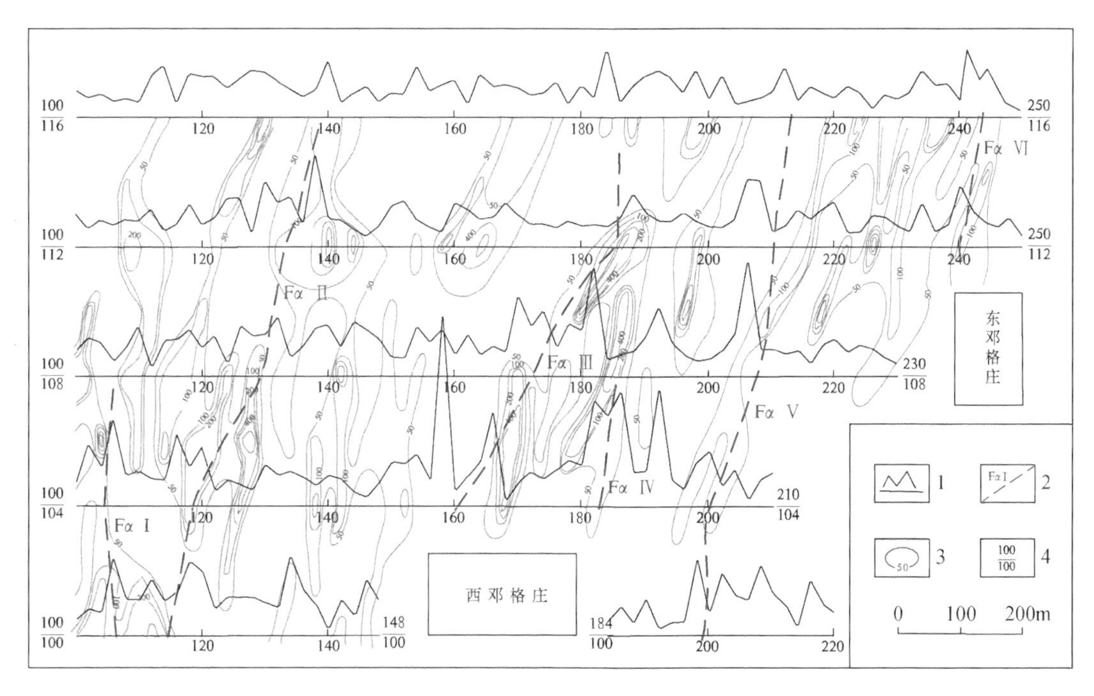

图4-15　西邓格庄工区静电α卡测量剖面平面图（据李延燮等，1986）
1. 静电α卡测量曲线；2. 推断断裂及编号；3. 气汞测量等值线；4. 测点号

以看出，大致以120/85点与120/100点连线为界，视极化率η_s呈西低东高特征，分界处呈台阶状，与主要控矿构造西直格庄断裂位置吻合；测区东南大致以170/65点为起点，分布北北东向线性低阻带且无明显激电异常，与非成矿的区域性海阳断裂位置基本吻合。激电异常及视极化率高值区主要位于海阳断裂与西直格庄断裂之间，沿北东向断续分布，与次级构造内的金矿脉对应；其中主异常DJH-1特征最为明显，异常呈长条状北东15°展布，形态规则，长约1000m，宽60～100m，视极化率峰值$\eta_{s(max)}=7.75\%$，对应的视电阻率ρ_s整体表现为低阻。后经钻探验证该异常由含金蚀变带引起，取得了较为理想的物探勘查效果。

从邓格庄、西直格庄等矿区金矿体的分布位置看，一般要在深部才有较富的矿体产出，地表往往只是矿化或蚀变，矿床深部的隐伏金矿体是目前金矿资源量增加的方向。牟乳金矿区内以往针对深部找矿的地质及物探工作开展较少，除少数矿区尝试过深部勘查并取得一定成果外，其他多数矿山深部勘查成功率不高，区内对深部金矿勘查前景的技术支撑具有迫切的需求。2019～2021年，相关地勘单位以邓格庄、金青顶作为重点工作区，以西直格庄、邓格庄、金青顶金矿床作为重点研究对象，开展了深部成矿预测工作，投入的物探方法有大比例尺重磁剖面测量、可控源大地电磁测深（CSAMT）、广域电磁测深（WFEM），其中广域电磁测深效果最为显著。

图4-17为西直格庄-邓格庄矿区GY1线广域电磁测深综合剖面图，该剖面横穿海阳断裂、金牛山断裂、西直格庄断裂以及西直格庄金矿Ⅴ号主蚀变带，主要研究这三条断裂及

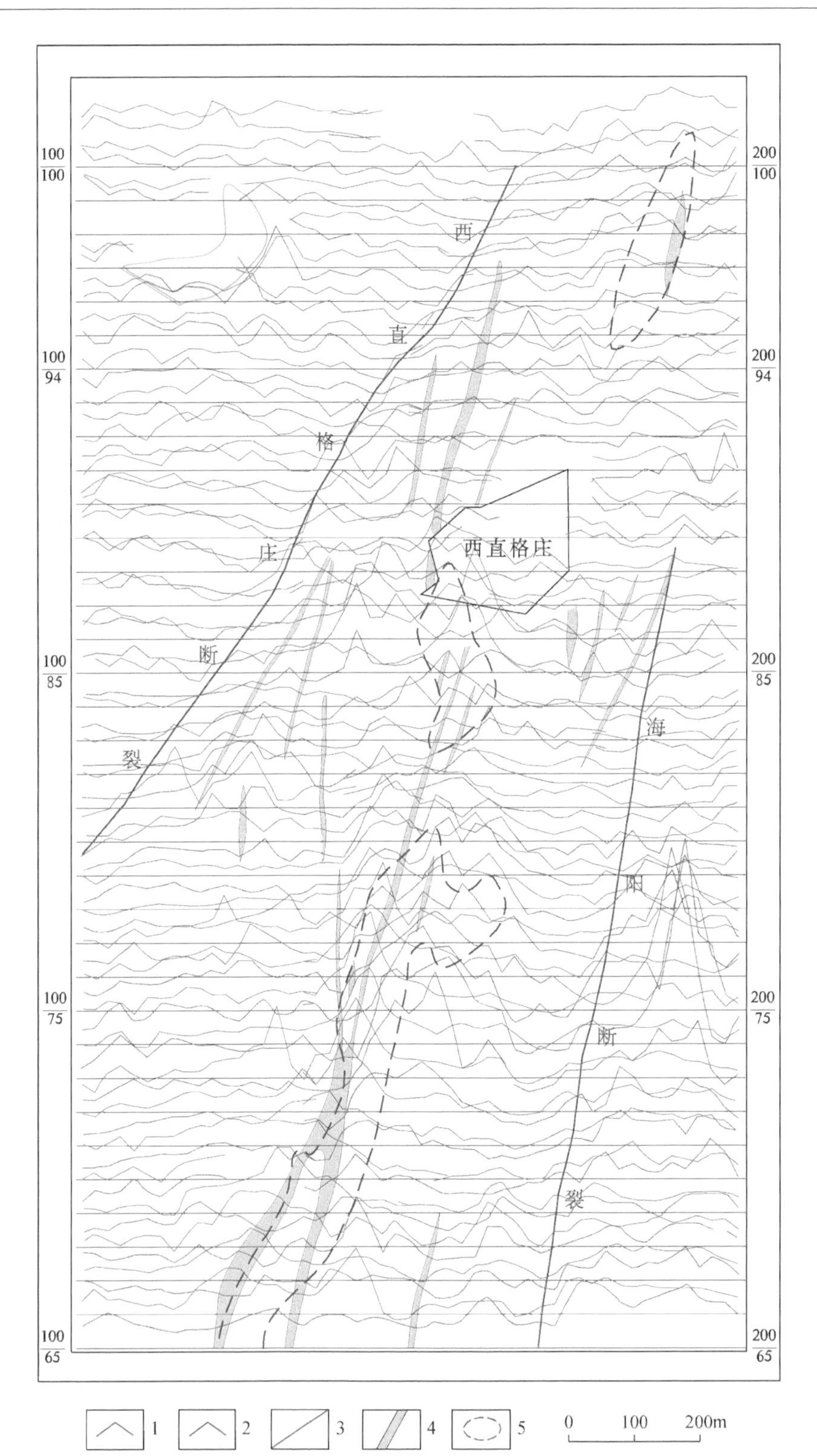

图4-16　西直格庄工区激电中梯η_s、ρ_s剖面平面图（据郭竹田等，1978）

1. 视极化率曲线；2. 视电阻率曲线；3. 断裂构造；4. 蚀变带；5. 激电异常

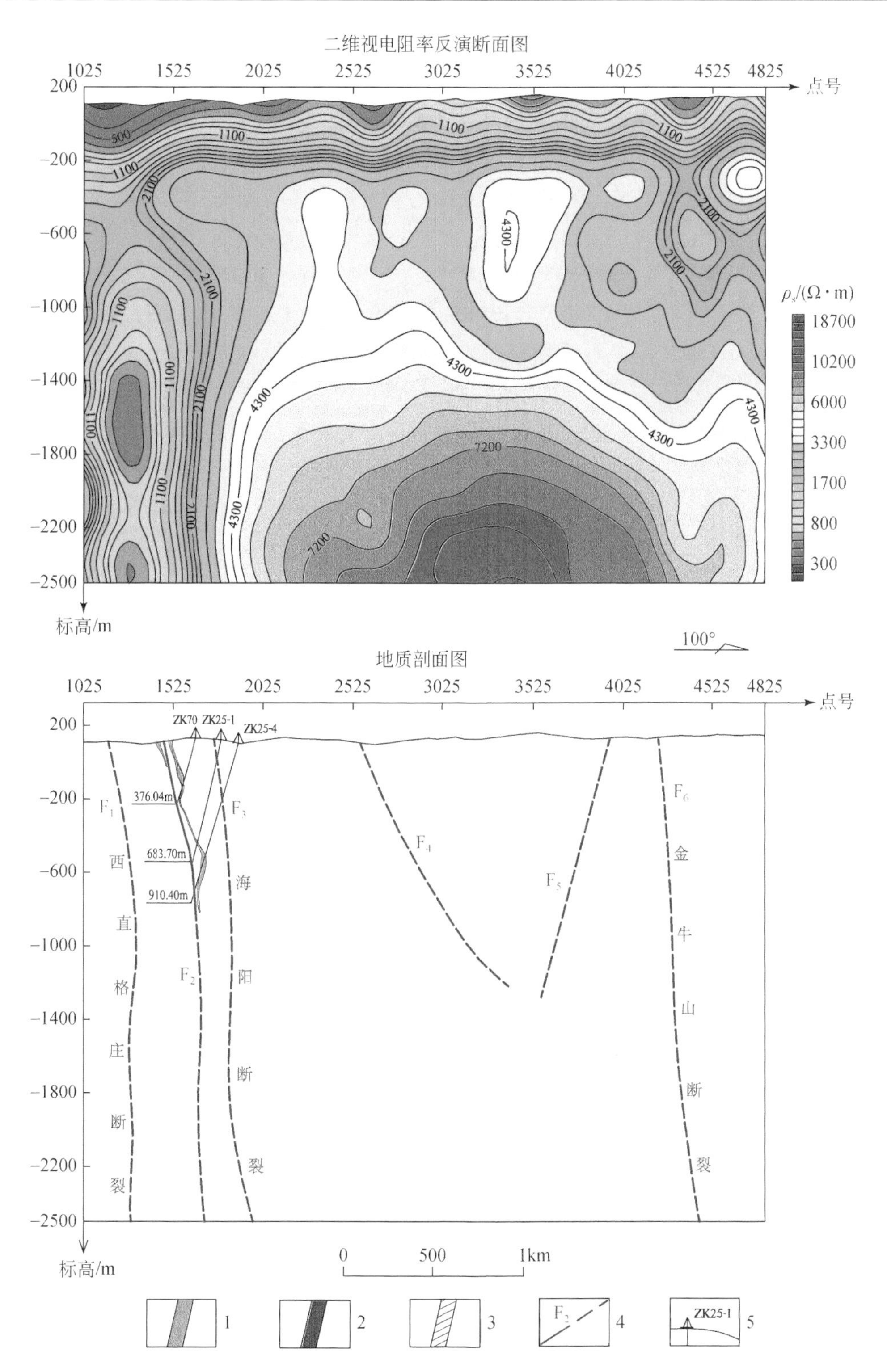

图 4-17　西直格庄-邓格庄矿区 GY1 线广域电磁测深综合剖面图（据张保涛等，2021）

1. 含金蚀变带；2. 金矿体；3. 采空区；4. 实测或推断断裂及编号；5. 钻孔及编号

其次级成矿构造的深部展布特征，为深部金成矿预测提供相关物探信息，剖面长 4. 5km，方位角 100°，供电极距 AB = 1079m，接收极距 MN = 50m，收发距 12. 2km。从图 4-17 中可以看出，视电阻率随频率由高至低递增，在中频段 10Hz 以后趋于平稳，单点曲线中视电阻率随频率改变无急剧变化，且拟断面图中无明显的电性界面分层，反映了剖面一定深度内主要为单一的酸性岩体分布。根据单点曲线的形态突变、相互交叠及拟断面图中视电阻率等值线的线性低阻带、同形扭曲、高阻异常的鞍部等特征，推断 GY1 剖面内 1100 ~ 1700 点、3900 ~ 4200 点及 5000 点附近断裂构造较为发育，共推断断裂构造七条（F_1 ~ F_7），其中 F_1、F_2、F_3、F_5、F_6 断裂与已知断裂基本吻合，F_4、F_7 为新推断断裂。

F_1（西直格庄断裂）~ F_3（海阳断裂）断裂组位于剖面西端西直格庄矿区内，点号区间大致为 1200 ~ 2100 点，断裂整体呈南东倾向，倾角较陡，已发现西直格庄大型金矿床，主矿体发育在 F_1、F_3 断裂间的 F_2 次级构造蚀变带内。F_1（西直格庄断裂）在剖面处走向约 17°，地表倾向南东，倾角 76°，属高角度压扭性断裂。二维反演断面图显示，F_1 断裂在约 -800m 以浅主要表现为视电阻率等值线向南东方向的同形扭曲，与地表产状较为一致；断裂深部线性条带状低阻特征十分明显，视电阻率介于 500 ~ 1100Ω · m，可与高阻围岩明显区分，断裂深部倾向近乎直立，且局部存在反倾。F_3（海阳断裂）地表大致位于 1750 点，以岩石破碎为主，断裂带内可见碎裂岩、角砾岩及断层泥等，但矿化蚀变较差，未见明显硫化物，该断裂在二维反演断面图内主要表现为高低阻电场分界特征，断裂局部近似直立，深部倾向变缓。F_2 次级成矿构造地表位于 1450 点附近，与成矿关系最为密切，矿化蚀变带及内部金矿体在 -800m 以浅的展布特征已由钻孔工程约束控制，由于该次级构造规模有限，宽度较窄，可依据 F_1 断裂与 F_3 断裂间深部的密集电场梯级带特征对 F_2 断裂 -800m 以下深部延伸情况进行追索。F_1 ~ F_3 断裂束总体表现为 1200 ~ 2100 点间的线性低阻带及低阻带东侧的附属电场梯级带。

F_5、F_6（金牛山断裂）断裂组位于剖面中东部 3950 ~ 4250 点区间，以 F_6（金牛山断裂）为主干断裂。F_6 断裂位于 4250 点附近，在剖面处走向约 15°，倾向南东，为左行压扭性断裂，-1200m 以浅倾角较陡，约为 85°，该区间视电阻率等值线呈现梯级带特征，断裂位于高、低阻异常间的鞍部位置；-1200m 以深断裂发育在深部高阻岩体内，视电阻率增大，断裂处等值线反映出明显向下的“V”形同形扭曲，高阻背景场内的低阻反映相对明显，该区间断裂较浅部略微变缓。F_5 断裂为金牛山断裂西侧次级构造，根据断裂位置及北西倾向推断其可能为南部东邓格庄成矿次级断裂向北东方向的延伸，其在东邓格庄矿区内最宽处约数米，在 GY1 剖面内位于高低阻异常的交界部位，呈宽缓的梯级带特征，并终止于约 1400m 深部位置，推断 F_5 断裂延伸有限，发育在中浅部的玲珑花岗岩体内。

总结 GY1 广域电磁测深剖面综合解释推断成果如下：推断该剖面内 -2500m 以浅主要为高阻酸性花岗质岩体分布；西直格庄矿区内，F_1、F_2 断裂与金成矿关系密切，除 -800m 以浅钻孔控制外，推断深部 -2500 ~ -800m 区间内，F_1 断裂内的条带状线性低阻区和 F_2 断裂深部较为密集的电场梯级带是该矿区内深部找矿的重要地段；剖面东部位于高行山金矿详查区内，F_5、F_6 断裂均有电性反映，推断 F_6 金牛山主断裂 -3000 ~ -1200m 区间的等值线同形扭曲带和 F_5 次级断裂 -1400 ~ -400m 区间电场梯级带为深部成矿预测区域。

（三）金青顶金矿

金青顶金矿床是区内最大的金矿床，矿区位于山东省乳山市下初镇东北约 9km。矿区内及周边岩性分布简单，矿床整体位于玲珑序列九曲单元与郭家店单元的交界位置，具体位于郭家店单元中粗类二长花岗岩体内，以北北东走向压扭性的将军石断裂为主要控矿构造。西直格庄、邓格庄金矿床主要发育在主干断裂旁侧的次级构造内，金青顶金矿床则严格受将军石主干断裂控制。矿区内Ⅱ号矿体为主矿体，探明资源储量占全区总量的96%，控制深度已超过-1200m，深部仍具有较大成矿潜力，Ⅱ号主矿体倾向呈反 S 形，中浅部倾向南东，中深部局部直立及反倾，深部总体倾向南东但较浅部变陡，主矿体倾向的复杂变化给探矿工程造成困难，因此利用物探手段研究该区主干断裂的深部展布特征有利于指导深部找矿。

图 4-18 为金青顶矿区 GY2 线广域电磁测深综合剖面图，该剖面位于金青顶矿区北邻，以将军石断裂为主要研究目标，GY2 剖面长 3km，方位角 106°，供电极距 AB=1088m，接收极距 MN=50m，收发距 16.5km。视电阻率曲线类型图和拟断面图中，视电阻率纵向特征较为一致，大致以 2100 点为界，以西在 1300～2000 点范围内受将军石断裂影响，视电阻率整体偏低；2100 点以东单点曲线类型一致性较好，对应拟断面图视电阻率整体呈高阻反映。拟断面图内横向连续性相对较差，高阻背景内穿插线性低阻带或等值线的畸变和扭曲，反映剖面内断裂构造相对发育，低阻特征大致分布在 1700 点、2700 点、3300 点和 3600 点附近。视电阻率二维反演断面图中，电性分布特征更加精确和细化，地表低阻层主要反映了第四系的覆盖及岩体表面的风化，除了主要断裂构造的低阻特征外，背景电场主要呈现高阻特征，视电阻率大致变化区间为 2600～15000Ω·m，推断为高阻二长花岗岩体的反映；在 2200～3400 点、-2400～-2000m 区间存在两处小规模的相对低阻异常，视电阻率低于 2000Ω·m，可能为古元古界荆山群变质地层的局部残留。

F_8（将军石断裂）作为成矿主断裂，在剖面内被第四系覆盖，据已有地质资料可知，断裂总体走向 5°～10°，宽 5～15m，总体倾向南东，局部直立或反倾，倾角 70°～85°，主断面常见断层泥，两侧为构造蚀变岩，黄铁矿化明显，呈压扭性特征。金青顶矿区 21 号勘探线与本次 GY2 剖面斜交，夹角约 15°，勘探线远端点与剖面最大垂直距离约 100m，钻孔控制标高已至-1200m，因此可将 21 勘探线矿体特征投影至 GY2 剖面，对 F_8 断裂-1200m以浅展布特征进行约束推断，并配合二维反演断面图对 F_8 断裂深部特征及成矿有利区进行推断。二维反演断面图显示，F_8 断裂-1200m 以浅的低阻特征与已知矿体较为吻合，-500 以浅断裂倾角约 78°，等值线下凹明显，视电阻率为 600～2600Ω·m；-1000～-500m区间断裂近乎直立，略微反倾，位于两侧高阻区的鞍部位置，视电阻率约 3000Ω·m，推断-1000m 以浅采空区对断裂在该区间内的低阻响应产生了一定影响；-2600～-1000m 内 F_8 断裂线性串珠状低阻特征十分明显，视电阻率明显降低，介于 1200～1600Ω·m，可与围岩郭家店中粗粒二长花岗岩的高阻特性明显区分，大致推断该区间断裂总体倾向约 84°；-2600m 以深区域出现另一半封闭的线性低阻带，视电阻率低至约 900Ω·m，根据低阻带形态大致推断该地段断裂存在反倾。

总结 GY2 广域电磁测深剖面综合解释推断成果如下：推断该剖面内-3000m 以浅仍主

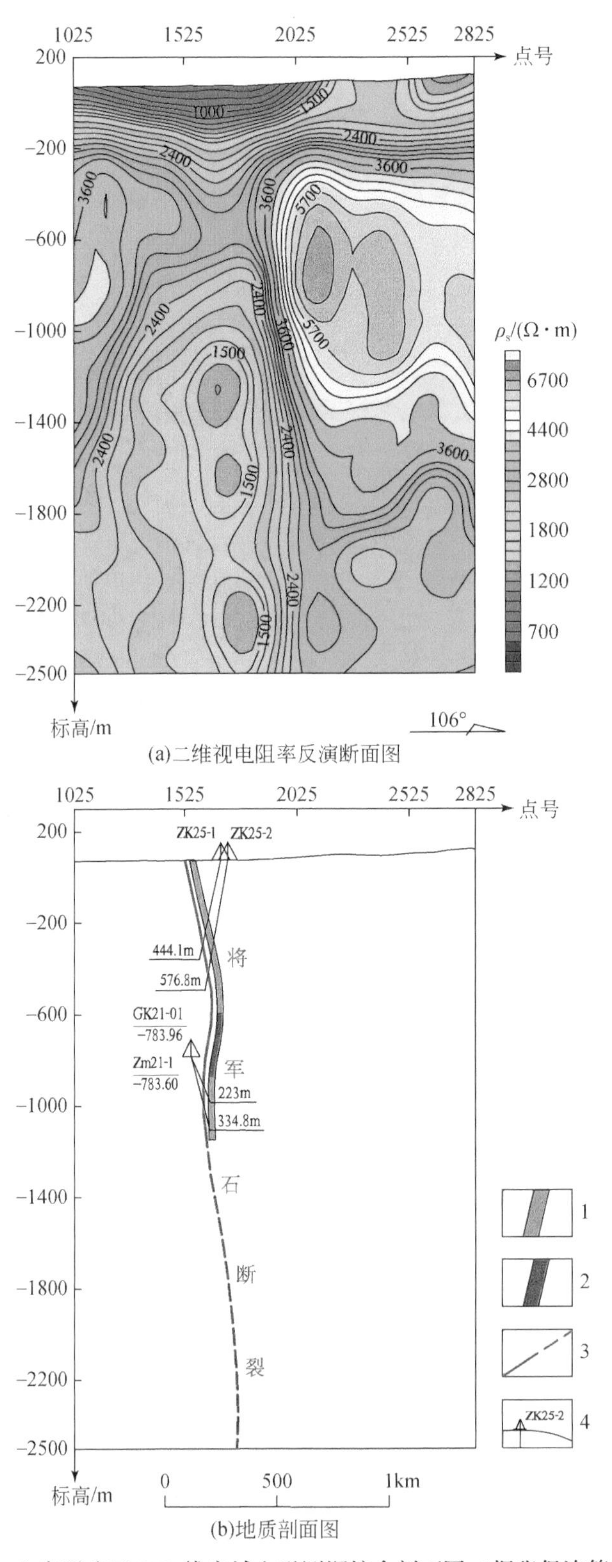

图 4-18　金青顶矿区 GY2 线广域电磁测深综合剖面图（据张保涛等，2021）

1. 含金蚀变带；2. 金矿体；3. 实测或推断断裂；4. 钻孔及编号

要为高阻玲珑序列郭家店单元中粗粒二长花岗岩分布，局部存在非线性块状低阻异常，可能为小规模相对低阻的荆山群变质岩残留体分布；在金青顶矿区内，F_8 主断裂与金成矿关系密切，推断断裂位置及浅部电场特征在-1200m 以浅与已知工程控制矿体对应较好，F_8 断裂深部电性特征明显，推断-3000～-1200m 区间内分布的线性低阻带是今后深部找矿的重要地段，广域电磁测深推断成果较清晰地反映了成矿主断裂深部倾向变化特征，对深部成矿预测起到了较好的指示作用。

四、蚀变层间角砾岩型金矿

层间蚀变角砾岩型（蓬家夼式）金矿主要分布于乳山市西北部的郭城镇-崖子镇一带，在烟台市福山南部也有少量分布，是近年来山东省内新发现的金矿类型。金矿床主要位于牟平-即墨断裂带中的海阳断裂与郭城断裂之间，属于受层间滑脱构造控制的金矿床，其中以乳山蓬家夼金矿、牟平宋家沟（发云夼）金矿最为知名，此类型金矿相关的物探勘查工作也主要集中在这两处金矿区内，本书对此进行着重介绍。

（一）蓬家夼金矿

蓬家夼金矿位于乳山市西北部崖子镇，西侧为郭城断裂北端，东侧靠近崖子-王格庄控盆断裂，处于北侧玲珑岩体与南侧莱阳群盆地的交界处，古元古界荆山群陡崖组在矿区内呈北西西向带状分布于侵入岩与莱阳群盆地之间，以黑云斜长片麻岩、含石墨斜长片麻岩等为主。区内韧性剪切带及滑脱拆离构造发育，前者主要为近东西向的桃园-蓬家夼韧性剪切带，分布于玲珑序列九曲单元岩体内，规模较大，岩性以二长花岗质糜棱岩为主；后者以近东西向崖子-东井口滑脱拆离构造为代表，是热液运移、成矿物质沉淀及富集的良好地段，也是区内最主要的控矿及赋矿断裂。

图4-19为蓬家夼工区磁测 ΔT 剖面平面图，采用1∶1万比例尺高精度磁法测量，工作网度200m×10m，主要依据莱阳群沉积地层与韧性剪切带内糜棱岩间的磁性差异，圈定出两处磁异常带（CT1、CT2），与区内滑脱拆离构造及控盆构造较为吻合。从图4-19中可以看出：CT1异常带大致位于149/144～225/108点一带，长约2.8km，走向约300°，推断此异常带为崖子-东井口断裂与糜棱岩之间的界线，西南磁场平缓且幅值较低，岩性以莱阳群砾岩为主，东北磁场明显增强，且杂乱跳跃，岩性主要为韧性剪切带内的糜棱岩，构造两侧磁场差异明显；CT2异常带同样较为明显，大致位于150/152～242/172点位置，东南磁场基本为负值且变化不大，主要为莱阳群分布，西北整体表现为跳跃性的正磁场，对应糜棱岩分布。通过磁法面积性测量工作，对全区磁场分布及规律有了较为详细的了解，对矿区内岩性及构造进行了划分，特别是对主要控矿构造崖子—东井口断裂的平面展布特征进行了初步推断，为后续金矿勘查工作的开展奠定了基础。

蓬家夼-宋家沟矿区内均开展过反射波法地震测量工作，取得了良好的找矿效果。崖子-东井口滑脱拆离构造深部倾角相对较缓，且断裂两侧存在一定的波阻抗（地震波速与岩石密度之积），径向传播的地震波在遇到波阻抗界面时，往往可以产生相对较强的反射，反射波到达地面时被检波器接收，根据反射强弱差异对盆底构造位置进行推断。图4-20

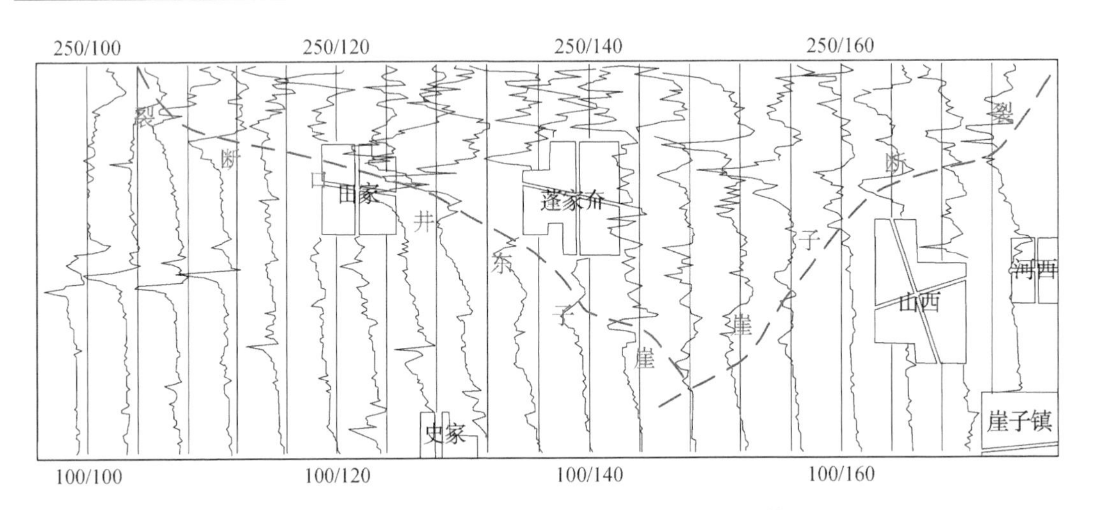

图 4-19　蓬家夼工区磁测 ΔT 剖面平面图（据宋武良等，1991）

为蓬家夼矿区外围30勘探线地震勘探深度剖面，采用反射波法地震测量工作，研究盆底滑脱拆离构造向南部延伸的空间变化特征，圈定盆地滑脱拆离构造一条（F_1）、高角度脆性断裂三条（F_2 ~ F_4）及矿化蚀变区三处。图 4-20 中强、弱反射区界面明显，大致为 −800 ~ −500m，反映为向南缓倾的盆底构造特征，推断反射面以下为侵入岩体，其内部难以形成可以连续追踪的标准反射层，表现为弱反射区。矿化蚀变带对地震波的吸收相对较强，致使地震波形振幅减小，在图 4-20 中表现为弱区，即所谓“亮点”区域，以此为依据在 F_1 断裂上盘紧邻构造面处圈定三处矿化蚀变发育地段，即找矿重点区。另外根据上覆地层内地震波形同相轴的错位或间断特征，圈定脆性断裂 F_1 ~ F_3。通过反射波法地震测量，对盆地及岩体的垂向分布进行了划分，对盆底控矿构造形态及延深进行了

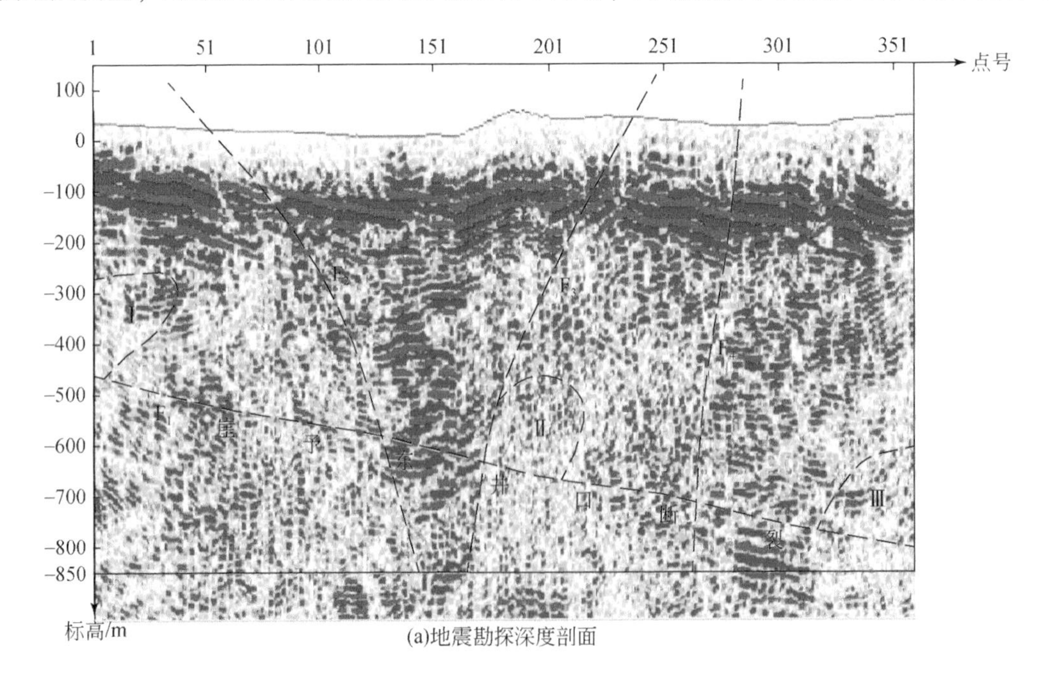

(a)地震勘探深度剖面

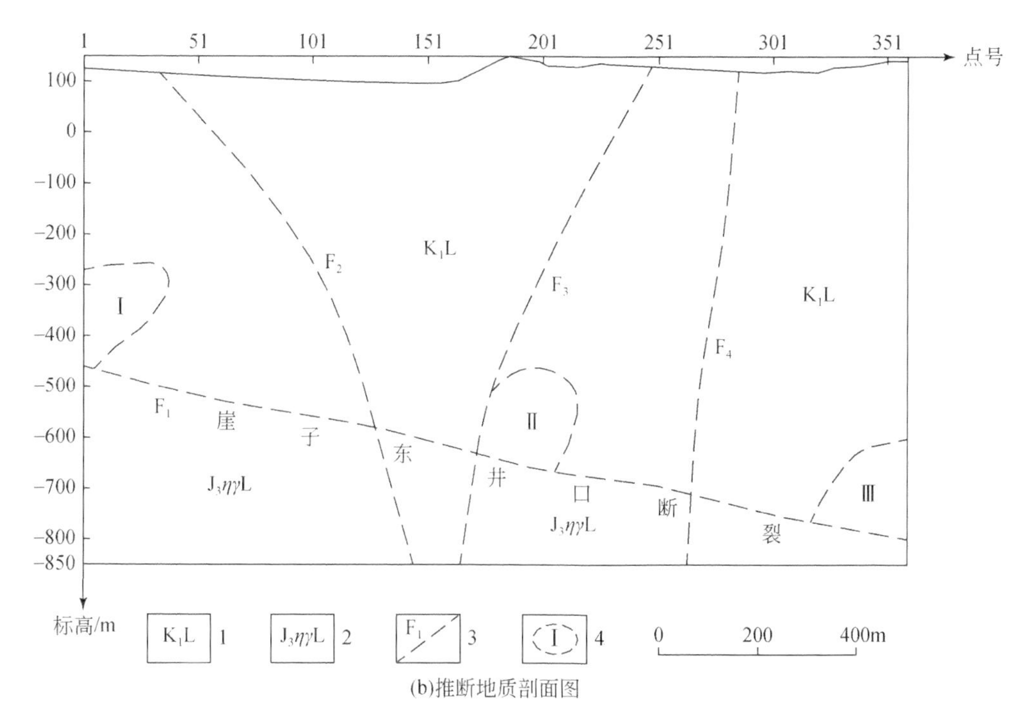

图4-20　蓬家夼矿区外围30勘探线地震勘探深度剖面（据韩延礼，2005）

1. 白垩系莱阳群；2. 侏罗系玲珑二长花岗岩；3. 推断断裂及编号；4. 推断矿化蚀变发育区

解译，效果较为显著。后续对30线1～50点地段进行了钻探验证，钻探结果表明，该异常段内揭露到金矿化带，其中金平均品位为4.7g/t，厚度6.5m，通过地震勘探取得了良好的找矿效果。

（二）宋家沟（发云夼）金矿

宋家沟金矿位于蓬家夼金矿东北约9km，两者以崖子-王格庄断裂分隔，矿区位于莱阳群盆地内，岩性为林寺山组砾岩，西北、东南、东北三侧为九曲单元二长花岗岩分布。区内构造类型与蓬家夼金矿类似，冷格庄-金城-安子卧北北东向韧性剪切带位于矿区东侧；层间滑脱拆离构造主要为北东向大崮头断裂、北西向松椒-谭家断裂，分别位于矿区东南侧和北侧，均倾向盆内；西侧崖子断裂与金矿床关系密切，该盆缘断裂在盆地内派生出的一系列的北东向次级断裂严格控制着金矿体的产出，这一地质特征与蓬家夼金矿有所区别。

以往在矿区东北、东南两侧开展过激电扫面工作，规模较大的激电异常一般在盆缘滑脱拆离构造或其延伸地段分布，推断激电异常主要由断裂内的金属硫化物引起。γ能谱测量在蓬家夼、宋家沟矿区内均取得了良好的勘探效果，对本区金矿化蚀变研究及矿化蚀变区段圈定而言，是一种行之有效的方法。图4-21为宋家沟矿区地表伽马能谱异常图（K/U参数），结果表明该类型金矿化具有明显的K/U参数异常。在测区内莱阳群林寺山组砾岩中，圈定四个异常区（A、B、C、D），其中中部A异常区规模最大，与矿区内主矿体分布对应；B异常区位于发云夼村东北，规模相对较小，沿松椒-谭家断裂分布；C、D异常区位于宋家沟村西南，异常具有一定规模，也反映出较好的矿化蚀变特征。通过γ能谱测量，结合后续开展的CSAMT测量，确定了区内隐伏矿化蚀变带的埋藏位置，展示了宋家沟矿区内良好的成矿前景，后期经钻探验证在相应的物探异常部位揭露到金矿体，异常验证效果理想。

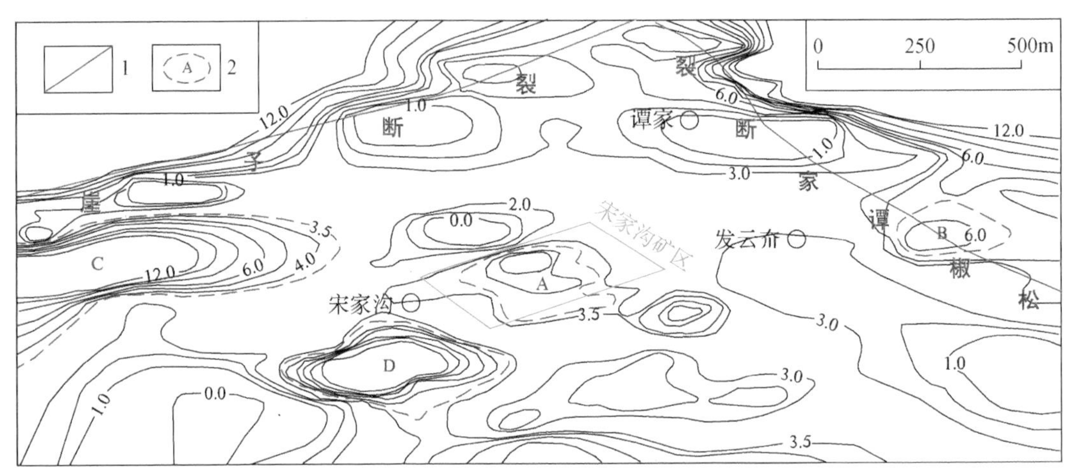

图4-21　宋家沟（发云夼）矿区地表伽马能谱异常图（据曾庆栋等，2001）
1. 断裂；2. 伽马能谱异常区（K/U参数）及编号

第三节　物探技术在石墨矿勘探中的应用

石墨矿是一种用途非常广泛的非金属原料，是军工、现代工业和电子元件发展中不可或缺的战略资源，作为新材料越来越被广泛应用到高新科技领域。胶东是我国晶质石墨矿重要产区之一，已查明的石墨矿资源位居全国第三，石墨矿产量居全国第一。山东省石墨矿的类型仅沉积变质型一个，富含石墨的变质岩系为荆山群陡崖组和粉子山群巨屯组，尽管粉子山群巨屯组所含固定碳含量高于荆山群陡崖组，但其变质程度较低，导致石墨结晶程度较差，不形成工业矿床，具备一定规模的石墨矿床均位于荆山群陡崖组徐村段变质岩系中，且主要分布在胶北隆起区，集中在莱西南墅–前卧牛石村、平度刘戈庄–明村等地（图4-22）。

南墅盛产优质鳞片石墨矿已有80多年的历史，石墨矿体均赋存位置严格受地层层位控制，且经历多期区域变质作用，统称为“南墅式”石墨矿床，地球物理勘探技术在石墨矿的勘查中表现出极佳的找矿效果，尤其是自然电位法、充电法、电阻率法以及激发极化法，均在石墨矿体上表现出极为明显的物探异常特征，本书以莱西南墅、教书庄以及平度刘戈庄典型石墨矿进行叙述。

一、南墅石墨矿

（一）地质概况

南墅石墨矿位于莱西市西北约25km南墅镇的北部，地处南墅–云山凸起的西南部，

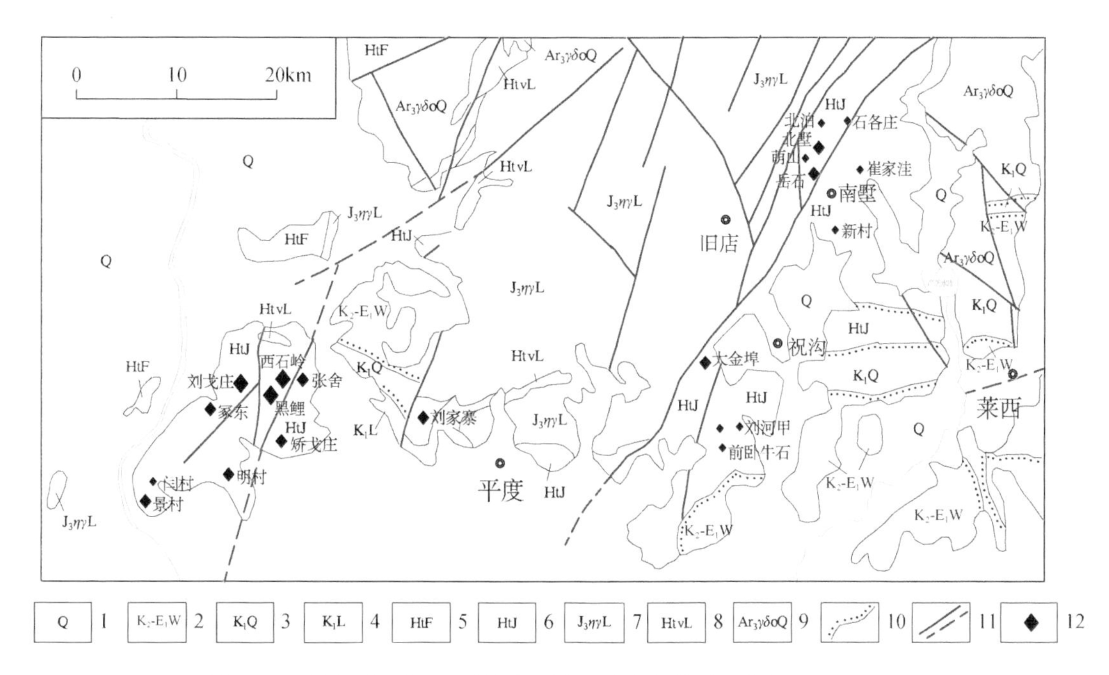

图 4-22　平度–莱西地区石墨矿区域地质矿产简图（据颜玲亚，2010）

1. 第四系；2. 白垩系王氏群；3. 白垩系青山群；4. 白垩系莱阳群；5. 古元古界粉子山群变粒岩；6. 古元古界荆山群变粒岩和片麻岩；7. 中生代玲珑序列二长花岗岩；8. 古元古代莱州序列变辉长岩（斜长角闪岩）；9. 新太古代栖霞序列含角闪黑云英云闪长质片麻岩；10. 不整合地质界线；11. 实测或推测断层；12. 矿床位置

西以断层与玲珑花岗岩相接，北部与新太古代谭格庄序列牟家单元奥长花岗岩、东部与栖霞序列新庄单元含角闪黑云英云闪长岩均呈断层接触。区内大部出露荆山群地层，以大理岩、片麻岩及斜长角闪岩为主，自下而上划分为禄格庄组、野头组和陡崖组，各组均为整合接触关系，其中陡崖组徐村段以厚层灰白色蛇纹大理岩为主，该岩组含有大量晶质片石墨矿床。区内构造以褶皱为主，分布有南墅倒转复向斜，其轴位于杏花山至院上村一带，轴向斜的翼部有许多更次一级的褶曲，后期断裂对前褶皱破坏较大。区内岩浆活动频繁，太古宙—元古宙的辉长岩脉层注入，元古宙玲珑花岗岩的侵入，并具明显侵入和交代的双重性，后期又有伟晶岩以及燕山期花岗岩细脉等活动，不同程度破坏了石墨矿层。南墅石墨矿储量极为丰富，自下庄至北泊皆有分布，主要包括刘家庄、岳石、皮家园、下庄、萌山等矿段，其中刘家庄、岳石、皮家园矿段规模较大，品质较好。

（二）磁异常特征

石墨矿石没有磁性，荆山群陡崖组徐村段石墨岩系以及野头组定国寺段大理岩段磁性相对较弱，玲珑花岗岩类不同单元具中低磁性，荆山群野头组祥山段变粒岩、莱州序列西水夼单元变辉长岩磁性相对较高、具强磁性。因此磁法不能直接用于寻找石墨矿，但由于围岩具有磁性，可利用磁测资料分析、研究石墨矿的赋存地质背景条件。

图 4-23 为南墅石墨矿区 ΔT 平面图，磁场变化幅度强度在–220 ~ 600nT，可划分为低磁区、中等磁性区以及强磁区。强磁区主要位于南墅镇–大东馆一带，ΔT 强度在 200 ~

600nT，主要为古元古代莱州序列西水夼单元变辉长岩的反映，而南墅-小东馆一带，则为古元古代莱州序列西水夼单元变辉长岩和荆山群野头组祥山段变粒岩的共同反映。中等磁性区主要位于下庄至北泊一线的西部，ΔT 强度在 0 ~ 180nT，为中生代玲珑序列郭家店单元二长花岗岩的反映。低磁区主要位于下庄至北泊一线的东部，呈条带状展布穿插于强磁区之间，ΔT 强度在-220 ~ 0nT，主要为荆山群陡崖组徐村段石墨岩系段和野头组定国寺段大理岩段的反映，石墨矿位于荆山群陡崖组徐村段石墨岩系以内，因此石墨矿体表现为低磁异常特征。

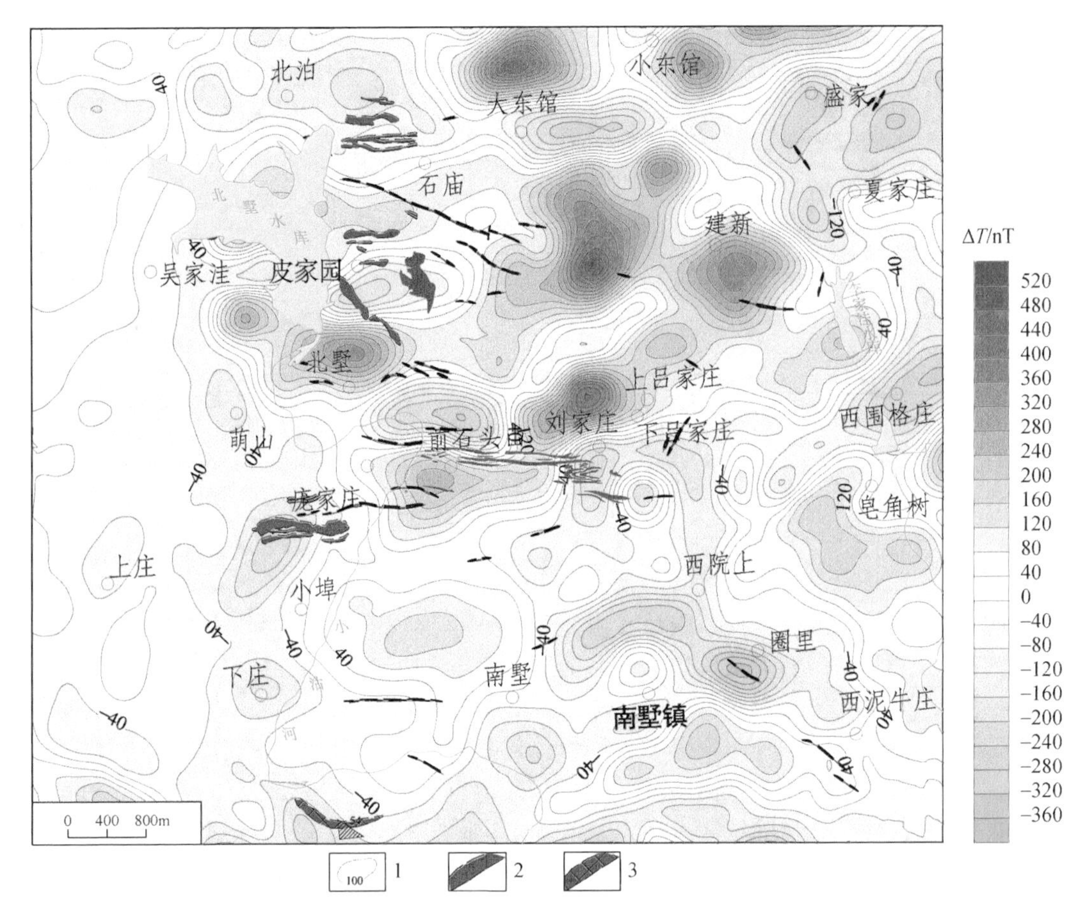

图 4-23　南墅石墨矿区 ΔT 平面图（据罗怀东等，2018）

1. ΔT 等值线及其标注，单位为 nT；2. 石墨矿体；3. 透辉岩型石墨矿体

（三）自然电场异常特征

自然电位测量在石墨矿的勘查中显示出良好的效果，图 4-24 为南墅石墨矿区自然电位平面图，正负自电异常反映了不同岩性的分布特征。正电异常主要分布在南墅-西围格庄一线的东南部、北泊的东北，以及刘家庄的西北部，自然电场强度在 0 ~ 150mV，为中生代玲珑序列崔召单元含黑云二长花岗岩，以及新太古代栖霞序列新庄单元含角闪黑云英

云闪长岩的反映。负电异常主要分布在测区西部、中部和东北部，自然电场在-400～-100mV，局部低至-660mV，主要为荆山群陡崖组的反映，其中上庄一带，自然电场在-150～0mV，为中生代玲珑序列郭家店单元二长花岗岩的反映。

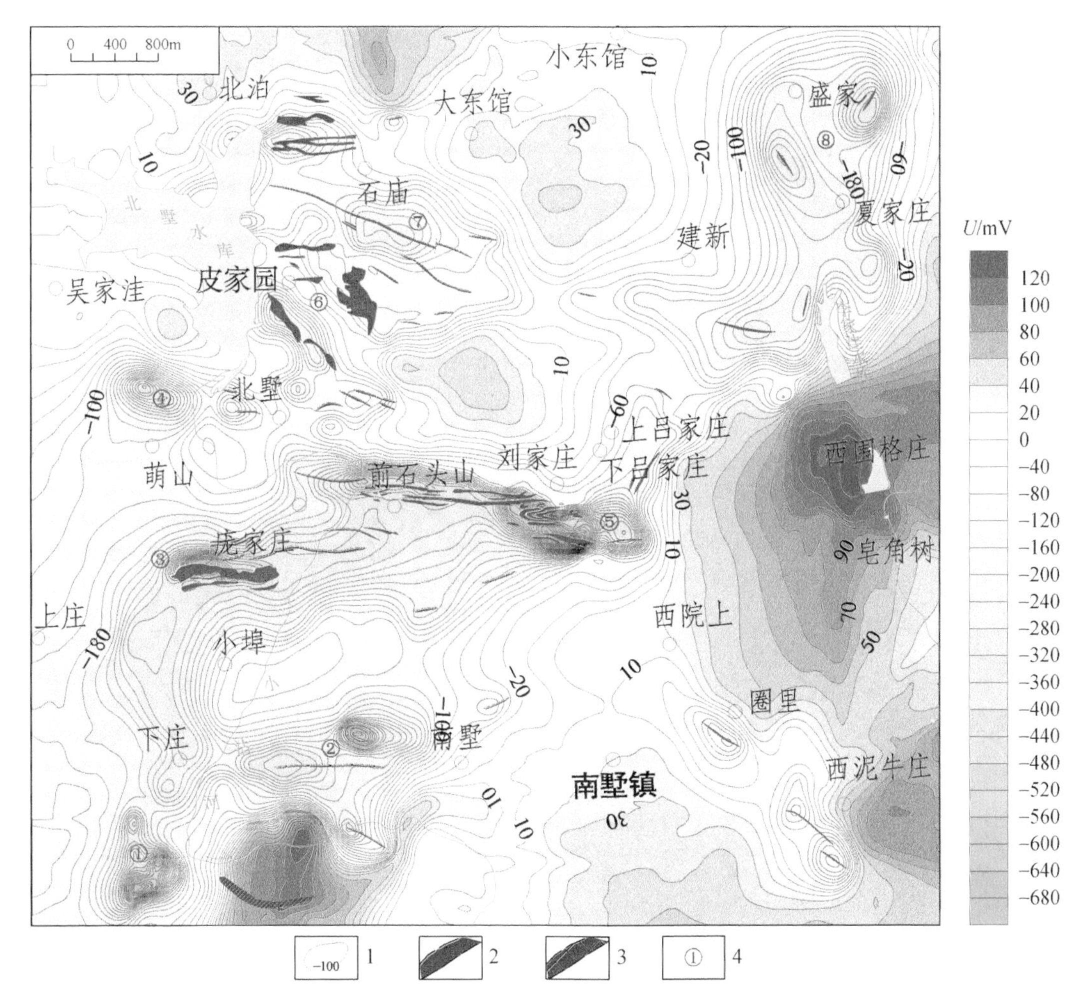

图4-24 南墅石墨矿区自然电位平面图（据李自杰，1962）

1. 自然电场 U 等值线及其标注；2. 石墨矿体；3. 透辉岩型石墨矿体；4. 石墨矿体编号

除西部上庄一带为玲珑序列郭家店单元二长花岗岩分布区外，负自然电场区主要与荆山群陡崖组徐村段石墨岩系相对应，由大理岩和各类片麻岩组成，除石墨矿体与含石墨矿片麻岩外，含矿岩系均有不同程度的石墨矿化现象，这是区域性负电异常产生的原因。如图4-24所示，测区共存在八处明显的负电异常带，分别为：①下庄异常带；②曹家异常带；③岳石异常带；④萌山异常带；⑤刘家庄异常带；⑥皮家园异常带；⑦石庙异常带；⑧崔家洼异常带。虽然各地段矿体贫富、产状、矿石结构以及水文地质条件和围岩矿化程度不同，导致异常的宽度、梯度、幅值有所不同，但是八处负电异常均与含石墨矿带对应，异常的解释见表4-5。

表 4-5 南墅石墨矿自然电位异常特征

异常名称	异常位置	异常特征	地质概况	备注
下庄	测区西南部，下庄以南	近南北向似椭圆形展布，长约 800m，宽约 600m，异常峰值-420mV	异常区见大理岩出露，产状多变化，矿体规模不大	62 年前已经开采
曹家	测区西南部，小沽河两岸，下庄-南墅镇一带	近东西向条带状展布，长约 1.5km，宽约 300m，具东西两处异常中心，异常峰值 -540mV	异常区覆盖严重，异常南部见大理岩，北部见花岗片麻岩	自电异常与石墨矿体对应较好，矿体长约 900m，宽约 40m
岳石	测区西南，小沽河以西	条带状弧形展布，走向近东西转北东，长约 2.7km，宽约 500m，异常形态较为规则，异常峰值为-440mV	矿体规模较大，矿体赋存于混合片麻岩中，矿体南侧见大理岩脉	矿体规模较大，长约 2.0km，宽约 300m
萌山	测区西部，北墅的西部	近东西向椭圆形展布，长约 600m，宽约 350m，异常峰值为-280mV	矿体赋存于混合片麻岩与大理岩接触部位	62 年前已经开采，东部见石墨矿体
刘家庄	测区中部，前石头山 - 刘家庄一带	近东西向条带状展布，长约 2.7km，宽约 550m，具东西 2 处异常中心，异常峰值为 -540mV	矿体规模较大，南部为大理岩，北部为混合片麻岩，矿体赋存于混合片麻岩与大理岩接触部位	矿体规模较大，多条矿脉平行产出，长约 2.5km，宽约 500m
皮家园	测区西北部，北墅以北，皮家园一带	具多条异常带，南部北西展布，长约 880m，宽约 220m，北部不规则状展布，长约 1.0km，宽约 300m，异常在 -250mV 左右	矿体赋存于含矿角闪斜长片岩中	矿体规模较大，空间分布较为分散，最长约 2.6km，最宽约 300m
石庙	测区西北部，石庙-北泊一带	近东西向椭圆形展布，长约 630m，宽约 550m，异常峰值为-220mV	矿体赋存于角闪片麻岩中	三个规模较大的矿体，最大矿体长约 510m，宽约 80m
崔家洼	测区东北部，曹家洼一带	异常带范围较大，轴向多变化，整体北东向展布，具多处异常中心，异常峰值在 -280mV左右	矿体呈脉状分散分布，赋存于角闪片麻岩中或大理岩边部	矿体规模相对较小，且比较分散，均位于自电负异常中心位置

（四）充电异常特征

充电法在确定局部见矿的隐伏矿体的展布具有良好的效果，图 4-25 为刘家庄矿段充电法剖面平面图，矿体产于大理岩与混合片麻岩接触部位以及接触部位大理岩蚀变带内，通过测量覆盖区充电后电位，可见矿体延伸部位均存在较为明显的高电位特征，自东向西由于逐渐远离充电点，电场强度逐渐降低，但异常强度峰值连线基本为两矿体的展布范围，且各剖面均具有峰值北侧缓慢降低，南侧骤降的特征，反映了石墨矿体向北倾的特征。

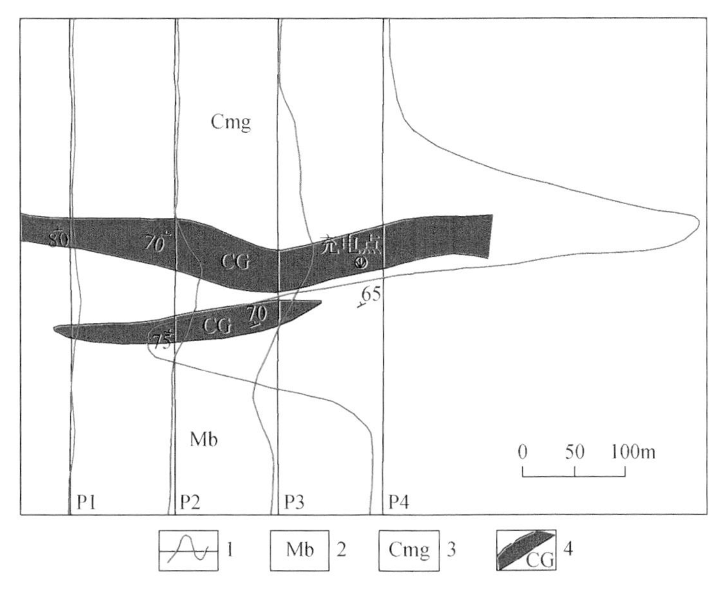

图4-25　刘家庄矿段充电法剖面平面图（据李自杰，1962）

1. 充电电位曲线，单位为mV；2. 大理岩；3. 含石墨混合片麻岩；4. 石墨矿体

（五）电阻率联剖特征

南墅石墨矿曹家矿段覆盖较为严重，为进一步圈定石墨矿体，在曹家自然电场异常部位开展电阻率联合剖面测量，其目的是进一步圈定异常，并判断异常的性质。图4-26为

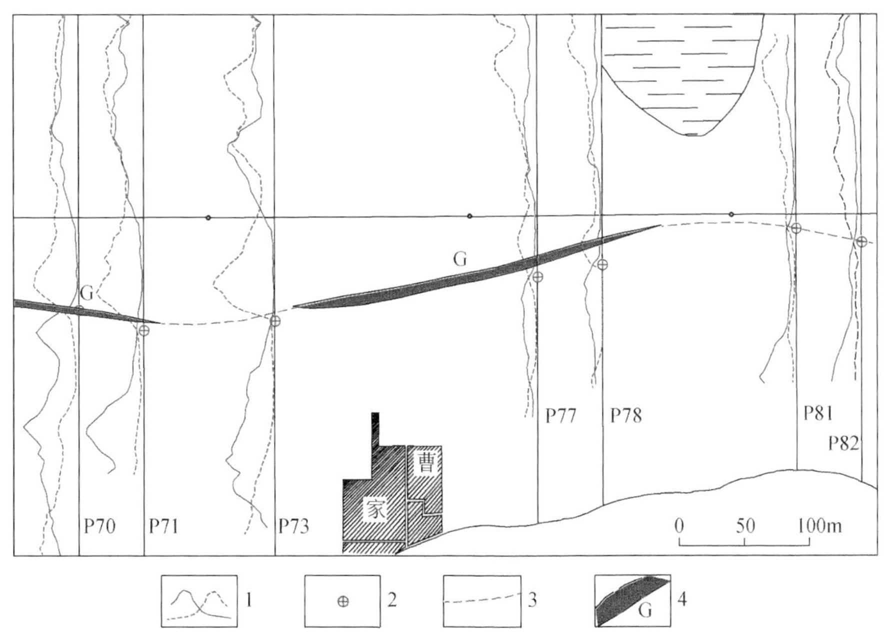

图4-26　曹家电阻率联合剖面平面图（据李自杰，1962）

1. 电阻率联剖ρ_s^A（实线）、ρ_s^B（虚线）曲线，单位为Ω·m；2. 低阻正交点；3. 推断石墨矿展布特征；4. 石墨矿体

曹家电阻率联合剖面平面图，图中 P70 ~ P82 勘探线均出现明显的低阻正交点，且联剖曲线两侧电阻率差异不大，推断覆盖区岩性变化不大。在曹家东北的沟中见到非晶质石墨矿体出露，曹家村南部见到大理岩，而北部测区主要岩性为花岗片麻岩，推断低阻正交点的连线则为含石墨矿碎带的反映，石墨矿体受含石墨破碎带控制，且已知矿体均位于低阻正交点连线北侧附近。可见，在本区利用电阻率联合剖面法在覆盖区圈定低阻破碎带，进而寻找石墨矿体是可行的。

（六）地球物理综合异常特征

1. 皮家园矿段 B9 勘探线异常特征

图 4-27 为皮家园矿段 B9 勘探线物探综合剖面图，测线方位角 50°，穿过自然电场异常中心，剖面长 450m。电阻率联剖ρ_s^A、ρ_s^B曲线视电阻率在 10 ~ 220Ω · m，自西南向东北总体表现为逐渐上升的趋势，反映了南部第四系覆盖较厚、向北逐渐变薄的特点，在 109

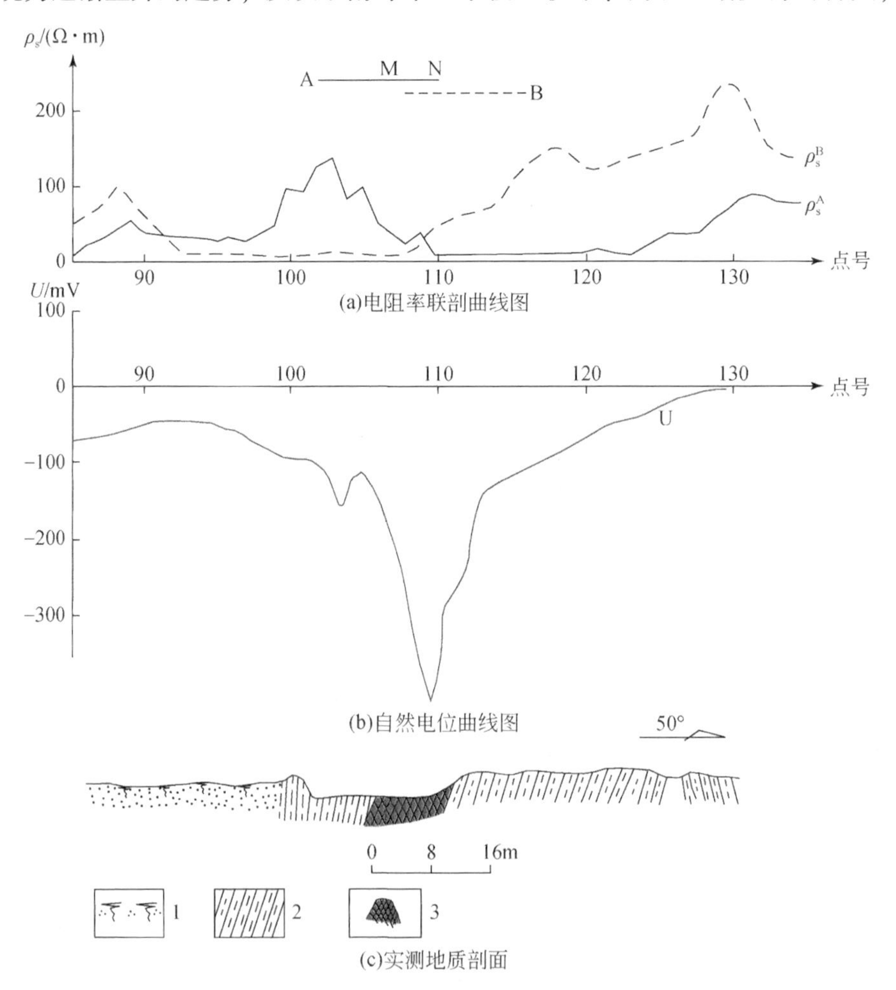

图 4-27　皮家园矿段 B9 勘探线物探综合剖面图（据李自杰，1962）

1. 覆盖层；2. 含角闪片麻岩；3. 石墨矿体

点出现明显的低阻正交点，其交点两侧ρ_s^A、ρ_s^B曲线分离较好，该低阻正交点为已知石墨矿体的反映。自然电位测量曲线在该处表现为明显的V形负电特征，背景值在-100mV，而异常中心为-420mV。该负自电中心与联剖低阻正交点均与已知石墨矿体对应，表现出较好的找矿效果。

2. 曹家矿段70勘探线异常特征

图4-28为曹家矿段70勘探线物探综合剖面图，测线方位角0°，穿过自然电场异常中心，剖面长200m。电阻率联剖ρ_s^A、ρ_s^B曲线视电阻率在50～800Ω·m，在143点出现明显的低阻正交点，与已知矿体相对应，且交点两侧ρ_s^A、ρ_s^B曲线分离较好，已知的石墨矿体位于大理岩与花岗片麻岩的接触部位，两种岩性的电阻率差别不大，因此该低阻正交点主要为石墨矿体的反映。自然电位测量曲线表现为明显的倒“八”形负电特征，背景值在-100mV，而异常中心为-400mV。该负自电中心与联剖低阻正交点和已知石墨矿体对应，表现出较好的找矿效果。

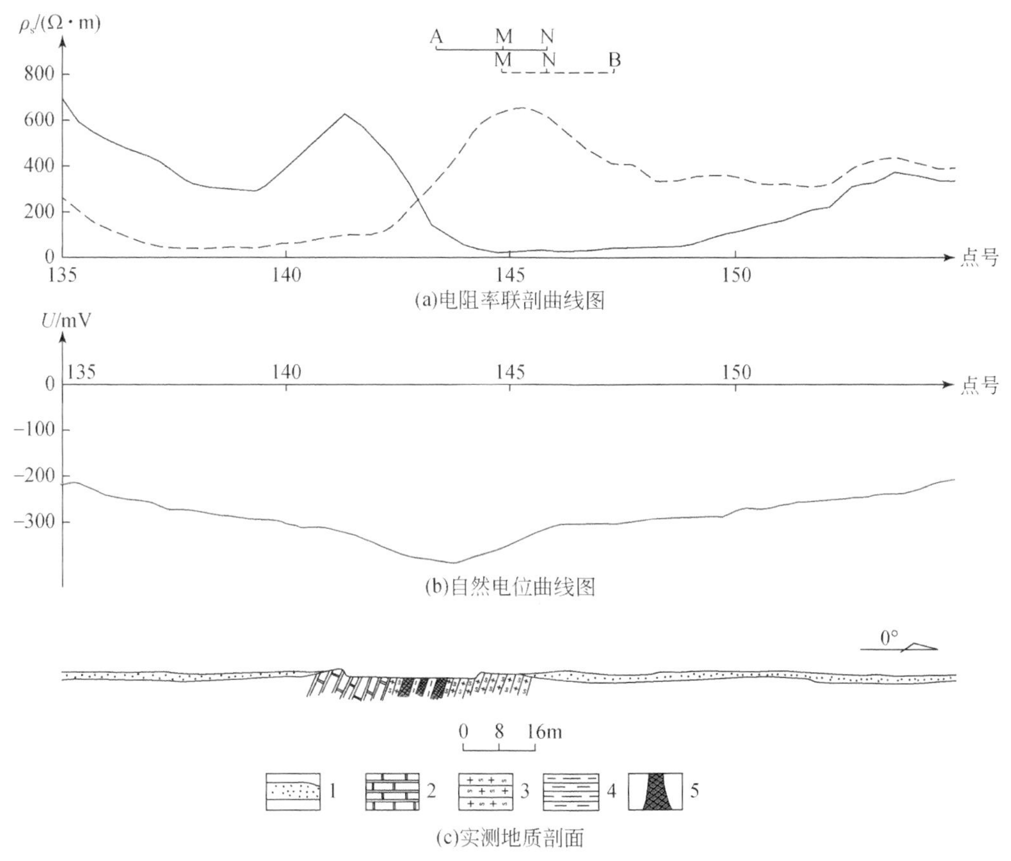

图4-28 曹家矿段70勘探线物探综合剖面图（据李自杰，1962）

1. 浮土；2. 大理岩；3. 花岗片麻岩；4. 含石墨片麻岩；5. 石墨矿体

3. 刘家庄矿段37勘探线异常特征

图4-29为刘家庄矿段37勘探线物探综合剖面图，测线方位角0°，穿过自然电场异常

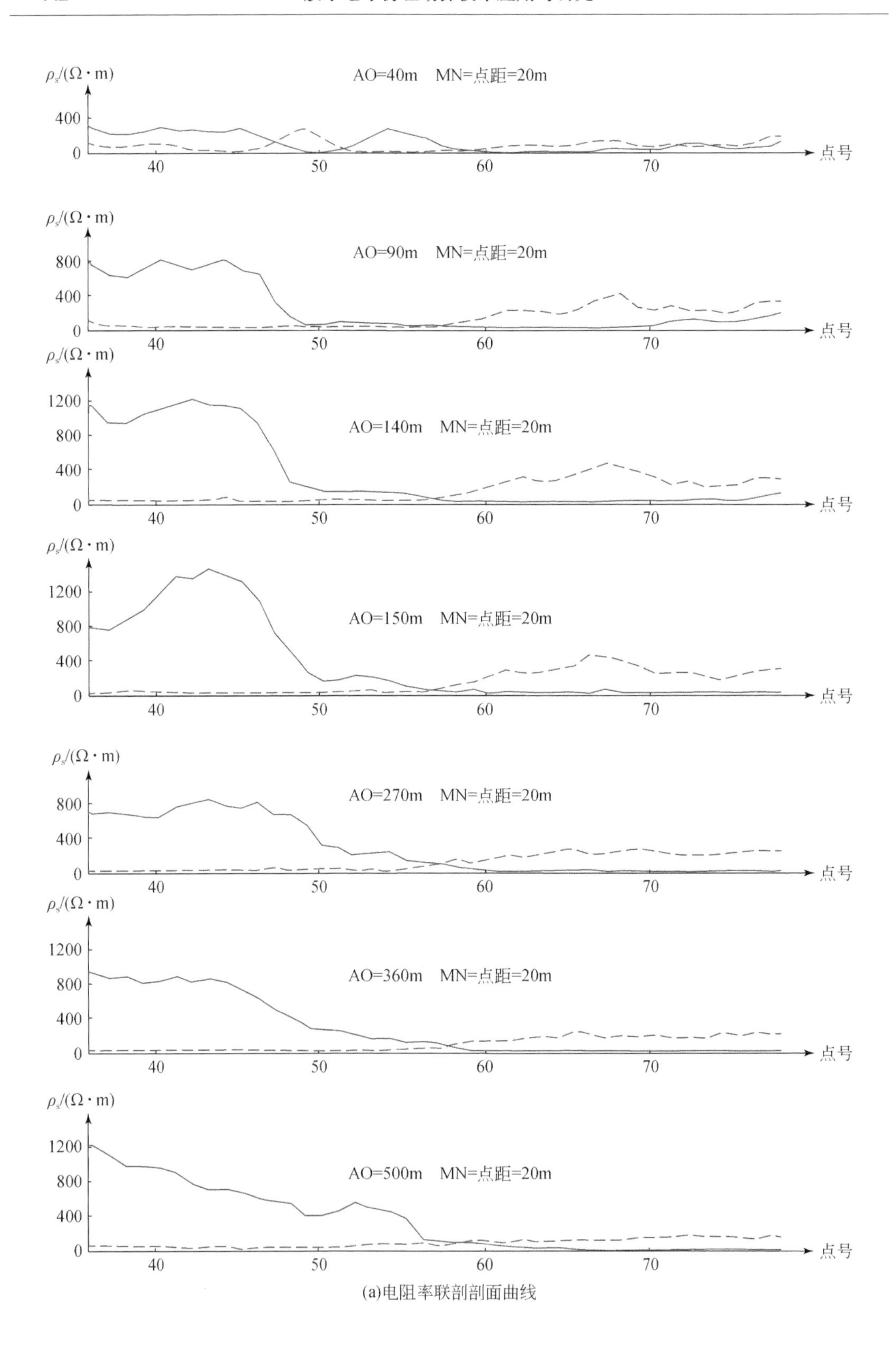

ρs/(Ω·m)
AO=40m　MN=点距=20m
400
0
40
50
60
70
点号
ρs/(Ω·m)
AO=90m　MN=点距=20m
800
400
0
40
50
60
70
点号
ρs/(Ω·m)
1200
800
400
0
AO=140m　MN=点距=20m
40
50
60
70
点号
ρs/(Ω·m)
1200
800
400
0
AO=150m　MN=点距=20m
40
50
60
70
点号
ρs/(Ω·m)
AO=270m　MN=点距=20m
800
400
0
40
50
60
70
点号
ρs/(Ω·m)
1200
800
400
0
AO=360m　MN=点距=20m
40
50
60
70
点号
ρs/(Ω·m)
1200
800
400
0
AO=500m　MN=点距=20m
40
50
60
70
点号

(a)电阻率联剖剖面曲线

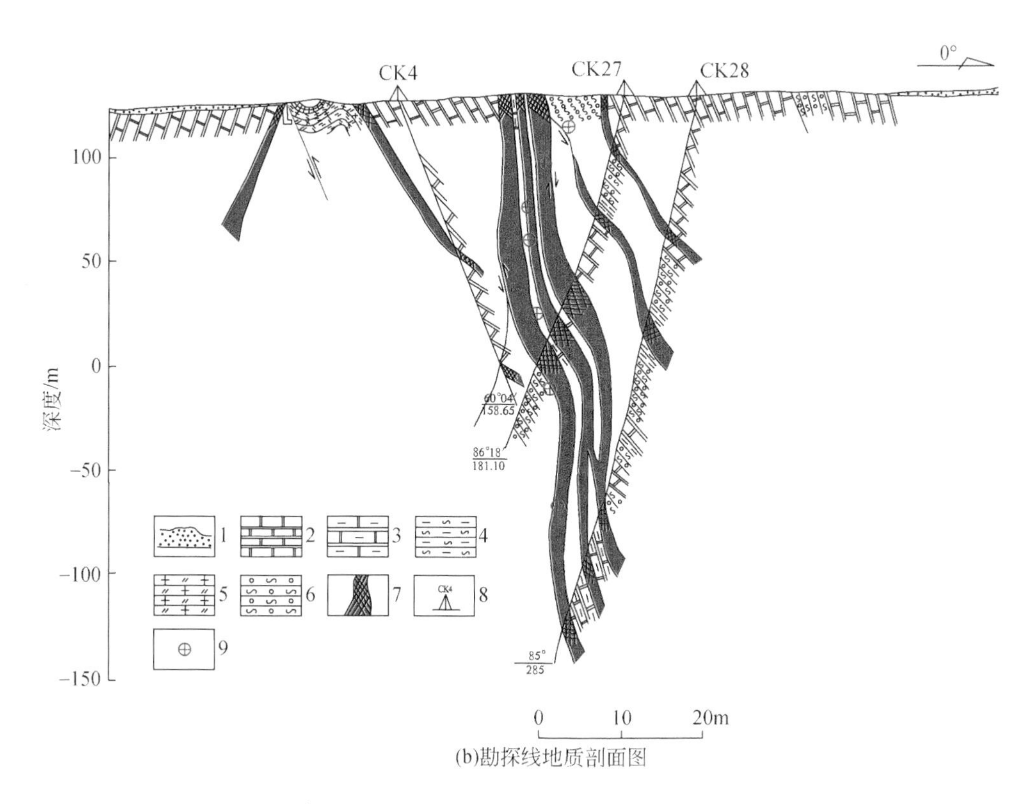

(b)勘探线地质剖面图

图4-29 刘家庄矿段37勘探线物探综合剖面图（据李自杰，1962）

1. 浮土；2. 大理岩；3. 含石英大理岩；4. 混合角闪片麻岩；5. 斜长透辉岩；6. 混合片麻岩；7. 石墨矿体；8. 钻孔编号；9. 低阻正交点

中心和已知矿体，剖面长400m。联合剖面采用不同装置系数，通过变换AO极距实现研究矿体垂向分布特征，联剖点距=20m，其中最小AO=40m，最大AO=500m。当AO=40m时，视电阻率在ρ_s^A、ρ_s^B曲线在20～200Ω·m，自北向南电阻率具有逐渐升高的特征，随着加大AO距，勘探深度相应增加，其ρ_s^A、ρ_s^B曲线电阻率也逐渐升高，至AO=500m时，ρ_s^A、ρ_s^B曲线在50～800Ω·m，且自北向南电阻率逐渐升高的特征越来越明显。各剖面均出现明显的低阻正交点，当AO=40m时，交点出现在59点，位于已知矿体与交闪混合片麻岩的基础部位，随着加大AO距，低阻正交点逐渐向南移动，至AO=140m时，到达57点，之后随着加大AO距，低阻正交点逐渐向北移动，至AO=500m时，到达59点。按照勘探深度将低阻正交点展布到地质剖面图上，发现随着深度增加，交点移动方向正好反映了石墨矿体展布形态，基本为“S”形状态。

由以上分析可知，含石墨变质岩系具有明显的低磁、负自然电场特征，石墨矿体一般在负自然电场异常中心部位展布。在覆盖区利用充电法、电阻率联剖法测量，在石墨矿体展布部位可获得明显的高二次电场，ρ_s^A、ρ_s^B曲线上则产生明显的低阻正交点，因此通过综合物探方法可推断荆山群陡崖组徐村段石墨岩系分布范围，进而实现寻找石墨矿体。

二、教书庄石墨矿

（一）地质概况

教书庄石墨矿位于莱西市西北约23km，地处胶北断隆区南墅复向斜的南翼，南临夏格庄凹陷，西以断层与古元古代黑云母花岗岩接触，地层褶皱发育，断裂次之，并有不同时期基性和中酸性的岩浆活动，混合岩化较为普遍。矿区广泛分布荆山群陡崖组徐村段石墨岩系段，其岩性主要为混合岩化石榴黑云片麻岩、蛇纹石化大理岩、斜长角山岩、云母片岩等。构造轴近东西向，并受北东东向大断裂影响，南墅复向斜的两翼均为胶东群第二岩组，呈多波浪式褶曲与断陷，断裂主要有北东向、近东西向与西北向三组。区内岩浆活动强烈，主要为黑云母花岗岩，广泛分布于矿区西部。石墨矿产状多与岩层一致，个别与岩层走向斜交，多呈层状产出，长度一般在300～500m，厚5～10m，最长达1000m以上，固定碳含量一般在2.5%～3.0%，富者可达5.0%～6.0%。

（二）磁异常特征

图4-30为教书庄石墨矿区 ΔT 平面图，磁场强度整体偏低，ΔT 强度在-400～150nT，表现为中部环形低磁和外环相对中等磁高异常分布特征。中部环形低磁区主要位于教书庄-罗头-唐家-胡家沟-教书庄封闭环形的内部地区，ΔT 强度在-400～0nT，主要为荆山

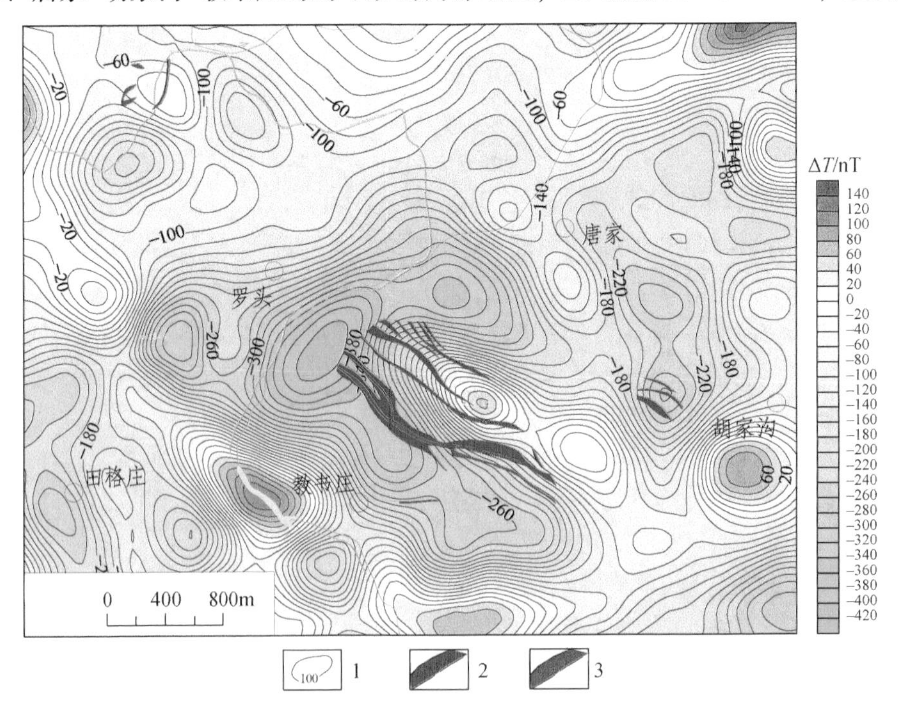

图4-30　教书庄石墨矿区 ΔT 平面图（据罗怀东等，2018）

1. ΔT 等值线及其标注；2. 石墨矿化带；3. 石墨矿体

群陡崖组变质岩的反映，教书庄石墨矿体主要位于低磁部位，ΔT强度在-250～0nT。中等磁场区主要位于封闭环形的外部，磁高异常呈断续的条带状展布，ΔT强度在0～150nT，为中生代玲珑序列郭家店单元二长花岗岩的反映。另外在低磁区教书庄东北部，已知石墨矿体的边部存在北西向条带状磁高，ΔT强度在0～100nT，为荆山群陡崖组水桃林段斜长角闪岩段的反映，石墨矿体主要赋存于荆山群陡崖组徐村段石墨岩系内，因此石墨矿体均表现为低磁异常特征。

（三）激电异常特征

激电中梯测量在教书庄石墨矿普查中取得良好的石墨矿找矿效果。从极化率上看，高极化的岩性为含石墨斜长透辉岩，其次为透闪透辉石型石墨矿和透辉石型石墨矿，大理岩、片麻岩以及黑云母花岗岩的极化率一般小于3.0%。从电阻率来看，高电阻的岩性为蛇纹石化大理岩及黑云母花岗岩，凡石墨矿（化）的岩石电阻率都比较低，在电阻率上表现为明显的低阻特征。矿区较明显的激电异常为含石墨矿或含石的岩石引起。图4-31、图4-32分别是教书庄石墨矿区激电中梯视极化率、视电阻率平面图，该区视极化率背景值为3.24%，异常下限为4.0%，区内共圈定激电异常九个，其中DJH-1、DJH-4、DJH-8为矿致异常，其他为推断具有找矿意义的异常，现以DJH-1、DJH-4为例分析其激电异常特征。

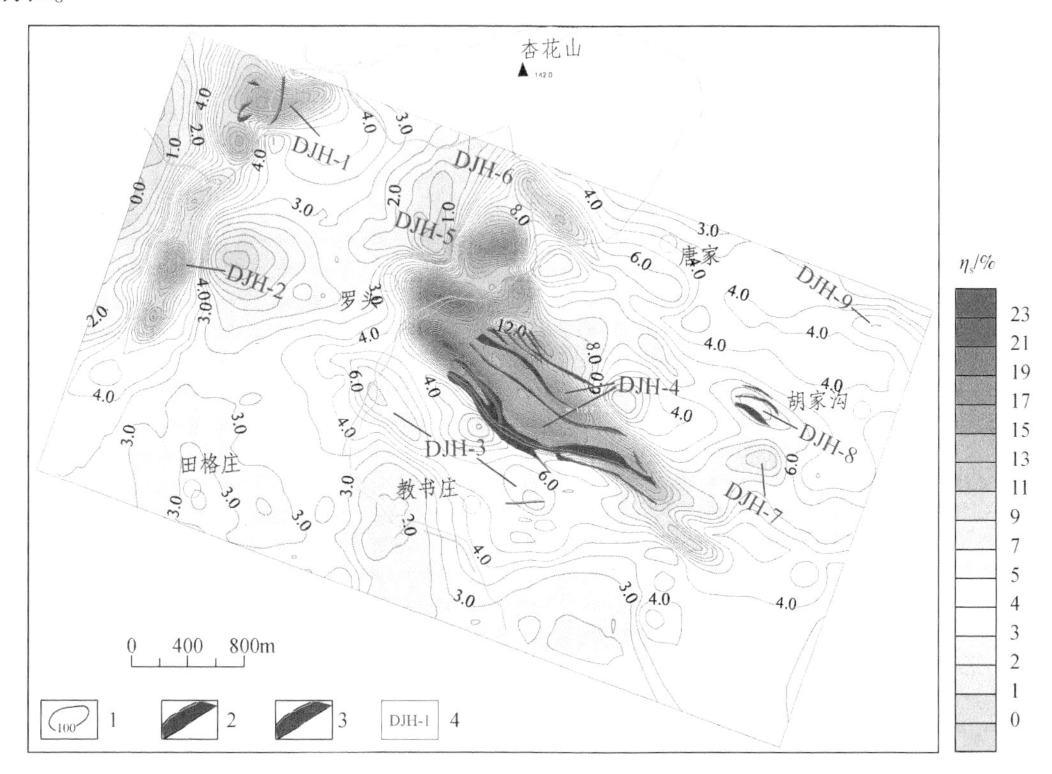

图4-31　教书庄石墨矿区激电中梯视极化率平面图（据孙洪玺和林淮民，1983）
1. 激电中梯极化率η_s等值线及其标注；2. 石墨矿化带；3. 石墨矿体；4. 激电异常编号

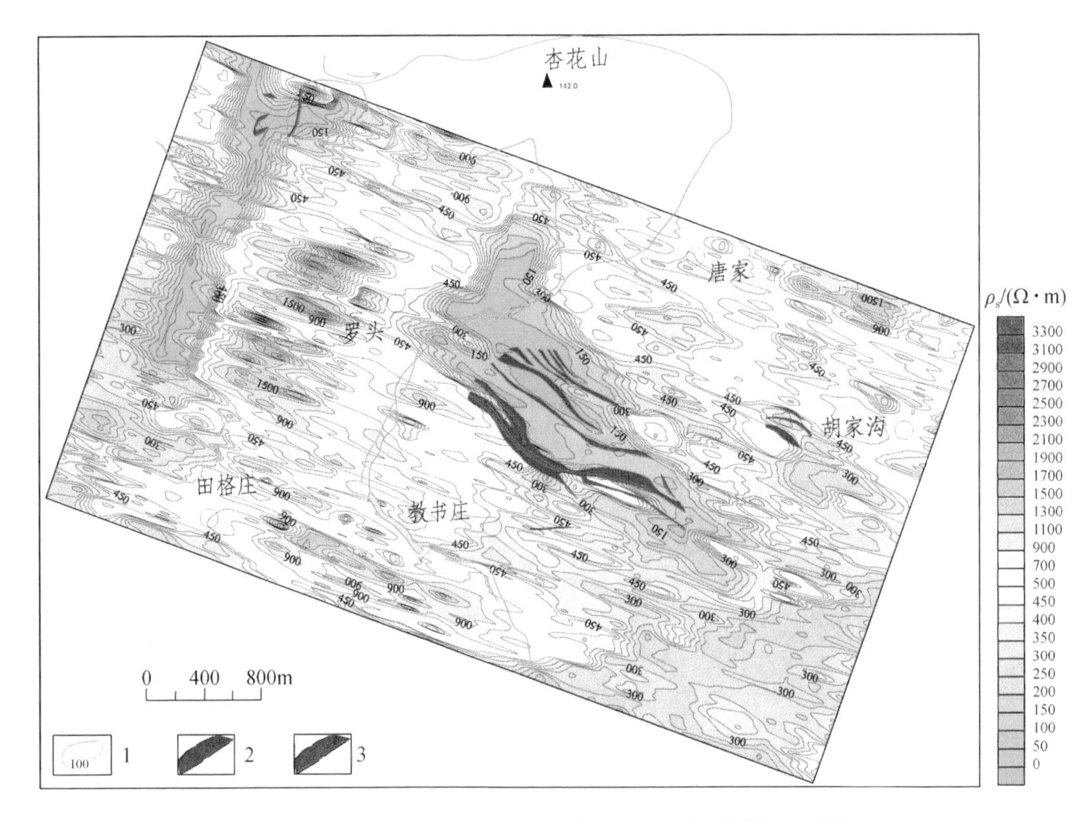

图 4-32　教书庄石墨矿区激电中梯视电阻率平面图（据孙洪玺和林淮民，1983）

1. 激电中梯电阻率ρ_s等值线及其标注；2. 石墨矿化带；3. 石墨矿体

1. DJH-1 激电异常特征

该异常位于矿区西部，北北东向条带状展布，长约 1.0km，宽约 200m，峰值为 19.9%，一般在 10% ~18%，视电阻率在 150Ω · m 以下，该异常表现为明显的低阻高极化特征，异常可见石墨透辉岩与石墨透闪透辉岩，且与石墨矿化蚀变带基本一致，该异常由石墨矿化带引起。

2. DJH-4 激电异常特征

该异常处在矿区中部，走向北西，长约 2.4km，宽约 800m，由两个局部异常组成，异常内主要为蛇纹石化大理岩、混合岩化石榴黑云斜长片麻岩、斜长角闪岩、透辉岩及透闪岩等。南部异常峰值为 44.5%，一般在 14% ~18%，视电阻率在 100Ω · m 以下，表现为明显的低阻高极化特征，该异常与石墨矿化带相对应，石墨矿化带顶板为石榴黑云斜长片麻岩，底板为蛇纹石化大理岩，异常内存在两条石墨矿体，矿体长 1.3km，宽 5 ~7m，呈似层状展布，石墨矿较富，规模较大；北部异常峰值为 45.9%，一般在 14% ~18%，视电阻率在 100Ω · m 以下，表现为明显的低阻高极化特征，异常内见透辉岩型石墨矿，矿体长 800m，宽 5 ~10m，呈层状、似层状展布，且该激电异常与矿体展布基本一致，推测由透辉岩型石墨矿引起。

总之，教书庄石墨矿区低阻区主要是荆山群陡崖组徐村段含石墨变质岩系引起的，其外围的跳跃杂乱高电阻率区为元古宙黑云母花岗岩的反映，而石墨矿体和矿化带，主要位于低阻异常中心和梯级带靠近低阻一侧。

（四）地球物理综合异常特征

图4-33为教书庄石墨矿区Ⅰ-Ⅰ′线物探综合剖面图，该剖面主要控制上述DJH-4激电异常，测线方位角43°，剖面长900m。从图4-33中可以看出，激电中梯视极化率曲线在250～300点表现为明显的低阻高极化特征，极化率峰值在20.0%以上，峰值位置与已知石墨宽体对应，视电阻率曲线中低阻特征明显，视电阻率值在100Ω·m左右，由石墨矿体和石墨透辉岩等引起；激电联剖视极化率、视电阻率曲线与激电中梯曲线形态相似，幅值相当，在两处矿体出露倾向一侧均出现明显的高极化反交点，均与激电中梯两处波峰对应，且视电阻率曲线均出现相对应的低阻正交点，为两处石墨矿体的反映；激电测深视极化率拟断面图上，253点、288点分别出现明显的高极化异常，253点异常顶板埋深25m（AB/2），深部至500m（AB/2）未封闭，视极化率峰值在20.0%左右，异常上方视电阻率在3～220m（AB/2）表现为高阻特征，为石墨矿体上覆斜长角山岩的反映，288点异常顶板埋深10m（AB/2），深部至500m（AB/2）未封闭，视极化率峰值在24.0%左右，异常上方视电阻率为明显的低阻特征，为石墨矿体和石墨透辉岩的反映。

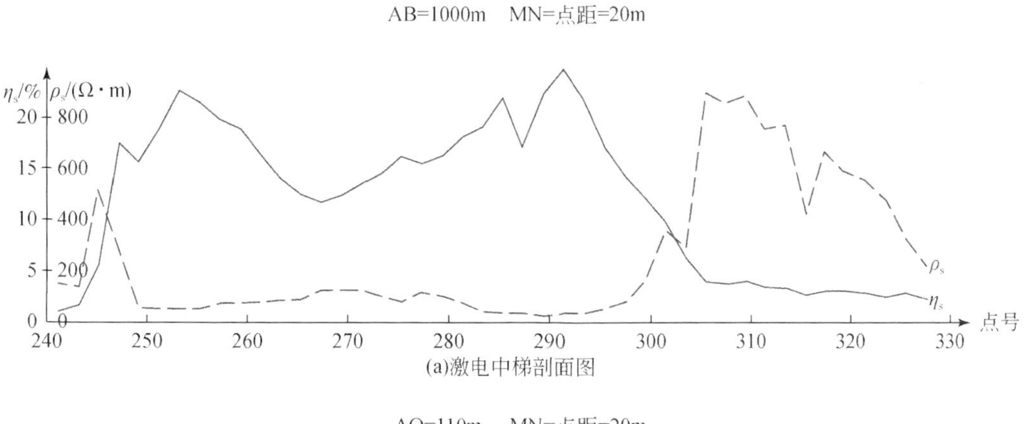

(a)激电中梯剖面图

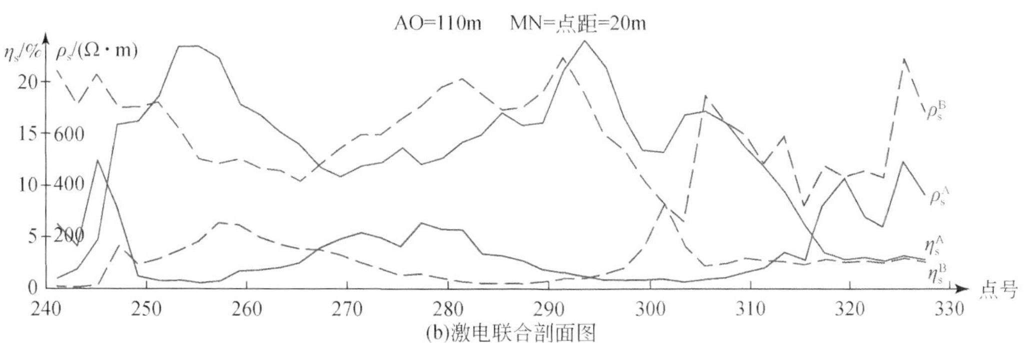

(b)激电联合剖面图

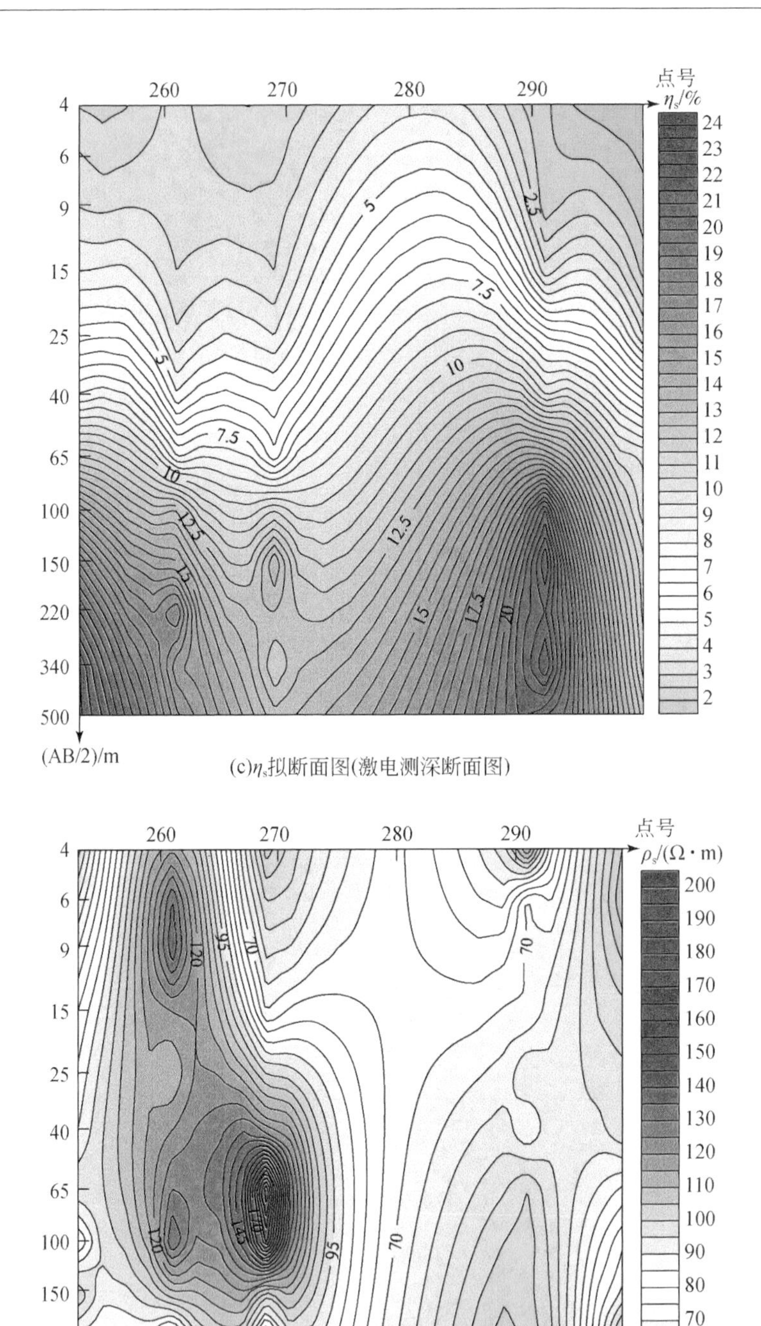

(c)η_s拟断面图(激电测深断面图)

(d)ρ_s拟断面图

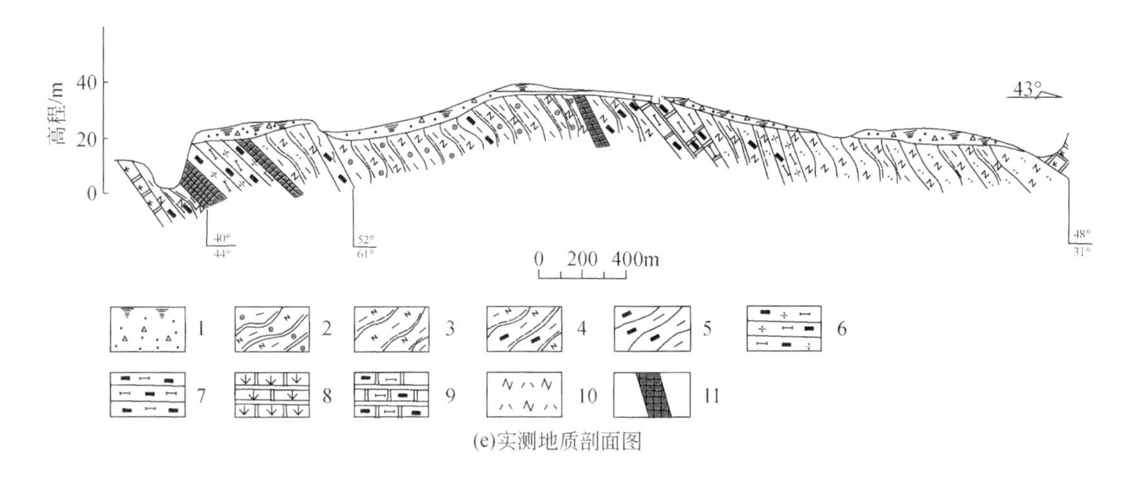

(e)实测地质剖面图

图4-33　教书庄石墨矿区 Ⅰ-Ⅰ′线物探综合剖面图（据孙洪玺和林淮民，1983）

1. 第四系；2. 混合岩化黑云斜长片麻岩；3. 黑云斜长角闪片麻岩；4. 石墨黑云斜长片麻岩；5. 石墨黑云片岩；6. 石墨透闪透辉岩；7. 石墨透辉岩；8. 蛇纹大理岩；9. 石墨透辉大理岩；10. 斜长角闪岩；11. 石墨矿体

由以上分析认为含石墨变质岩系具有明显的低阻高极化特征，已知石墨矿体上存在明显的低阻正交点和高极化反交点，因此通过激电方法可确定荆山群陡崖组徐村段石墨岩系分布范围，并在激电联合剖面交点寻找到石墨矿体。另外，区内其他异常均具有与矿致异常相似异常特征和类似的地质条件，具有较好的找矿前景。

三、刘戈庄石墨矿

（一）地质概况

刘戈庄石墨矿的主要赋存层位为古元古界荆山群陡崖组徐村段，岩性由上而下为：①厚层蛇纹大理岩段，下部夹透辉岩黑云变粒岩，有时夹1～2层石墨透辉变粒岩；②石墨黑云斜长片麻岩，上部为斜长角闪岩，夹1～6层石墨矿，中部为石墨透闪透辉岩，石墨黑云透辉斜长片麻岩，混合质石墨黑云斜长片麻岩，赋存主矿层，下部斜长角闪岩为主夹大理岩及1～3层石墨片麻岩。区内褶皱、断裂构造均较发育，矿区位于苍村-吉林背斜北翼，包括刘戈庄-田庄向斜的一部分及南坦坡小背斜的褶皱。早期褶皱控制着矿层的走向与产出，尤其在向斜褶皱的翼部和背斜构造转折端有利于矿层形成，向斜南翼较发育，倾角较缓（50°～80°），北翼倾角较陡（70°～80°），向斜北翼的东部还发育南坦坡次级背斜。按断裂与地层产状的关系，基本可分两组，即纵向断裂和横向断裂，断裂对矿层有不同程度的破坏作用，局部发育北东或北西的斜向断裂。

（二）磁异常特征

图4-34为刘戈庄石墨矿区垂直磁测 ΔZ 平面图，表现为条带状低磁异常，磁场为-250～100nT，反映了荆山岩群陡崖组蛇纹大理岩等微磁性类分布，而刘戈庄一带，地磁异常表

现为“舌形”边缘条带状、串珠状磁力高，内部近东西向正、负局部磁异常条带，东西长1.8km，南北为0.6～1.2km，其磁场在100～500nT，与刘戈庄复式向斜核部古元古荆山群陡崖组水桃林段变质岩系的分布相对应；向外分布窄条带状正、负半环形磁异常带，长约4km，宽度为300～400m，磁场在100～900nT，与含石墨矿的陡崖组徐村段变质岩系相对应，其中磁场在500～900nT反映徐村段上部较强磁性斜长角闪岩（变辉长岩）的分布，磁场在100～300nT的低磁异常带则为陡崖组徐村段含石墨岩系反应，石墨矿体均位于低磁异常带上，而磁异常局部错断则为断裂错断石墨矿体的反映；刘戈庄石墨矿区的东南部，分布北东向宽板状磁异常带，异常峰值1000～1600nT，反映荆山群野头组变质岩系后期受混合岩化改造而磁性增强的部分混合变质岩石。

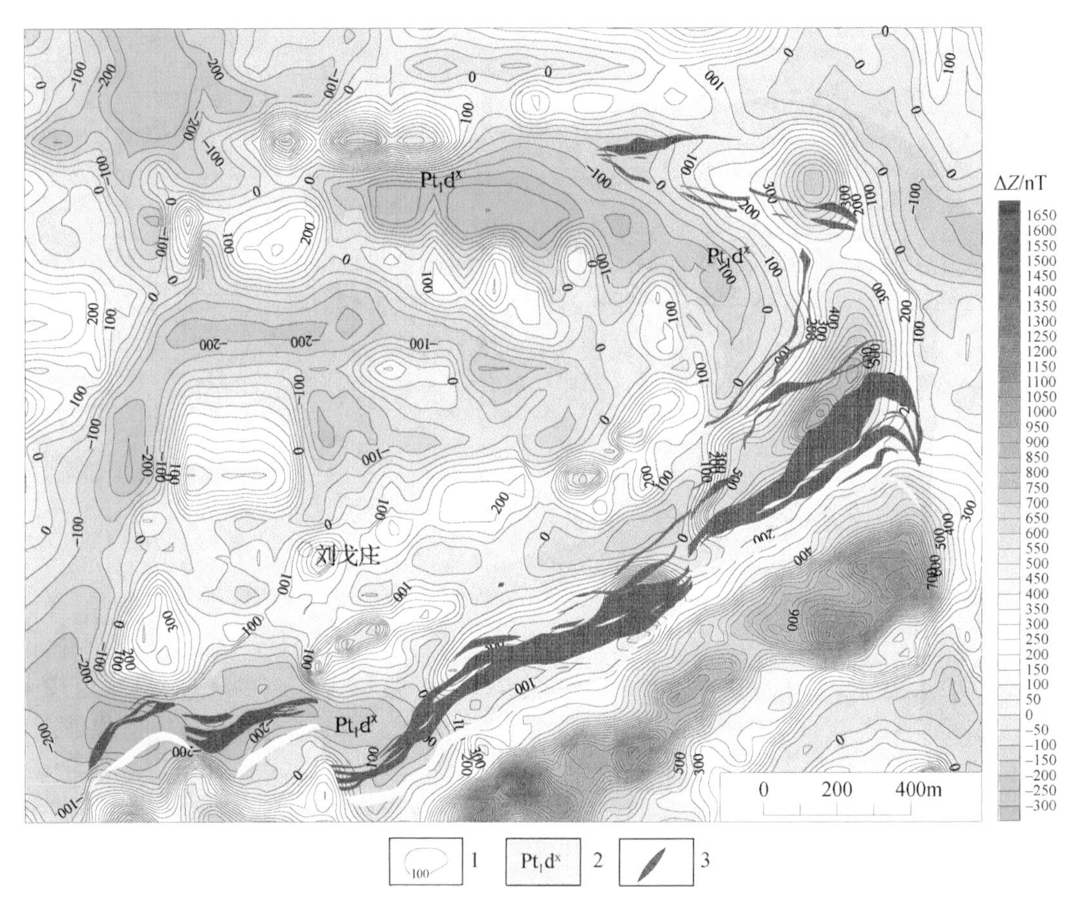

图4-34　刘戈庄石墨矿区垂直磁测 ΔZ 平面图（据林长海等，1978）

1. ΔZ 等值线及其标注；2. 古元古界荆山群陡崖组徐村段；3. 石墨矿体

（三）激电异常特征

矿区内陡崖组徐村段石墨矿的极化率最高，常见值45%，变化范围为15%～55%；含石墨岩系包括石墨黑云斜长片麻岩、石墨变粒岩、石墨透辉变粒岩、石墨透闪透辉变粒岩、石墨透闪透辉岩等，极化率普遍较高，极化率常见值为4.0%～5.5%；陡崖组水桃林段是石墨矿层的上层岩，极化率较低，常见值为2.77%～3%；野头组是石墨矿层的下层岩层，极化率较低常见值为1.91%～2.8%。矿区内石墨矿的电阻率最低，变化范围为59～95Ω·m，平均值为78Ω·m；含石墨变质岩、含石墨变粒岩、含石墨（透闪）透辉岩的电阻率较低，变化范围为100～1200Ω·m，平均值为400～500Ω·m；矿石围岩斜长角闪岩、透辉斜长角闪岩、黑云斜长片麻岩等岩石电阻率中低等，为900～9500Ω·m；蛇纹大理岩电阻率较高，变化范围为1179～31010Ω·m，平均值为20870Ω·m。上述电性差异，为利用激电电法寻找石墨矿提供了地球物理前提。

激电中梯测量在石墨矿的找矿中取得了良好的找矿效果，图4-35为刘戈庄石墨矿区激电中梯视极化率平面图，背景值在4.0%左右，石墨矿床表现为反“C”半弧形，呈“巨龙”状高极化率条带，视极化率在10.0%～25.0%，长约3.5km，异常宽窄不一，北东部局部稍宽250～300m，南西端稍窄约120m，反映了刘戈庄矿区晶体石墨矿及含石墨矿变质岩系的分布。该矿床由弧形外侧向内，主要有三个矿带，分布在刘戈庄复式向斜内，且高极化异常与石墨矿体展布高度一致，激电异常西南段，高极化率异常多处有极化率异常错位，反映北西向断裂的分布。图4-36为刘戈庄石墨矿区激电中梯视电阻率平面

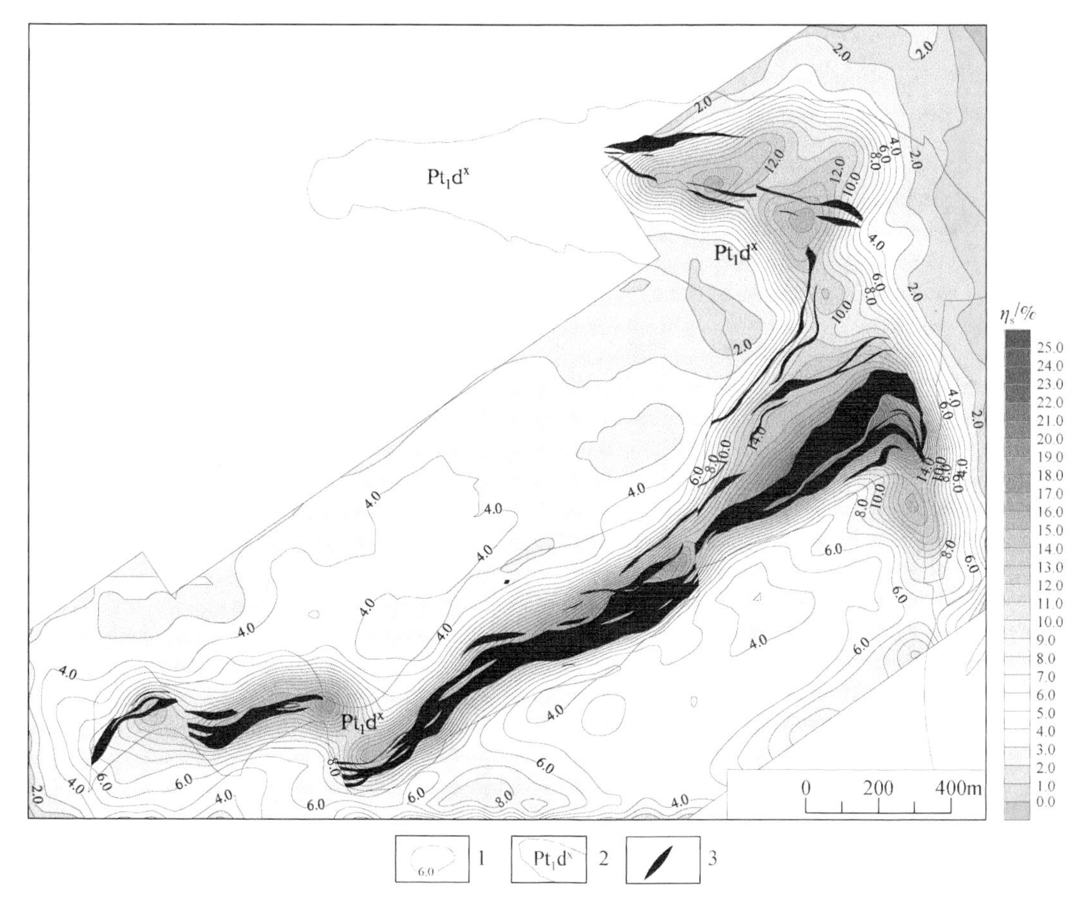

图4-35　刘戈庄石墨矿区激电中梯视极化率平面图（据陈成师，1982）

1. 激电中梯极化率η_s等值线及其标注；2. 古元古界荆山群陡崖组徐村段；3. 石墨矿体

图4-36　刘戈庄石墨矿区激电中梯视电阻率平面图（据陈成师，1982）

1. 激电中梯电阻率ρ_s等值线及其标注；2. 古元古界荆山群陡崖组徐村段；3. 石墨矿体

图，矿区视电阻率异常表现为不规则半环型低阻异常带，该低阻带总长约3.5km，宽度宽窄不一，窄处为120～150m，宽处可达300～350m，低阻值为420～440Ω·m，且与高极化率异常带相对应，反映了低阻高极化石墨矿体及含石墨变质岩系的分布；该低阻带异常外围表现为高低不一、块状大小不一相对高阻异常区，视电阻率在560～1200Ω·m，反映不含石墨一般变质岩系的分布；局部高值异常区，电阻率值达800Ω·m、1200Ω·m、2000Ω·m、5500Ω·m，反映不同规模、不同深度的蛇纹石化大理岩等大理岩类高阻变质岩石的分布。

综上所述，刘戈庄石墨矿区半环形低阻高极化异常带是荆山群陡崖组徐村段含石墨变质岩系引起的，其外围的跳跃杂乱高电阻率异常区为不含或少含石墨成分的荆山群变质岩系的反映，激电中梯极化率与电阻率异常相互对应、印证，降低了物探解释的多解性，提高了勘查成果的可靠性。

（四）地球物理综合异常特征

图4-37为刘戈庄石墨矿区第16勘探线物探综合剖面图，该剖面位于刘戈庄村南900m

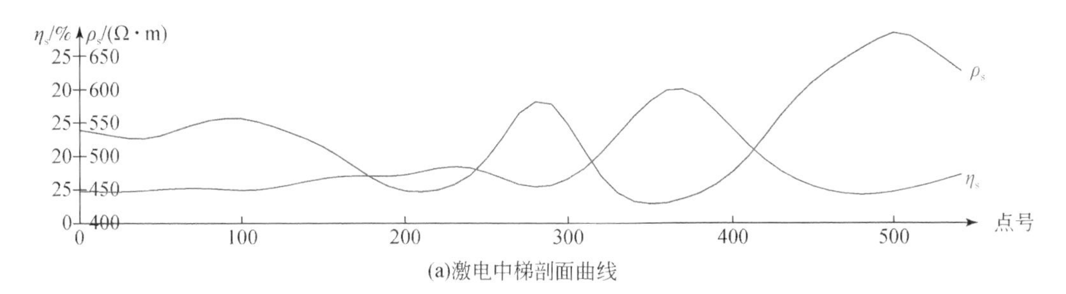

(a)激电中梯剖面曲线

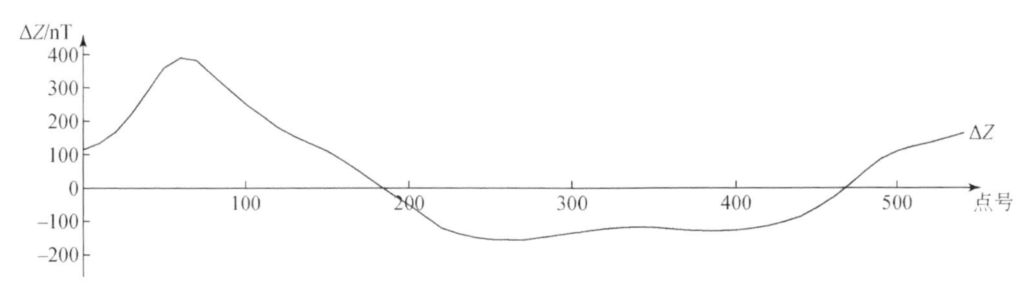

(b)高精度磁测ΔZ剖面曲线

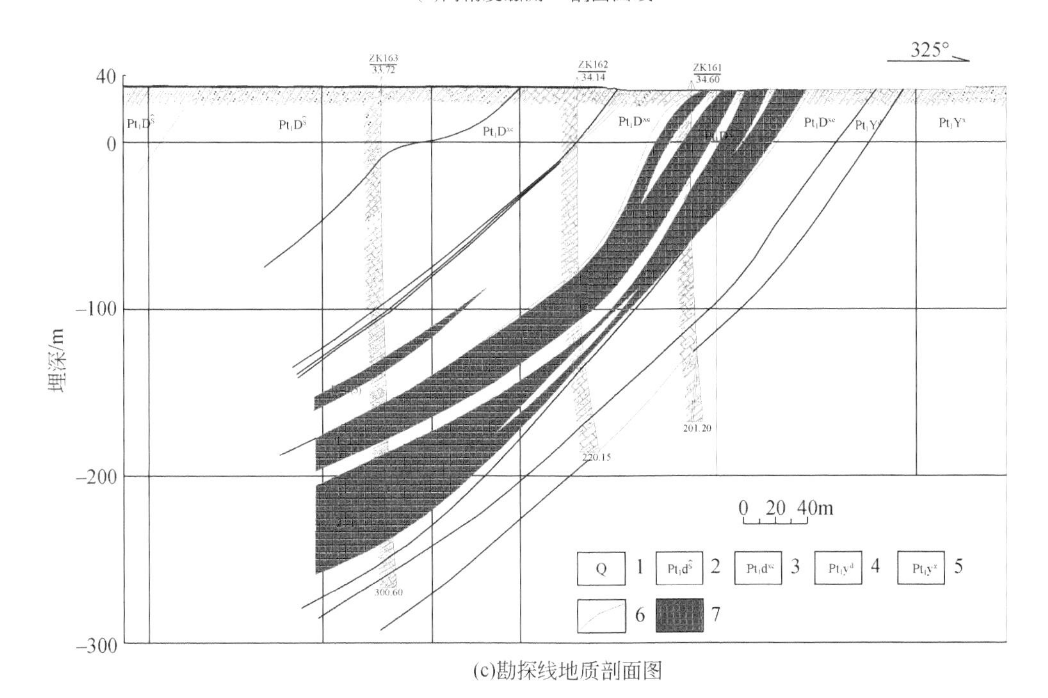

(c)勘探线地质剖面图

图4-37　刘戈庄石墨矿区第16勘探线物探综合剖面图（据陈成师，1982）

1. 第四系；2. 古元古界荆山群陡崖组水桃林片岩段；3. 古元古界荆山群陡崖组徐村段；4. 古元古界荆山群野头组定国寺段；5. 古元古界荆山群野头组祥山段；6. 地质界线；7. 石墨矿体

处，测线方位角145°，斜切石墨矿体的西南部，地质上复式向斜的南翼西南段，长542m。视极化率曲线表现为单峰高极化异常，峰值20.0%，位于368号点处，异常宽约80m，反映石墨矿顶面投影宽度与位置；东南支曲线陡、背景值低，西北支曲线缓、背景值高，反映石墨矿体向西北方向倾斜的特征。视电阻率曲线表现为波浪形曲线，石墨矿层对应电阻率低，最低值425Ω·m，反映石墨矿顶面投影位置；西北侧视电阻率高，视电阻率约570Ω·m，为斜长角闪岩的反映，南东侧视电阻率高，视电阻率约680Ω·m，为长石石英岩的反映。垂直磁测 ΔZ 曲线上为明显的低磁特征，总体表现为中间低两侧高的磁异常特征，背景值在100nT左右，而荆山群陡崖组徐村段石墨岩系区为明显的“凹”型低磁特征，最低达-130nT。

综上所述，含石墨变质岩系具有高极化、低电阻、低磁的特点，通过综合物探方法可定荆山群陡崖组徐村段石墨岩系分布范围，进而实现寻找石墨矿体。

第四节　物探技术在多金属矿勘探中的应用

胶东地区多金属矿主要集中在胶东中部龙口-栖霞-福山地区、胶东中南部莱阳-乳山地区以及胶东东部威海米山断裂以东地区，有色金属成矿与中生代燕山晚期伟德山花岗岩活动有关，成矿时代主要集中在中生代晚侏罗世和早白垩世，与同期产出的岩体密切相关，矿床成因类型有斑岩型、夕卡岩型和岩浆热液型。胶东中部是我国著名金矿集中区，同时也发育了规模大小不一的铜、铅锌、钼、银等矿床，规模较大的矿床有香夼铅锌矿、福山铜矿、邢家山钼钨矿、尚家庄钼矿、孔辛头铜钼矿等。胶东中南部莱阳-乳山地区多金属矿以铜矿为主，多为热液充填脉型，主要有牟家铜矿、谭山铜矿、花崖铜矿、刘家疃铜矿、中村铜矿等。胶东东部为多金属矿集中区，大邓格多金属矿床、夼北铜矿床、冷家钼矿床、产里铅锌矿床和同家庄银矿床等均位于该区，其成矿与中生代燕山晚期中酸性岩浆活动关系密切（图4-38）。地球物理勘探技术在铜、钼、银、铅锌等多金属矿的找矿中具有可靠的地球物理前提和良好的找矿效果。

一、物探技术在铜矿勘探中的应用

（一）福山王家庄热液交代型铜矿

1. 地质概况

福山王家庄铜矿位于烟台市福山区城区西部约6km，地处胶北隆起北缘，吴阳泉断裂上盘（南侧），矿床类型为热液交代型，矿床分布在该断裂附近次一级近东西向垂直断裂构造内，矿体多产于岗嵛组和巨屯组大理岩层内，成矿热液沿深大构造上升至近地表充填交代于大理岩体，矿石类型为大理岩型和闪长岩型。区内主要出露古元古界粉子山群张格庄组、巨屯组和岗俞组，呈中级变质岩系，其中与王家庄铜矿床有成因影响的主要地层为巨屯组、岗俞组。巨屯组主要分布于矿区的南部，分为两个岩性段：巨屯组一段岩性为黑云片岩、变粒岩夹石墨大理岩、石墨透闪岩，该段地层一般为矿床的底板，厚度约350m；

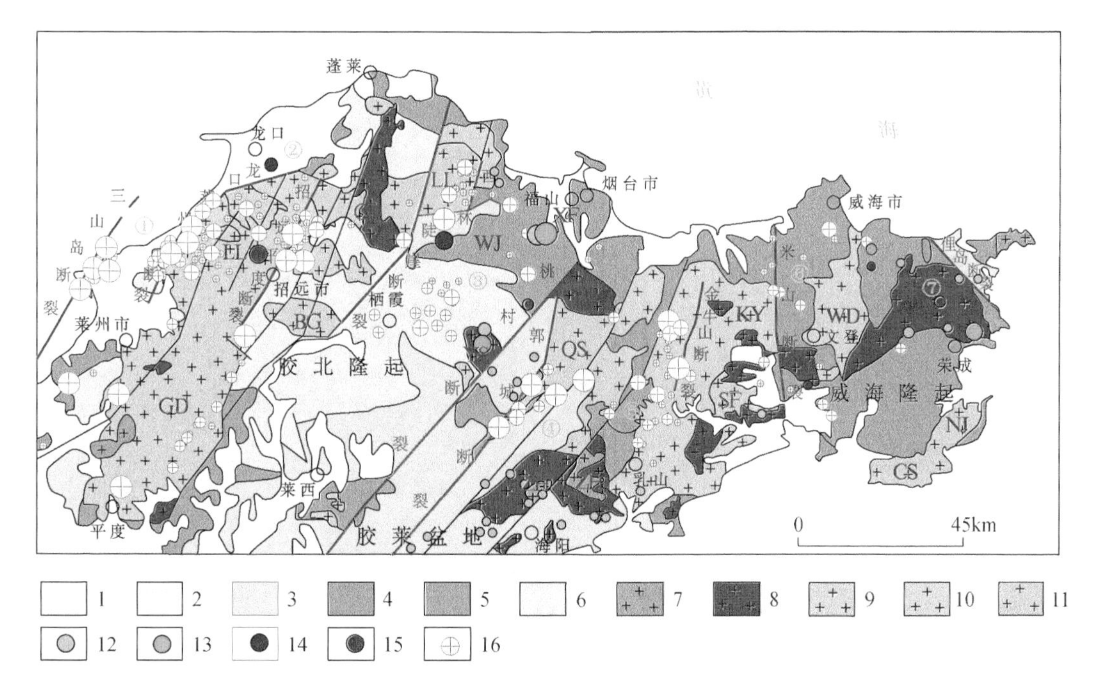

图 4-38　胶东地区地质简图及有色、贵金属矿分区带分布图（据曹春国等，2016）

1. 第四系；2. 新近系—古近系；3. 白垩系；4. 新元古界；5. 新元古代含榴辉岩的花岗质片麻岩；6. 太古宙花岗绿岩带；7. 白垩纪崂山花岗岩；8. 白垩纪伟德山花岗岩；9. 白垩纪郭家岭花岗闪长岩；10. 侏罗纪花岗岩；11. 三叠纪花岗岩；12. 铜矿床；13. 钼矿床；14. 铅锌矿床；15. 银矿床；16. 金矿床。中生代侵入岩：LL. 玲珑岩体；GD. 郭家店岩体；BG. 毕郭岩体；XF. 幸福山岩体；QS. 鹊山岩体；WD. 文登岩体；NJ. 宁津岩体；KY. 昆嵛山岩体；SF. 三佛山岩体；WJ. 王家庄岩体；①. 莱州西部成矿带；②. 招远平度成矿带；③. 栖霞蓬莱福山成矿区；④. 胶莱盆地东北缘成矿区；⑤. 牟平乳山成矿带；⑥. 威海文登成矿带；⑦. 荣成成矿区

巨屯组二段岩性以石墨大理岩为主，夹片岩、变粒岩，是矿区主要赋矿层位，矿化岩石主要是石墨大理岩。岗嵛组主要分布于矿区的中北部，亦分为两个岩性段：岗嵛组一段岩性为云母片岩夹黑云变粒岩、透闪大理岩或大理岩，透闪大理岩往往相变为透闪岩，透闪大理岩中常见铜锌矿化，部分形成工业矿体，是仅次于巨屯组二段的赋矿层位；岗嵛组二段主要为各种云母片岩，仅夹少量的变粒岩，岩性较单一。区内褶皱及断裂构造发育，不同序次的褶皱、韧性变形带、断裂构造叠加出现，为矿液运移和沉淀提供了有利的空间；褶皱构造为轴向近东西的向斜和背斜构造，这些褶皱构造的次级褶曲十分发育，其转折端及层间构造，对矿化定位起着重要控制作用。区内侵入岩较发育，主要出露中生代燕山晚期伟德山超单元营盘单元和雨山超单元王家庄单元及脉岩，营盘单元和王家庄单元岩体的铜含量明显高于正常岩浆岩，与有色金属矿产成矿关系密切。

2. 重力异常特征

福山王家庄铜矿为似层状热液交代型，主矿体位于营嘴西断裂与丁家夼断裂之间，在布格重力场为“舌形”重力低异常特征（图 4-39），重力场背景值在 $24.0\times10^{-5}\sim25.0\times10^{-5}m/s^2$，主要反映了古元古代地层的分布。主矿体位于古元古界岗嵛组一段与巨屯组二段接触地段，且主要位于巨屯组二段，布格重力异常在 $23.5\times10^{-5}\sim24.0\times10^{-5}m/s^2$，矿体受构造和深部岩体控制，深部主要为中生代燕山晚期伟德山超单元，岩性主要为石英闪长玢岩、闪长岩等，其岩体属低密度，明显低于古元古代沉积地层，故矿床重力场反映为同向弯曲的“舌形”低异常，北侧为吴阳泉断裂，重力场表现为梯级带，矿体均与梯级带走向一致，反映出矿体受该断裂次级构造控制。

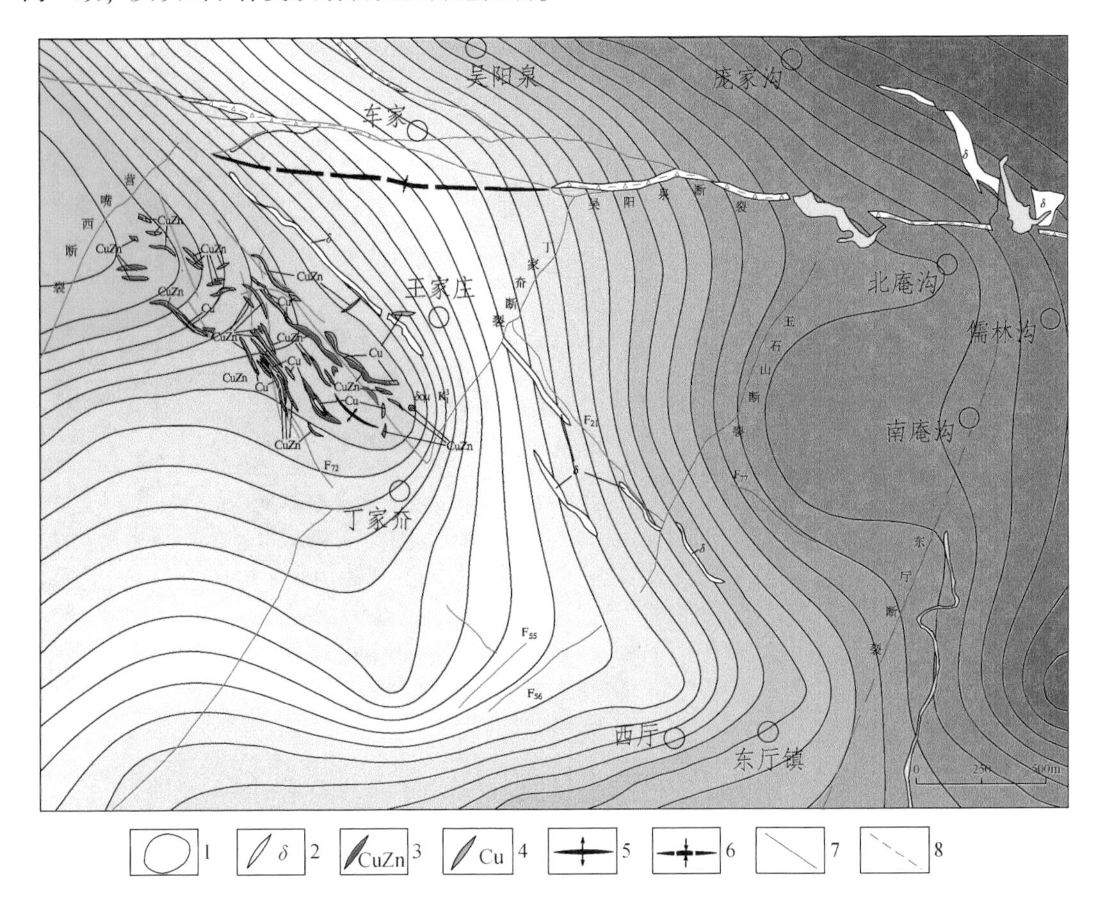

图 4-39　王家庄铜矿布格重力异常图（据朱继拓等，2014）

1. 布格重力异常等值线，重力值由蓝色区域向红色区域升高；2. 闪长岩脉；3. 铜锌矿化带；4. 铜矿脉；5. 线状背斜；6. 线状向斜；7. 断层；8. 断裂

3. 激电异常特征

矿区内闪长岩脉的电阻率最高，一般高于 2000Ω · m，极化率一般低于 3.0%；古元古界岗嵛组一段以及巨屯组二段极化率一般低于 3.0%，电阻率在 1000Ω · m 左右；石墨大理岩及硅化石墨大理岩型铜锌矿石为低阻高极化反映，极化率一般高于 10.0%，最高达 25.0%，电阻率一般低于 400Ω · m。

激电中梯测量在王家庄铜矿找矿中取得了良好的找矿效果，图 4-40 为王家庄铜矿激电中梯视极化率平面图，在营嘴西至丁家夼一线，极化率明显高于两侧，该高极化异常带即为王家庄铜矿体的综合反映，极化率均大于 10%，局部高达 35%，整体呈北西向条带状高极化展布，且该高极化带西南侧梯度较陡，东北侧则为舒缓降低特征，反映出该区矿体倾向北东的特点。该高极化带内存在四处局部异常，均为北西向条带状展布，异常区峰值均在22%以上，均与铜及铜锌矿体地表矿头相对应，且均为西南侧梯度陡，东北侧舒缓降低特征，亦表明该区矿体均为北东倾向，异常特征明显。图4-41为王家庄铜矿激电中梯视电阻率平面图，视电阻率在300Ω·m，主要反映了岗嵛组一段和巨屯组二段的分布特征，局部高阻呈北西向条带状展布；视电阻率在400~800Ω·m，主要为闪长岩岩脉的反映；而铜锌矿体均位于北西向条状低阻带上，视电阻率在50~200Ω·m，可见铜锌矿体表现为明显的低阻特征。

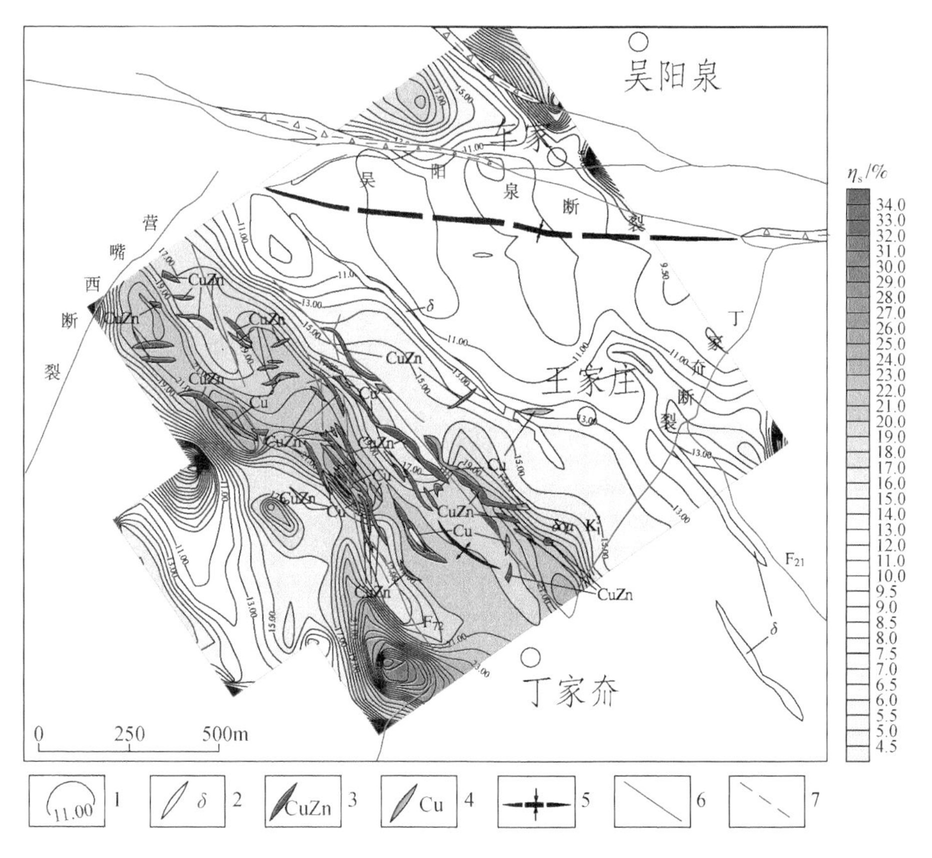

图4-40 王家庄铜矿激电中梯视极化率平面图（据山东省地质局803队，1968b）

1. 激电中梯η_s等值线及标注，单位为%；2. 闪长岩脉；3. 铜锌矿化带；4. 铜矿脉；5. 线状向斜；6. 断层；7. 断裂

4. 地球物理综合异常特征

图4-42为王家庄铜矿DJH-4激电异常物探综合剖面图，异常位于古元古界巨屯组二段石墨大理岩夹变粒岩、黑云片岩中，异常中心位于173点，当AB=600m时，激电中梯曲线上异常呈现波峰状，南侧较陡，北侧舒缓，反映极化体（铜矿体）北倾，异常峰值为24.5%，电阻率表现为U形低阻特征，视电阻率低至170Ω·m，表现为明显的低阻高极

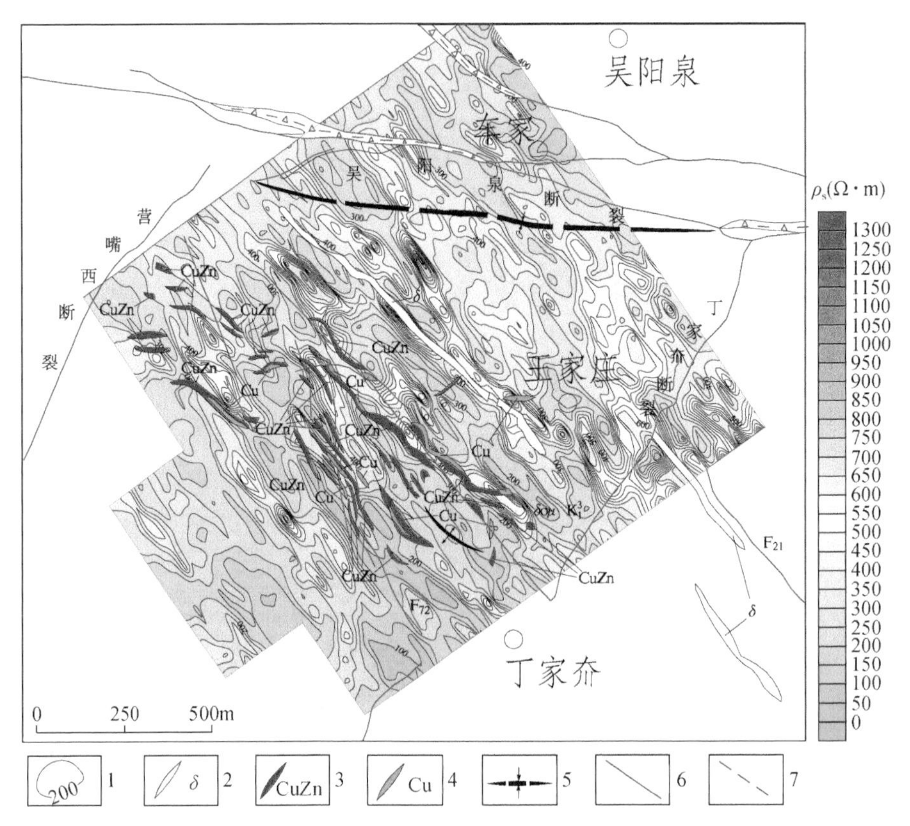

图4-41　王家庄铜矿激电中梯视电阻率平面图（据山东省地质局803队，1968b）

1. 激电中梯ρ_s等值线及标注，单位为$\Omega \cdot m$；2. 闪长岩脉；3. 铜锌矿化带；4. 铜矿脉；5. 线状向斜；6. 断层；7. 断裂

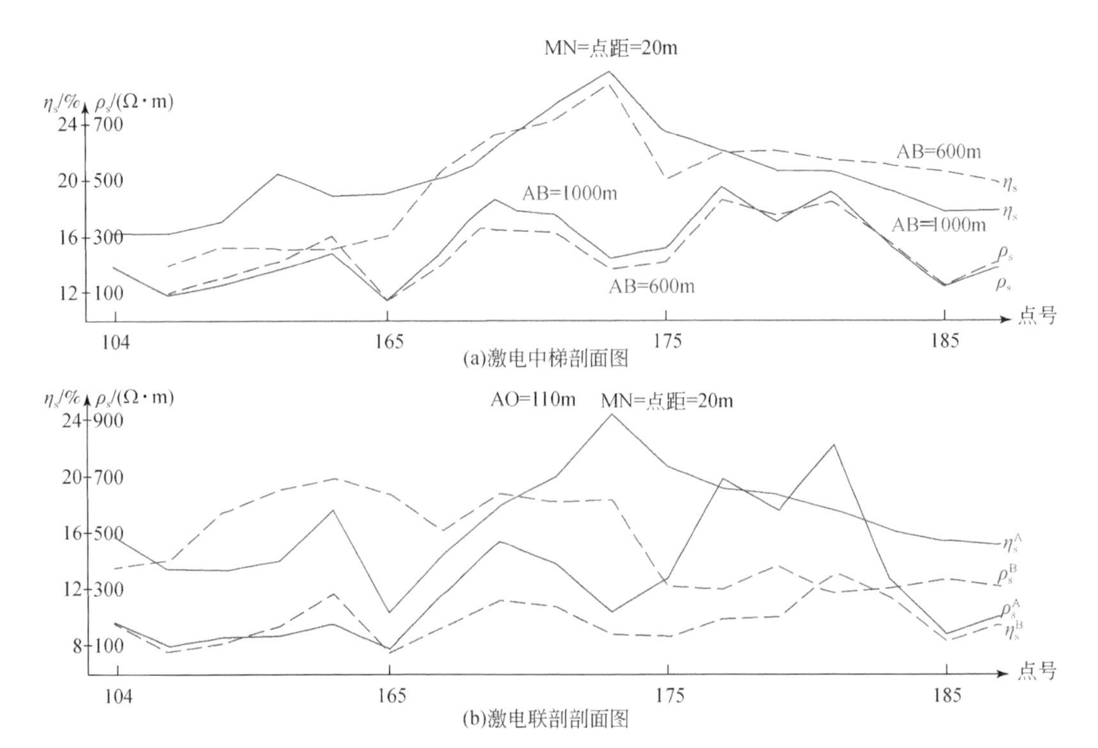

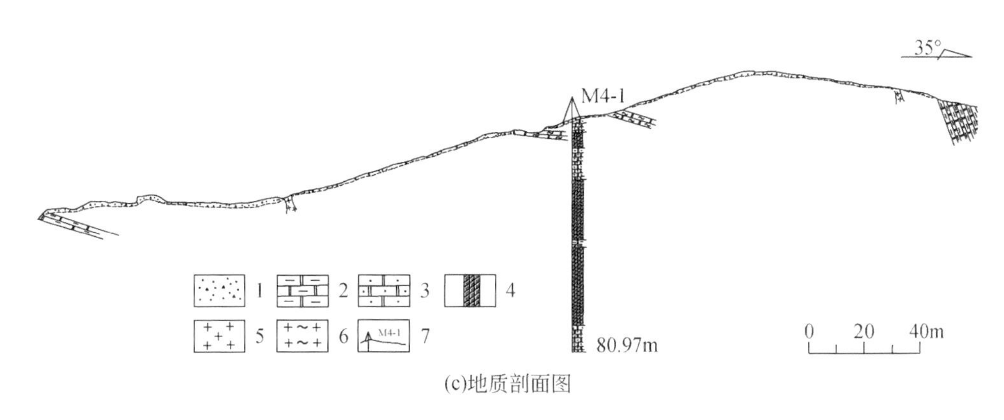

(c)地质剖面图

图4-42　王家庄铜矿DJH-4激电异常物探综合剖面图（据山东省地质局803队，1968b）

1. 残破积；2. 石墨大理岩；3. 硅化大理岩；4. 铜矿；5. 伟晶花岗岩；6. 矿化伟晶花岗岩；7. 钻孔及编号

化特征，当AB=1000m时，异常形态基本一致，但由于勘探深度的增加，极化率峰值进一步升高，增至26.0%，而视电阻率进一步降低，低至150Ω·m。激电联剖曲线上，视极化率在170点出现明显的高极化反交点，173点出现高极化峰值，峰值为23.5%，与激电中梯峰值相对应，电阻率在165点出现低阻正交点，为极化体边部的反映，并在异常中心173点出现低阻特征，应为矿体增厚视电阻率降低反映。已施工的M4-1钻孔在深部见到铜矿体三层，矿体较厚，矿体位置正好与激电异常中心对应较好，DJH-4激电异常即为铜矿体的反映。

综上所述，王家庄铜矿的物探异常特征较为明显，总体表现为低重力、低阻、高极化特征，重力勘探方法，尤其是激发极化法，在铜矿的勘探中具有良好的找矿效果。

（二）栖霞半山斑岩型铜矿

1. 地质概况

半山铜矿位于栖霞桃村镇西北约5km，区内广泛分布栖霞序列回龙夼单元侵入岩，其岩性主要为斜长角闪岩、石英斜长岩，同时还有大面积白垩纪花岗斑岩穿插在回龙夼单元，另外本区东部分布有白垩系火山岩体，主要是凝灰质砂砾岩及页岩，覆盖在上层。区内构造较为简单，在新老岩层接触部分形成有北东向断裂带，同时也形成次级构造，给矿液形成了良好的通道，另外北北东向节理和裂隙较为发育，对矿体起着控制作用。本区矿点也沿着北东向分布在花岗斑岩和栖霞序列回龙夼单元侵入岩接触部位，在花岗斑岩及回龙夼单元侵入岩内均见有矿点分布，以铜为主还有其他一些金属矿物。本区矿床和斑状花岗岩有成因关系，而受北东向构造控制，在石英脉和斜长角岩里均见有铜矿而以石英脉中为主，一般呈侵染状，富矿呈扁豆状断续延展。

2. 自然电位异常特征

图4-43为半山铜矿自然电位剖面平面图，半山铜矿体内除了含有黄铜矿外，还含有相当数量的黄铁矿，因其化学活动性较强，及其地下潜水面的作用，导致自然电场的变化，由图4-43可知，0~4勘探线均在20点附近产生较为明显的负自然电位异常，异常呈

条带状展布，异常幅度在-12mV 以上，且与铜矿体对应良好，基本反映了已知铜矿脉的展布特征。该区自然电场背景在5mV 之间，而已知铜矿体上则产生了-20 ~ -12mV 的自电异常，因此可以通过弱自电异常变化规律进行找矿。

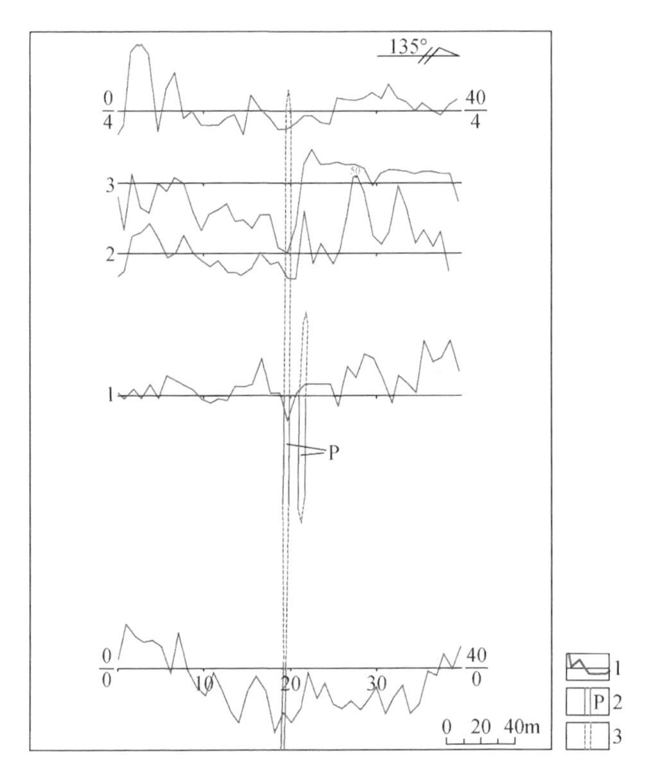

图 4-43　半山铜矿自然电位剖面平面图（据王东屏等，1960）

1. 自然电位曲线，1cm = 5mV；2. 铜矿脉；3. 推断铜矿脉展布方位

3. 电阻率联合剖面测量

图 4-44 为半山铜矿电阻率联合剖面平面图，该区岩石主要为花岗闪长斑岩、石英斜长岩和角闪岩，其电阻率均在 1000Ω · m 以上，贫矿石的电阻率相对较低，含矿石英脉的电阻率最高，一般高于 6000Ω · m。已知铜矿体受矿化蚀变带控制，而矿化蚀变带在联合剖面上反映为高阻或高阻背景上的电阻率降低特征，局部存在明显的正交点，图 4-44 中显示 0 勘探线、1 勘探线矿体为明显的正交点特征，且电阻率相对较高，-1 ~ -5 勘探线为明显的高阻背景上的电阻率降低特征，因此可以通过联合剖面视电阻率低阻正交点和高阻背景上的电阻率降低特征来圈定矿化蚀变带，进而寻找铜矿体。

4. 激电异常特征

图 4-45 为半山铜矿激发电位剖面平面图，该区花岗闪长斑岩、石英斜长岩和角山岩的极化率相对较低，一般低于 2. 5%，铜矿石的极化率明显升高，其中贫矿石的极化率为 6% ~34%，含矿石英脉的极化率为 9. 6% ~30%，因而通过极化率异常寻找侵染状矿体是十分有效的。图 4-45 中显示已知铜矿体在激发电位剖面上反映为明显高激发电位异常特

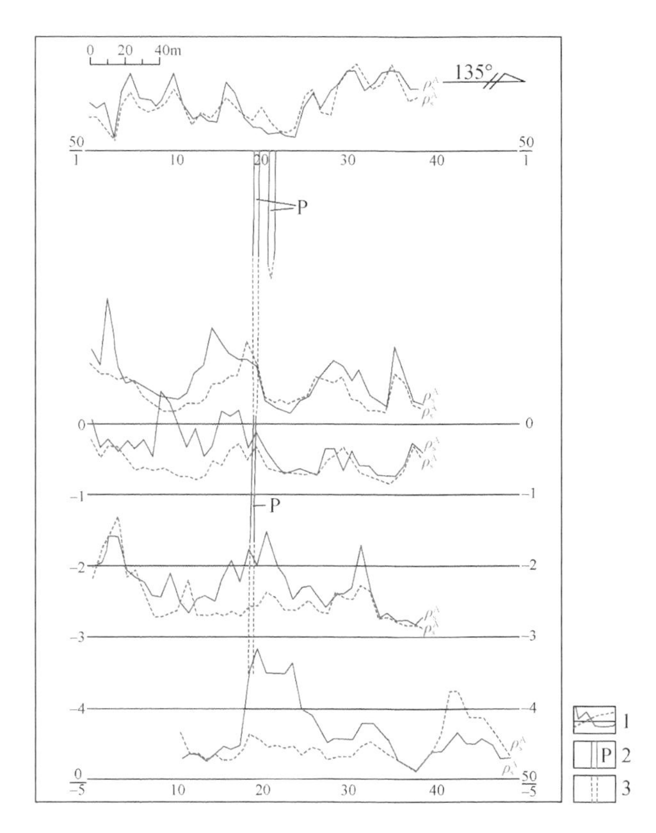

图4-44　半山铜矿电阻率联合剖面平面图（据王东屏等，1960）
1. 电阻率联合剖面曲线，1cm=1000Ω·m；2. 铜矿脉；3. 推断铜矿脉展布方位

征，矿体露头和矿体倾向上表现为高激发电位特征，激发电位均在6.0%以上，并明显高于围岩数值。

5. 地球物理综合异常特征

图4-46为半山铜矿0勘探线物探综合剖面图，技术方法为四极电阻率法、激电极化法、电阻率联剖法和自然电位法。已知铜矿体断裂控制明显，由于矿体以含矿石英脉形式产出，其电阻率相对较高，在四极电阻率剖面上为明显的高阻特征，并在矿体上方出现高背景上电阻率略降低的特征，该区低阻率背景一般在1500Ω·m左右，主要为斜长角闪岩的反映，而矿体上电阻率高达3500Ω·m左右。激发电位则表现为明显的高极化特征，该区视极化率背景在2.0%左右，而矿体上极化率则高达6.0%。联合剖面曲线上出现低阻正交点。自然电位测量在矿体上形成弱负自电异常，并形成较为明显的自然电位低值中心。

综上所述，半山铜矿的物探异常特征相对明显，总体表现为高阻高极化、弱负电异常，尤其是激发极化法，在斑岩型铜矿的勘探中具有良好的效果。

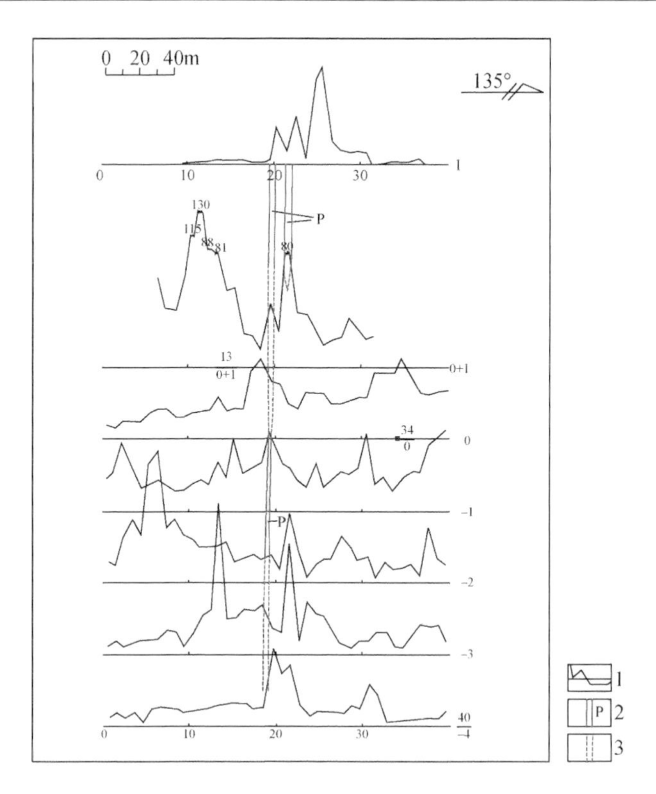

图 4-45　半山铜矿激发电位剖面平面图（据王东屏等，1960）

1. 激发电位曲线；2. 铜矿脉；3. 推断铜矿脉展布方位

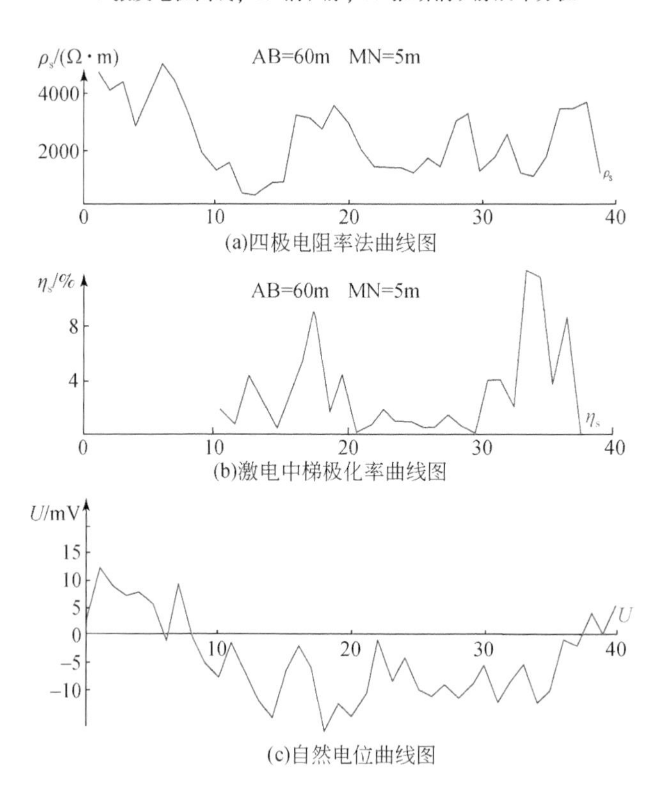

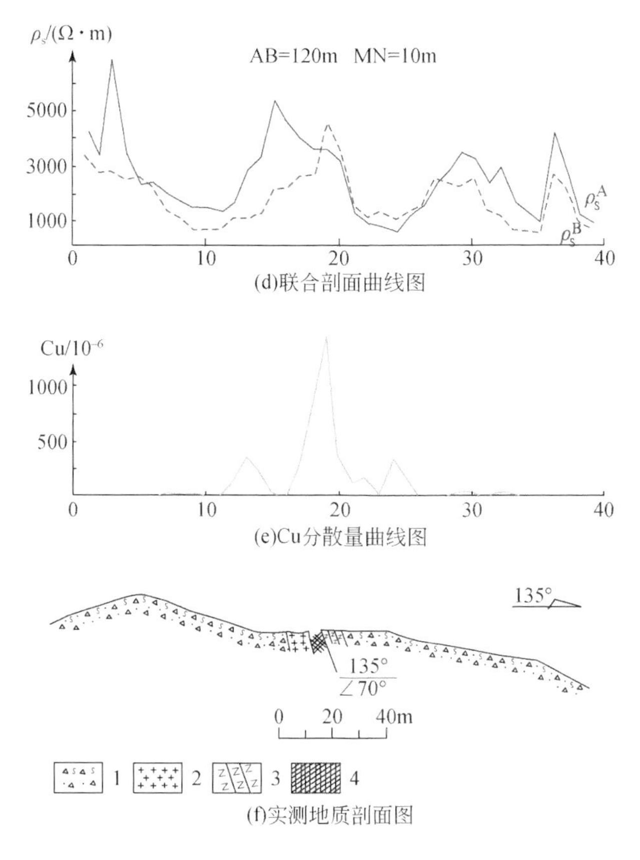

图4-46　半山铜矿0勘探线物探综合剖面图（据王东屏等，1960）
1. 斜长角闪岩；2. 花岗斑岩；3. 石英斜长岩；4. 铜矿脉

二、物探技术在钼矿勘探中的应用

（一）福山邢家山夕卡岩型钼矿

1. 地质概况

福山邢家山大型钼矿位于烟台市福山区城西约2.0km，地处胶北隆起北缘，地层、岩浆岩发育，构造复杂，成矿条件优越。区内出露地层主要为古元古界粉子山群张格庄组和巨屯组，为一套中级变质岩系，其中与矿床有成因影响的主要地层为张格庄组。张格庄组地层是主要的赋矿层位，以大理岩、白云石大理岩和透闪岩为主；巨屯组地层岩性主要为含石墨透辉岩、含石墨透闪透辉岩、大理岩等，两者呈整合接触。区内褶皱和断裂发育，大致分为东西向和北东向构造体系，后者横跨叠加于前者之上，两者具长期多次活动的特点。褶皱主要为北东走向，包括幸福山背斜（穹窿）及蟹子顶向斜构造，蟹子顶向斜为典型的横跨褶皱，其平面上呈南宽北窄的箕形，轴面倾向北西，是邢家山钼矿主要控矿构造之一。断裂主要为东西向、北东向和北西向。东西向断裂以压性为主，为次级压性断裂，为成矿前断裂，在矿区内部对矿液的流通及汇集起着一定的控制作用；北东向断裂主要为钟家庄断裂，该断裂为成矿前断裂，是区内规模最大的以压性为主的右行压扭性断裂，长度大于3000m，挤压破碎带宽达20～30m，总体走向30°，倾向北西，倾角60°～80°，其成矿后仍有活动，并破坏了矿体的连续性，将矿床分成南、北两个矿段；北西向断裂主要分布在上夼-邢家山一带，走向300°，结构面陡立，倾角70°～80°，断裂横切面呈上宽下窄的楔形，其内充填有构造角砾和断层泥，是主要的导矿及布矿构造。区内有两期岩浆活动，第一期为晚侏罗世斑状中细粒黑云母二长花岗岩，呈小岩株分布于矿区东南侧幸福山一带，岩体长轴走向300°左右，向两侧倾斜，岩枝、岩脉十分发育，侵入体平面形如龟状，长2700m，中部宽1100m，出露面积为1.3km^2。北西端外接触带夕卡岩化、硅化等蚀变普遍发育强烈，以钼为主的矿体赋存于蚀变地质体内。第二期为早白垩世石英闪长玢岩，呈岩墙、岩脉状分布于矿区中西部的西炮山-黄花岭一带，北东向展布，破坏矿体。

2. 重力异常特征

福山邢家山钼（钨）矿赋存于幸福山岩体与古元古代碳酸盐接触带处，矿床类型属夕卡岩型，以钟家庄断裂为界分为南北两个矿段，北矿段9号钼矿体具代表性，其规模较大，连续性较好，在布格重力异常上表现为明显的重力高特征（图4-47）。矿区布格重力异常形态较为规则，呈北东东向椭圆形展布，矿体上形成明显的峰值中心，重力值高达29.5×10^{-5}m/s^2，由内向外逐渐降低，并进入背景场。北矿段主要位于邢家山-下夼一带，矿体围岩为粉子山群张格庄组，主要为大理岩、白云石大理岩、硅质白云石大理岩，其密度相对较高，一般在2.6×10^3～2.8×10^{3}kg/m^3，而钼矿体密度更高，一般在3.17×10^{3}kg/m^3，因此该明显的布格重力高异常为反映了粉子山群张格庄组和钼矿体共同反映。

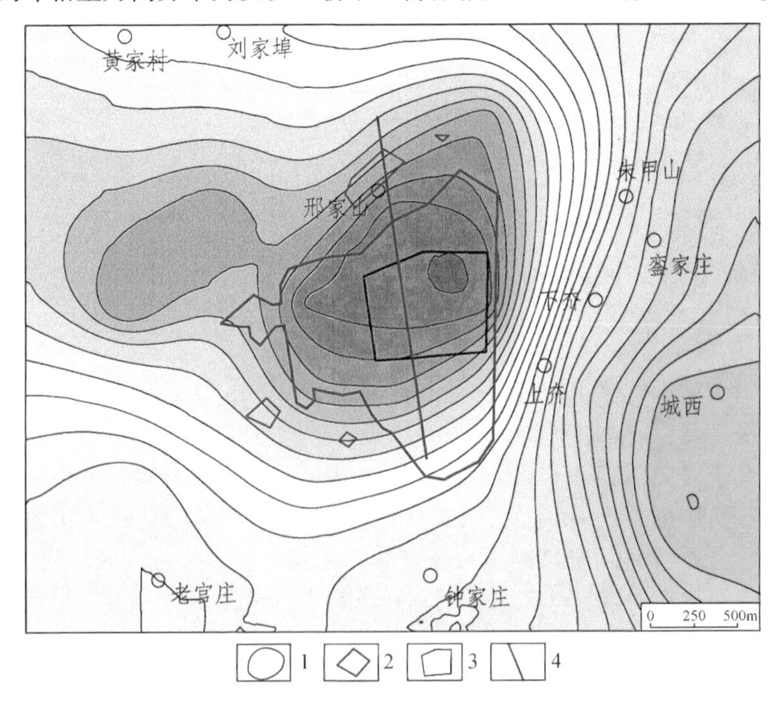

图4-47　邢家山钼（钨）矿区布格重力异常图（据朱继拓等，2014）

1. 布格重力异常等值线，重力值由蓝色区域向红色区域升高；2. 矿体水平投影范围；3. 采矿权范围；4. 31勘探线剖面

3. 激电异常特征

矿区围岩蚀变作用强烈，由内向外分为早期夕卡岩化、中期多金属硫化物矿化、晚期碳酸盐化三个阶段，区内粉子山群张格庄组大理岩、白云石大理岩、硅质白云石大理岩表现为相对高阻低极化特征，但由于中期多金属硫化物矿化蚀变作用，在邢家山断裂以西张格庄组内金属硫化富集，反映为高阻高极化特征，矿体表现明显的低阻高极化特征。

激电中梯测量在福山地区钼矿找矿中取得了良好的效果，图4-48为邢家山钼（钨）矿激电中梯视极化率平面图，视极化率大致以邢家山断裂（F_5）为界分为东西两个区，西区极化率背景场明显高于东区，推断主要为中期多金属硫化物矿化蚀变作用，致使金属硫化富集的反映；东区为钼矿主要分布区，其视极化率背景值在3.0%左右，在矿体顶板位置则形成明显的高极化特征，视极化率达4.8%，但由于矿体基本为层状展布，异常形态未反映出矿体产状变化。东侧极化率相对升高，视极化率背景值在5.0%左右，局部异常高达7.5%，异常多位于断裂或夕卡岩分布区附近，该区矿体逐渐减少，但埋深相对变浅，推断该局部高极化异常为矿体与金属硫化物的共同反映。图4-49为邢家山钼（钨）矿激电中梯视电阻率平面图，总体表现为高阻特征，电阻率一般在300～1200Ω·m。划分为高阻区和低阻区，高阻区主要位于邢家山断裂（F_5）以东，以及石榴透辉夕卡岩、透辉夕卡岩分布区的外围，电阻率一般在600～2000Ω·m，主要为古元古界张格庄组三段第三层透闪透辉岩和第二层白云大理岩的反映；低阻区主要位于矿区石榴透辉夕卡岩、透辉夕卡岩分布区及其延伸部位，由于钼矿体主要赋存于夕卡岩分布区，因此该明显的低阻特征为钼矿与夕卡岩的共同反映。

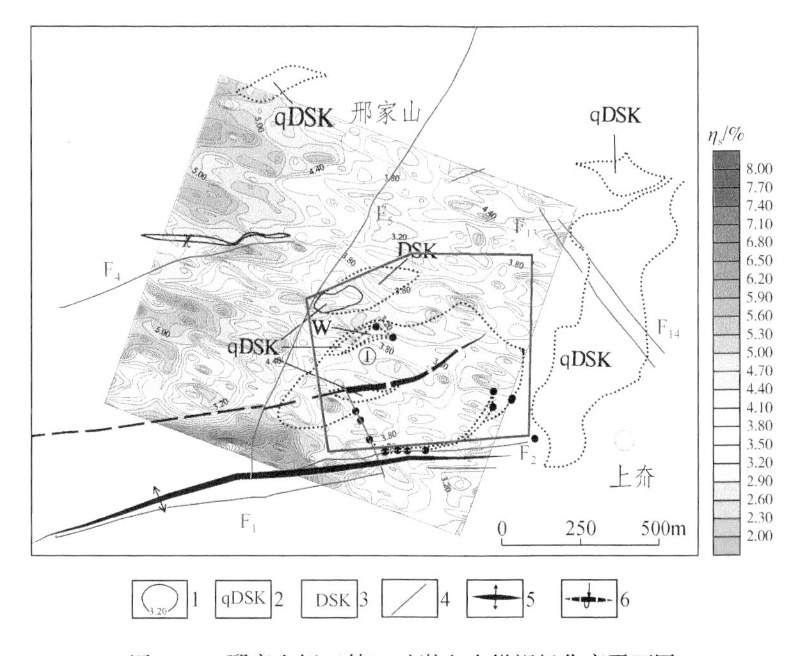

图4-48　邢家山钼（钨）矿激电中梯视极化率平面图

1. 激电中梯η_s等值线及标注；2. 石榴透辉夕卡岩；3. 透辉夕卡岩；4. 断裂；5. 背斜；6. 倒转向斜

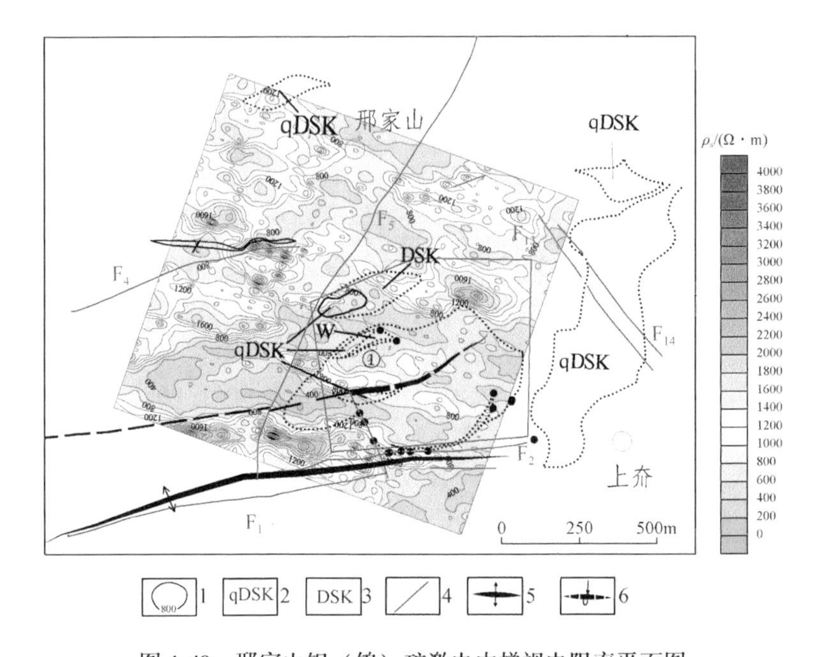

图 4-49　邢家山钼（钨）矿激电中梯视电阻率平面图

1. 激电中梯ρ_s等值线及标注；2. 石榴透辉夕卡岩；3. 透辉夕卡岩；4. 断裂；5. 背斜；6. 倒转向斜

4. 地球物理综合异常特征

图 4-50 为邢家山钼（钨）矿 31 勘探线物探综合剖面图，技术方法为重力测量和激电中梯测量。北矿段钼矿体位于 650 ~ 1300 点之间，在布格重力异常曲线上为明显的“山峰”状重力高特征，异常值在 $28.7\times10^{-5}m/s^2$ 以上，异常中心位于 850 点，为钼矿体叠加厚度最大部位，异常值高达 $29.5\times10^{-5}m/s^2$，为粉子山群张格庄组和钼矿体的共同反映。矿区钼矿体均为隐伏状态，蟹子顶（1100 点）附近矿体埋深最浅，在激电测量中形成明显的高极化异常，视极化率达 4.8%，且异常北侧梯度较陡，南侧相对舒缓，反映出浅部矿体南倾的特征，在 860 点钨矿体地表出露地段，矿体上方出现明显激电异常，视极化率达 4.0%。在邢家山断裂（F_5）以及 F_2 与 F_8 断裂倾向连接部位形成两处明显的激电异常，受断裂活动影响，金属硫化物富集的反映，视极化率峰值均在 4.0% ~4.5%，800 ~ 1300 点为相对低阻带，视电阻率一般在 600 ~ 900Ω · m，与夕卡岩带相对应，由于钼矿体主要赋存于夕卡岩分布区，因此该明显的低阻高极化特征为钼矿与夕卡岩的共同反映。另外由

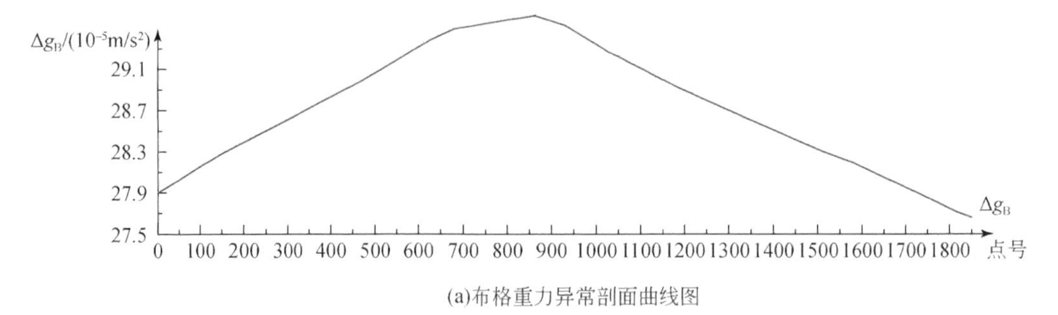

(a)布格重力异常剖面曲线图

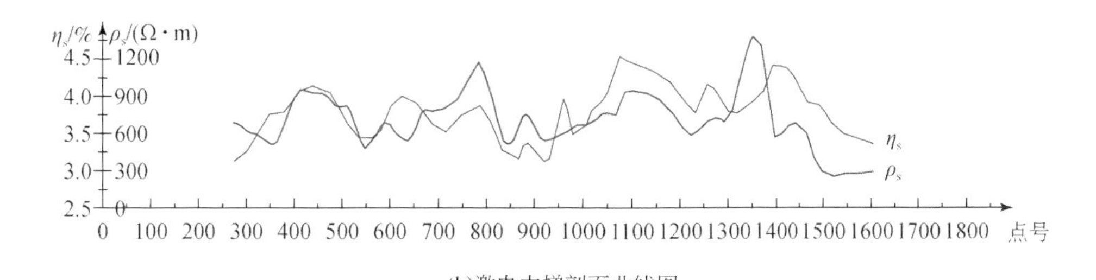

(b)激电中梯剖面曲线图

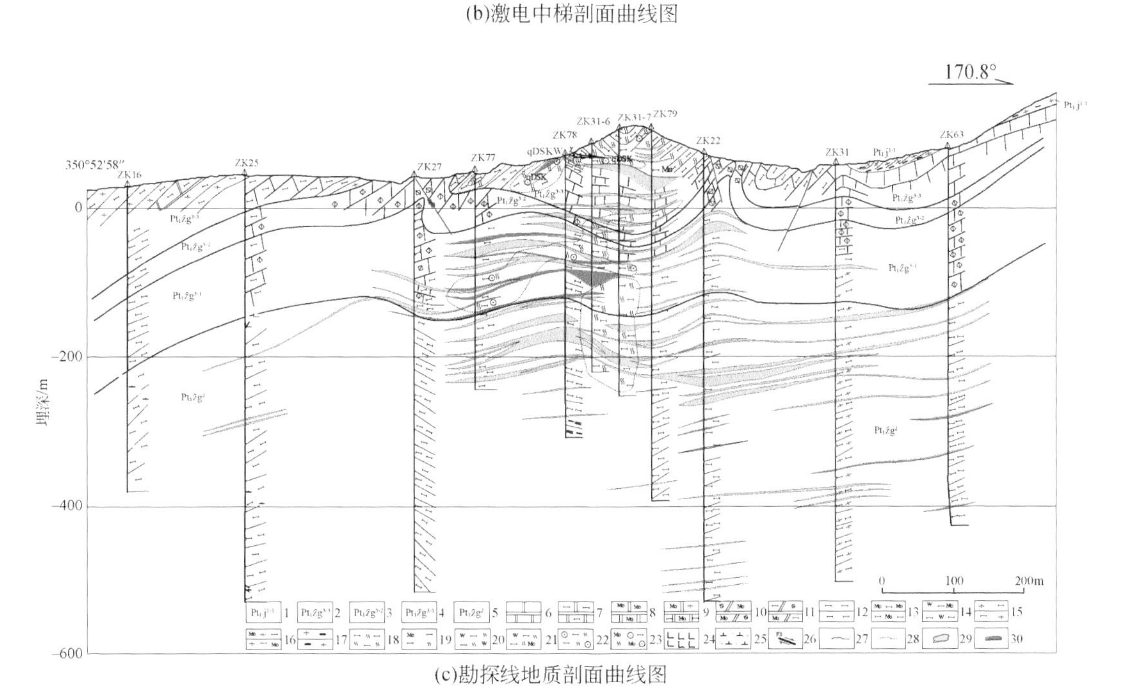

(c)勘探线地质剖面曲线图

图4-50　邢家山钼（钨）矿31勘探线物探综合剖面图（据朱继拓等，2014）

1. 巨屯组一段第一岩带；2. 张格庄组三段第三岩带；3. 张格庄组三段第二岩带；4. 张格庄组三段第一岩带；5. 张格庄组二段；6. 大理岩；7. 透辉石化大理岩；8. 钼矿化大理岩；9. 钼矿化透闪透辉石化大理岩；10. 钼矿化白云大理岩；11. 钼矿化透辉石化白云石大理岩；12. 透辉石岩；13. 钼矿化透辉石岩；14. 钨钼矿化透辉石岩；15. 透闪透辉石岩；16. 钼矿化透闪透辉石岩；17. 石墨透闪岩；18. 透辉夕卡岩；19. 钼矿化透辉夕卡岩；20. 钨矿化透辉夕卡岩；21. 钨钼矿化透辉夕卡岩.22. 石榴透辉夕卡岩；23. 钼矿化石榴透辉夕卡岩；24. 煌斑岩；25. 石英闪长玢岩；26. 断层性质及编号；27. 地质界线；28. 岩相界线.29. 钼矿体；30. 钨矿体

于中期多金属硫化物矿化蚀变作用，在邢家山断裂以西，勘探线400m处，局部金属硫化富集，形成激电异常，视极化率峰值在4.5%左右。

综上所述，邢家山隐伏夕卡岩型钼矿总体表现为重力高、低阻、高极化特征，因此重力测量与激电法在夕卡岩钼矿的勘探中具有良好的效果。

（二）栖霞尚家庄斑岩型钼矿

1. 地质概况

矿区位于栖霞市城东约27km处，桃村镇西侧2km尚家庄附近，地处胶北隆起南缘与胶莱凹陷东北缘接合部位隆起区一侧。矿区位于桃村断裂中段，断裂北西部为伟德山超单元的斑状中粒花岗闪长岩、含斑中细粒花岗闪长岩和二长花岗岩；南东部为中生代白垩系青山群八亩地组中基性火山碎屑岩、火山熔岩。新生界第四系主要有分布于狼牙河两侧及冲沟中的临沂组，岩性为褐色砂、含砾粉砂、含砾黏土、粉砂质黏土等。区内构造以断裂为主，北东向断裂比较发育，次为北西向断裂，北东向断裂以桃村断裂为主，与该钼矿床的形成关系密切，其余断裂规模比较小，主要为矿后断裂。岩浆岩主要为中生代伟德山超单元，是与钼矿床成矿关系密切的中酸性岩浆岩岩体。

2. 激电异常特征

本区不同岩石的电阻率差异较大，同一种岩石具有较大的变化范围，辉钼矿石电阻率平均值最高，平均值在 2000Ω · m 左右，花岗岩类平均值一般为 1000 ~ 1500Ω · m。辉钼矿石是典型的金属硫化物，能产生很强的激发极化效应，极化率一般在 10. 0% 左右，最高可达 39. 1%。辉钼矿具有高阻、高极化的特点，因此激电法在斑岩型钼矿勘探中具有良好的地球物理前提。

图 4-51 为尚家庄钼矿激电中梯视电阻率平面图，属中高电阻率场分布区，最小值为 1496Ω · m，最大值为 875092Ω · m，平均值为 4258Ω · m，以硅化、钾化带东部界线划分

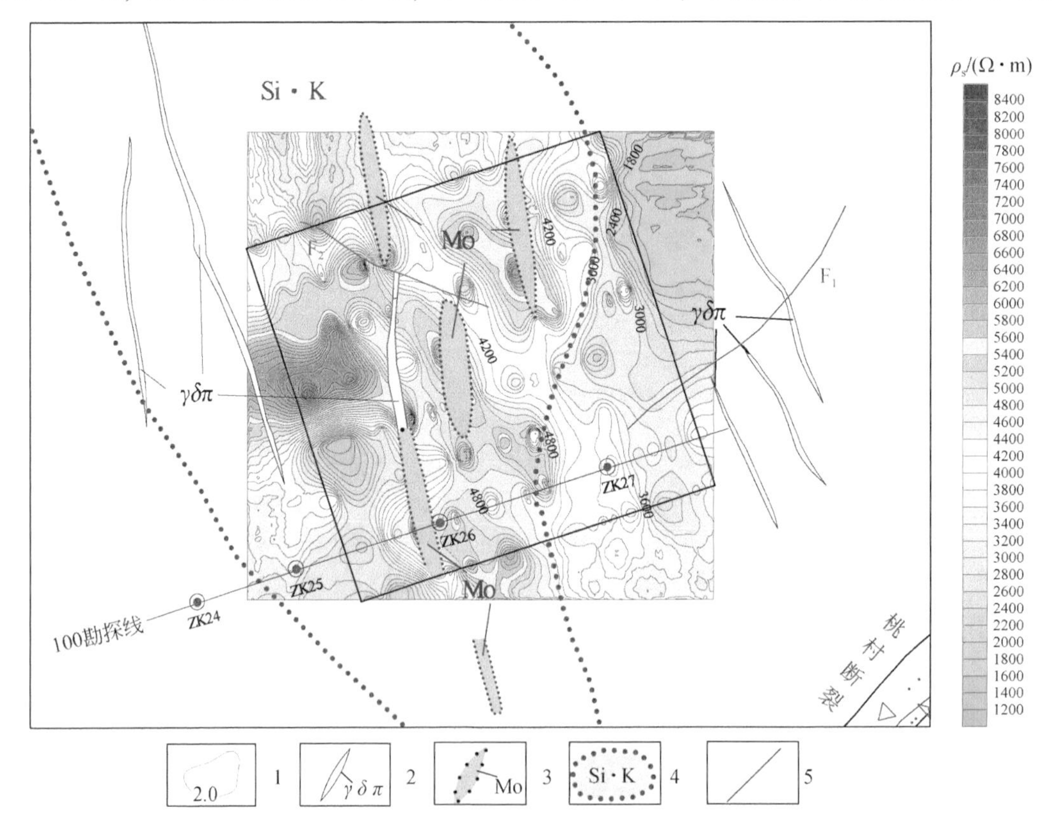

图 4-51 尚家庄钼矿激电中梯视电阻率平面图（据时古华等，2009）

1. 激电中梯ρ_s等值线及标注；2. 花岗闪长斑岩；3. 隐伏钼矿体范围；4. 硅化、钾化蚀变带范围；5. 构造破碎带

为东部相对低阻区和带内高阻区。东部相对低阻区电阻率在2000～3500Ω·m，主要为二长花岗岩的反映。带内高阻区电阻率在3500～8000Ω·m，这是硅化作用导致，局部高阻呈带状展布，均与已知斑岩型钼矿出露位置对应，其走向亦与矿脉一致。另外在最北部矿脉处反映为相对低阻特征，主要是由于F_4断裂将矿脉切断，矿脉边部赋水所致。

图4-52为尚家庄钼矿激电中梯视极化率平面图，最小值为1.08%，最大值为4.83%，背景值在2.50%左右，圈定激电异常三处。DJH-1异常为区内主要异常，异常宽约200m，长300m，呈条带状展布，走向320°，异常峰值为4.18%，异常南端未封闭，异常部位为高阻高极化特征，异常部位所施工的98ZK1（07）、98ZK2（07）、98ZK3（07）、100ZK26、100ZK2（07）、100ZK3（07）均见矿体，是南段主矿体向北延伸的反映；DJH-3异常位于测区北部，长约300m，宽120m，呈条带状沿310°方向展布，异常极大值4.33%，为已知的钼矿（化）体引起，异常内电阻率较高，整体表现为高阻高极化特征；DJH-2异常主要为F_1断裂的反映，异常长约300m，宽80m，呈条带状沿340°方向展布，异常极大值4.83%，异常南东端沿F_1断裂延伸未封闭，以往施工的ZK22钻孔，其位置偏于异常西侧约60m，未见矿，100ZK084钻孔在574.7～576.7m见品位0.04%的矿化体，推断该异常为钼矿化体引起。

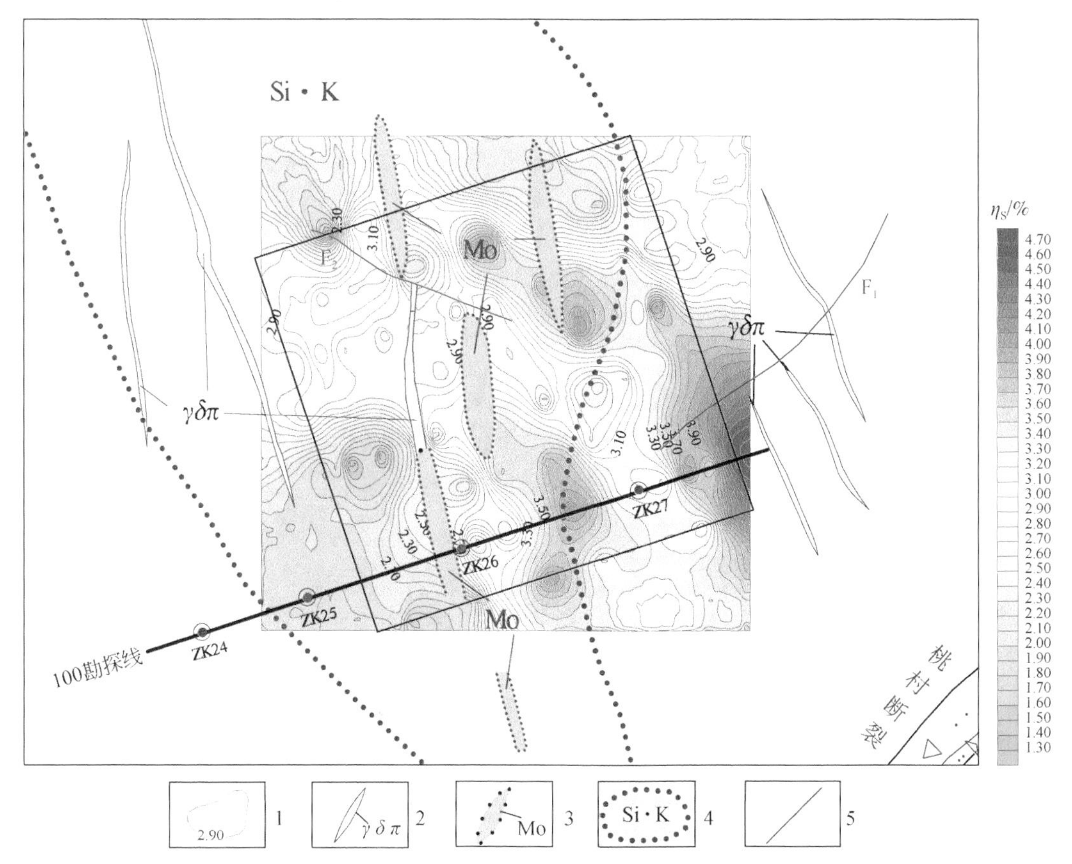

图4-52　尚家庄钼矿激电中梯视极化率平面图（据时占华等，2009）

1. 激电中梯η_s等值线及标注；2. 花岗闪长斑岩；3. 隐伏钼矿体范围；4. 硅化、钾化蚀变带范围；5. 构造破碎带

3. 地球物理综合异常特征

图4-53为尚家庄钼矿100勘探线物探综合剖面图，激电中梯剖面曲线上出现四处激电异常，分别位于80点、100点、120点、130点，异常峰值依次为3.5%、4.0%、4.0%、4.5%，其中80点、100点两峰值与激电中梯DJH-1异常相对应，该部位已有钻孔控制，且见矿很好；120点和130点两峰值与激电中梯DJH-2异常相对应，主要为F_1断裂的反映，推断该异常为钼矿化体引起。尚家庄钼矿床矿体数量多，厚度变化大，呈层状或透镜状相互穿插交织，在测深拟断面图上，极化率具有四处明显的激电异常，分别与激电中梯剖面异常相对应，80点位于测深断面边部，异常中心位于AB/2=150～200m，峰值为5.4%，与已知钼矿体对应，为高阻反映，电阻率峰值为2000Ω·m左右；100点位与顶面埋深相抵较浅的钼矿体对应，表现为带状展布，异常中心位于AB/2=200m，峰值为6.2%，为与已知浅部钼矿体与深部钼矿体叠加的反映，为相对高阻特征，电阻率峰值为1800Ω·m左右；120点、130点位断裂F_1的反映，异常中心位于AB/2=150m，峰值为6.2%，视电阻率峰值为1500Ω·m左右。

由物性资料可知，矿石电阻率比花岗闪长岩类岩石还略高一些，其极化率也明显地高于其他岩石，因此，钼矿石反映为高阻、高极化异常特征。激电异常部位经钻探验证见到多层钼矿（化）体，激电方法在尚家庄钼矿勘查中取得了很好的找矿效果，利用激电方法寻找斑岩型钼矿是行之有效的。

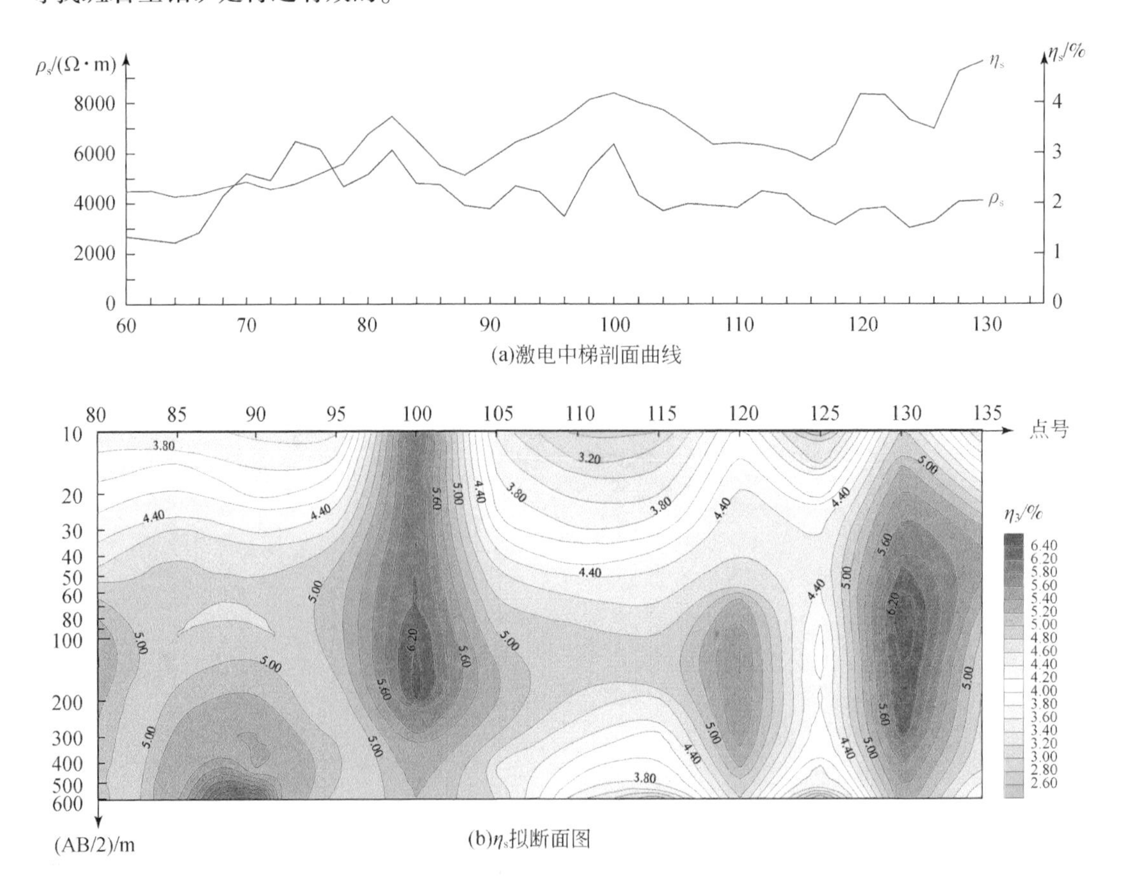

(b)η_s拟断面图

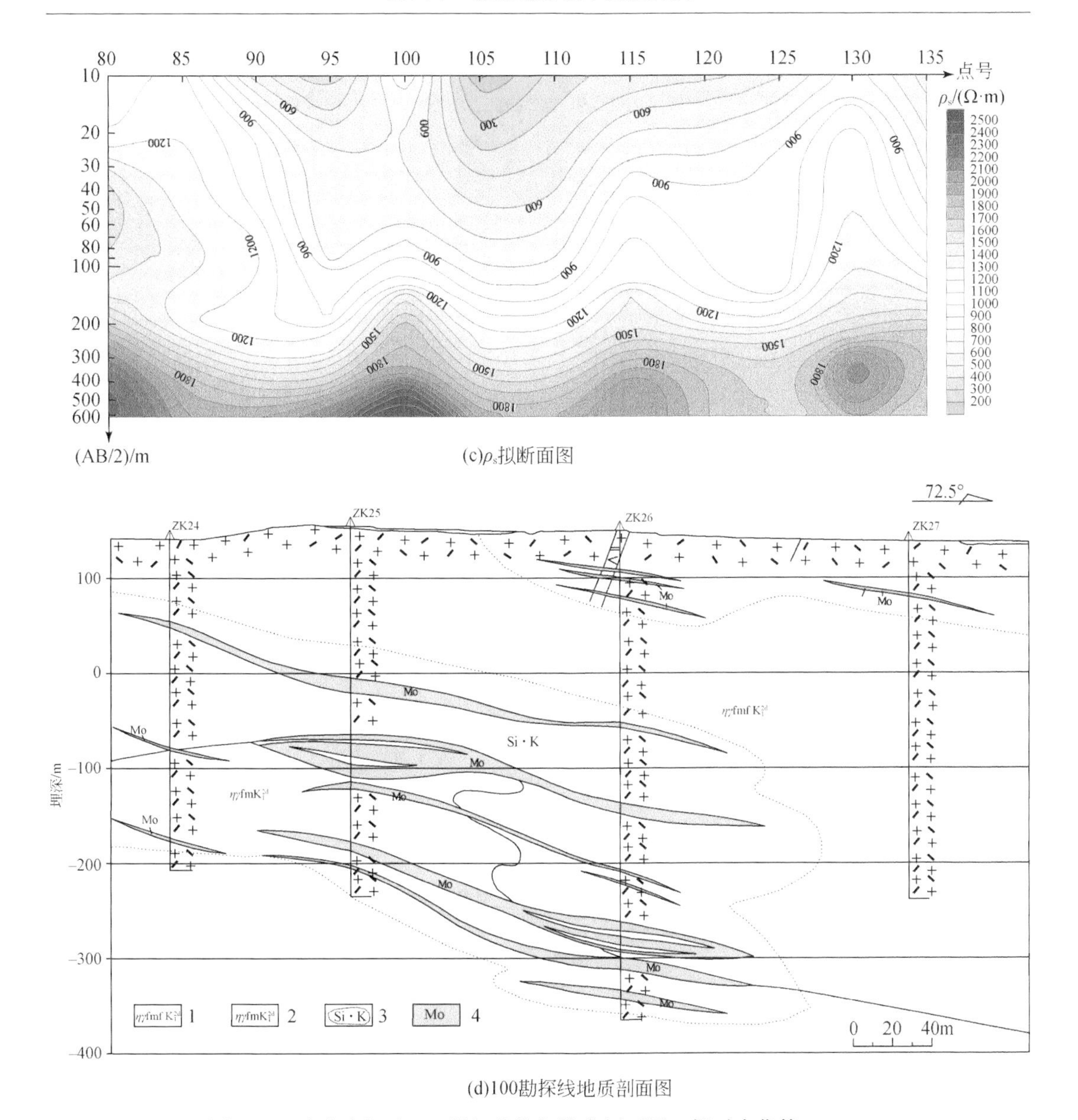

(c)ρ_s拟断面图

(d)100勘探线地质剖面图

图 4-53　尚家庄钼矿 100 勘探线物探综合剖面图（据时占华等，2009）

1. 含巨斑细中粒含黑云二长花岗岩；2. 含斑中细粒二长花岗岩；3. 硅化、钾化蚀变带；4. 钼矿体

三、物探技术在银矿勘探中的应用

（一）荣成市同家庄热液裂隙充填型银矿

1. 地质概况

同家庄银矿位于荣成市城北 11km 同家庄村北，地处胶南–威海隆起区，威海凸起的

东端。区内地层分布广泛，侵入岩发育，构造活动强烈，成矿地质条件优越。北西西向断裂为矿区内最发育的一组断裂构造，亦为区内控矿构造，以隆峰村–马安埠断裂构造规模较大，控制长度1300m，宽15～30m，最宽可达40m，总体走向为290°～300°，倾向南西，倾角50°～70°；侵入岩极其发育，主要为中生代燕山期伟德山超单元崖西单元的似斑状花岗闪长岩和中生代脉岩。

2. 激电中梯异常特征

本区主要岩性有似斑状花岗闪长岩、蚀变似斑状花岗闪长岩、煌斑岩、黄铁矿化石英脉等。花岗闪长岩的极化率相对较高，平均值一般在3.0%～4.0%，黄铁矿化石英脉略高于花岗闪长岩，一般在3.5%～4.0%；各类岩石的电阻率差异较小，平均值在3000～4500Ω·m，硅化、绢英岩化岩石较原岩略升高。图4-54为同家庄银矿激电中梯综合剖面图，剖面覆盖Ⅰ-1、Ⅰ-2银矿体，Ⅰ矿化蚀变带南侧（100点以南）表现为低阻低极化特征，极化率一般为1.5%以下，视电阻率一般在1000Ω·m以下，有第四系较厚、基岩风化较强、含水性较好的特征；北部为高阻高极化特征，极化率在3.5%～5.0%，视电阻率一般在3000Ω·m以上，主要为Ⅰ矿化蚀变带和似斑状花岗闪长岩的反映，Ⅰ-1、Ⅰ-2银矿体上均出现明显的高阻高极化特征，视极化率明显高于背景值，一般在4.5%～5.5%，视电阻率表现为明显的高阻特征，一般在3500Ω·m以上。

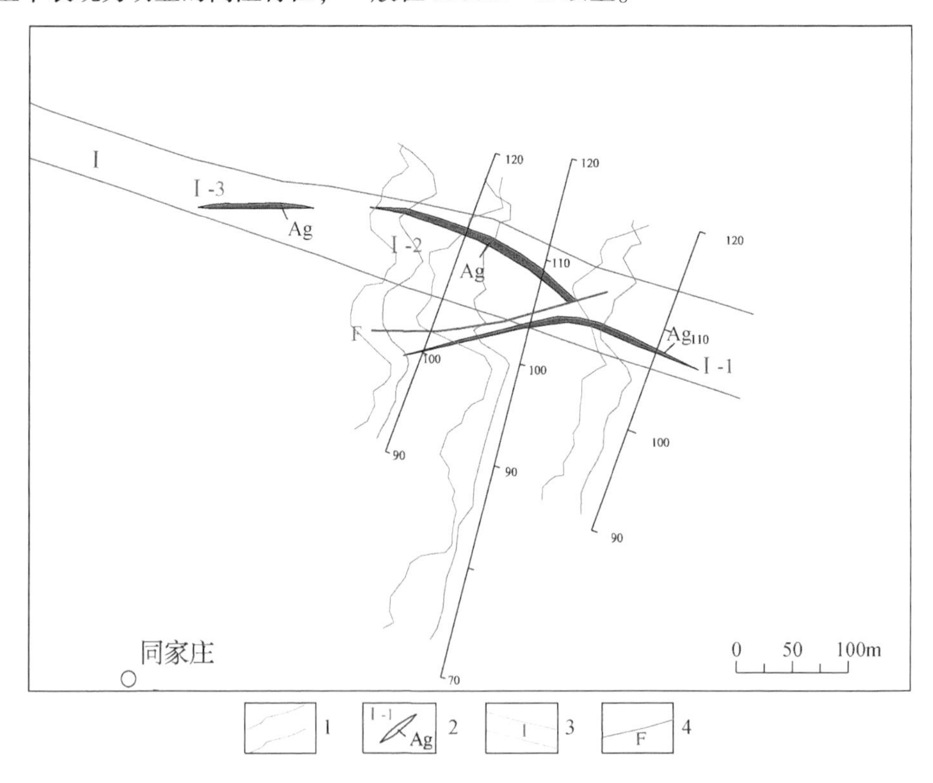

图4-54　同家庄银矿激电中梯综合剖面图（据山东省地质局803队，1968b）

1. 激电中梯剖面曲线（红线为ρ_s，蓝线为η_s）；2. 银矿体及编号；3. 矿化蚀变带及编号；4. 实测断裂

3. 激电联剖异常特征

同家庄银矿体主要赋存于Ⅰ矿化蚀变带内，以Ⅰ-1号银矿体规模最大，为矿区主矿体，Ⅰ-2号银矿体规模次之，其他银矿体和金矿体规模小，矿化蚀变带内由于硅化、绢英岩化较强，总体表现为相对高阻高极化特征，在视极化率联剖曲线上一般会出现高极化反交点。激电联合剖面测量在该区取得了良好的勘查效果，图4-55为同家庄银矿激电联剖视极化率剖面平面图，矿区视极化率相对平稳，一般在2.0%左右，总体表现为南北低而平稳，北部相对升高的特征，南部主要第四系的反映，北部则为Ⅰ矿化蚀变带和似斑状花岗闪长岩的反映。并在Ⅰ-1～Ⅰ-2号银矿体连线，即92～98勘探线均出高极化反交点，视极化率一般在3.5%以上，虽然Ⅰ-3号银矿体上方未出现反交点，但矿体上η_s^A、η_s^B曲线均出现明显的高极化特征，视极化率在3.0%左右，表明Ⅰ-1～Ⅰ-2号银矿体规模相对较大，且与Ⅰ-3号银矿体不连续的特征。图4-56为同家庄银矿激电联剖视电阻率剖面平面图，总体表现为南低北高的特征，南部主要为第四系较厚，基岩风化较强，含水性较好，导致电阻率相对较低；北部电阻率较高，为Ⅰ矿化蚀变带和似斑状花岗闪长岩的反映，由于似斑状花岗闪长岩与Ⅰ矿化蚀变带内受硅化、绢英岩化岩石电阻率相差不大，在矿化蚀变带上未出现高阻反交点，但在矿体上出现明显的高阻特征，且ρ_s^A均明显高于ρ_s^B，其开口较大，为矿化蚀变带和矿体的共同反映。

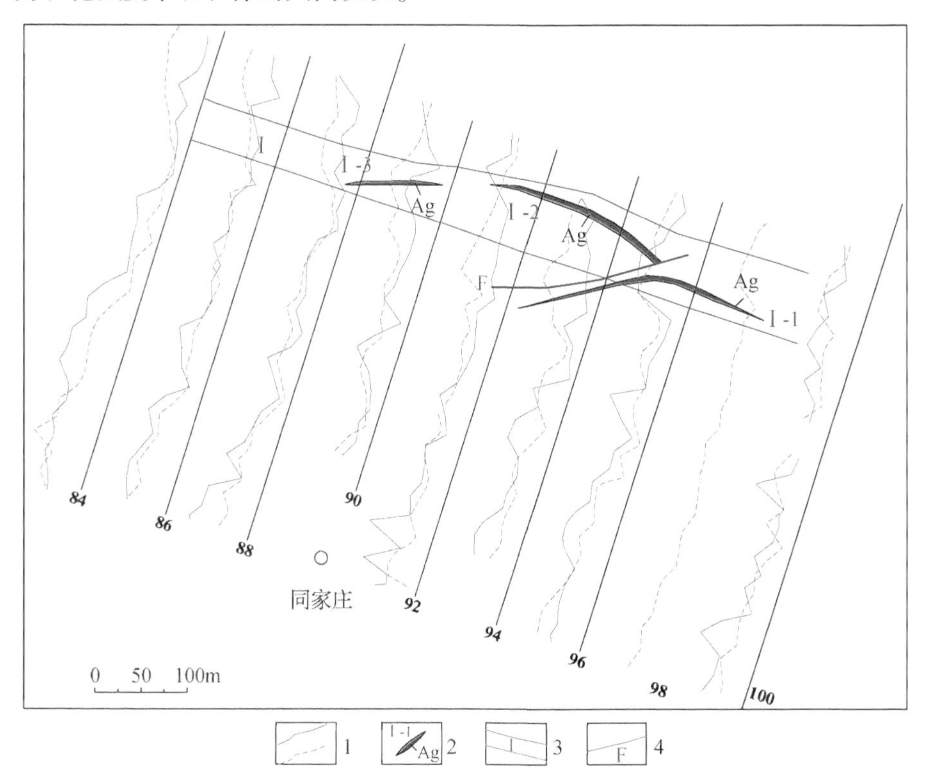

图4-55　同家庄银矿激电联剖视极化率剖面平面图（据高建国等，1990）

1. 激电联剖η_s曲线（实线为A，虚线为B）；2. 银矿体及编号；3. 矿化蚀变带及编号；4. 实测断裂

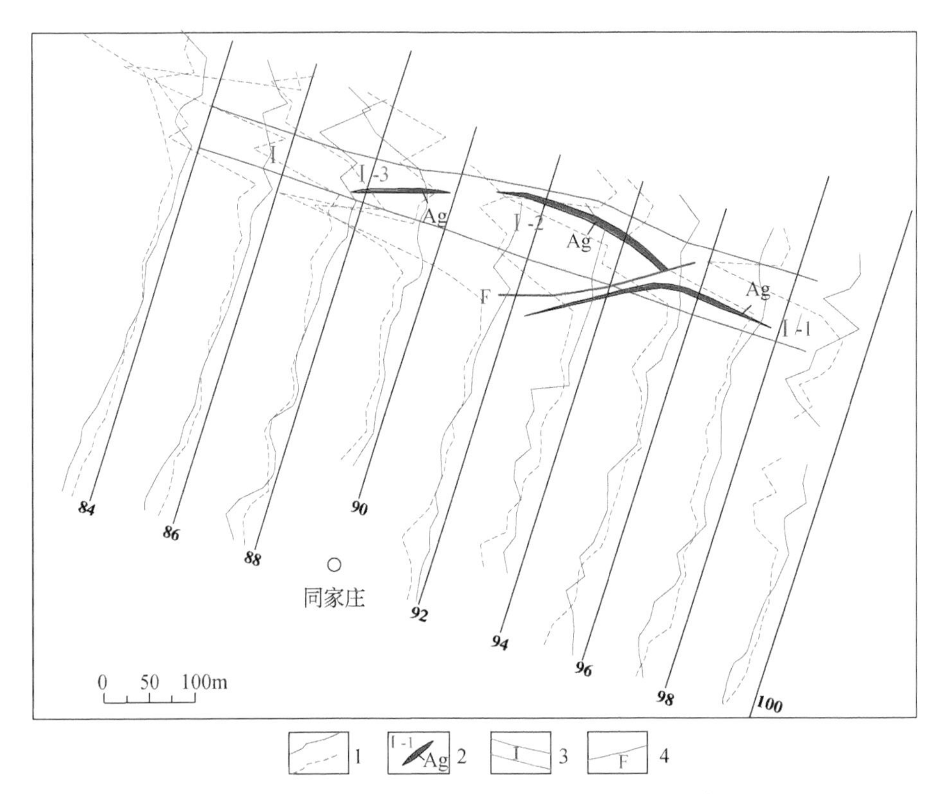

图4-56　同家庄银矿激电联剖视电阻率剖面平面图（据高建国等，2009）

1. 激电联剖ρ_s曲线（实线为A，虚线为B）；2. 银矿体及编号；3. 矿化蚀变带及编号；4. 实测断裂

（二）文登区东方红构造蚀变岩型银矿

1. 地质概况

文登区东方红银矿位于文登区东南25km的金岭、高村一带，地处乳山-威海凸起，区内构造复杂，成矿地质条件较好。构造以韧性剪切构造和脆性断裂构造为主，韧性变形构非常发育，形成大量的构造片麻岩，构造线方向以北东向为主，应变较强的韧性剪切带有南产-望海初家韧性剪切带，韧性剪切带为成矿物质的运移、富集提供了条件。脆性断裂构造主要为近南北向金岭断裂，断裂带主要发育硅化、褐铁矿化碎裂岩，黄铁绢英岩等，并发育多个银、金矿（化）体。岩浆岩分布广泛，主要为新太古代荣成超单元的花岗岩，其中含少量海阳所超单元老黄山单元的斜长角闪岩包体，燕山期闪长玢岩、煌斑岩等脉岩，常沿断裂脉动定位，与银、金矿关系密切。

2. 激电联剖异常特征

该区主要为岩浆岩分布区，矿床类型为构造蚀变岩型，并受近南北向金岭断裂控制，花岗岩的电阻率相对较高，一般在1500～2000Ω·m，极化率相对偏低一般在2.0%～3.5%，而矿化蚀变带由于赋水、矿化蚀变金属硫化物富集等总体表现为相对低阻高极化特征，电阻率一般在500～1000Ω·m，极化率一般在3.0%～5.0%。

图4-57为东方红银矿激电联剖剖面平面图，剖面垂直于金岭断裂布设，15勘探线视电阻率呈现明显的低阻正交点，而构造两侧曲线分离大，视电阻率高达1500～2000Ω·m，为完整的花岗岩体反映，其他测线构造的位置V形低阻特征，其电阻率一般为500～800Ω·m，而两侧电阻率达1400～1800Ω·m，构造反应明显。在0勘探线63点至7勘探线63点间，有一条长约150m的次级构造，走向0°左右，视电阻率较低，ρ_s^A、ρ_s^B一般在650～900Ω·m，曲线分离不大，此带与ZK02中所见的Ag、Au矿体构造一致，反映了金岭断裂的次级控矿构造。图4-57中显示金玲矿化蚀变带总体反映为相对高极化特征，η_s^A、η_s^B在蚀变带上均具有相对高极化特征，视极化率一般在3.5%～4.5%，尤其是在矿体上方，激电异常更加明显，15勘探线、23勘探线η_s^A、η_s^B曲线均在4.5%～5%，为呈同步升高状态，金玲矿化蚀变带的南部、北部视极化率总体具有高极化显示，但异常幅度相对低一些，η_s^A、η_s^B曲线均在3.0%～4.0%，反映了金玲矿化蚀变带金属硫化物的中段相对富集的特征。

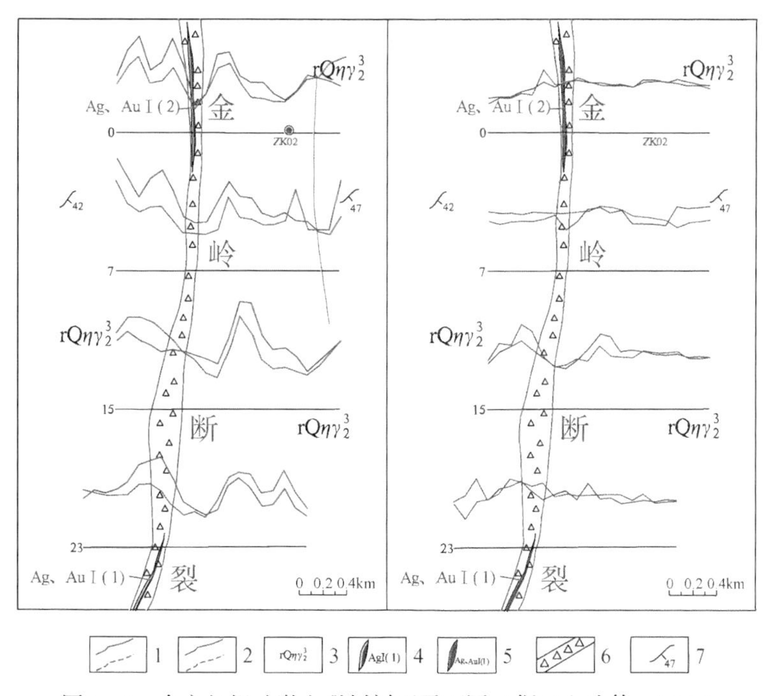

图4-57　东方红银矿激电联剖剖面平面图（据王立法等，2000）

1. 激电联剖ρ_s曲线（实线为A，虚线为B）；2. 激电联剖η_s曲线（实线为A，虚线为B）；3. 荣成超单元邱家单元二长花岗岩；4. 银矿体及编号；5. 银、金矿体及编号；6. 构造破碎带；7. 片麻理产状

3. 地球物理综合异常特征

图4-58为东方红银矿0勘探线物探综合剖面图，在激电联剖电阻率曲线自西向东呈逐渐降低的状态，反映了金岭断裂及其次级构造内金属硫化物富集，并沿断裂裂隙赋水，导致电阻率自西向东逐渐降低的特征，局部出现明显的低阻异常两处，分别与金岭断裂以及次级构造对应，在金岭断裂上为明显的V形低阻特征，其电阻率低至500Ω·m，而两侧电阻率达1400～1800Ω·m，另一处低阻在ZK02钻孔附近，亦为明显的V形低阻特征，

经钻孔验证，揭露到金岭断裂的次级控矿构造。在两处低阻异常上表现出明显的相对高极化异常，其 η_s^A、η_s^B 曲线形态相似，金岭矿化蚀变带上出现视极化率波峰，峰值为 4.5%，波峰西侧较陡，东侧舒缓的状态，反映了矿化蚀变带向东倾的特点；ZK02 钻孔上出现极化率波峰，峰值为 4.2%，亦表现出西侧较陡，东侧舒缓的状态。

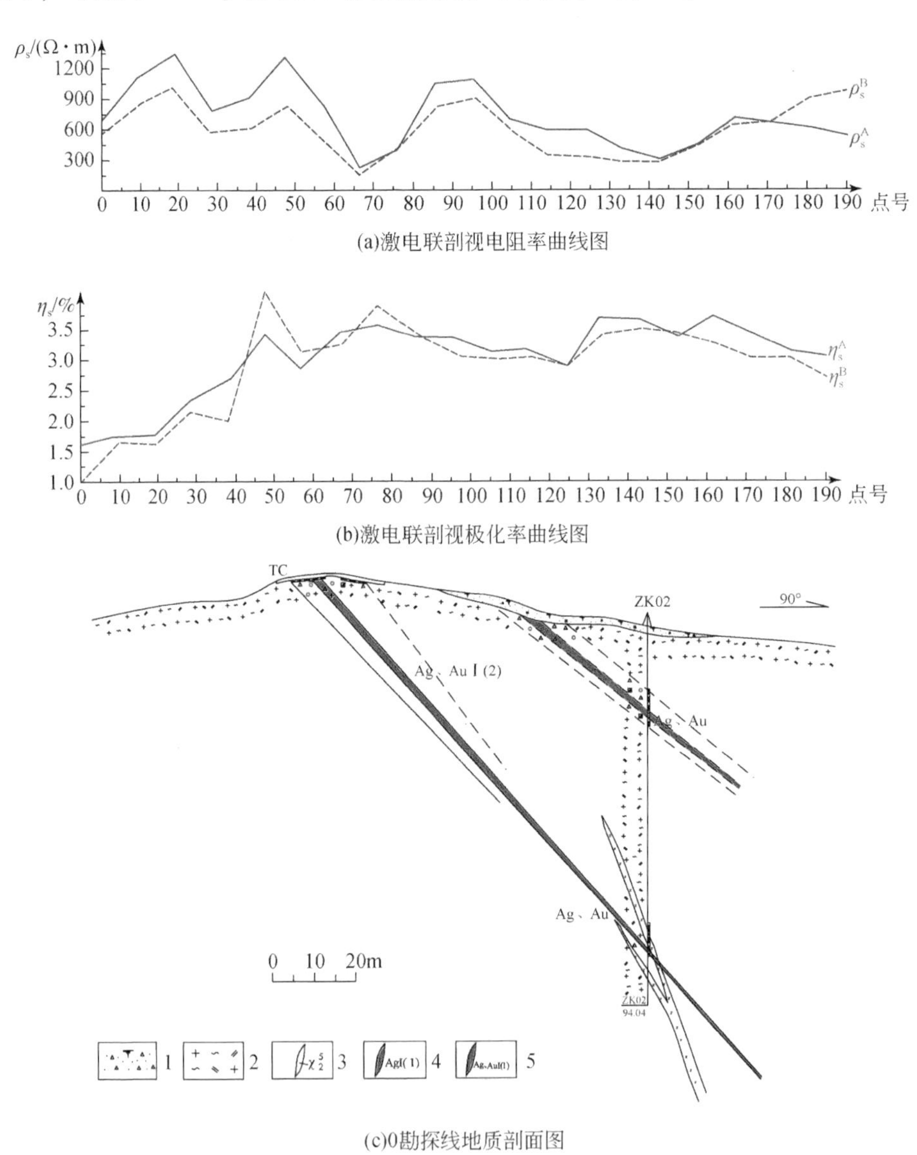

图 4-58　东方红银矿 0 勘探线物探综合剖面图（据王立法等，2000）

1. 第四系山前组；2. 二长花岗岩；3. 煌斑岩脉；4. 银矿体及编号；5. 银、金矿体及编号

综上所述，由于矿化蚀变带赋水、矿化蚀变金属硫化物富集等因素，往往表现出低阻高极化特征，在一定的地球物理前提下，利用激发极化法寻找隐伏的蚀变岩型银及多金属矿是行之有效的物探方法，其异常特征较为明显，总体呈低阻高极化特征。

四、物探技术在铅锌矿勘探中的应用

本书主要介绍物探技术在龙口凤凰山热液充填型铅锌矿中的应用效果。

1. 地质概况

龙口凤凰山铅锌矿位于近东西走向、北西倾向的龙口弧形断裂带上盘古近纪断陷盆地之南缘，上盘主要出露的地层为震旦系蓬莱群和白垩系青山群以及燕山期艾山花岗闪长玢岩，下盘主要为元古宙玲珑花岗岩。蓬莱群地层在凤凰山一带出露较好，走向南北，倾向西或东，呈一背斜构造，与花岗闪长玢岩呈侵入接触，地层内断裂和小褶皱发育，凤凰山铅锌矿均处在蓬莱群地层中。元古宙玲珑期似斑状黑云母花岗岩分布于龙口弧形断裂带下盘与蓬莱群地层及燕山艾山花岗岩呈断层接触。中生代燕山期艾山花岗岩在本区只有花岗闪长玢岩沿龙口弧形断裂带上盘成带状产出，零星出露，分布较广，普遍受碳酸岩化作用，矿液即为该岩浆活动后期产物。含矿带与矿体主要分布于艾山岩体内外接触带，接触带上方铅矿化和褐铁矿化较强，该期脉岩主要有石英闪长玢岩和细晶闪长岩，前者受绢云母化和碳酸岩化作用，后者矿化明显，并且矿带多沿细晶闪长岩贯入或切穿它，在其内部下盘往往形成较富的矿体。艾山岩体和豚岩及岩带与矿体在空间分布上有密切关系。

2. 激电中梯异常特征

凤凰山地区沉积岩、花岗岩的极化率一般在3.0%左右变化，铅锌矿极化率平均值在30.0%左右，最高可达73.8%，可见铅锌矿体具有明显的高极化特征；香夼组灰岩、南庄组板岩电阻率一般高出燕山期花岗岩和青山群英安岩1～2数级次，视电阻率可作为划分地层、构造的参考。

图4-59为凤凰山铅锌矿激电中梯视极化率平面图，视极化率从西南向东北有增高趋势，反映了自断裂下盘到断裂上盘内金属硫化物逐渐富集的特征。本区发现的11个激电异常，编号DJH-1～DJH-11，其中DJH-1～DJH-4位于矿区中部，地表主要为南庄组和青山组，异常均与已知矿体对应，其余异常主要分布在香夼组地层和青山组地层中。DJH-4异常由三部分组成，异常内已揭露到工业铅锌矿体，取得了良好的找矿效果。DJH-11异常呈北东45°椭圆形展布，视极化率在5.0%的等值线内出现多峰现象，异常长约600m，宽约300m，视极化率一般在4.0%以上，最高可达8.63%，且激电异常北侧较陡、南侧舒缓，反映极化体南倾，异常内视电阻一般在1000Ω·m以上，局部出现条带状低阻，证实了矿（化）体和构造的存在，异常区可见蚀变矿化现象，经钻探验证，异常内均已见到工业矿体。

图4-60为凤凰山铅锌矿激电中梯视电阻率平面图，分布特征反映了矿区地层构造的展布特征。矿区南部视极化率背景值一般在4.0%左右，视电阻率在500Ω·m左右，局部出现1000Ω·m以上的高阻，表现为局部跳跃高阻特征，反映了玲珑期似斑状黑云母花岗岩及其伟晶岩脉的分布；东北与其相邻位置有一个在250Ω·m左右变化的稳定低阻带，反映出龙口弧形断裂带的位置；在龙口弧形断裂带上盘、工区中部视极化率在3.0%左右稳定地变化，视电阻率在200Ω·m左右的背景上出现400Ω·m左右的高阻反映，反映了

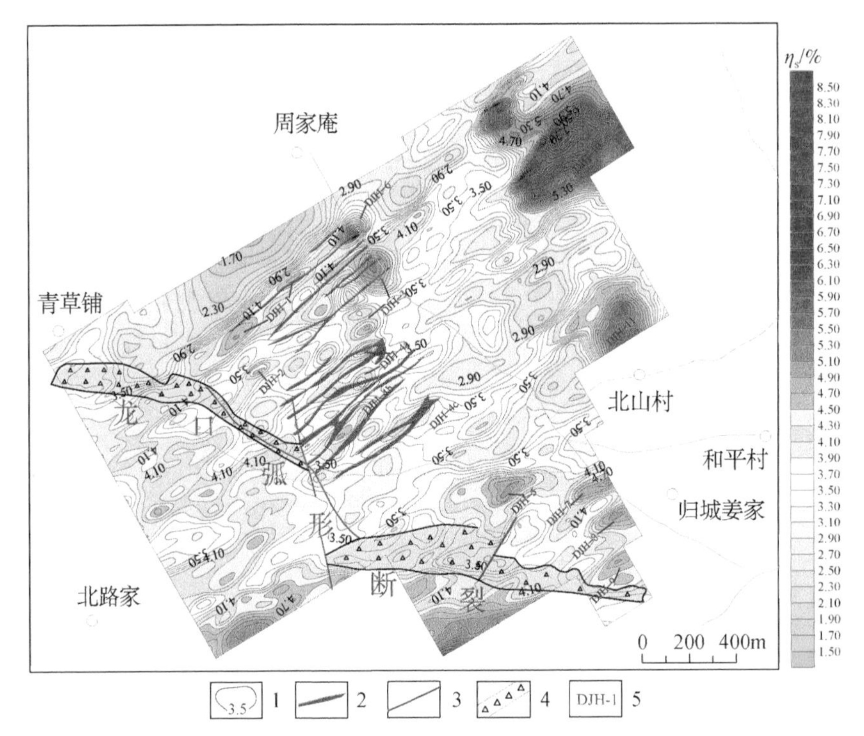

图 4-59　凤凰山铅锌矿激电中梯视极化率平面图（据黄儒文，1973）

1. 激电中梯 η_s 等值线及标注；2. 铅锌矿体；3. 实测断层；4. 破碎带；5. 激电异常编号

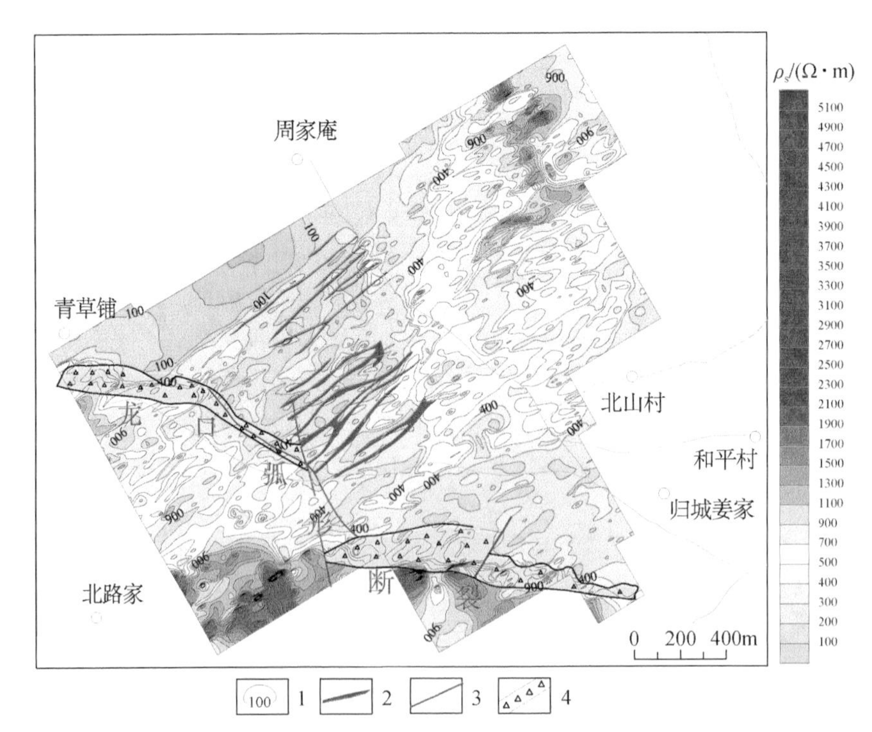

图 4-60　凤凰山铅锌矿激电中梯视电阻率平面图（据黄儒文，1973）

1. 激电中梯 ρ_s 等值线及标注；2. 铅锌矿体；3. 实测断层；4. 破碎带

南庄组地层的分布；矿区东北部视极化率在3.0%左右变化，视电阻率在500Ω·m以上，反映了香夼组地层的存在；矿区内200Ω·m左右的平稳场和局部低阻多是反映白垩系青山组地层的分布以及艾山岩体的侵入构造的位置。

3. 地球物理综合异常特征

图4-61为凤凰山铅锌矿区133勘探线物探综合剖面图，采用激电中梯和激电联剖对上述DJH-4异常进行研究。图中显示DJH-4异常在AB=600m的激电中梯剖面上为明显的低阻高极化特征，η_s 曲线上异常中心位于545点，异常峰值为5.6%，呈南侧舒缓北侧较

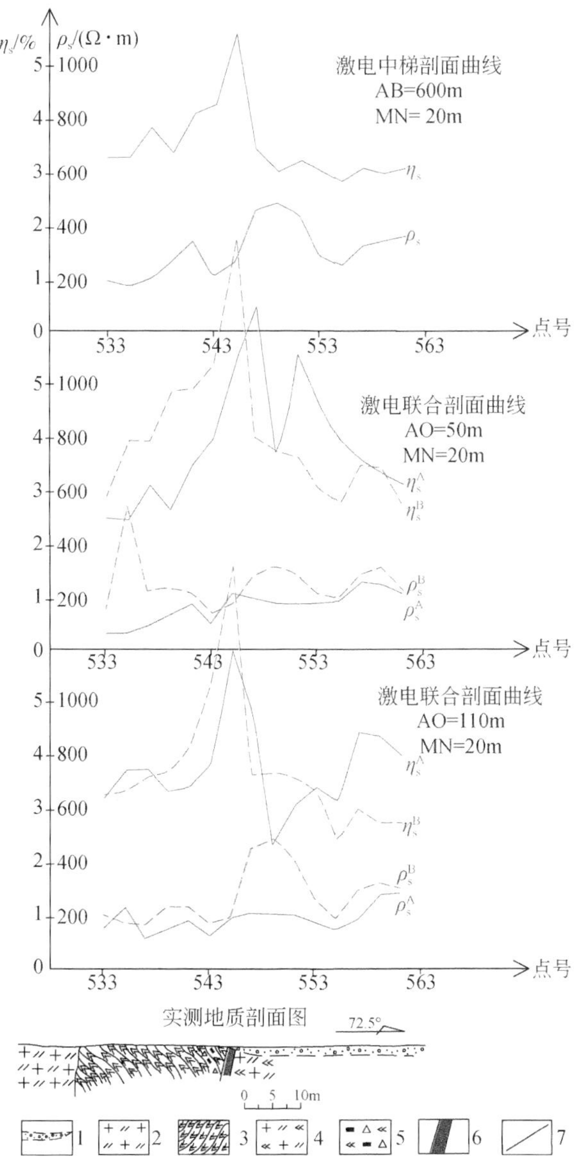

图4-61　凤凰山铅锌矿区133勘探线物探综合剖面图（据黄儒文，1973）

1. 第四系冲积坡积物；2. 花岗闪长玢岩；3. 绢英岩化板岩；4. 绢英岩化花岗闪长玢岩；5. 黄铁绢英岩化角砾岩；6. 铅锌矿体；7. 断层

陡的状态，反映出矿体南倾的特征，ρ_s 曲线在异常位置反映为明显的低阻特征，ρ_s 小于 300Ω · m，具有明显的电阻率降低特征。激电联剖 η_s 曲线均上出现明显的高极化反交点，AO=50m 时，η_s^A、η_s^B 在 546 点出现高极化反交点，视极化率一般在 5.5% ~7.0%；AO=110m 时，η_s^A、η_s^B 在 545 点出现高极化反交点，视极化率一般在 5.5% ~7.5%，交点略微向北移动，反映出产状信息，激电联剖 ρ_s 曲线表现为明显的低阻特征，η_s^A、η_s^B 均在异常位置出现同步的“U”形低阻特征，反映出隐伏矿体的存在。由此可见铅锌矿体上激电效应较为明显，为明显的低阻高极化特征。

五、物探技术在铁矿勘探中的应用

（一）乳山马陵中–高温热液交代型铁矿（马陵式）

乳山马陵铁矿位于乳山城西北约 20km 处。矿床赋存于古元古界荆山群野头组祥山段内，该段地层以高铁富镁为特征，当燕山晚期花岗闪长岩侵入时，其派生的含铁热液具有选择性的交代富镁大理岩成矿，有的则沿岩石片理和层间裂隙，以充填型式成矿。马陵铁矿的形成与花岗闪长岩直接相关，其成矿时代为中生代燕山晚期。地面磁异常表现为块状磁力高的边部及端部，分布着星点状和椭圆状升高磁异常，反映了马陵铁矿体的赋存部位（图 4-62）。图 4-63 为马陵铁矿 25 勘探线综合剖面图，地磁 ΔZ 剖面曲线的峰值区与磁铁矿体头部在地面投影的位置一致，剖面曲线呈多峰值特征，与矿体的多层分布特征一致，曲线两翼均有负值出现，反映了矿体向下延伸有限的地质特征。剖面曲线南翼梯度大变化陡，北翼相对较缓，反映了矿体北西倾的地质特点。根据典型勘探精测剖面的异常特点，对矿体的产状及赋存特点进行判断，指导钻探工程的布设。

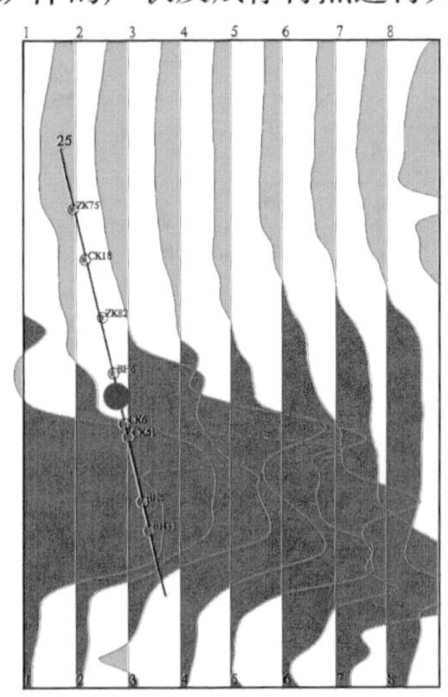

(a)地磁ΔZ剖面平面图

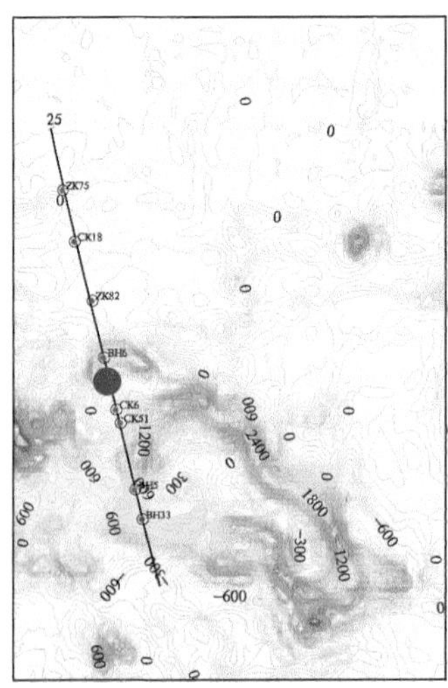

(b)地磁ΔZ化极垂向一阶导数等值线平面图

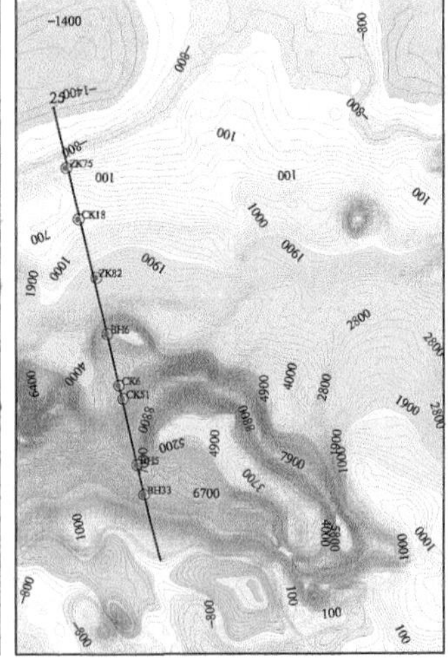

(c)地磁ΔZ化极等值线平面图

图 4-62　马陵铁矿地磁剖析图

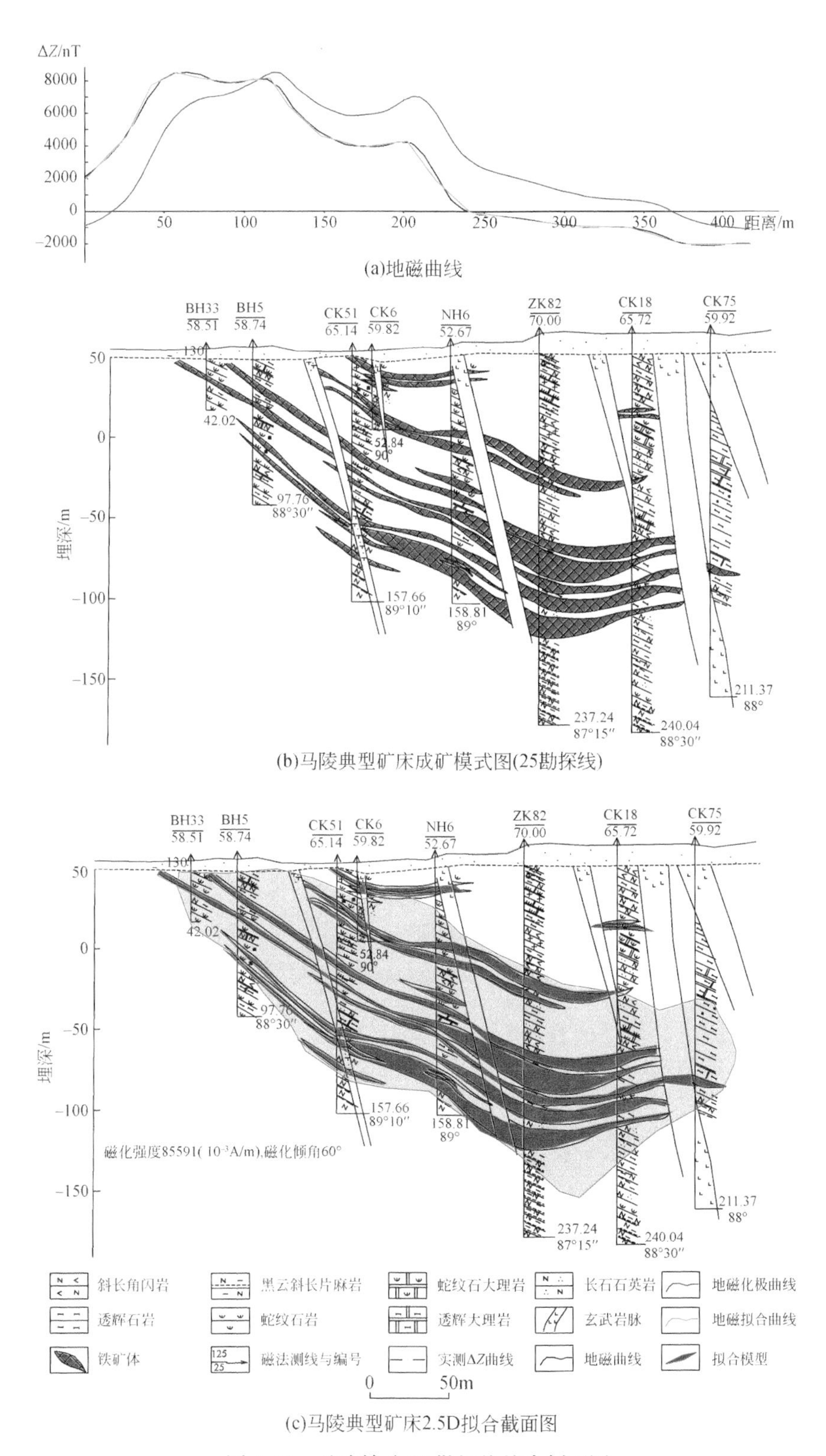

图 4-63　马陵铁矿 25 勘探线综合剖面图

（二）烟台莱山区祥山岩浆型铁矿（大庙式）

祥山铁矿床位于烟台市西南24km，东距牟平区17km。矿床赋存于中元古代四堡期辉石角闪石岩中，成矿母岩为辉石角闪石岩，少数矿体赋存在斜角闪岩中，呈岩床或岩株状侵入古元古界荆山群野头组祥山段，属岩浆晚期分异型铁矿床。矿体位于侵入岩体与地层的接触带附近，重磁场特征则显示为重力梯级带上伴有强磁异常。矿区地磁ΔT磁异常呈近南北走向的强磁异常带，磁异常的分布范围与矿体一致。根据磁异常尖陡、两侧急剧下降出现负值的异常特征，可以判断矿体埋藏浅且延伸有限的地质特征，异常突出说明矿体与围岩具有较大的磁性差异（图4-64）。

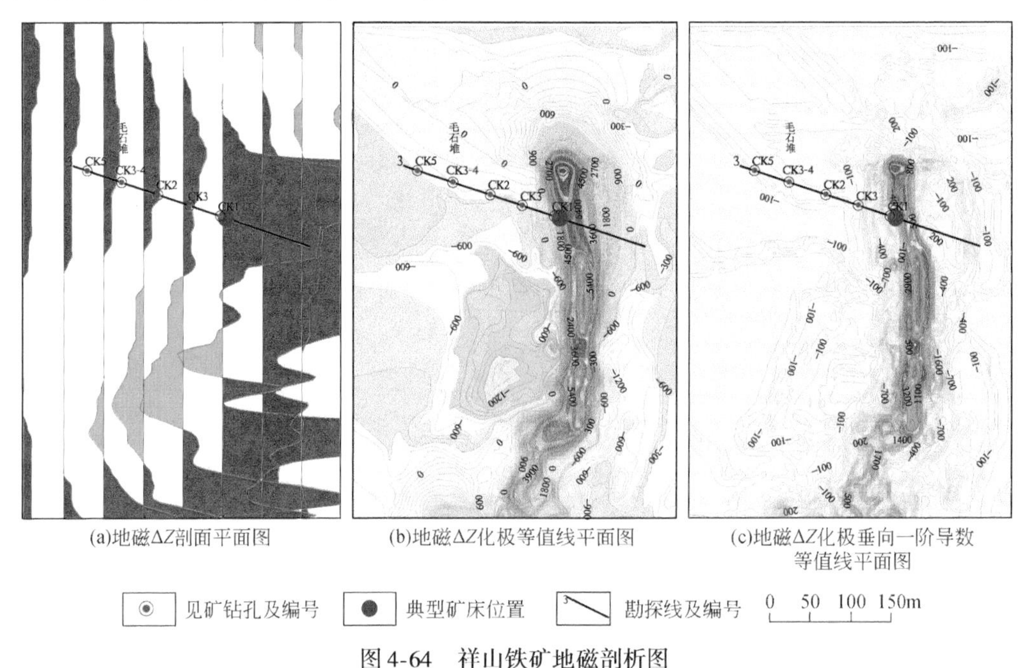

(a)地磁ΔZ剖面平面图　(b)地磁ΔZ化极等值线平面图　(c)地磁ΔZ化极垂向一阶导数等值线平面图

图4-64　祥山铁矿地磁剖析图

图4-65为祥山铁矿三线综合剖面图，地磁ΔZ剖面曲线表现为陡而尖的局部强磁峰值。其中剖面中部磁异常值最高位置对应含磁铁矿岩系，磁性差异极大，异常非常明显。其化极曲线异常特征更为明显，磁异常峰值向西北方向微移，与含矿岩系位置对应，峰值高达8000nT以上，高磁异常峰值区直接指示了磁铁矿体的赋存位置。

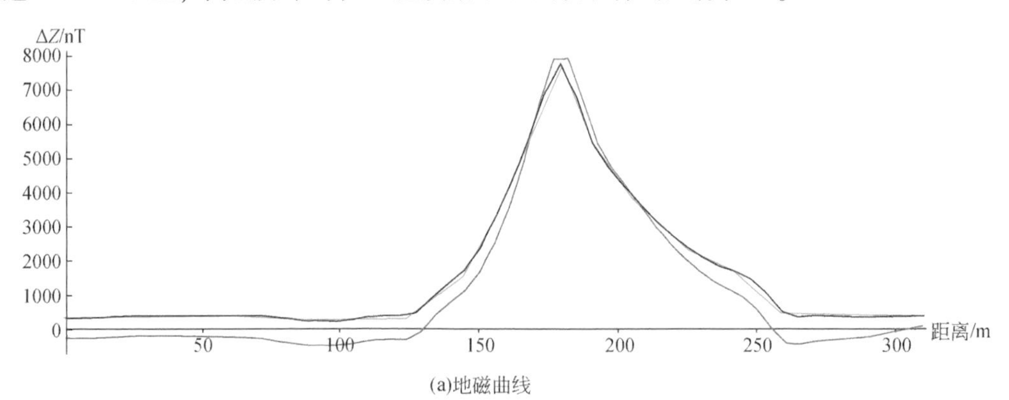

(a)地磁曲线

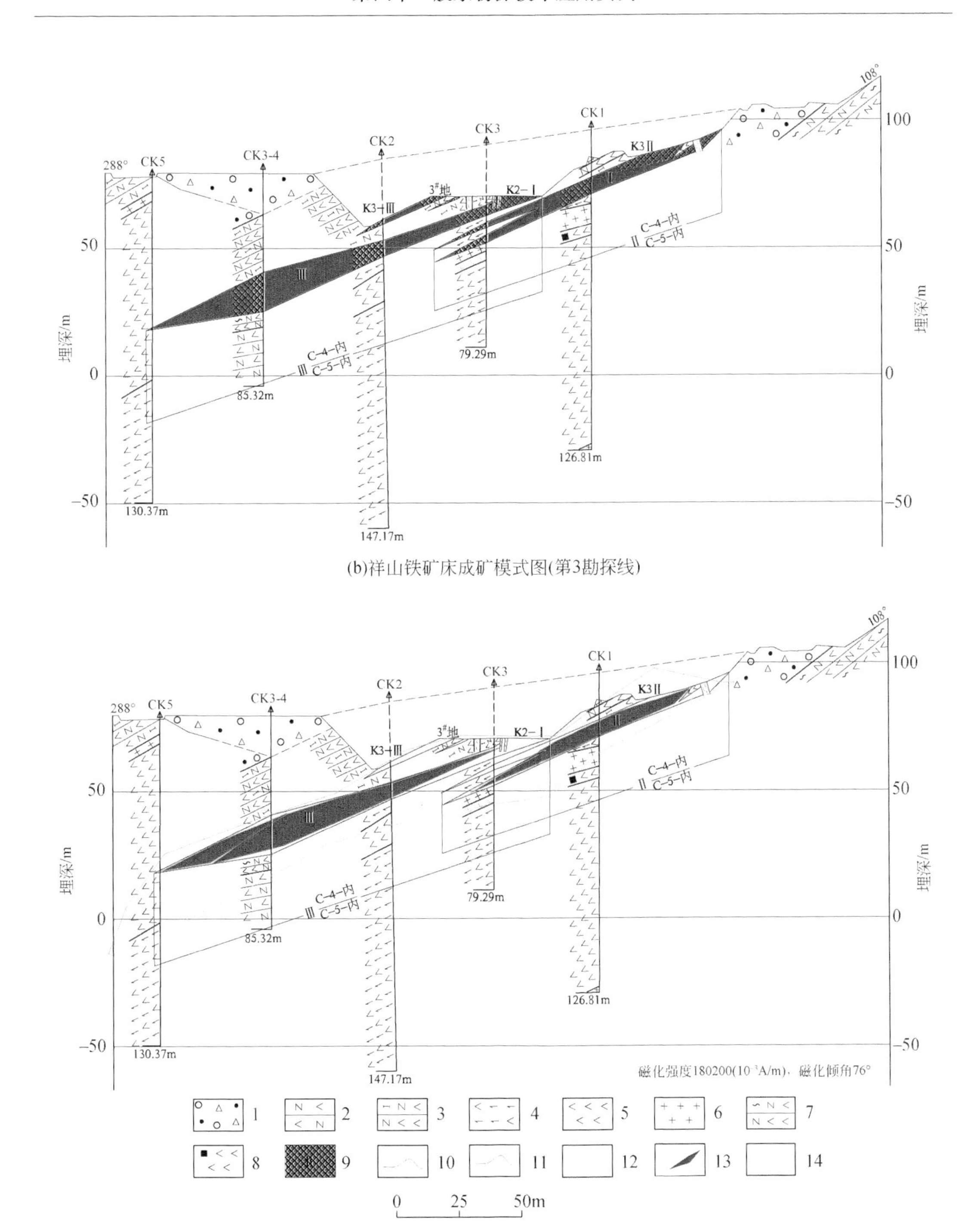

(b)祥山铁矿床成矿模式图(第3勘探线)

(c)祥山铁矿床2.5D拟合截面图

图4-65　祥山铁矿三线综合剖面图

1. 第四系砂砾；2. 斜长角闪岩；3. 透辉斜长角闪岩；4. 角闪辉石岩；5. 角闪石岩；6. 花岗岩；7. 绿泥石化斜长角闪岩；8. 含铁角闪石岩；9. 磁铁矿体及编号；10. 地磁曲线；11. 地磁化极曲线；12. 地磁拟合曲线；13. 拟合模型；14. 推断铁矿建造

第五节　物探技术在能源矿产勘探中的应用

一、物探技术在地热勘探中的应用

胶东地热区位于沂沭断裂以东胶辽隆起区内，新构造活动较强烈，地热异常的分布受构造控制，热储岩性有花岗岩、闪长岩等，均为构造裂隙型热储。大气降水沿断裂下渗至深部，被围岩加热后沿通道上升至浅部形成温泉，多赋存于第四系下伏的多组断裂带交汇部位。地球物理勘探技术在胶东地区地热勘探中效果显著，本书以威海市文登区汤村汤地热田为例介绍物探应用效果。

1. 地质概况

汤村汤地热田位于文登区张家产镇汤村店子西南，地热田出露于昌阳河北岸一级阶地上。出露地层主要为第四系，根据岩性特征分为临沂组和沂河组，前者为陆相沉积物，分布于昌阳河两侧，厚度一般为23～29m，岩性为土红色含砾中细砂、含砾砂质黏土、砾石层等；后者为近代河流相沉积，发育于昌阳河河床及河漫滩中，沿河流呈带状分布，沉积物为灰黄色、灰白色含砾混粒砂、粗砂、砾石等，厚度一般不超过2m。地热田控矿断裂由北东向昌阳河断裂及北西向汤村断裂组成，前者为导热断裂，具压扭性特征，含水性差；后者为导水断裂，具张性特征，含水性好。地热田岩浆岩极为发育，主要为新元古代铁山序列庙山单元，出露于地热田北部汤村店子和菜园子附近，岩性为片麻状粗中粒二长花岗岩，呈浅肉红色，粗中粒结构，片麻状构造，主要组成矿物为斜长石、正长石、石英、角闪石。

2. 视电阻率联合剖面异常特征

图4-66为昌阳河断裂联剖视电阻率剖面平面图，断裂位于汤村汤地热田东南侧约50m处，由LT1、LT3、LT6、LT7、LT9剖面控制，北东走向，控制延伸约900m。剖面测量区域内视电阻率一般不高于200Ω·m，总体具低阻特征，曲线变化较平稳，地热田及周边视电阻率一般在50Ω·m左右，呈低阻异常特征，其他区域视电阻率一般在100～200Ω·m。该断裂以断裂带形式存在，包含多组断裂，在联合剖面视电阻率曲线上以低阻正交点为异常特征，部分剖面视电阻率曲线正反互交，显示断裂带宽度较大。

3. 地球物理综合异常特征

图4-67为LT9综合剖面图，剖面垂直昌阳河断裂布设，采用视电阻率联剖、视电阻率测深、微动探测三种物探测量方法。视电阻率联剖曲线显示断裂附近视电阻率低于50Ω·m，曲线正反相交，断裂特征明显；视电阻率测深断面图显示，断裂以“U”形低阻凹槽为异常特征，推断该区为断裂交汇部位，富水性良好；微动探测视横波速度断面图显示，该断裂受岩石破碎，地热水上涌影响呈现明显的低速异常特征。根据联剖交点位置、视电阻率测深断面图低阻凹槽中心位置、微动探测视横波速度等值线等三个不同角度推断该断裂倾向为北西，倾角约70°。后在110点布设地热钻孔ZK1，对该断裂带进行了揭露，其中钻

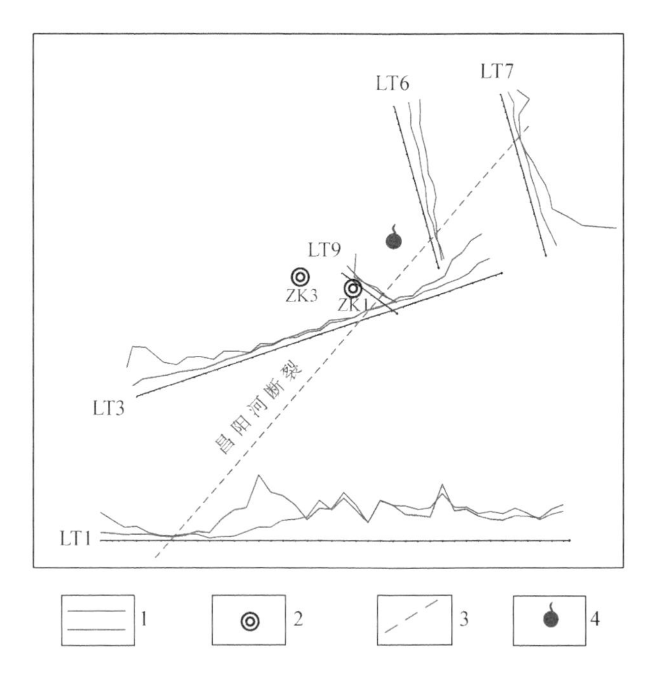

图4-66　昌阳河断裂联剖视电阻率剖面平面图（据罗怀东等，2021）

1. 联合剖面视电阻率ρ_s曲线（红色为A，蓝色为B）；2. 地热钻孔；3. 推断断裂；4. 汤村汤地热田

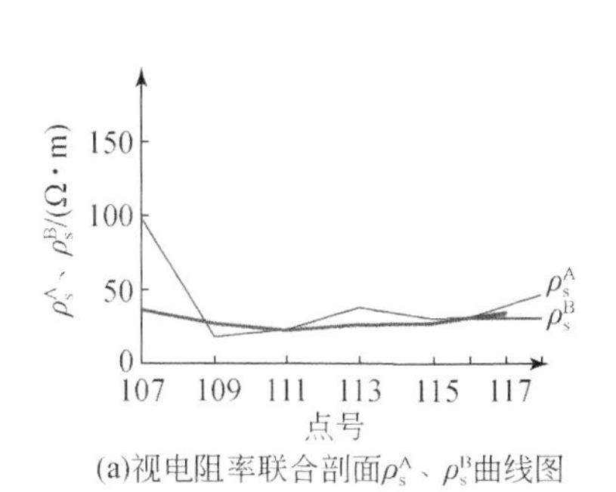

(a)视电阻率联合剖面ρ_s^A、ρ_s^B曲线图

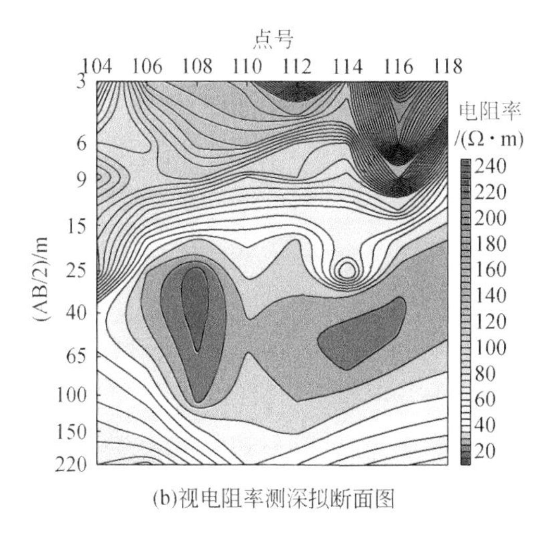

(b)视电阻率测深拟断面图

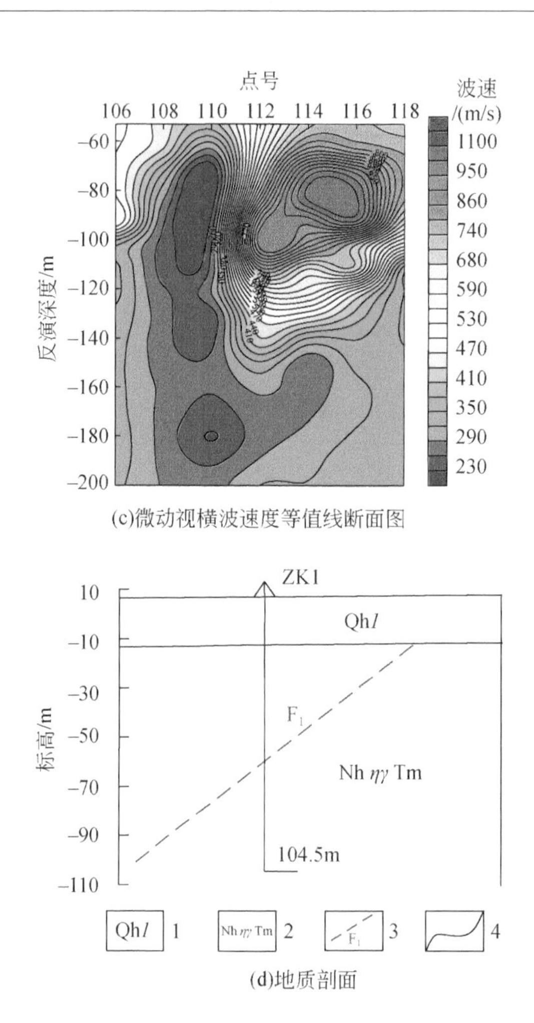

(c)微动视横波速度等值线断面图

(d)地质剖面

图 4-67 LT9 综合剖面图（据罗怀东等，2021）

1. 临沂组灰黄色含黏土质粉砂、混砂；2. 铁山序列庙山单元片麻状细粒二长花岗岩；3. 昌阳河断裂；4. 岩性界线

孔 46.6 ~ 59.4m 处见硅质碎裂岩，呈灰绿色，碎裂结构，块状构造，岩石较破碎，裂隙发育，局部可见水蚀痕迹，水蚀孔洞，孔径为 0.5 ~ 5mm；59.4 ~ 79.7m 见花岗质碎裂岩，肉红色，碎裂结构，块状构造，岩石较破碎，裂隙发育，局部可见水蚀痕迹，孔温最高约 49℃。根据物探推断解释的断裂带倾向及倾角参数，在 ZK1 钻孔西北布设 ZK3 钻孔，该钻孔也揭露了昌阳河断裂，在 146.55 ~ 153.90m、217.10 ~ 219.85m 见花岗质碎裂岩，浅肉红色，碎裂结构，块状构造，岩石裂隙发育，破碎，局部可见水蚀痕迹，孔温最高约 52℃。

二、物探技术在煤矿勘探中的应用

山东省煤炭资源分布较为广泛，资源储量在我国东部地区属丰富省份之一，且绝大部分分布在石炭系—二叠系中，其储量约占全省资源总量的 94.1%，其次为古近系内煤炭，其储量约占全省资源总量的5.6%，下中侏罗统亦有煤炭产出，但资源占比仅为0.3%，另外新近系和第四系有零星泥炭分布。目前胶东地区已探明煤炭主要为古近系五图群李家崖组，且主要分布在龙口盆地龙口-蓬莱一带，累计探明储量11.36亿t，已陆续建成梁家、洼里、北皂、洼东、柳海等煤矿。

1. 地质概况

龙口煤田位于龙口-蓬莱一带，为全隐蔽古近系煤田。东起北沟-北林院断层，南以龙口断层为界，北、西均至煤层自然露头。

1）地层

下白垩统青山群：由中性-碱性火山喷出岩和各种火山碎屑岩组成，为含煤地层沉积基底。

古近系五图群李家崖组：自下而上分为五段。下部杂色岩段：位于煤4、油4以下至煤系底界，由灰色-灰绿色泥岩、砂岩、杂色泥岩组成，厚度为18～447m。与下伏地层呈不整合接触。下含煤段主要有泥岩、砂岩、碳质泥岩及油页岩，厚50～165m，含不稳定煤层两层。上含煤段上起钙质泥岩之下，下至煤2之上，由泥岩、泥灰岩、粉砂岩及油页岩组成，含煤五层，为该煤田主要含层段，厚40～150m。泥岩段以灰绿色、灰色、深灰色钙质泥岩为主，偶夹薄层泥灰岩、泥岩煤田南部常相变为富含钙质砂、泥岩或互层。厚100～140m，至煤田东部北沟一带较薄，仅20～75m左右。杂色砂泥岩段以紫红色泥岩为主，夹灰绿色泥岩，偶夹砂岩，厚度变化很大，残厚856m以至尖灭。

新近系：上部为伊丁玄武岩，下部多为红色黏土、砂质黏土及杂色砂砾层。最大厚度可达60m。

第四系：主要由砂土、砂质黏土、砂砾层组成，厚度0～120m，由南东向北西增厚。

2）构造

该煤田赋存于古近纪断陷盆地中，其东、南两侧均受断层控制。地层总体走向为北东东，倾向南东，东西两端向盆地中心倾斜，形成以单斜为主的盆地构造。地层倾角平缓，按其走向可分为近北西—北东东、北西、北东、北北东向四组；煤田内次一级褶曲有北马向斜、北沟-庄头向斜及曲潭向斜等。其中北北东向褶曲可能与断块运动有关。

3）煤层及煤质特征

煤系总厚211m，含可采、局部可采煤层六层，可采煤层总厚11.97m，含煤系数5.7%。其中煤1为稳定-较稳定，全煤田绝大部分可采；煤2大部可采，属较稳定煤层；其余为局部可采煤层。主采煤层为中灰、特低硫分、发热量中等的褐煤、长焰煤。

2. 重力特征

图4-68为龙口-蓬莱一带布格重力异常平面图（含海域），该区域内岩石平均密度一般为砂岩2.35g/cm^3、页岩2.40g/cm^3、石灰岩2.55g/cm^3、褐煤1.19g/cm^3、烟煤1.32g/cm^3、无烟煤1.50g/cm^3、酸性火成岩2.61g/cm^3、基性火成岩2.70g/cm^3、变质岩2.74g/cm^3。龙口断陷盆地基地为早白世青山群中性-碱性火山喷出岩，而含煤层为古近系五图群李家崖组，岩性主要为泥岩、砂岩、碳质泥岩等，具明显的低密度特征。图4-68中显示，龙口-蓬莱一带表现为明显的重力低异常特征，该低异常即为龙口盆地的大致范围，龙口煤

田矿点均位于该低重力异常以内，其布格重力异常值一般在 $-13.5\times10^{-5}\sim0m/s^2$，而盆地四周为明显的重力高特征，布格重力异常值一般大于 $6.0\times10^{-5}m/s^2$，可见通过重力低异常可圈定盆地范围，即煤系地层分布范围。

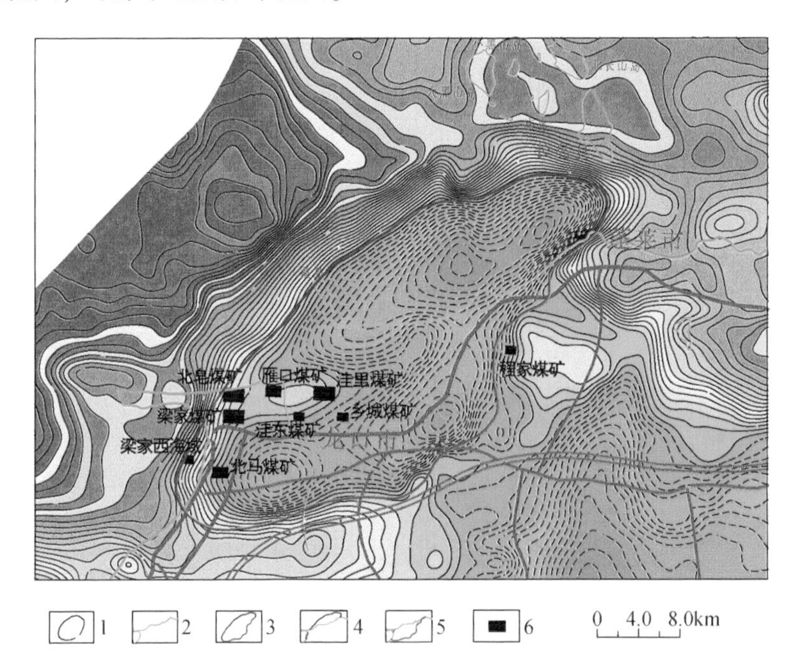

图 4-68　龙口-蓬莱一带布格重力异常平面图（据高晓丰，2021）

1. 布格重力异常等值线，重力值由蓝色区域向红色区域升高；2. 海岸线；3. 龙口盆地范围；4. 龙口盆地海域范围；5. 龙口盆地陆域范围；6. 煤田矿点

3. 电阻率特征

电阻率测深法在工作之初划分电性结构层，寻找煤系地层中有较好的应用效果。龙口盆地白垩系青山群基底岩石电阻高，表现为明显的高阻特征，第四系主要为沙质黏土、砂砾层，新近系上部为伊丁玄武岩，下部为沙质黏土及杂色砂砾层，较煤系地层电阻率高，而煤系地层为古近系五图群李家崖组，主要为泥岩、砂岩、碳质泥岩、油页岩等，具有明显的低阻特征。图 4-69 为龙口煤田发现之初开展的电阻率测深综合剖面图，电阻率测深视电阻率拟断面图上自 152～156 点视电阻率逐渐降低，且总体表现为高阻特征，电阻率范围 50～150Ω·m，其覆盖层相对较浅，主要为白垩系青山群高阻的反映，因为自南往北覆盖逐渐增厚，所以导致电阻率逐渐降低；158～166 点视电阻率曲线类型相接近，总体上为降低-上升-降低-上升的特征，即 KQHA 型曲线。先降低主要为第四系或新近系泥岩、砂砾层的反映，后上升为新近系上部伊丁玄武岩的反映，再降低则为新近系下部和古近系五图群的反映，该段电阻率最低位置即为煤系地层的反映，最后上升则为白垩系青山群的反映。

根据视电阻率拟断面图电阻率的高低、形态划分电性层，基本反映了龙口盆地各地层的分布特征，古近系五图群李家崖组（煤系地层）表现为明显的低阻特征，且推断剖面与后期验证情况大致吻合，取得相对较好的寻找煤系地层的物探效果。

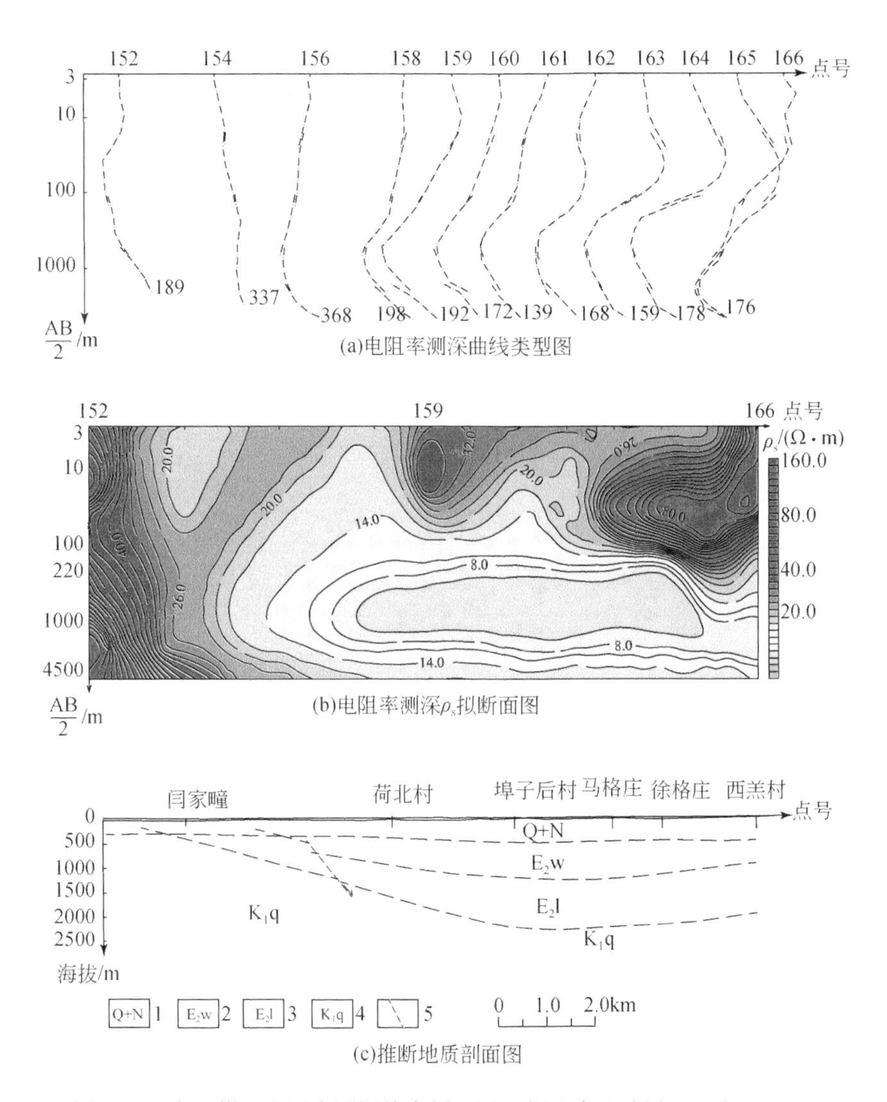

图 4-69　龙口煤田电阻率测深综合剖面图（据山东地矿局 803 队，1969）

1. 第四系、新近系；2. 古近系五图群；3. 古近系五图群李家崖组（煤系地层）；4. 白垩系青山群；5. 推断断裂

4. 地震特征

图 4-70 为柳海煤矿陆地二维反射地震时间剖面图，通过地震剖面可清晰地划定各个标志地层，如图 4-70 解译所示，二维地震剖面对新近系底界面，五图群李家崖组的顶界面，白垩系青山群的顶界面反映清晰，并可详细地划定煤 1、煤 2，且已知的柳海断层在剖面上清晰可见，反映为正断层特征。图 4-71 为北皂煤矿海域二维反射地震时间剖面图，该地震剖面反映地层清晰，中部可明显的凹陷区，即为龙口盆地的反映，且二维地震剖面对新近系底界面，五图群李家崖组的顶界面，白垩系青山群的顶界面反映清晰，并可详细地划定煤 1、煤 2、煤 4，并划定盆缘断层一条。地震反射波层次丰富，有效波突出，波组特征明显、相互关系稳定，信噪比和分辨率都很高，特别是海域剖

面，浅、中、深层次分明，构造清晰，其信噪比和分辨率是任何陆地地震剖面无法与之比拟的。由此可见，地震测量在煤矿勘探中具深层次分明，构造清晰，且精度高，具有可详细圈定煤层的优点。

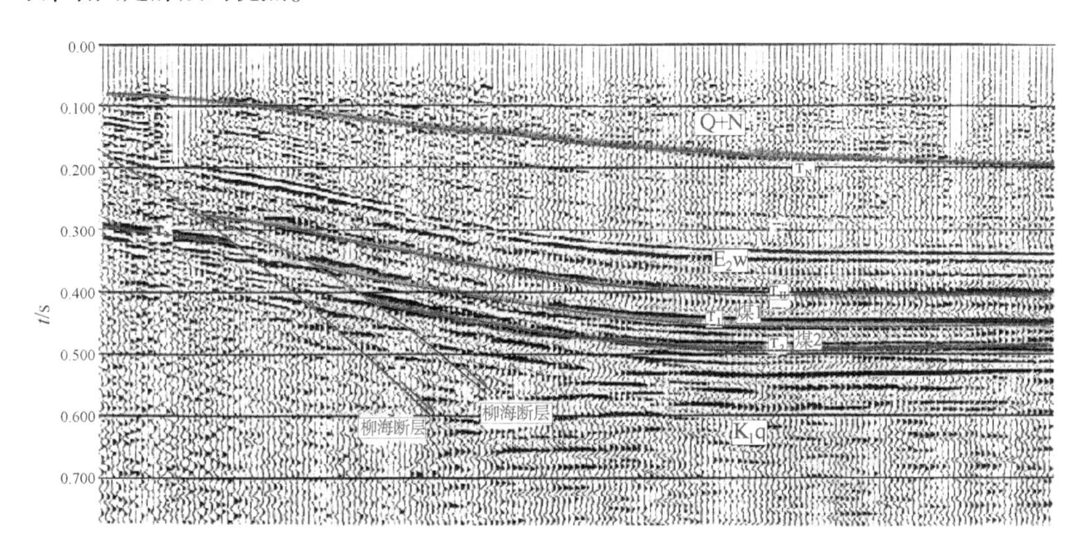

图 4-70　柳海煤矿陆地二维反射地震时间剖面图（据山东煤炭地质局修编）

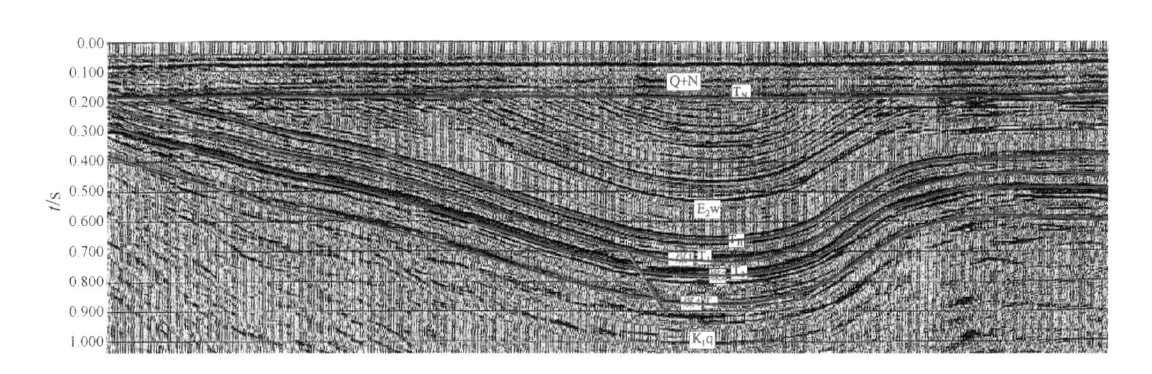

图 4-71　北皂煤矿海域二维反射地震时间剖面图（据山东煤炭地质局修编）

5. *测井观测*

煤田测井一般采用视电阻率梯度-密度综合测井方法，通过对比视电阻率曲线与密度曲线的形态，可大致确定煤层的位置、厚度，而且能够寻找丢失的煤层，并能相对说明煤质的好坏。图 4-72 为龙口煤田 24/ZK83 钻孔测井曲线图，钻孔内见到煤层三处，煤层厚度为 1.0～8.0m，三处煤层上均表现为明显的高阻、高脉冲（即低密度）特征，且异常宽度与煤层厚度基本一致，并在优质煤层上异常曲线连续性较好，因此利用视电阻率梯度-密度综合测井可较为清晰地圈定煤层，并根据异常曲线特征大致判断煤层的品质。

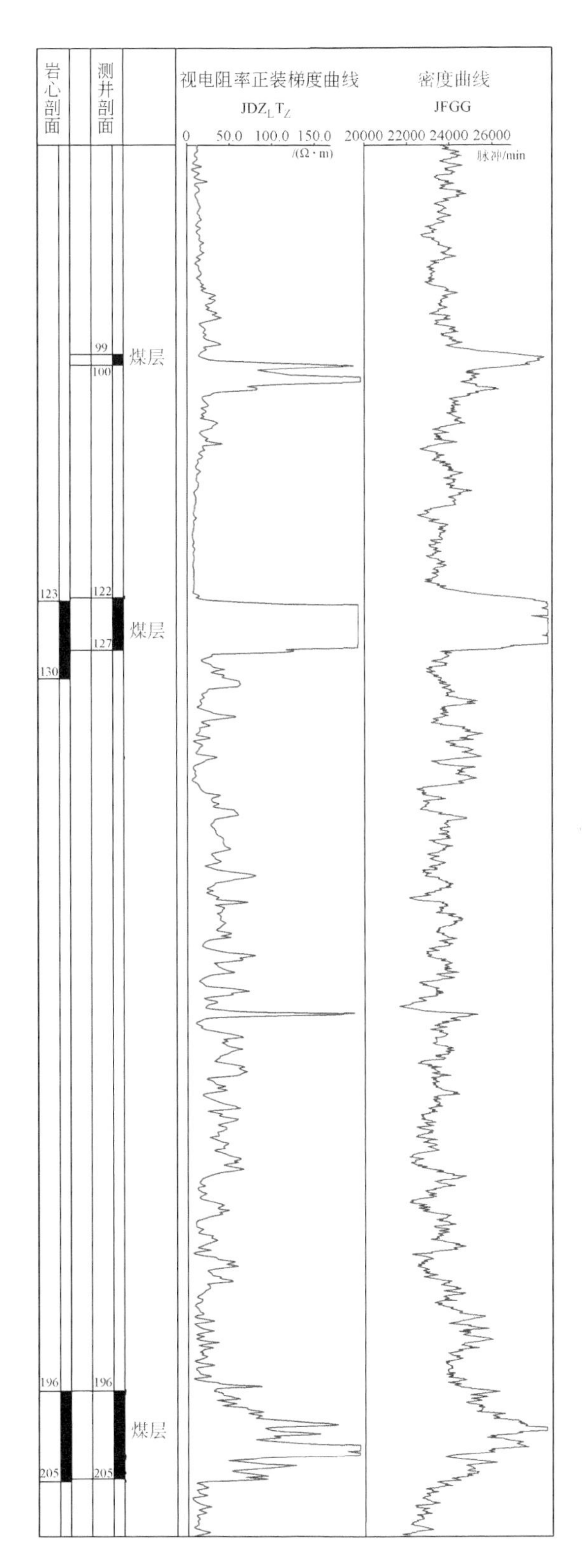

图 4-72　龙口煤田 24/ZK83 钻孔测井曲线图（据山东地矿局 803 队，1968）

综上所述，物探方法在胶东煤田勘查中效果明显，可利用重力勘查圈定盆地范围，即圈定煤系地层分布范围，在海域利用地震或在陆域通过地震-电法等物探手段了解煤系地层的垂向延伸展布特征，进而指导钻探施工，最后利用视电阻率-密度综合测井法确定煤层的位置及厚度，并寻找丢失煤层中表现出良好的应用效果，总体表现为重力低、低阻、地震连续标志层等综合物探异常特征。

第六节　物探技术在其他方面的应用

一、物探技术在地下水资源勘探中的应用

胶东地区栖霞市蛇窝泊镇位于胶莱盆地莱阳凹陷内，区内出露地层以中生界白垩系王氏群林家庄组为主，主要岩性为紫色砾岩、含砾砂岩夹紫红色细砂岩、泥岩。区内第四系局部分布于河流两侧，为砂质黏土、砂砾石层，厚度2～5m。2016年冬季，相关地勘单位采用电阻率联合剖面法和电测深法在该区开展了找水定井工作，图4-73是实测的两种极距的视电阻率联合剖面曲线，由西向东点号逐渐增大，图4-73中显示：当AO=70m时，联剖曲线在测线160号点出现低阻正交点，即为该点70m深度处断裂位置，在130号点视电阻率最低；当AO=150m时，联剖曲线在测线130号点出现低阻正交点且视电阻率最低，即为该点150m深度处断裂位置。这表明随着极距增大，正交点向小号点位移，由此推测断裂西倾。在测线70～160号点之间，ρ_s^A 与 ρ_s^B 曲线呈同步下降的“U”形低阻异常，电阻率明显低于两侧，推测该处有蓄水断裂存在，向西倾斜。

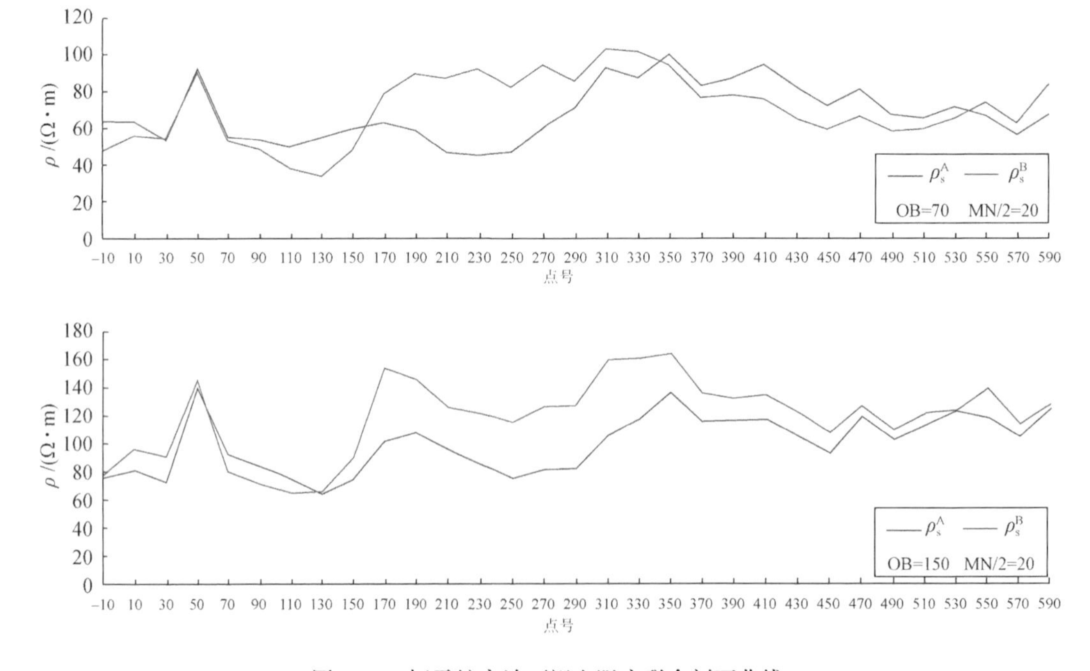

图4-73　栖霞蛇窝泊西视电阻率联合剖面曲线

随后在该测线上布设对称四极电测深剖面，图4-74为电测深视电阻率拟断面图，从图4-74中可以看出：在AB/2不大于20m时，测得的视电阻率较低，反映了地表第四系和风化层分布情况，随着极距的增加，等值线成层性明显，在100～140点出现“V”形低阻异常，与联合剖面联剖低阻正交点、“V”形低阻异常相对应，推测为断裂构造的反映。同时，在420～460号点也存在“V”形低阻异常，同一层位的视电阻率值要高于西部100～140点，对应联合剖面电阻率曲线，ρ_s^A与ρ_s^B值均高于西部低阻正交点位置，后经现场调查该区域为片麻状花岗岩与白垩系王氏群林家庄组地层的接触带，2011年曾在该接触带上施工水井一口，出水量很小，2～3m³/h。

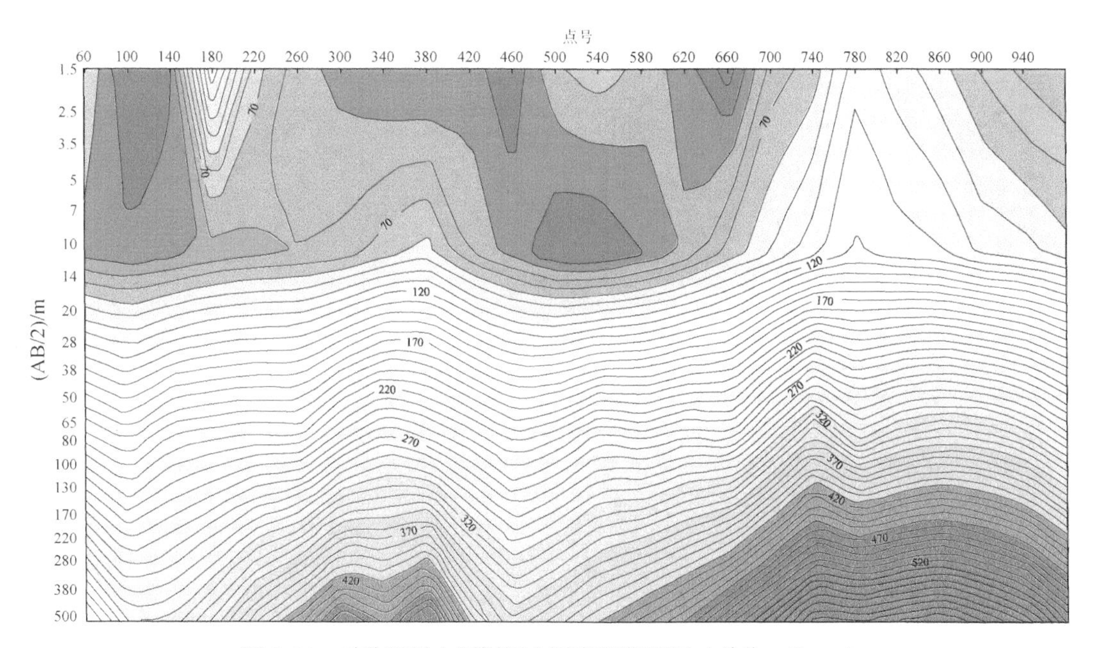

图4-74　对称四极电测深视电阻率拟断面图（单位：Ω·m）

分析120点、140点的电测深曲线（图4-75）可以看出：曲线前部主要反映第四系及风化层的厚度较浅，厚度为5～7m；随着AB/2增大，曲线开始上升，120点在AB/2=75～130m之间曲线出现“V”形低阻带，比140点异常特征更加明显，推测此段上岩石破碎严重，富水性较好，与联合剖面反映的断裂带位置基本一致。最终确定井位在测线的120点，设计孔深120m，经钻探验证，终孔深度120m、出水量20m³/h。

二、物探技术在地质灾害调查中的应用

（一）栖霞市中桥地区岩溶溶洞及塌陷区综合物探勘查实例

1. 勘查区概况

该区位于山东省烟台市栖霞中桥地区，地势平坦，第四系以褐红色腐殖土、黏土、沙

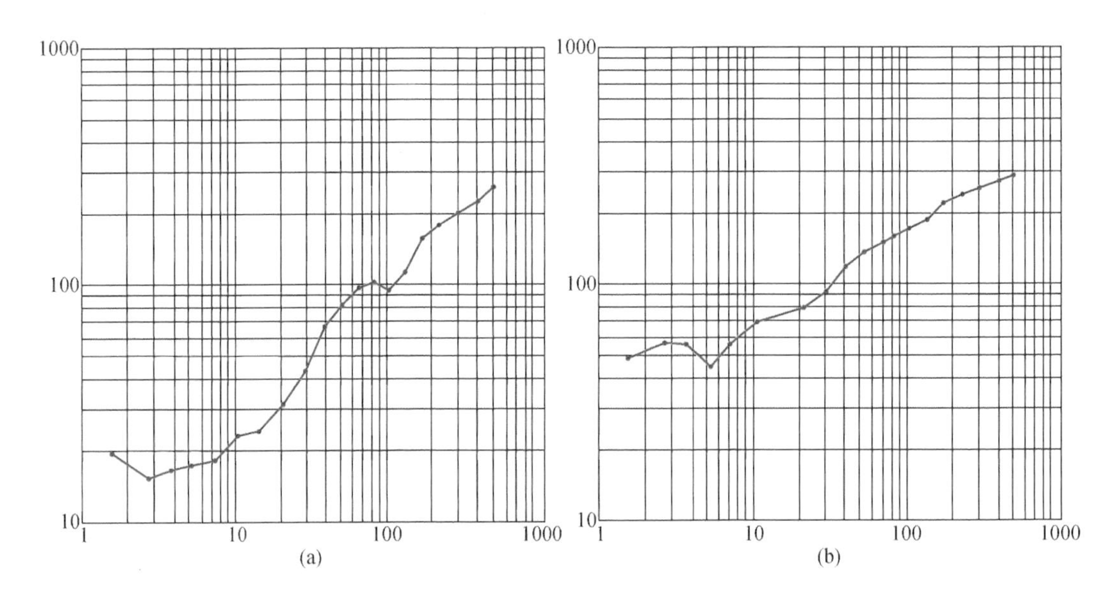

图4-75　120点（a）与140点（b）的电测深曲线

层为主，厚度为5～30m，局部厚度达40m。第四系下伏地层岩性为新元古界蓬莱群香夼组灰岩，灰岩中裂隙发育、溶蚀现象明显，局部发育溶洞。2016年6～8月，由于降水量较大，中桥村内发生多处地面塌陷，其中最为严重一处塌陷导致一户房屋倒塌，周围多户民房裂开、倾斜。相关地勘单位为查明地下岩溶溶洞及塌陷区分布情况，开展了综合物探勘查。

2. 选用物探方法

本次物探工作根据溶洞与围岩岩石的物性差异，选用高密度电法、瞬变电磁法、地震频率谐振勘探三种物探方法。以高密度电法测线控制为主，在高密度电法测量发现的异常区段，再布置瞬变电磁法及试验性的地震谐振测量，进一步圈定溶洞及塌陷区引起的异常。

3. 物探资料解释

图4-76是L-1线高密度电法视电阻率拟断面图，剖面沿中桥村地表塌陷坑西侧沿南北向街道布设，剖面210m处位于塌坑正西侧（西20m），剖面上有明显带状低阻异常，推测由溶洞诱发黏土层塌陷引起，溶洞及塌坑充填含水黏土，出现低阻异常。随后在该处施工ZK-3验证孔，揭露第四系厚度12.5m，在-64.35～-34.95m，揭露两层1～2m厚的溶洞，在施工过程中发生两次掉钻现象。另外，该剖面在130～150m处出现带状低阻异常，经调查2015年该区地面发生塌陷坑，后村民用砂土填埋。剖面50～70m、90～110m、170～190m、230～240m等四个地段出现“O”形低阻异常，推测为第四系下伏灰岩中发育岩溶裂隙带或溶洞引起。

根据高密度电法推测岩溶发育位置，在该线100～250m区段施工地震频率谐振勘探，图4-77为地震勘探三分量频率谐振成像图，图中显示黑色区域、灰色区域为相对疏松层(第四系黏土、砂土层)，红色区域为灰岩区。黑色背景的白色区域为灰岩岩溶发育区，在

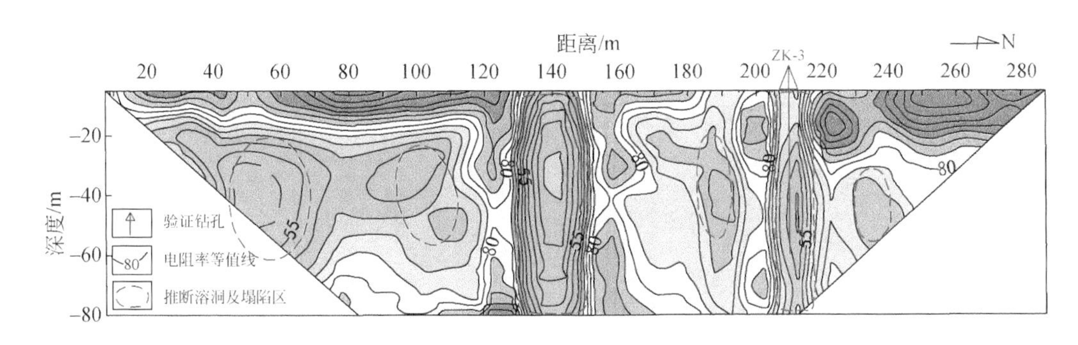

图4-76　L-1线高密度电法视电阻率拟断面图（单位：Ω·m）

地震剖面40～65m、黑色异常区明显向下弯曲，与高密度电法剖面140m处的低阻异常位置吻合，对应地表塌陷坑的位置。由此可见，地震勘探剖面能够比较详细地划分出岩溶溶洞及第四系松散层的分布范围。

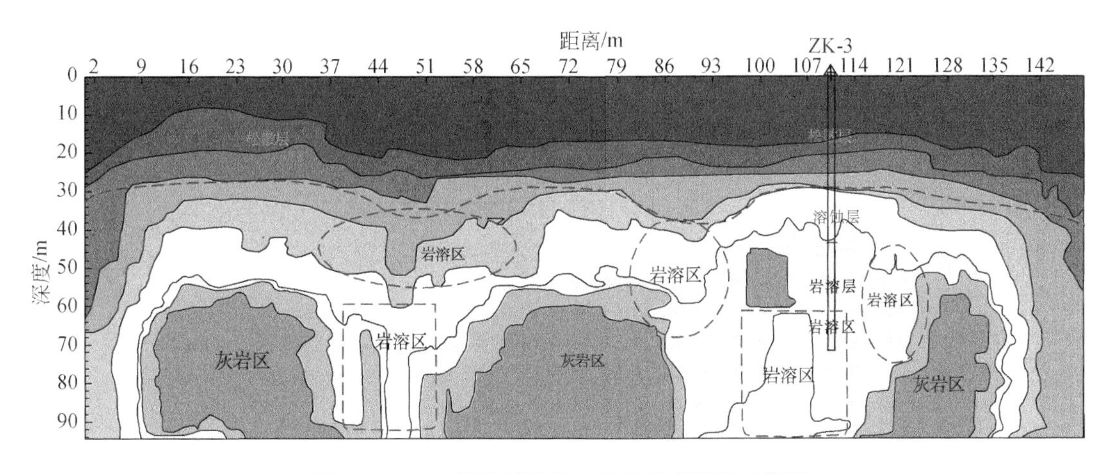

图4-77　L-1线地震勘探三分量频率谐振成像图

图4-78为L-10线高密度电法与瞬变电磁法（TEM）测量电阻率剖面图，图4-78中可以看出，高密度电法剖面出现多个“O”形封闭的低阻异常，视电阻率值为35～50Ω·m；TEM测量剖面浅部由于第四系低阻层屏蔽作用，异常不明显，-40m以下视电阻率逐渐增大，密集等值线为灰岩高阻层的反映，在270点、310～400点出现明显的低阻异常，与高密度电法低阻异常基本对应，推测为溶洞分布区。瞬变电磁探测深度相对高密度电法增大，对深部低阻异常体有较高的分辨率。在该线395点施工GK-2验证孔，终孔深度60m，钻孔揭露第四系厚25.2m，以下为灰岩，在灰岩27.5～32.2m处见三层充填黏土的溶洞，55.6m以下为完整厚层灰岩。

综上所述，岩溶及溶洞勘查采用高密度电法、瞬变电磁法测量及地震三分量频率谐振综合物探方法，可以快速、高效地圈出岩溶、溶洞的分布范围及空间形态，本次工作推测溶洞及岩溶发育区36处，钻探验证结论与推断结果基本一致，经32个钻孔验证，有28个钻孔见到溶洞及岩溶裂隙发育带。

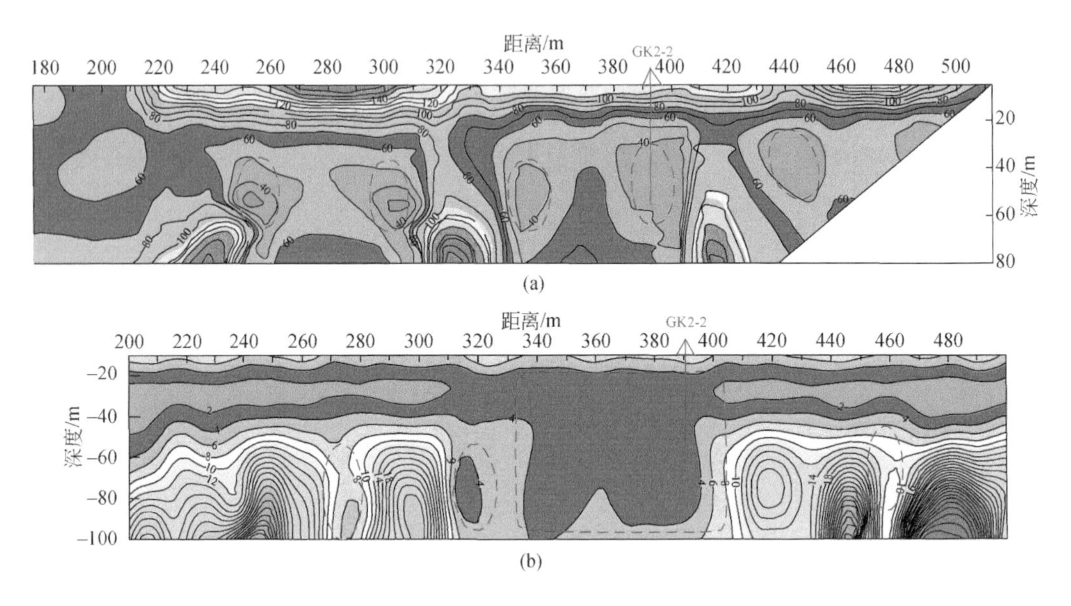

图 4-78　L-10 线高密度电法（a）与瞬变电磁法（b）测量电阻率剖面（单位：Ω · m）

（二）山东胶东地区金矿采空区综合物探勘查探测实例

20 世纪 80 年代至 21 世纪初期，山东省烟台开发区庄官地区开展大规模的金矿开采，在地下遗留了多处规模不清的采空区，当采空区及巷道埋深较浅，没有被水或碎石黏土等物质填充时，在电场上表现为较明显的高阻异常；而当采空区及巷道充水后，在电场上出现低阻异常。基于这种物性特征，相关地勘单位采用高密度电法、瞬变电磁法开展采空塌陷综合物探勘查，以查明地下采空区的分布情况。图 4-79 为勘查区 98 勘探线综合物探剖面，通过对比可以发现瞬变电磁法对金矿采空区的低阻特征反映比较灵敏，很明显地指示出采空区的位置和范围，后经钻探验证均见到采空区，其形态与物探推断基本一致。控矿断裂构造充填致密石英脉引起的高阻异常，与采空区引起的低阻异常会相互叠加，形成复杂的物探异常，辨别采空区异常必须结合矿山开采资料，以及钻探验证情况，利用相邻物探剖面，采空区延伸在不同剖面产生类似的异常，来追踪圈定采空区分布范围。本次工作利用这两种物探方法共圈出六处规模较大的低阻采空区，并施工验证钻孔 30 个，其中 26 个孔见采空区。结果表明：采用综合物探勘查，可以有效圈定地下采空区的分布情况。

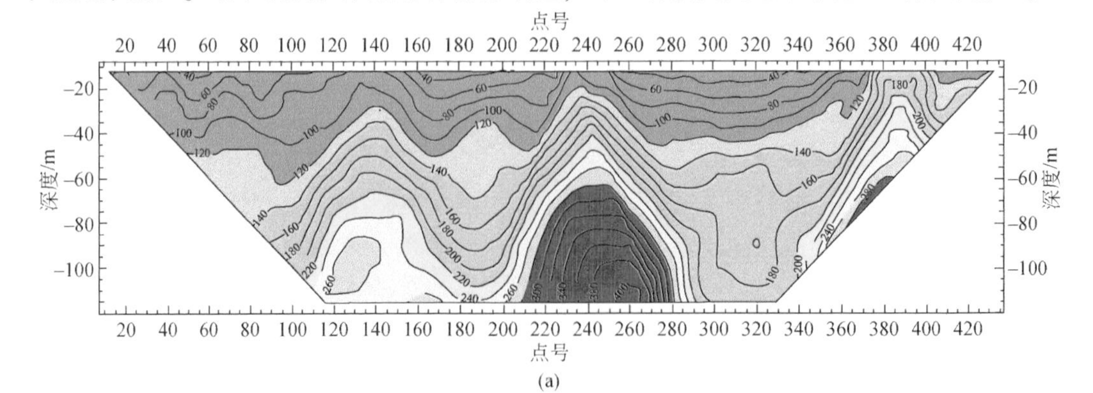

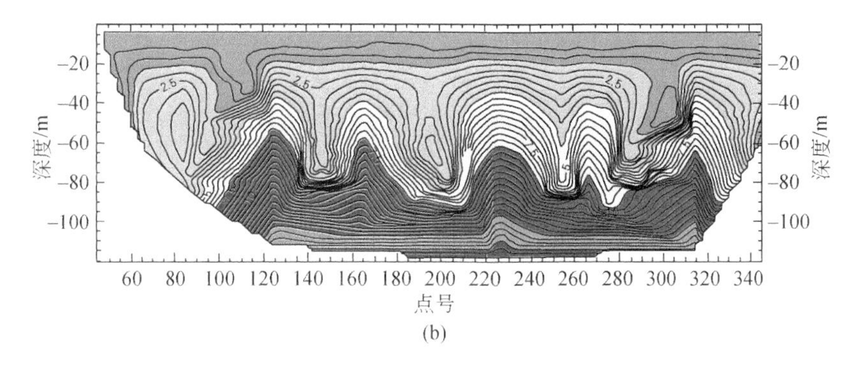

(b)

图 4-79　勘查区 98 勘探线高密度电法（a）与瞬变电磁法（b）综合剖面图（单位：Ω · m）

第五章　胶东矿床地质-地球物理找矿模型

第一节　地质-地球物理找矿模型概念及作用

根据模型的抽象与简化程度可分为实际（具体）模型与概念模型两类，前者是以某一典型矿床为对象建立的模型，后者是从一组相同类型矿床中所抽象、概括出的模型。本书拟通过对胶东主要矿种、不同类型矿床上实际地球物理应用资料的归纳与总结，建立不同矿种、不同类型矿床的地质-地球物理找矿模型（概念模型）。

一、地质-地球物理找矿模型要素

（一）地质模型

矿床（田）及其周围地质环境的地质特征是建立找矿模型的基础，主要内容包括区域地质背景与矿床地质特征，其主要研究方法是收集地质勘查及相关研究成果，研究归纳地质条件的相似性，建立相同类型矿床的地质模型。

1. 区域地质背景

研究内容包括矿床（田）所处的大地构造部位、区域地层（岩性与时代）、构造（控制金矿床分布的韧性剪切带、断裂带等）、岩浆岩及其与成矿的关系、区域成矿特征与控矿因素等。

2. 矿床地质特征

研究内容包括地层分布（重点是矿源层、赋矿地层及有某种明显物性特征的标志层等）、控矿构造（如断裂破碎带、片理化带、背斜轴部、层间滑动等）、与成矿有关的岩浆岩（主要是与矿床在空间上或成因上有密切联系的侵入岩体或脉岩）、围岩蚀变类型及其分带特征（特别是可能使蚀变岩物性发生变化的硅化、钾化、绢云母化、黄铁矿化蚀变带的分带特征）、矿体特征（包括矿体或矿脉的形状、规模、产状与埋深，矿脉群的分布特征等）、地形地貌特征等。

（二）地球物理模型

地球物理模型包括岩（矿）石物性模型与地球物理异常响应模型两方面。

1. 岩（矿）石物性模型

它是建立矿床（田）地质-地球物理找矿模型的桥梁，是将地质问题转化为地球物理问题的依据。通过对与矿床有关的各类岩（矿）石物性参数特征分析，从中确立可引起物探异常的地质原因，包括矿体与矿体（脉）群（借助于与矿床共生或伴生的具有明显物性特征的矿物组分）、与矿床（田）在空间分布上有某种联系的控矿地质因素以及干扰体。

系统收集、测定与矿床有关的各类岩矿石物性参数（密度、磁化率与剩余磁化强度、电阻率、极化率等），目前大多采用地表与钻孔岩矿石标本测定物性参数。也有一些矿区采用小四极露头测定法测定电性参数，在个别勘探程度高的矿区还沿不同标高坑道与钻孔采集标本测定电阻率与极化率，或利用测井曲线进行统计分析，从而获得更接近自然状态下物性参数的空间分布状况。对岩矿石物性参数测定结果进行统计计算与分类，大多采用定性分类，部分研究成果也采用绘制岩矿石物性变异曲线与岩矿石物性聚类分析方法，力求从量的角度实现物性的分类。然后，以典型勘探剖面中各类地质体的几何形体与产状要素为地质依据，结合上述物性体的分类，采用归并、简化、抽象等手段绘制物性模型。

2. 地球物理异常响应模型

收集研究区内已有的区域重、磁、电、震调查资料和各大矿种典型矿床已知的勘探线大比例尺剖面资料。重点分析研究控制矿床（田）分布的地层、构造与岩浆岩在区域重磁场上的反映、重磁异常展布与上述控矿因素的相互关系。以定性解释为主，系统分析相同类型矿种的电性异常特征，包括电阻率、极化率、自然电位等，分析其平面及断面异常特征与矿体的耦合关系，重点分析矿床（田）区域控矿因素的地球物理场分布特征，建立相同类型矿床的地球物理异常响应模型。

国内外矿产资源的物探工作经验表明：物探方法主要是发挥间接找矿作用，即探测与矿床在空间分布上有密切联系的控矿地质因素（如控矿断裂带、与成矿有关的岩浆岩、具有明显物性特征的赋矿地层或标志层等）与矿体伴生因素（如近矿热液蚀变带、与矿化紧密伴生或共生的具有某种明显物性特征的矿物集合体等）。因此，在建立地质–地球物理找矿模型时，要弄清上述控矿地质因素或矿体伴生因素是否能引起某种或某几种物探异常，两者的对应关系及异常的空间特征如何，包括异常强度、范围、走向、梯度变化等，以确定物探可探测的地质体与矿体的关系、可探测地质体的地球物理异常标志等。

二、找矿模型的作用

建立不同类型矿床的地质–地球物理找矿模型，使任何地质、物探人员能够将其工作结果与更大范围的有关技术人员的集体知识与经验进行对比，这不仅丰富了矿床学研究，而且对指导矿产勘查与找矿预测都具有重要意义，能开阔找矿思路，提高预测质量。

找矿模型主要用于勘查工作的设计与解释阶段，指导勘查工作的设计和部署，并作为勘查资料处理解释的基本依据，其作用主要有以下几个方面：

（1）正确确定地质任务；

（2）合理选择综合方法；

（3）确定评价异常的标志或指标，按照类比原则，利用所总结的标志或指标对已知矿区外围或相似地质条件的地区发现的异常进行评序与筛选，优选出有找矿意义的异常，并帮助辨认某些特征明显的非矿干扰因素；

（4）指导已知矿区深部盲矿预测，总结的寻找盲矿、判断矿体（含矿角砾岩）剥蚀程度的标志（指示元素）及指标（比值、含量）以及物探异常特征，能对深部含矿性进行预测评价，指导合理布置探矿工程，提高见矿率；

（5）为勘查选区提供准则；

（6）选择处理解释资料的方法。

找矿模型一般只适用于寻找相同类型或成矿特点相似的矿床，因此它的应用是有条件的。由于成矿地质条件的复杂多变，即使是相同类型的矿床，由于矿体埋深与产状不同，其异常特征也各不相同。在实际应用时，由于地质条件的复杂性，不能过分地依赖或盲目搬用已有找矿模型。因此，既要重视找矿模型对矿产勘查的指导意义，又要不任其束缚找矿思路，要搞清各种方法的应用条件和各种找矿标志、指标的地质意义。

第二节　胶东金矿地质–地球物理找矿模型

胶东金矿是指产于胶东地区、在同一大地构造背景环境下、由统一成矿作用形成的，具有成因相同、时代相近、在不同构造部位、不同围岩条件形成的一系列金矿自然类型组合，它不是单一的矿床类型，而是反映构造环境、成矿背景、成矿物质来源与成矿规律的金矿成因系统。胶东金矿是与壳源重熔形成的层状岩浆岩和壳幔混合型花岗岩有关的金矿床类型的统称，具有独特的成矿条件和成矿作用，涵盖了破碎带蚀变岩型、石英脉型、富硫化物石英脉型、层间滑脱拆离带型、构造角砾岩型和辽上型等胶东地区所有金矿成因类型，由于成矿时所处构造位置和容矿空间不同，表现为不同金矿类型的集合体（李洪奎，2017）。

胶东金矿有八种主要金矿化类型，破碎带蚀变岩型金矿和石英脉型金矿是胶东地区两种最主要的金矿化类型，两者累计资源储量占胶东金资源总量的94%。此外，还有硫化物石英脉型、破碎带石英网脉带型、盆缘断裂角砾岩型、蚀变砾岩型、层间滑动构造带型和黄铁矿碳酸盐脉型六种金矿化类型。

一、破碎带蚀变岩型金矿地质–地球物理模型及找矿方法组合

破碎带蚀变岩型金矿是指发育于区域性主干断裂带系统内的破碎带蚀变岩型金矿，为焦家金矿的典型矿床类型，典型矿床有三山岛、焦家、新城、大尹格庄、台上等特大型、大型金矿床，近年来，在主控矿构造深部又相继发现并探明了纱岭、北部海域、三山岛深部、水旺庄等多个特大型、超大型金矿，主要为矿体规模大、形态简单、延伸较为稳定、品位变化较均匀、含矿程度高、勘探成本低、易采易选等突出特点（宋明春等，2012）。该类型金矿床受控于规模较大的区域性断裂，主要有三山岛断裂、焦家断裂和招平断裂，控矿断裂总体呈北北东走向，在平面上走向常有变化，呈舒缓波状展布；在剖面上总体具上陡下缓的“铲式”特点，断裂倾角20°～50°，地表局部可达80°。前人通过对焦家断裂、三山岛断裂、招平断裂的地质特征进行研究后，认为它们具有一些相似的特征：三条断裂带展布特征相似，走向基本一致，总体走向北东—北北东向；三条断裂带在平面上均

呈“S”形；在剖面上均呈舒缓波状延伸，具有明显的膨缩特征，倾角均呈上陡下缓的变化特征，构成了阶梯状组合形式；均具有规模宽大的构造蚀变岩带和连续稳定的主裂面，其内发育有10～50cm灰褐色断层泥；浅部断裂带主要位于新太古代变质岩与玲珑二长花岗岩的接触带上，上盘为变质岩，下盘为二长花岗岩，深部均位于玲珑花岗岩体内；成矿模式及矿床成矿类型相似，断裂附近的构造岩、蚀变、矿化特点一致。矿床主要赋存在北北东、北东向断裂构造的交会部位或沿断裂带走向、倾向的转弯部位，矿体主要赋存在下盘，矿体规模大、矿化连续稳定，矿体形态较简单。围岩蚀变主要有黄铁绢英岩化、硅化和钾化。矿体呈似层状、透镜状、脉状，与围岩没有明显分界。矿体产状与控矿断裂一致，倾角较缓，一般为30°～50°，矿体长可达1300m以上，厚度为1～30m，一般厚度为10m左右，矿体延深大于1000m。可形成大型、特大型金矿床。矿石自然类型主要有侵染状黄铁绢英岩、细脉侵染状黄铁绢英岩化花岗质碎裂岩和细脉侵染状黄铁绢英岩化花岗岩。矿床平均品位4.56×10^{-6}～17.61×10^{-6}，多数在7×10^{-6}以下。矿石构造以侵染状、细脉侵染状和斑点状为主，围岩蚀变主要有黄铁绢英岩化、硅化、钾化。

现阶段，深度2000m以浅的金矿是胶东金矿勘探、开采的重点，通过深部开采技术水平的提升，可以达到探矿增储的目标。深度2000～5000m是国家深部矿产资源储备的深度空间，根据目前的国情，无论是从技术上还是经济效应上，在短期内进行深部矿产资源开采较为困难，但作为战略储备需要对该深度金矿进行矿产资源评价和预测。由于不同地球物理方法对深部信号的提取差异，在这两个深度区间进行地球物理探测所选的方法也有较大区别，本书基于此差异，通过分析破碎带蚀变岩型典型矿床的勘查实例，系统研究典型矿床的地质特征、主要岩矿石的物性特征、矿体的地球物理异常响应等，总结不同金矿床在重力异常、磁异常以及电阻率、极化率异常中反映出的一些共性，然后分析这些特点是否能代表该类型全部或大部分金矿的地球物理找矿标志，并以剖面图的形式建立该类型地质-地球物理找矿模型。

（一）2000m以浅金矿地质-地球物理找矿模型

1. 地质剖面模型

胶东地区破碎带蚀变岩型金矿主要受区内焦家断裂、三山岛断裂、招平断裂三大控制断裂控制，破碎蚀变带规模大、延伸稳定，围岩类型主要有三种，见表5-1。其中以焦家式围岩类型发育最为普遍，占破碎带蚀变岩型金矿的70%以上，其下盘均为侏罗纪玲珑二长花岗岩，如仓上金矿下盘、焦家金矿下盘等，上盘为前寒武纪变质岩系，其中焦家金矿上盘为胶东群变辉长岩、大尹格庄金矿上盘为新太古代TTG岩系（原岩为岩浆岩）。此类型金矿为20世纪中叶后在胶东地区大型断裂带中发现的新类型金矿，已探明的浅部金矿主要集中在500m以浅，近年来深部金矿找矿取得巨大突破，发现了赋存超500m的深部特大型金矿床，且深部金矿和浅部金矿具有阶梯式成矿规律，沿控矿断裂倾角变化位置富集，且在断裂带由陡变缓部位最易富集，结合典型矿床已知勘探线资料，构建不同围岩类型地质剖面模型如图5-1所示。

表 5-1　破碎带蚀变岩型金矿围岩类型划分表

围岩类型编号	代表型金矿	上盘	下盘
1	焦家金矿、马塘金矿、仓上金矿等	前寒武纪变质岩系	侏罗纪玲珑二长花岗岩
2	新城金矿、上庄金矿等	侏罗纪玲珑二长花岗岩	白垩纪郭家岭花岗闪长岩
3	望儿山金矿、旧店 26 号脉等	侏罗纪玲珑二长花岗岩	侏罗纪玲珑二长花岗岩

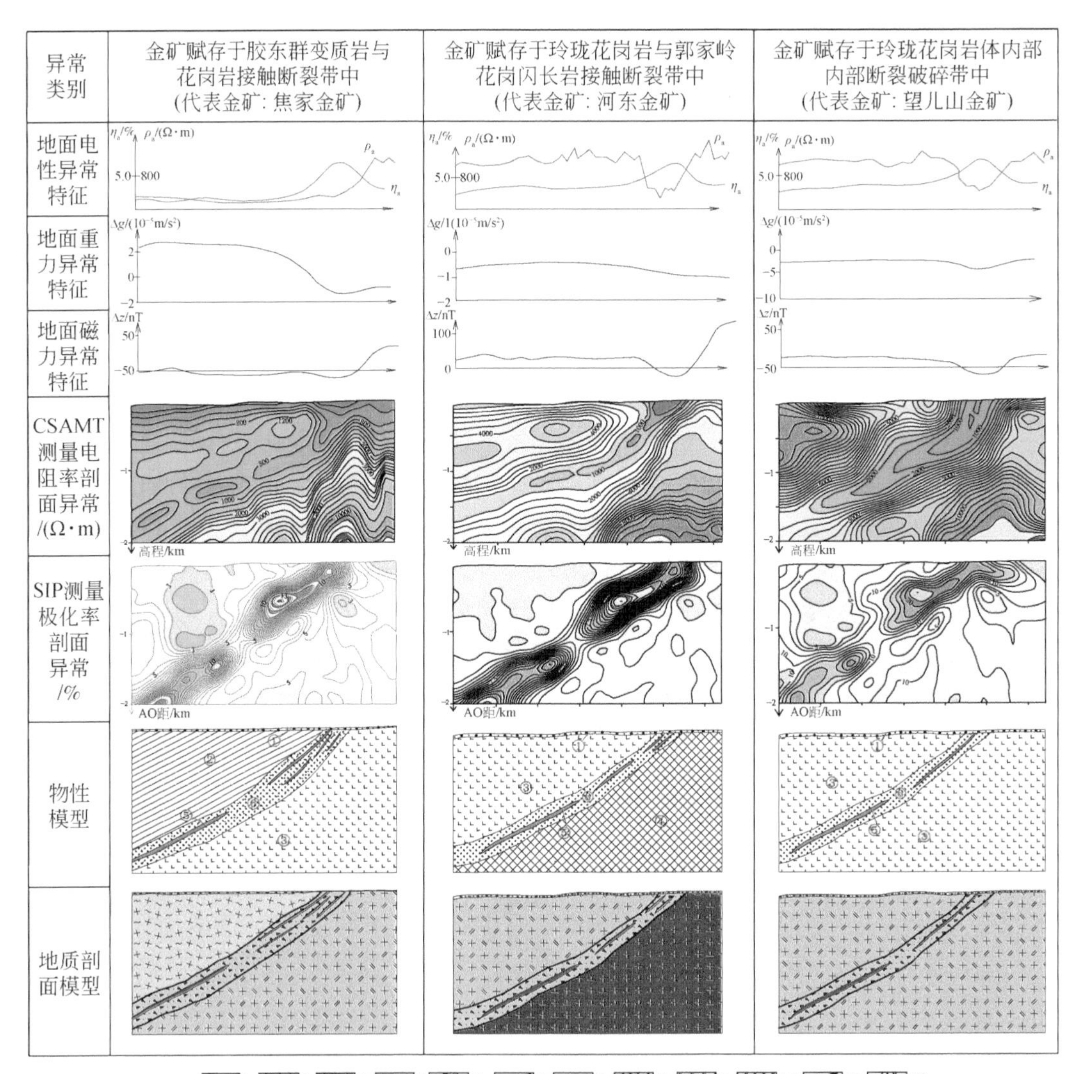

图 5-1　胶东地区 2000m 以浅破碎带蚀变岩型金矿地质–地球物理找矿模型

1. 第四系；2. 侏罗纪玲珑二长花岗岩；3. 白垩纪郭家岭花岗闪长岩；4. 前寒武纪变质岩系；5. 断裂破碎带；6. 金矿体；7. 低极化、低磁性、低密度、低阻体；8. 低极化、低磁、高密度、低阻体；9. 低极化、低磁、低密度、高阻体；10. 低极化、中高磁性、低密度、高阻体；11. 高极化、低磁、低密度、中高阻体；12. 高极化、低磁、中低密度、中低阻体

2. 物性模型

破碎带蚀变岩型金矿赋存的围岩条件不同，因此其物性条件也不同，结合该类型蚀变带、矿体及其主要围岩的物性统计结果，建立了不同围岩条件金矿的物性模型，如图 5-1 所示。各物性模型单元特点如下：

（1）侏罗纪玲珑二长花岗岩为低极化、低磁、低密度、高阻体，平均密度为 2.62g/cm^3，磁化率区间为（80～160）×10^{-6}×4π SI，电阻率区间为 2500～6000Ω·m，平均极化率区间为 2%～5%；

（2）白垩纪郭家岭花岗闪长岩为低极化、不均匀中高磁性、低密度、高阻体，平均密度为 2.61g/cm^3，平均磁化率区间为 150×10^{-6}～230×10^{-6}×4π SI，平均电阻率区间为 2500～6000Ω·m，平均极化率区间为 2%～5%；

（3）早前寒武纪变质岩系为低极化、低磁性、中–高密度、低阻体，主要包括胶东群、唐家庄岩群、粉子山群、荆山群、栖霞片麻岩套等。平均密度区间为 2.73～2.80g/cm^3，磁化率区间为（20～100）×10^{-6}×4π SI，电阻率区间为 100～900Ω·m，平均极化率区间为 1%～6%；

（4）控矿断裂蚀变带为高极化、低磁、低密度、低阻–中阻体，平均密度区间为 2.55～2.6g/cm^3，磁化率区间为（5～10）×10^{-6}×4π SI，电阻率区间为 300～2000Ω·m，极化率常见范围为 4%～7%；

（5）金矿体为高极化、低磁、低密度、中阻体。平均密度区间为 2.62～2.75g/cm^3，磁化率区间为（5～15）×10^{-6}×4π SI，电阻率区间为 1500～3000Ω·m，矿体极化率常见范围为 5%～10%，蚀变矿化强烈的富矿石极化率可达 20% 以上。

3. 地球物理异常响应模型

1）焦家式围岩类型金矿地球物理异常响应模型

根据典型矿床已知勘探线综合地球物理探测的多个案例，结合以上地质、物性模型建立的理论基础，总结的焦家式围岩类型金矿地球物理找矿标志为区域重力异常缓变梯级带及转折区域、电阻率测深断面中的异常梯级带及陡缓转折辐射区、激电测深断面中的“带状、串珠状、八字型”高极化异常。具体异常特征结合图 5-1 解释如下。

在区域重力场中，该类型金矿位于重力异常缓变梯级带上，异常值为 -6.0×10^{-5}～4.0×10^{-5}m/s^2，是深部断裂接触带在地表形成的缓变异常，梯级带的转折部位是深部金矿成矿的有利部位；在重力剖面异常上，深部金矿同样位于重力高与重力低异常梯级带上，利用重力 2.5D 反演技术解释的变质岩与玲珑岩体接触界线中的倾向转折部位为成矿有利部位。

在视电阻率参数平面图或剖面图中，金矿位于电阻率高–低过渡梯级带中的局部高阻位置；在视电阻率断面图中，高低阻梯级异常带为焦家式断裂破碎带的标志，梯级带向深部延伸角度变化对应断裂带的倾向特征，异常值大多介于 500～2000Ω·m，当梯级带向深部延伸角度呈现由陡变缓的转折特征时，在其转折部位视电阻率等值线呈稀疏、向下同步弯曲等特点，会出现“U”形或“卧 S”形异常标志，对应着断裂蚀变带的倾角变缓信息，此典型梯级带转弯部位以及倾角变缓部位即是深部金矿赋存的有利部位。

在激电中梯极化率参数平面等值线中，条带状、串珠状高极化异常与控矿断裂带高度复合，高极化异常与金矿化大多为正相关关系，控矿断裂带 η_s 常见范围在4%～8%；在激电测深极化率断面图中，条带状、串珠状高值异常为金矿化带的反映，η_s 值一般大于5%，富矿段可达15%以上。

2）新城式围岩类型地球物理找矿标志

根据新城、河东等典型矿床已知勘探线综合地球物理探测的多个案例，结合以上地质、物性模型建立的理论基础，总结的新城式围岩类型地球物理找矿标志为区域重力异常缓变梯级带及转折区域、不同磁场接触带上的局部串珠状高磁异常、电阻率测深断面中的条带状低阻异常带及其延伸方向发生倾角变化的部位、激电测深断面中的带状、串珠状、“八”字形高极化异常。具体异常特征结合图5-1解释如下。

新城式围岩类型的金矿在区域重力场中位于重力异常缓变梯级带向重力低过渡的位置，如新城金矿在布格重力异常中位于 -5×10^{-5} ～ $5\times10^{-5}\,m/s^2$ 的近东西向布格重力异常缓变带上，据重磁反演结果揭示该区玲珑岩体大体沿近东西方向超覆于深部新太古代TTG岩系之上，控矿断裂带位于玲珑岩体内部，梯级带的转折部位是深部金矿成矿的有利部位。

在区域航磁异常中，新城式围岩类型蚀变岩型金矿位于两种不同磁场的接触上，以局部串珠状高磁异常为找矿标志，以新城金矿为例，接触带西侧（断裂带上盘）的玲珑二长花岗岩为平稳低缓磁场特征，幅值变化范围为-200～0nT，接触带东侧（断裂带下盘）的郭家岭花岗闪长岩是跳跃变化的高磁异常场特征，幅值区间在0～150nT，控矿断裂展布于两者接触上。

视电阻率断面图中缓倾的条带状低阻异常带为新城市断裂破碎带的标志，低阻带向深部延伸的角度变化对应断裂带的倾向特征，当其延伸角度呈现陡缓变化时，该部位亦是成矿有利部位，对应低阻带整体“凸”起或“凹”陷地段，一般情况下，“凸”起异常对应断裂带缓倾段，“凹”形地段对应断裂带陡倾段，陡缓变化地段都有较好的成矿条件，在相应的电阻率断面图中，对应幅值变化区间为500～2000Ω·m。

此类型围岩条件的大型含金蚀变带在反映极化率异常的扫面或测深断面图中，均有明显的高值异常反应，在平面异常图中，沿蚀变带走向发育条带状或串珠状激电异常，如新城金城，以4%～8%极化率范围圈定的异常带可作为含金破碎蚀变带的找矿标志，在极化率断面异常图中，条带状、串珠状定向延伸的极化率（η_s）高值异常带是金属硫化物富集的标志，也是金矿体赋存的有利部位，η_s 常见范围为5%～15%。

3）望儿山式围岩类型金矿地球物理找矿标志

根据望儿山金矿、旧店金矿29号脉等典型矿床已知勘探线综合地球物理探测的多个案例，结合以上地质、物性模型建立的理论基础，总结的望儿山式围岩条件下蚀变岩型金矿的地球物理找矿标志为：重力低异常外围、电阻率测深断面中缓倾的低阻异常带、激电测深断面中的带状、串珠状、“八”字形高极化异常。具体异常特征结合图5-1解释如下。

望儿山式围岩类型金矿控矿断裂破碎带位于侏罗纪玲珑花岗岩体内部，含金蚀变带在区域重力场中位于重力低异常的边部，如旧店金矿位于胶西北S形重力低异常的东南部边缘，对应布格重力异常值 -16×10^{-5} ～ $-12\times10^{-5}\,m/s^2$ 的中-低缓变异常带，与此类型蚀变岩型金矿上下盘围岩均为低密度的玲珑二长花岗岩相对应。

此类型围岩条件下的含金破碎蚀变带在视电阻率断面图中为缓倾的条带状低阻异常特征，对应幅值变化区间为500～2000Ω·m，上下盘围岩均为相对高阻特征，电阻率值均大于2000Ω·m，梯级带向深部延伸角度变化对应断裂带的倾向特征，与新城式围岩条件下的破碎蚀变带异常相似，当低阻带向深部延伸角度呈现陡缓变化的部位亦是成矿有利部位，对应低阻带整体“凸”起或“凹”陷地段，一般情况下，“凸”起异常对应断裂带缓倾段，“凹”形地段对应断裂带陡倾段，陡缓变化地段都有较好的成矿条件。

此类型围岩条件的大型含金蚀变带在反映极化率异常的扫面或测深断面图中，均有较高的极化率异常反应，在平面异常图中，沿蚀变带走向发育条带状或串珠状激电异常，如旧店金矿，在极化率平面异常中，背景场电阻率较低，含金蚀变带极化率一般为背景极化率的1.5～3倍，以此范围圈定的异常带与含金蚀变岩的走向基本吻合，在SIP断面异常中，条带状、串珠状定向延伸的极化率（η_s）高值异常带是金属硫化物富集的标志，也是金矿体赋存的有利部位，η_s常见范围为5%～15%。

（二）2000～5000m金矿地质–地球物理找矿模型

1. 地质剖面模型

胶东地区2000～5000m深部金矿主要为破碎带蚀变岩型金矿类型，以胶东西北部焦家断裂、三山岛断裂、招平断裂三大控制断裂为代表，破碎蚀变带规模大、延伸稳定。深部金矿大多是浅部金矿深部的延续，与浅部金矿存在一定规模的无矿间隔，围岩条件的主要差异是控矿断裂在深部是发育在中生代玲珑复式岩体的内部，而前者则主要位于前寒武纪变质岩系与中生代岩体的断裂接触蚀变带中，如寺庄金矿深部纱岭勘查区、招平断裂北段水旺庄勘查区等，深部金矿具阶梯式成矿规律，沿控矿断裂倾角变化位置富集，且在断裂带由陡变缓部位最易富集，结合典型矿床已知勘探线资料，构建深部金矿地质剖面模型如图5-2所示。

2. 物性模型

根据2000～5000m深部金矿赋存的围岩条件特征，结合蚀变带、矿体以及主要围岩的物性统计结果，建立了2000～5000m深部金矿的物性模型，各物性模型单元特点如下：

（1）新生界沉积地层为有界半空间均匀薄层低阻体，电阻率区间10～100Ω·m；

（2）早前寒武纪变质基底（原岩为沉积岩）为有界半空间均匀低–中阻体、具较连续、明显反射波同相轴，岩性以变辉长岩为代表，电阻率区间100～2000Ω·m；

（3）早前寒武纪变质基底（原岩为岩浆岩）为有界半空间均匀薄层低阻体、具不连续、较弱反射波同相轴，以栖霞序列含角闪黑云英云闪长质片麻岩为代表，电阻率区间100～1000Ω·m；

（4）中生代侵入岩为有界半空间厚层高阻体，以侏罗纪玲珑二长花岗岩为代表，无明显反射波同相轴异常，电阻率区间2500～8000Ω·m；

（5）定向延伸倾斜板状低阻体，代表断裂破碎蚀变带分布区，具较连续、倾斜反射波同相轴异常，电阻率区间300～2000Ω·m。

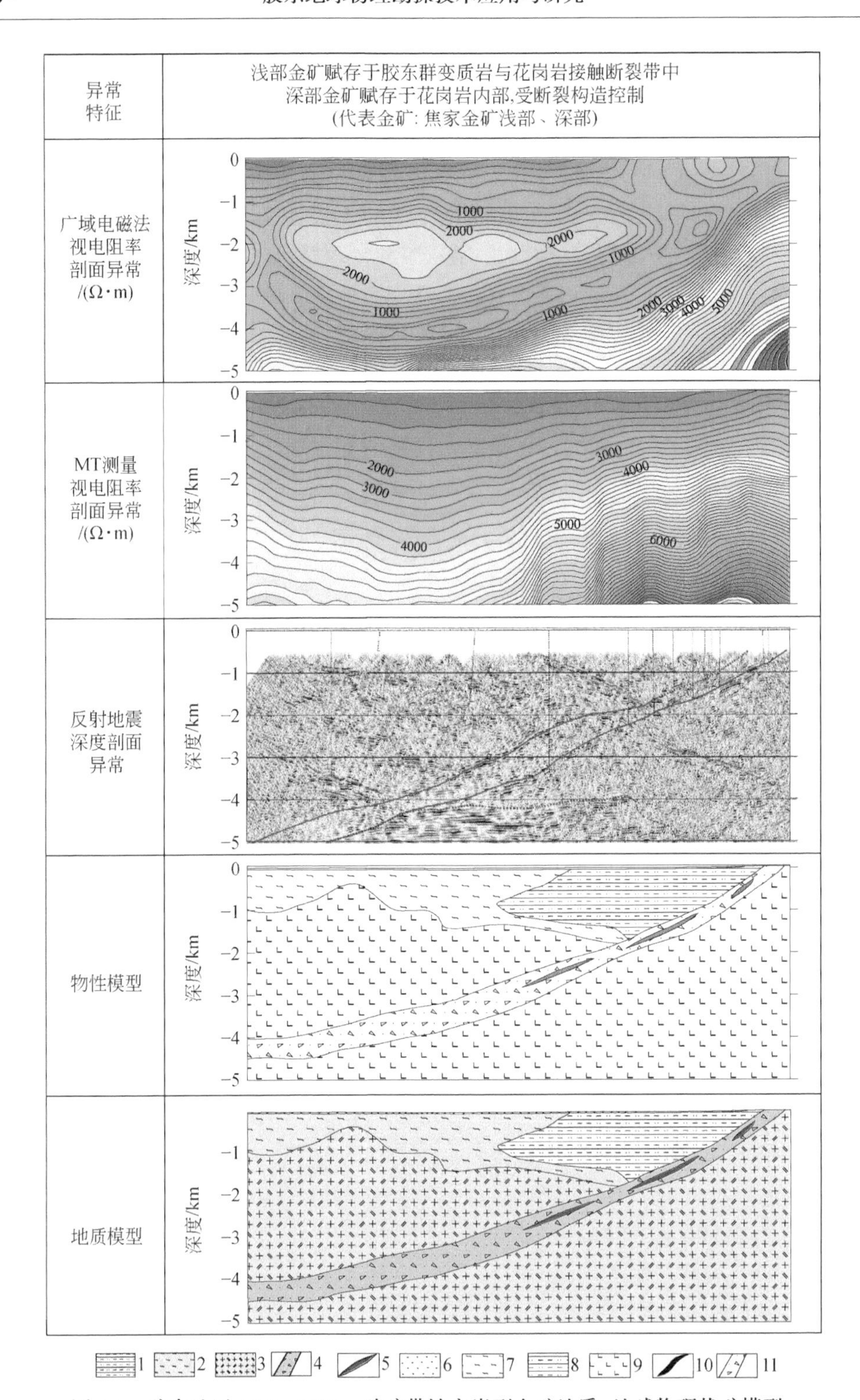

图 5-2　胶东地区 2000 ~ 5000m 破碎带蚀变岩型金矿地质–地球物理找矿模型

1. 早前寒武纪变辉长岩；2. 新太古代侵入岩；3. 侏罗纪玲珑二长花岗岩；4. 破碎蚀变带；5. 金矿体；6. 低阻、低密度体；7. 中低阻、中等密度体；8. 中低阻、高密度体；9. 高阻、低密度体；10. 中低阻、中低密度体；11. 中–高阻、中低密度体

3. 地球物理异常响应模型

胶东地区探测 2000～5000m 深部金矿的有效及常用方法目前有大地电磁测深（MT）、广域电磁法（SFEM）、反射地震法及重磁综合研究方法，根据典型矿床已知勘探线深部金矿探测的多个案例，结合以上地质、物性模型建立的理论基础，总结的 2000～5000m 深部金矿的地球物理找矿标志为电阻率测深断面中梯级异常带倾角陡缓转折辐射区；反射地震剖面中断面反射波同相轴倾角变化、由陡变缓的转折辐射区。具体异常特征结合图 5-2 解释如下。

在大地电磁（MT）测量视电阻率参数断面图中，金矿位于电阻率高–低过渡梯级带中的局部高阻位置；其中高低阻梯级异常带为断裂破碎蚀变带的标志，其异常值大多为 500～2000Ω·m，当梯级带向深部延伸角度呈现由陡变缓的转折特征时，在其转折部位视电阻率等值线呈稀疏、向下同步弯曲等特点，会出现"U"形或卧"S"形标志，对应着断裂蚀变带的倾角变缓信息，此典型梯级带转弯部位以及倾角变缓部位即是深部金矿赋存的有利部位。

在广域电磁法（SFEM）测量视电阻率参数断面图中，断裂破碎蚀变带显示为由浅到深倾斜延伸的条带状低阻异常，低阻带总体倾向发生变化，特别是倾角由陡变缓的部位是深部金矿赋存的有利部位。

在反射地震剖面中，断裂蚀变带表现为波状起伏的断面波；变质岩反射波出现同相轴连续性差，分叉、合并，不同方向的反射波斜交、呈向上的弧线形状等现象；中生代岩体表现为弱反射，同相轴呈蚯蚓状、波状、拱弧状，且横向延续长度短，或呈空白反射区，一般难以在其内部形成可连续追踪的反射波，反映了岩体内部结构的非层状性与极其不均匀性。反射波反映的断裂带转弯部位以及倾角变缓部位即是深部金矿赋存的有利部位。

（三）地球物理找矿方法组合

破碎带蚀变岩型金矿是胶东最为重要的金矿类型，由于其规模大、形态简单、延伸稳定等突出特点，是地球物理勘查找矿的最重要目标，该类型金矿地表及浅部矿已基本探明，以往地球物理勘查方法主要为地面磁法、直流电法和激发极化法，通过获取地表相关数据圈定异常，然后再围绕着异常和有利成矿构造进行普查找矿。近十多年间，由于勘探深度需求的不断加大，又陆续投入了 CSAMT、SIP、MT 等方法进行深部金矿探测，助力深部金矿找矿取得重大突破。结合该类型找矿实例，本次总结的破碎带蚀变岩型金矿地球物理勘查流程如下。

（1）在详细的野外地质调查基础上，利用区域重磁资料研究的方法，研究与成矿关系密切的断裂构造、中生代岩体、早前寒武纪胶东杂岩分布特征，结合区域成矿规律划定重点工作区。

地球物理工作方法：区域重力+区域磁测。

（2）在重点工作区内，开展高磁、激电中梯、激电联剖等工作，根据激电异常、磁异常、重力异常等综合解译控矿断裂带地表位置，进一步圈定找矿靶区。

地球物理方法组合：高精度磁测+激电中梯、激电联剖等大比例尺面积性物探工作。

（3）在找矿靶区内开展 SIP、CSAMT、AMT、广域电磁法等大深度地球物理剖面工作，根据极化率和电阻率深部变化特征，推断控矿结构面深部变化特征，结合该类型金矿地质-地球物理模型，推断深部（500m以深）成矿靶区，矿体位置、形态和规模。

依据目标体埋藏深度，选择不同的地球物理方法组合：①深度500m以浅，激发激化法+磁测；②深度500～2000m，CSAMT+SIP+AMT+SOTEM+微动测深；③深度2000～5000m，广域电磁+MT+地震；④5000m以深，MT+地震。

其中频率域电磁测深法可根据测区噪声条件、成本等方面酌情设计一种或几种综合印证解释。

（4）开展钻探验证，在深部金矿探测过程中，没有一种完全完美的方法组合可以适应于各种条件的深部金矿探测，选择使用什么方法或方法组合，往往需要多方考虑，根据勘探深度要求、测区噪声水平、项目成本预算等综合选择。其次，任何单一物探方法均有相应的物性前提和反演解释的多解性，将物探测量成果转化为地质成果时，最好是多种物探方法综合解释，各种地球物理测量参数多方印证，最有效的方法往往是结合了多种物探方法的组合方法。

二、石英脉型金矿地质-地球物理模型及找矿方法组合

（一）地质特征

主要分布于胶西北地区中北部的招远市北及蓬莱南部的大柳行地区，海阳市东北部郭城、栖霞东部、平度北部旧店附近也有零星分布。金矿床主要受北北东—北东向主断裂的次级断裂、裂隙控制，以热液充填方式形成石英脉型金矿床。多数矿床赋矿围岩为中生代玲珑片麻状中粒二长花岗岩和中粗粒含黑云母二长花岗岩，部分矿床围岩为郭家岭花岗闪长岩，少数围岩为前寒武纪变质岩。围岩蚀变主要为黄铁绢英岩化、盐酸盐化、绿泥石化等。单个矿床的规模差别较大，由单一矿脉、几个矿脉或矿脉群组合而成，发育在主干断裂的含金石英脉，规模大，含金石英脉长度大于1000m，宽10～20m，倾角为60°～75°，分支断裂中的含金石英脉，一般长度为数十米至百米，含金石英脉沿倾向尖灭端往往由单一脉体变为网脉状，金矿体形态一般为脉状、透镜状、扁豆状或不规则状等。单个矿体一般规模较小，长10～230m，厚0.2～2m，矿体产状与含金石英脉一致。该类型一般形成中小型矿床，个别形成大型矿床。金属矿物以自然金、银金矿、黄铁矿、黄铜矿为主，次为磁黄铁矿、方铅矿、闪锌矿、钛铁矿等；脉石矿物主要有石英，次为绢云母、方解石、白云石、重晶石等，矿石以块状、细脉状、网脉状、细脉侵染状为主，次为角砾状、网脉状构造。结构以晶粒结构为主，次为骸晶结构、填隙结构等。矿石自然类型为原生矿石和氧化矿石，原生矿石包括含金石英脉、含金黄铁矿石英脉、含金多金属硫化物石英脉型和含金蚀变花岗岩型，以前三种类型为主。矿石工业类型为贫硫金矿石、硫金矿石和含铜硫金矿石，矿石金品位较高，一般在6.41×10^{-6}～20.15×10^{-6}，常可见到品位大于30×10^{-6}的赋矿地段，矿体内金品位分布不均匀。

（二）地质-地球物理找矿模型

在分析不同围岩条件下石英脉型典型矿床勘查实例的基础上，通过系统研究典型矿床

的地质特征、主要岩矿石的物性特征、矿体的地球物理异常响应等，系统总结不同围岩条件下含金石英脉在重力异常、磁法异常以及电阻率、极化率异常中反映出的一些共性，然后分析这些特点是否能代表该类型全部或大部分金矿的地球物理找矿标志，最后以剖面图的形式建立该类型地质–地球物理找矿模型。

1. 地质剖面模型

石英脉型金矿主要分布在招远玲珑、平度旧店以及蓬莱黑岚沟、大柳行等地，其围岩条件较为单一，或位于中生代侵入岩体内部，或位于新太古代TTG岩系内部，虽然不同地区石英脉型金矿围岩不同，但所有金矿类型都有一个共同特点，即含金石英脉两侧围岩岩性一致，此次地质剖面模型根据石英脉充填的构造裂隙规模大小将此类型金矿地质剖面模型分为两类，一类是充填石英脉的构造裂隙规模小，地质特征以含金石英脉为主，围岩蚀变及破碎极少发育；另外一类则相反，充填石英脉的构造裂隙规模较大，有断层或破碎蚀变带发育，如图5-3所示。

2. 物性模型

区内石英脉型金矿的主要围岩类型之一为侏罗纪玲珑二长花岗岩，结合含金石英脉及其主要围岩的物性统计结果，建立的代表该类型金矿的物性模型如图5-3所示。各物性模型单元特点如下：

（1）侏罗纪玲珑二长花岗岩为低极化、有界半空间均匀高阻体，平均电阻率区间为2500～6000Ω·m，平均极化率区间为2%～5%；

（2）含金石英脉为高极化、定向延伸板状高阻体，平均电阻率区间为4000～8000Ω·m，极化率变化范围较大，常见变化范围3%～12%，富矿段可达20%以上；

（3）控矿断裂蚀变带为高极化、定向延伸板状低阻体，平均电阻率区间为300～2000Ω·m，极化率较围岩显著升高，常见变化范围4%～8%。

3. 地球物理异常响应模型

根据典型矿床已知勘探线综合地球物理探测的多个案例，结合以上地质、物性模型建立的理论基础，总结的石英脉型金矿地质地球物理找矿标志为条带状、串珠状高阻或低阻、高极化异常。具体异常特征结合图5-3解释如下。

当充填含金石英脉的构造裂隙发育到一定规模，破碎蚀变大量发育，进行电法勘探时，电性异常主要反映构造破碎带的低阻异常，表现为低阻异常特征，在围岩为中生代侵入岩体的情况下，异常幅值范围一般为500～2000Ω·m，同时表现为高极化异常特征，其中玲珑金矿的极化率背景值较高，一般大于5%，接近矿体附近时，将达到7%以上，富矿段可达20%以上，在其他地区，如黑岚沟、旧店等地，围岩背景极化率较低，一般为1%左右，矿化带极化率明显升高，极化率异常可达2%～5%，因此在电法勘探中，可通过低阻、高极化的电性异常标志，圈定与含金石英脉有关的异常，进而开展有效的靶区预测，而在重力勘探和磁法勘探资料中，一般很难发现对应此类金矿的较广泛代表性的重磁异常特征。

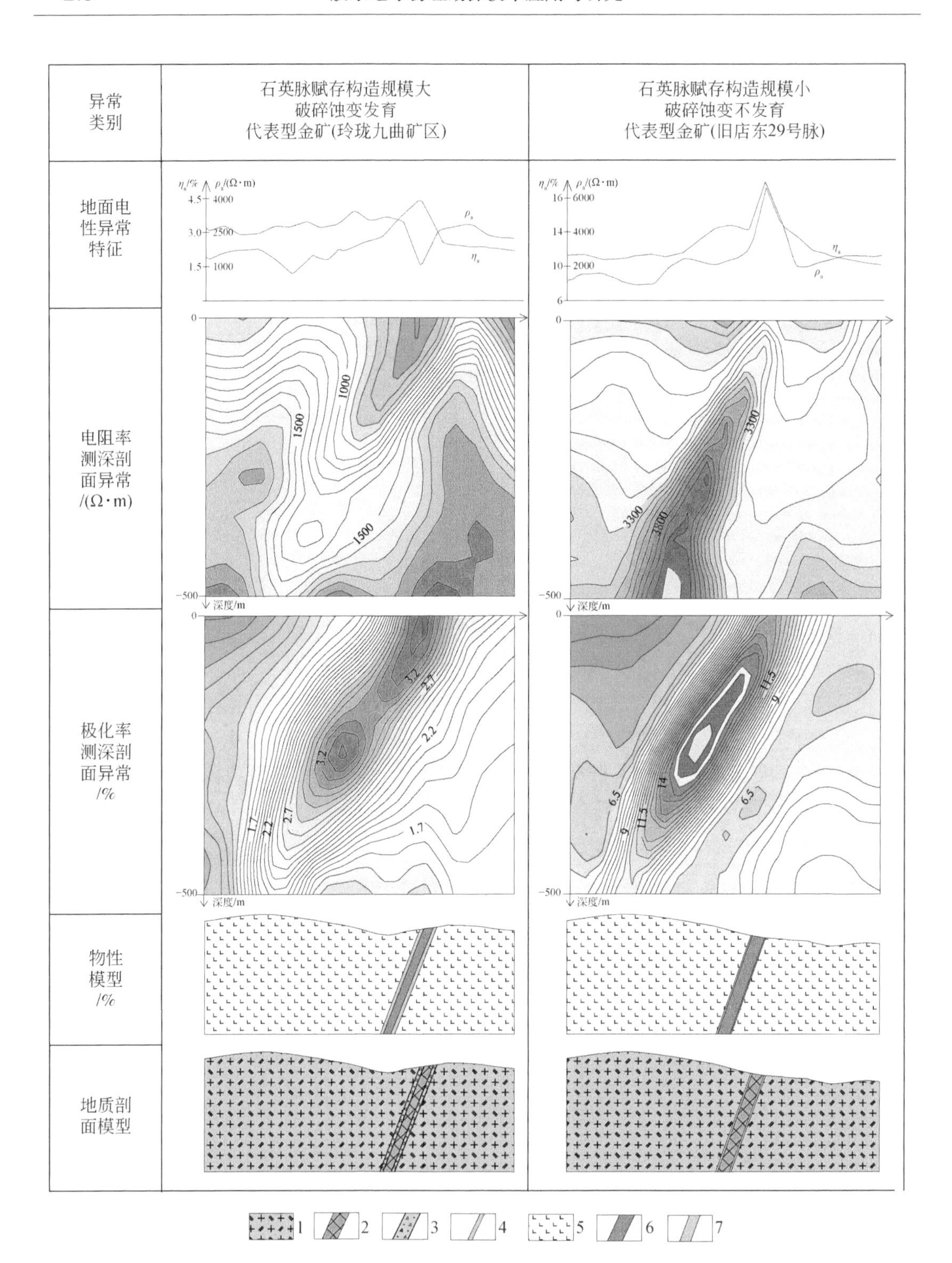

图 5-3　胶东地区石英脉型金矿地质–地球物理找矿模型

1. 中生代花岗岩类；2. 含金石英脉；3. 构造破碎带；4. 蚀变带；5. 低极化、高阻体；6. 高极化、高阻体；7. 高极化、低阻体

当充填含金石英脉的构造规模小，破碎蚀变不发育，在进行电法勘探时，电性异常主要反映石英脉的高阻异常，无论围岩是中生代侵入岩还是新太古代变质岩，矿化带都将反应为高阻异常特征，异常幅值范围一般为大于3000Ω·m，同时在极化率参数上表现为高出背景围岩的高极化异常特征，异常值根据围岩背景值不同变化范围较大，一般在2%～10%，富矿段极化率约为围岩背景极化率的1.5～3倍，因此在电法勘探中，可通过高阻、高极化的电性异常标志，圈定此种构造条件下与含金石英脉有关的异常，进而开展有效的靶区预测，而利用重力勘探和磁法勘探资料时，与前述构造类型条件相似，一般也很难发现对应此类金矿的较广泛代表性的重磁异常特征。

（三）地球物理找矿方法组合

石英脉型金矿控矿构造规模一般相对较小，成矿作用以含金石英脉裂隙充填为主，且围岩一般为岩性单一的侵入岩体，密度及磁性差异较小，所以重磁勘探往往难以取得理想的直接找矿效果，一般用于地质体圈定及断裂构造划分。由前述该类型地球物理找矿案例可见，各矿区内以物探勘查以大比例尺电法工作为主，其中激发极化法作为主要勘探方法，在此类型金矿区取得了较为理想的物探勘查效果。在此基础上，总结石英脉型金矿地球物理勘查流程如下：

（1）在详细的野外地质调查基础上，通过重磁、γ能谱面积工作，研究与成矿关系密切的侏罗纪玲珑岩体分布特征，划定靶区；

（2）在重点靶区内，开展激电中梯、激电联剖等工作，根据激电异常推断含金石英脉的位置、走向以及矿体富集位置，进一步缩小靶区；

（3）重点异常位置，开展激电测深、SIP、CSAMT等工作，根据极化率和电阻率深部变化特征，推断矿体富集位置、倾向、规模等；

（4）以已知矿例为基础，结合该类型地质-地球物理模型，预测矿体位置、形态和规模；

（5）进行钻孔论证工作。

综上所述，该类型金矿的地球物理找矿方法组合为激电中梯+激电联剖推断含金石英脉平面位置、走向及富集位置；激电测深+CSAMT+SIP推断矿体深部富集位置、倾向，规模等；最后利用综合物探信息圈定成矿有利位置，进行钻探验证。

三、蚀变岩型金矿地质-地球物理找矿模型及找矿方法组合

（一）地质特征

该类型金矿主要分布于栖霞东南部及乳山市西北部的郭城-崖子一带，在烟台福山南部也有少量分布，其他地区分布较少。金矿床位于胶莱凹陷东北缘与胶南-威海造山带的交接部位，位于牟平-即墨断裂带与郭城断裂带之间，区内断裂构造发育，属于受层间滑脱构造控制的金矿床。围岩主要与层间滑脱构造所在的层位有关，主要有古元古界粉子山群大理岩、长石石英砂岩和中生界白垩系林寺山组砾岩。围岩蚀变主要为黄铁矿化、绢云

母化、硅化、碳酸盐化等。该类型金矿受层间断裂、裂隙控制，矿体以似层状、透镜状为主，沿走向、倾向长度一般为100～400m，厚度一般在1～10m，倾角平缓，一般为10°～20°，分布于盆地边缘的金矿体具有上陡下缓的趋势，顶部倾角为40°，向深部逐渐过渡到20°左右。主要金属矿物有自然金、银金矿、黄铁矿、方铅矿、闪锌矿、磁铁矿等；脉石矿物较为复杂，主要与原岩残留矿物有关，蚀变生成的矿物有石英、长石、绢云母等。矿石构造多样，有侵染状、角砾状、网脉状、脉状、条带状等。矿石结构主要为碎裂结构、压碎结构、填隙结构、交代结构、包含结构等。

（二）地质-地球物理找矿模型

1. 地质剖面模型

该类型金矿根据控矿构造类型可细分为宋家沟式和蓬家夼式，其中宋家沟式以宋家沟金矿为代表，控矿构造为莱阳群林寺山组的裂隙密集带，蓬家夼式金矿中蓬家夼金矿控矿构造为缓倾向滑脱构造、西井口金矿控矿构造为近水平隐伏滑脱构造、西涝口金矿控矿构造为层间滑动构造带、辽上金矿为层间滑动构造带，不同控矿构造类型具有不同的地球物理找矿模型，本次主要建立蓬家夼式找矿模型，地质剖面模型以上述几个典型矿区为原型，其共同特点为控矿构造为层间滑脱构造，上盘为白垩系莱阳群砾岩，下盘为太古界—元古界变质岩系，金矿发育在两者之间滑脱构造带上，滑脱构造大多为上陡下缓的“铲”式构造，滑脱带发育构造角砾岩，硅化、黄铁矿化、绢英岩化、碳酸盐化广泛发育，建立的地质剖面模型如图5-4所示。

2. 物性模型

通过研究蚀变砾岩型金矿主要围岩及构造蚀变带的地质特征，结合区域物性测试结果以及地球物理实测数据，建立的蓬家夼式层间砾岩型金矿物性模型如图5-4所示。各物性模型单元特点如下：

（1）莱阳群砂砾岩为低磁性、低密度、有界半空间次低阻体，平均密度区间为2.53～2.58g/cm^3，磁化率区间为（0～10）$\times10^{-6}\times4\pi$ SI，电阻率区间为50～500Ω·m；

（2）荆山群大理岩为低磁性、高密度、中阻体，平均密度区间为2.73～2.80g/cm^3，磁化率区间为（0～10）$\times10^{-6}\times4\pi$ SI，电阻率区间为1000～2000Ω·m；

（3）闪长岩脉为不均匀磁性、中-低密度、局部定向延伸高阻体，平均密度区间为2.6～2.64g/cm^3，磁化率区间为（50～200）$\times10^{-6}\times4\pi$ SI，电阻率区间为2500～6000Ω·m；

（4）糜棱岩（侏罗纪玲珑二长花岗岩）为跳跃变化磁性、低密度、有界半空间均匀中高阻体，平均密度为2.62g/cm^3，平均磁化率区间为（92～198）$\times10^{-6}\times4\pi$ SI，平均电阻率区间为2500～6000Ω·m；

（5）构造角砾岩带为低磁、低密度、小角度缓倾的定向延伸条带状低阻体，平均密度区间为2.55～2.6g/cm^3，磁化率区间为（5～10）$\times10^{-6}\times4\pi$ SI，电阻率区间为50～300Ω·m；

（6）矿体为低磁、低密度、条带中-低阻体，平均密度区间为2.55～2.65g/cm^3，磁化率区间为（5～15）$\times10^{-6}\times4\pi$ SI，电阻率为350～980Ω·m。

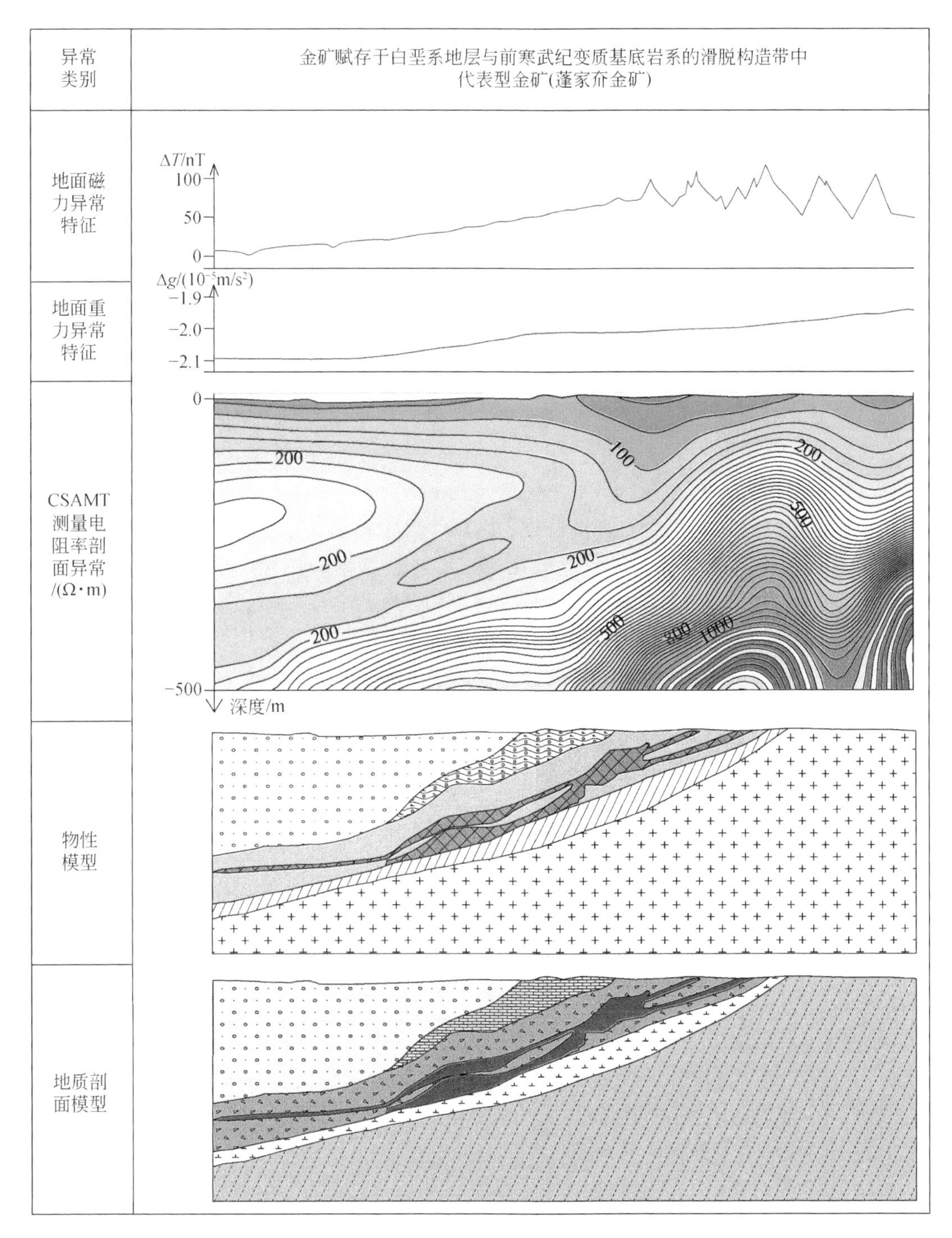

图 5-4　胶东地区蚀变岩型金矿地质-地球物理找矿模型

1. 白垩系莱阳群砂砾岩；2. 荆山群大理岩；3. 中生代闪长岩脉；4. 糜棱岩；5. 构造角砾岩；6. 金矿体；7. 低磁性、低密度、低阻体；8. 低磁性、高密度、中阻体；9. 不均匀磁性、中低密度、高阻体；10. 中高变化磁性、低密度、中高阻体；11. 低磁性、低密度、低阻体；12. 低磁性、中低密度、中低阻体

3. 地球物理异常响应模型

根据典型矿床已知勘探线综合地球物理探测的多个案例，结合以上地质、物性模型建立的理论基础，总结的蚀变砾岩型金矿地球物理找矿标志为低稳平缓磁场与高低跳跃磁场分界线，低角度、缓倾条带状、串珠状低阻异常带中的局部次高阻异常。具体异常特征结合图5-4解释如下。

以蓬家夼金矿为例，滑脱构造带下盘为糜棱岩，在磁异常平面图中为高低跳跃磁场特征，上盘为白垩系莱阳群砂砾岩，在磁异常中为低缓平稳磁场，两者之间的滑脱构造带，总体反应为不同磁场分界线。

在电阻率异常上，滑脱构造带下盘的糜棱岩为中高阻异常，上盘的白垩系莱阳群砂砾岩为相对低阻异常显示，两者之间的滑脱构造带，由于破碎蚀变，且发育大量构造角砾岩，电性异常反映为明显的条带状缓倾低阻异常带，异常幅值范围一般为50～300Ω·m。

（三）地球物理找矿方法组合

由该类型金矿地球物理勘查案例可见，区内投入物探勘查工作较为丰富，地表型金矿区相继投入了包括高精度磁测、激发极化法、反射波法地震测量、γ能谱测量、CSAMT法、广域、三维激电等方法。由于区内滑脱拆离构造倾角一般较缓，同时受到上覆低阻莱阳群盆地以及荆山群陡崖组徐村石墨系段的低阻高极化影响，常规电法测量存在一定程度干扰，γ能谱测量、反射波法、CSAMT、广域、地震测量在深部找矿及预测研究等方面取得了理想的效果。由于滑脱拆离作用强烈，整个滑脱面（基底与中生代间强烈的不整合界面或者是铲式的盆缘断裂）在地震测量和频率域电阻率法的地电断面中，异常反应较为明显。据此，本次总结的蚀变砾岩型金矿地球物理勘查流程如下：

（1）在详细的野外地质调查基础上，通过重磁面积工作，由已知到未知，研究与成矿关系密切的盆缘滑脱构造及其上下盘围岩特征，划定靶区；

（2）在重点靶区内，开展CSAMT或广域电磁法、反射地震等工作，圈定滑脱构造带位置，研究其深部变化特征；

（3）在该类型地质-地球物理找矿模型基础上，结合已知矿例，有效识别矿质异常，预测矿体位置、形态和规模；

（4）进行钻孔论证工作。

综上所述，本次提出该类型金矿的地球物理找矿方法组合为结合重磁异常综合研究和CSAMT+广域+反射地震确定异常深部特征（延伸、产状、规模、变化等），最后利用综合物探信息圈定成矿有利位置，进行钻探验证。

四、黄铁矿石英脉型金矿地质-地球物理找矿模型及找矿方法组合

（一）地质特征

该矿区主要分布于胶东半岛东部的牟平-乳山地区，其他地区分布较少，主要位于北东东向和近北南向的牟平-乳山断裂带内及其旁侧次级断裂内，以沿断裂发育脉体宽大的

含金硫化物（主要为黄铁矿）石英脉为特征，其中大型金矿床有西直格庄金矿、邓格庄金矿、金青顶金矿，另有黑牛台、福禄地、哈狗山、腊子沟等金矿。多数矿床赋矿围岩为中生代玲珑二长花岗岩及古元古界荆山群变质岩系。围岩蚀变主要为黄铁矿化、绢云母化、硅化、绢英岩化、碳酸盐化、绿泥石化等，蚀变岩沿脉壁两侧分布，宽2m至十几米，蚀变带可依次划出绢英岩化花岗质碎裂岩、碎裂状绢英岩化花岗岩、绢英岩化花岗岩、钾化花岗岩等。该类矿床以单脉产出为主，部分矿床呈脉群出现，在空间上，含金脉体呈密集裂隙分布，成矿作用以裂隙充填为主。矿体形态较为简单，多呈脉状、薄板状、透镜状等；矿体沿走向、倾向断续出露，长度一般为100～500m，个别达千米，矿体厚度一般为1～4m；多为陡倾斜矿体，矿体倾角达80°，部分矿体向深部有变缓的趋势。金属矿物主要有银金矿，含少量自然金及金银矿；含大量黄铁矿，由不足10%到30%～60%，其次为黄铜矿，磁黄铁矿、方铅矿、闪锌矿、磁铁矿等；脉石矿物主要有石英，其次为绢云母、方解石、长石、绿泥石等，矿石以致密块状、侵染状、条带状为主，次为角砾状、网脉状构造，矿石结构有粒状结构、压碎结构、填隙结构、交代残余结构等。矿石自然类型有原生矿石和氧化矿石，以原生矿石为主，按矿石的主要矿物组合划分为金–黄铁矿（石英脉）型、金–黄铜矿和黄铁矿（石英脉）型和金–多金属硫化物（石英脉）型三类，以第一类分布最为普遍。

（二）地质–地球物理找矿模型

1. 地质剖面模型

该类型金矿分布相对集中，矿床主要发育在北北东向金牛山断裂带内及其两侧，区内的三条代表性断裂，自西向东分别为海阳断裂、金牛山断裂和将军石断裂，矿化蚀变主要发育在此三条断裂及其次级构造内，赋矿围岩主要为侏罗纪玲珑二长花岗岩，外围有荆山群老地层分布。结合典型矿床勘查实例，建立的该类型金矿地质模型如图5-5所示，含金硫化物石英脉赋存在断裂带内，断裂带总体较为陡立，向深部倾向发生反转，主要赋矿围岩为侏罗纪玲珑二长花岗岩。

2. 物性模型

通过研究含金硫化物石英脉型金矿主要围岩及控矿构造带的地质特征，结合前人的区域物性测试结果以及地球物理勘查实例数据，建立的该类型金矿物性模型如图5-5所示。各物性模型单元特点如下：

（1）侏罗纪玲珑二长花岗岩为低极化、有界半空间均匀高阻体，平均电阻率区间为2500～6000Ω·m，平均极化率区间为2%～5%；

（2）断裂构造带为高极化、陡倾的板状低阻体，平均电阻率区间为300～2000Ω·m，平均极化率区间为4%～8%；

（3）矿体为高极化、陡倾板状中高阻体，平均电阻率区间为1000～3000Ω·m，平均极化率区间为2%～20%。

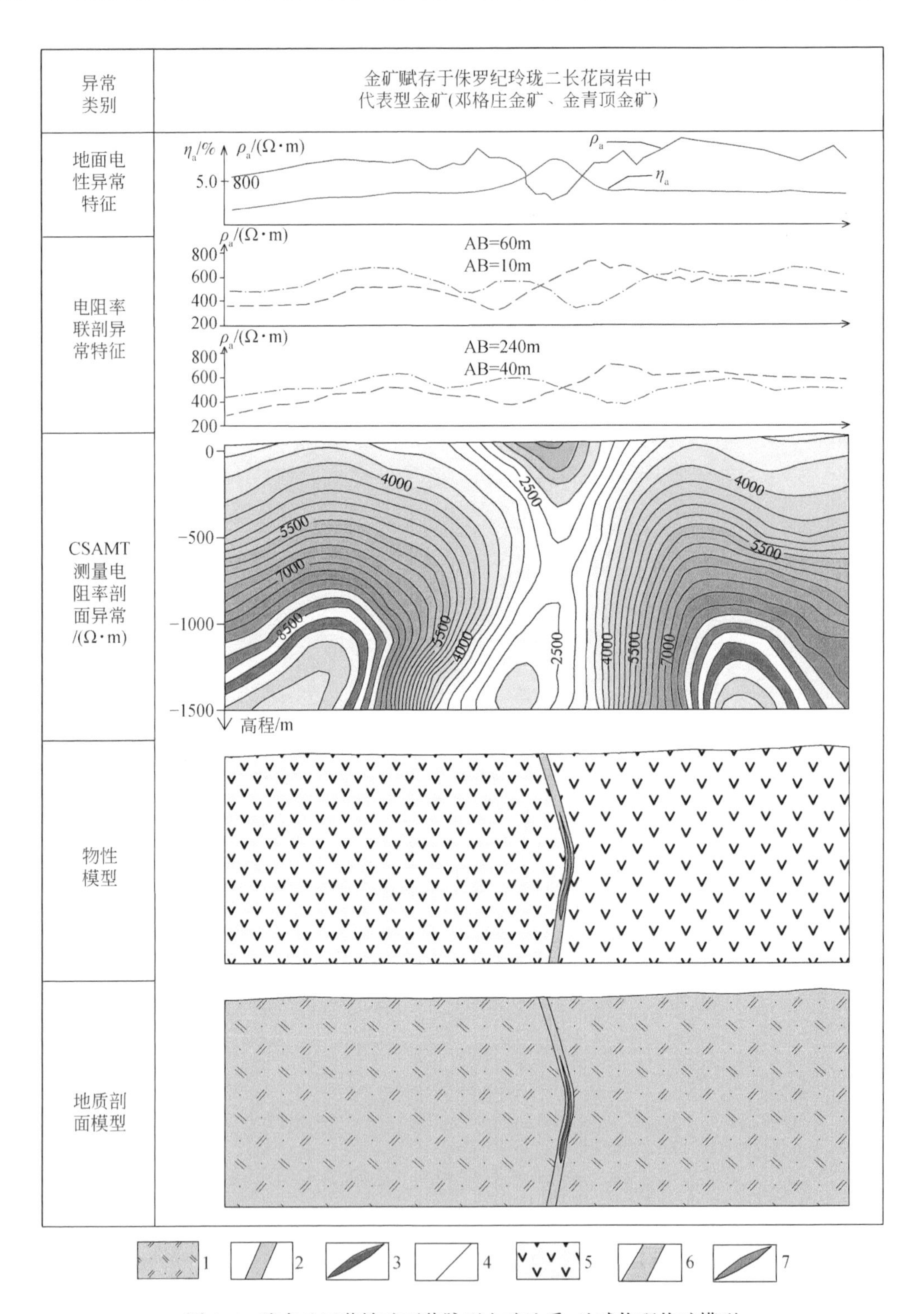

图 5-5　胶东地区黄铁矿石英脉型金矿地质–地球物理找矿模型

1. 中生代花岗岩类；2. 含金石英脉；3. 矿体；4. 断层；5. 低极化、高阻体；6. 高极化、低阻体；7. 高极化、中高阻体

3. 地球物理异常响应模型

根据典型矿床已知勘探线综合地球物理探测的多个案例，结合以上地质、物性模型建立的理论基础，总结的黄铁矿石英脉型金矿地质-地球物理找矿标志如下：电阻率测深断面中的条带状、串珠状低阻异常，激电测深断面中的带状、串珠状高极化异常，具体异常特征结合图5-5解释如下。

胶东地区黄铁矿石英脉型金矿集中发育在牟乳断裂带内，赋矿围岩主要为中生代玲珑型花岗岩，其上下盘围岩没有明显的密度差异，断裂带及其中含金石英脉与围岩的微小密度差也很难在反映体积效应的重力异常中体现，因此利用重力勘探无法直接圈定此类型金矿。同时，由于赋存此类型金矿的断裂构造一般规模较大，破碎蚀变普遍发育，且由于硫化物含量较高，能够引起明显的激电异常，在进行电法勘探时，可反映为明显的“低阻、高极化”异常特征，其中电阻率异常幅值范围一般为500～2000Ω·m，在极化率参数上表现为高出背景围岩的高极化异常特征，幅值范围为4%～7%，接近矿体附近时，将达到8%以上，富矿段可达20%以上。

（三）地球物理找矿方法组合

由该类型金矿地球物理勘查案例可见，区内早期物探勘查工作以视电阻率联合剖面法、激电中梯、激电联剖及激电测深等为主，其他物探方法作为辅助，效果较好。近年来，随着矿山企业不断发展，矿区内人文干扰增多，常规电法工作难以满足施工条件及勘探深度的要求，陆续投入可控源大地电磁测深（CSAMT）、频谱激电（SIP）、广域电磁测深（WFEM）等物探方法，在深部找矿及预测研究等方面取得了理想的效果。根据以往地球物理找矿案例和本类型金矿地质-地球物理找矿模型，总结的含金硫化物石英脉型金矿地球物理找矿流程如下：

（1）在详细的野外地质调查基础上，通过重磁面积工作研究与成矿关系密切的断裂构造，中生代岩体及前寒武纪变质地层，划定靶区；

（2）在靶区内，开展激电中梯测量工作，圈定低阻、高极化异常及其范围；

（3）对圈定的激电异常，开展CSAMT或广域电磁法、激电测深、激电联剖等工作，确定与控矿断裂对应的低阻、高极化位置；

（4）在该类型地质-地球物理模型基础上，结合已知矿例，有效识别矿质异常，预测矿体位置、形态和规模；

（5）进行钻孔论证工作。

综上所述，本次提出该类型金矿的地球物理找矿方法组合为：重磁异常综合研究，激电中梯+激电联剖圈定地表低阻高极化位置，CSAMT或广域+激电测深或SIP确定异常深部特征（延伸、产状、规模、变化等），最后利用综合物探信息圈定成矿有利位置，进行钻探验证。

第三节　胶东地区石墨矿地质-地球物理找矿模型

胶东地区石墨矿类型以沉积变质型为主，主要赋存于古元古界荆山群陡崖组徐村段石墨岩系中。根据前述物探技术在石墨矿勘探中的应用，总结石墨矿在地质、地球物理等方面的共性特征，建立沉积变质型石墨矿地质-地球物理模型，并进一步归纳最佳的地球物理找矿方法组合。

（一）地质特征

地球物理方法在胶东莱西南墅、教书庄、平度刘戈庄等地区石墨矿找矿中，发挥了重要作用。根据胶东石墨矿成矿模式可知，与石墨矿成矿密切相关的地质体为陡崖组徐村段石墨变粒岩-透辉大理岩组合。胶东地区石墨矿体的产出与大理岩密切相关，大理岩多作为矿体的顶、底板或夹层出现，围岩中的大理岩具有石墨矿化现象，如莱西南墅，平度境内的石墨矿床等，荆山群大理岩可作为区域上的找矿标志。

（二）地质-地球物理找矿模型

由石墨矿及其围岩密度资料可以看出，虽石墨矿的密度较低，与围岩有一定的密度差异，但厚度小，不能引起识别石墨矿的重力异常，因此重力不能用于直接寻找石墨矿。石墨矿的围岩为密度较高的变质类岩石，可利用重力资料研究石墨矿赋存的地质背景，即用于圈定荆山群地层范围，达到间接找矿目的。石墨矿石没有磁性，虽然含有少量的磁黄矿等金属矿物，但由于含量甚微，对磁性的影响仍微乎其微。变质岩类，无论是含石墨变质岩，还是不含石墨变质岩，都具有一定的磁性。可见磁法亦不能直接用于寻找石墨矿，但由于围岩具有磁性，可利用磁测资料分析、研究石墨矿的赋存地质背景条件。据石墨矿及其围岩的电物性资料，石墨矿具有高极化特性，其极化率随石墨含量的增多而增高，围岩极化率较低；石墨矿电阻率最低，均低于围岩。所以具备利用激电法寻找石墨矿的地球物理前提。前述找矿实例中电法勘探用于寻找石墨矿床取得较好的效果。

根据前人在石墨矿化带上开展的大量地质及地球物理找矿方法实例，对研究区内石墨矿重、磁、电地球物理场特征进行了系统的总结，并建立了石墨矿地质-地球物理找矿模型（图 5-6）。现将沉积变质型石墨矿地质-地球物理找矿模型简述如下。

1. 地质剖面模型

由前所述，与石墨矿成矿密切相关的地质体为陡崖石墨变粒岩片麻岩-片岩组合，严格受地层层位控制，岩性由大理岩、片麻岩、变粒岩、片岩、透辉岩、透闪岩和斜长角闪岩等组成。胶东地区石墨矿体的产出与大理岩密切相关，大理岩多作为矿体的顶、底板或夹层出现，如南墅各矿区、牟平徐村、威海大西庄、平度境内的石墨矿等。据上述地质特征及南墅、刘戈庄典型地质剖面，本次建立两种地质剖面模型，即石墨矿赋存于荆山群大理岩中、石墨矿赋存于荆山群大理岩与混合片麻岩接触带中（图 5-6）。

2. 物性模型

（1）低极化、低磁性、中密度、高电位、有界半空间均匀中高阻体，为古元古界荆山群陡崖组徐村段大理岩的反映；

（2）低极化、低磁性、中密度、高电位、有界半空间均匀低阻体，为古元古界荆山群陡崖组徐村段混合片麻岩的反映；

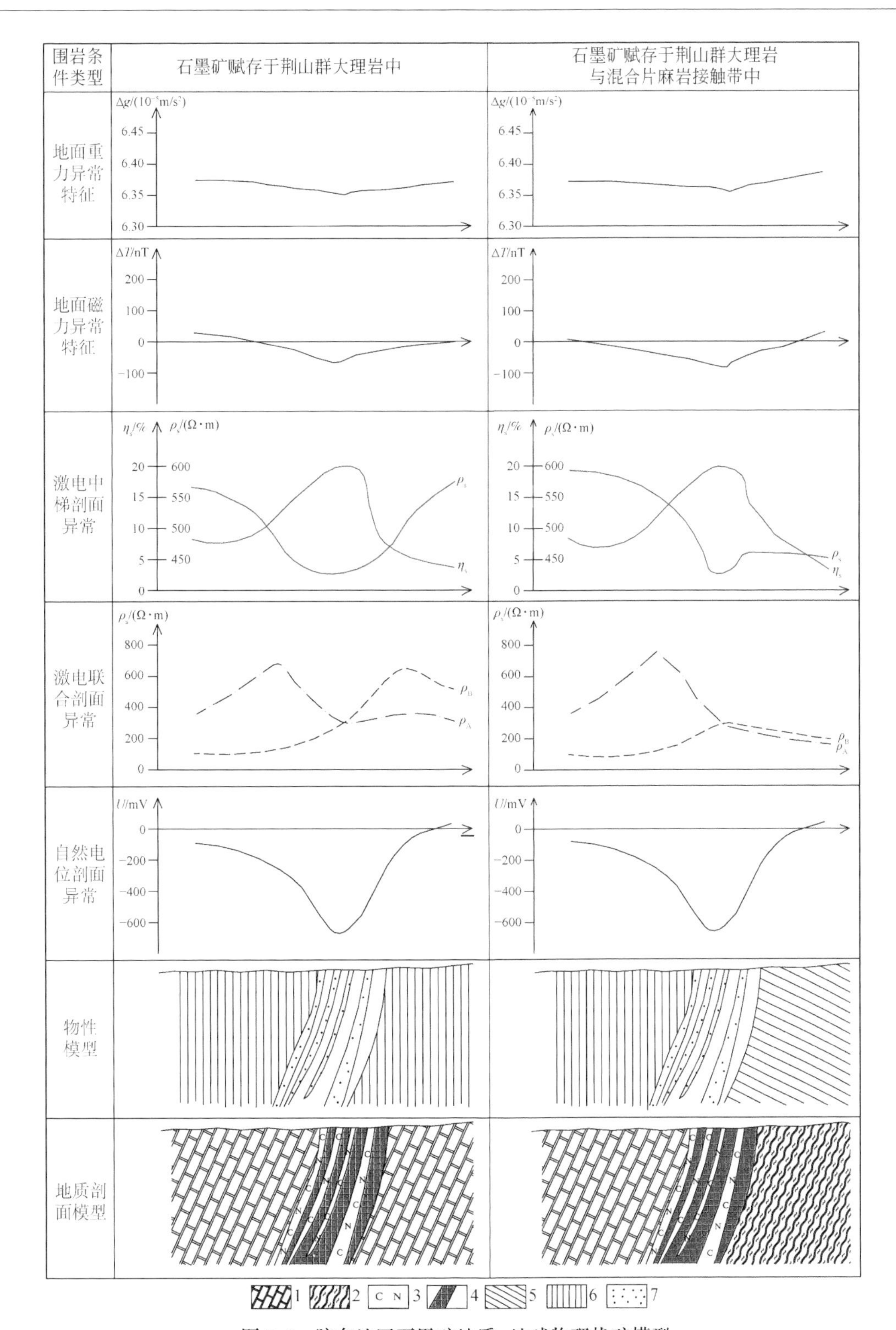

1 2 3 4 5 6 7

图 5-6　胶东地区石墨矿地质–地球物理找矿模型

1. 荆山群大理岩；2. 荆山群混合片麻岩；3. 石墨矿化带；4. 石墨矿体；5. 低极化、低磁性、中密度、高电位、低阻体；6. 低极化、低磁性、中密度、高电位、中高阻体；7. 高极化、无磁性、低密度、低电位、低阻体

（3）中高极化、低磁性、低密度、中低电位、无限延伸倾斜板状中低电阻体，为矿体外围石墨矿化带的反映；

（4）高极化、无磁性、低密度、低电位、有限延深倾斜板状低电阻体，为石墨矿体的反映。

3. 地球物理异常响应模型

由前述的地球物理参数、地球物理场，经综合整理和概括，得到常规物探方法石墨矿田的地质–地球物理找矿模型。如图5-6表示，现结合平面上的特征叙述如下。

（1）胶东石墨矿田多赋存于荆山群陡崖组徐村段内，其产出与大理岩密切相关。矿区上方重力场多表现为重力梯级带及局部布格重力高值异常；磁力为条带半环形正、负磁异常群落及高值磁异常带的边部；电性特征为低阻高极化、负电位异常。

（2）重力 Δg 等值线总体反应为由低值向高值的重力梯度带或过渡带，矿体部位为局部低值异常。

（3）磁场 ΔT 值表现为局部变化的低负磁场（–200～200nT），总体为荆山群的反映，在石墨矿化带常有 ΔT 为–200～–100nT的条带状、串珠状负异常显示。当变质岩地层是以混合片麻岩为主时，磁性略高于背景值。

（4）石墨矿典型矿床多表现为高极化率条带，呈弯曲的弧形条带，异常宽窄不一。石墨矿体上方视极化率值为15%～20%，表现为明显的高极化率特征。

（5）石墨矿床区视电阻率异常多表现为不规则低阻异常带，宽度宽窄不一，低阻值为420～440Ω·m，含石墨变质岩系常见电阻率405Ω·m，引起了低阻异常带。低阻带异常外围表现为高低不一、块状大小不一相对高阻异常区，视电阻率值在560～1000Ω·m，个别高达1500Ω·m，反映不含石墨一般变质岩系的分布。

（6）在自然电场上多表现为负电异常，自然电场值在–400～–100mV，局部低至–660mV，主要为荆山群陡崖组的反映，其中石墨矿体上部多对应自然电位的最低值处。

以上重、磁、电场特征是针对几个典型石墨矿床找矿实例进行归纳总结的，上述物探异常特征对寻找胶东沉积变质型石墨矿具有指导意义。

（三）地球物理找矿方法组合

通过物探技术在石墨矿勘探中的应用，建立了石墨矿床地质–地球物理找矿模型，该模型的建立为石墨矿床地球物理找矿方法组合提供基础及物性、地球物理支撑。根据胶东沉积变质型石墨矿的成矿模式，地球物理找矿方法以间接找矿方法为主，具体实施流程：

（1）首先在详细的野外地质调查基础上，通过重磁面积工作圈定荆山群引起的重磁异常靶区；

（2）在选定的找矿靶区内，按照合理的测线间距和适宜的测线方向，开展激电中梯测量或自然电位测量工作，圈定低阻高极化异常或负电异常范围；

（3）对圈定的低阻高极化异常，开展激电联剖或激电测深工作，圈定低阻正交点或纵向低阻高极化异常；

（4）对获取的地球物理数据进行计算机处理，形成各种数据成果图；

（5）通过地球物理资料详细反演、解释，获取成矿空间的物性参数、空间结构、异常分布等信息，刻画断裂构造或成矿地质体的深部变化；

（6）通过与已知矿、控矿构造或地质体特征比较，有效识别成矿构造和赋矿部位，预测矿体位置、形态和规模；

（7）进行钻孔论证工作。

综上所述，找矿方法组合为重磁异常圈定荆山群找矿靶区→激电中梯测量圈定低阻高极化异常/自然电位测量圈定负电异常→激电联剖成矿结构面极化率、电阻率异常→综合物探信息圈定成矿有利位置→钻探验证。

第四节　胶东地区多金属矿地质-地球物理找矿模型

胶东地区多金属矿床类型较多，主要成因类型有斑岩型、夕卡岩型、热液交代型、构造蚀变岩型及热液充填型等，成矿时代以中生代燕山期为主，矿种以铜、铅、锌、钼、银居多。不同的物探技术方法在不同类型的多金属矿找矿实例中的应用效果各异，现根据典型矿床赋存条件总结归纳建立两类（五种）地质-地球物理找矿模型，分别为赋存于粉子山群中的铜、钼多金属矿床地质-地球物理找矿模型及赋存于花岗岩内部的银、铅锌、钼多金属矿床地质-地球物理找矿模型（图5-7）。

一、粉子山群中的铜、钼多金属矿地质-地球物理找矿模型及找矿方法组合

（一）地质特征

1. 福山铜矿（热液交代型）

福山铜矿床大地构造位置上处于胶北隆起区东部，吴阳泉断裂带南侧，北东临邢家山斑岩-夕卡岩型钼钨矿床，西侧为隆口微细粒浸染型金矿床。区内出露古元古界粉子山群之张格庄组三段、巨屯组和岗嵛组，岩性主要为石墨大理岩、透闪大理岩、云母片岩、透闪片岩、变粒岩等。其中，与成矿有关的主要为巨屯组二段石墨大理岩夹云母片岩、变粒岩，岗嵛组一段云母片岩夹透闪大理岩或大理岩。

2. 邢家山钼矿（夕卡岩型）

邢家山钼矿床为一大型钼矿床，南临大型近东西向断裂——吴阳泉断裂。主要赋存在中生代燕山早期幸福山斑状细粒二长花岗岩岩体前峰与古元古界粉子山群张格庄组地层的内、外接触带中。主要出露粉子山群地层，各组段间多呈渐变过渡关系。其中，张格庄组二段和三段大理岩、透闪岩夹变粒岩为主要赋矿层位。

（二）地质-地球物理找矿模型

1. 地质剖面模型

据前述地质特征，以福山铜矿、邢家山钼矿典型矿床为基础，归纳总结其共同特点，

即矿床均赋存于粉子山群中，将铜、钼多金属地质剖面模型分为两类，一类为发育于粉子山群巨屯组石墨大理岩中的铜矿床；另外一类为发育粉子山群张格庄组大理岩中的钼矿床，如图 5-7 所示。

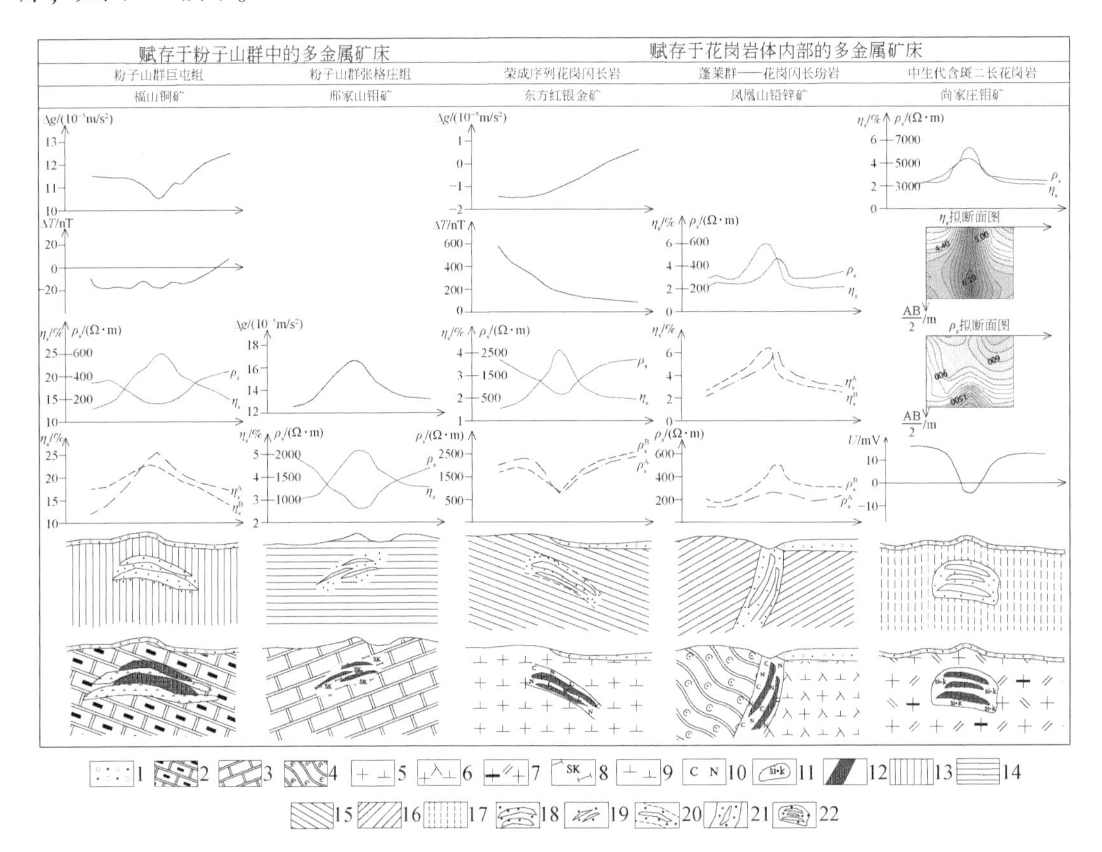

图 5-7　胶东地区其他类型多金属矿地质–地球物理找矿模型

1. 第四系；2. 粉子山群巨屯组石墨大理岩；3. 粉子山群张格庄组大理岩；4. 蓬莱群绢英岩化板岩；5. 荣成序列花岗闪长岩；6. 燕山期花岗闪长玢岩；7. 中生代含斑二长花岗岩；8. 透辉夕卡岩化；9. 蚀变闪长岩；10. 蚀变矿化带；11. 硅化、钾化蚀变带；12. 矿体；13. 中高极化、低磁性、中密度、中高阻体；14. 低极化、中密度、高阻体；15. 低极化、中高磁性、中低密度、高阻体；16. 低极化、低阻体；17. 低极化、高电位、中高阻体；18. 高极化、低磁性、中密度、低阻体；19. 高极化、高密度、中低阻体；20. 高极化、中高磁性、中低密度、中低阻体；21. 高极化、中高阻体；22. 高极化、低电位、高阻体

2. 物性模型

1）福山铜矿（热液交代型）

中高极化、低磁性、中密度、有界半空间均匀中高阻体，为古元古界粉子山群巨屯组石墨大理岩的反映；高极化、低磁性、中密度、有限延深似层状低阻体，为铜矿体的反映。

2）邢家山钼矿（夕卡岩型）

低极化、中密度、有界半空间均匀高阻体，为古元古界粉子山群张格庄组大理岩的反映；高极化、高密度、有限延深似层状、透镜状中低阻体，为钼矿体的反映。

3. 地球物理异常响应模型

粉子山群中的铜、钼多金属矿地质-地球物理找矿模型用图5-7表示，现结合平面上的特征叙述如下。

1）福山铜矿（热液交代型）

重力场表现为等值线向东同向弯曲的低值异常，布格重力异常值在$-15.0\times10^{-5}\sim10.0\times10^{-5}m/s^2$；磁场特征为低缓的负值异常$-100\sim0nT$；矿体在重磁异常上反映不明显。激电中梯面积资料显示，极化率普遍偏高，背景值在15%左右，主要为含石墨大理岩的反映，矿体多对应一定走向的条带状高极化异常；矿体电阻率值一般在$100\sim200\Omega\cdot m$，面积上表现为长条状低阻带。在激电剖面上，矿体为低阻高极化反映，与面积资料相对应。联合剖面反映为高极化反交点。

2）邢家山钼矿（夕卡岩型）

布格重力场为明显的局部重力高值异常，主要为粉子山群的反映，矿体上方对应布格重力异常剖面峰值位置；磁场表现为低缓磁异常，矿体在磁场上表现不明显。极化率背景值为3%～4%，对应粉子山群张格庄组大理岩，矿体为高极化异常，局部峰值达4%左右；电阻率整体背景值偏高，在$1200\sim2000\Omega\cdot m$，矿体及夕卡岩化为低阻异常。

（三）地球物理找矿方法组合

根据前述胶东地区多金属矿找矿实例及粉子山群中的铜、钼多金属地质-地球物理找矿模型的建立，总结粉子山群中的铜、钼多金属矿地球物理找矿流程：

（1）在详细的野外地质调查基础上，通过重磁面积工作圈定与成矿关系密切的粉子山群沉积地层，并划定靶区；

（2）在靶区内，开展激电中梯测量工作，根据不同的成矿类型圈定激电异常，即低阻高极化（其他类型多金属矿）范围；

（3）对圈定的激电异常，开展激电测深、激电联剖等工作，确定极化率、电阻率交点位置；

（4）对获取的地球物理数据进行计算机处理，形成各种数据成果图，并对资料详细反演、解释；

（5）通过与已知矿、控矿构造或地质体特征比较，有效识别成矿构造和赋矿部位，预测矿体位置、形态和规模；

（6）进行钻孔论证工作。

综上所述，找矿方法组合为重磁异常圈定与成矿关系密切的元古宙沉积地层→激电中梯测量圈定激电异常（低阻高极化）→激电测深或激电联剖确定极化率、电阻率交点位置→综合物探信息圈定成矿有利位置→钻探验证。

二、花岗岩体内部的银、铅锌、钼多金属矿地质-地球物理找矿模型及找矿方法组合

（一）地质特征

1. 东方红银金矿（构造蚀变岩型）

东方红银金矿大地构造属胶南-胶东造山带东端的胶东断隆，成矿地质条件较好。区内地层不太发育，主要为第四系覆盖及荆山群残留体。岩浆岩广泛发育，主要为新太古代荣成序列花岗闪长岩，构造以韧性剪切带和脆性断裂构造为主。

2. 凤凰山铅锌矿（热液充填型）

龙口凤凰山铅锌矿出露的地层为白垩系青山群及震旦系蓬莱群，青山群与蓬莱群为不整合接触关系，岩浆岩以燕山期艾山花岗闪长玢岩为主。区内构造复杂，断裂和小褶皱发育，主要断裂分布于南部近东西向，向北倾的压扭性构造，即为中生代燕山期岩浆岩之热液通道的龙口弧形断裂带，同期形成北东走向、北西倾向和北北东走向、南东倾向的两组张扭性断裂是该区的主要控矿构造，伴有黄铁矿化、硅化等蚀变作用。

3. 尚家庄钼矿（斑岩型）

矿床大地构造位置位于滨太平洋造山-裂谷系、山东岩浆弧-裂谷区、胶东陆缘岩浆-盆地区、胶北陆缘造山岩浆带。矿区内大面积分布中生代燕山晚期侵入岩，这些侵入岩主要有分布在隆起区与拗陷区接合部位的含斑中细粒二长花岗岩及巨斑中粒二长花岗岩，其岩体边缘部分见有 Cu、Mo 矿化；分布在隆起区边缘杂岩带内的浅成相的花岗闪长斑岩，呈岩株状产出，见有与其相关的铜钼矿化；分布在拗陷区边缘的超浅成相英安玢岩、闪长玢岩等。钼矿化主要发育在含斑中细粒二长花岗岩及巨斑中粒二长花岗岩中。

（二）地质-地球物理找矿模型

1. 地质剖面模型

根据前述花岗岩体内部的银、铅锌、钼多金属矿床的地质特征，总结归纳三种地质剖面模型，分别为赋存于荣成序列花岗闪长岩内银金矿床、赋存于蓬莱群娟英岩化板岩与燕山期花岗闪长玢岩接触带内的铅锌矿床、赋存于中生代含斑二长花岗岩内的钼矿床，如图 5-7 所示。

2. 物性模型

（1）东方红银金矿（构造蚀变岩型）：低极化、中高磁性、中低密度、有界半空间均匀高阻体，为荣成序列花岗闪长岩的反映；高极化、中高磁性、中低密度、有限延深透镜状中低阻体，为银金矿体的反映。

（2）凤凰山铅锌矿（热液充填型）：低极化、有界半空间均匀低阻体，为新元古界蓬莱群绢英岩化板岩及燕山期花岗闪长玢岩的反映；高极化、有限延深板状中高阻体，为铅

锌矿体的反映。

(3) 尚家庄钼矿（斑岩型）：低极化、高电位、有界半空间均匀中高阻体，为中生代含斑花岗闪长岩的反映；高极化、低电位、有限延深倾斜板状高电阻体，为矿体的反映。

3. 地球物理异常响应模型

花岗岩体内部银、铅锌、钼多金属矿地质–地球物理找矿模型用图5-7表示，现结合平面上的特征叙述如下。

1）东方红银金矿（构造蚀变岩型）

布格重力 Δg 等值线总体反映为由低值向高值的重力梯级带，布格重力异常值在 $-2.0\times10^{-5}\sim1.0\times10^{-5}m/s^2$；磁场 ΔT 值表现为由高向低的过渡带（0～600nT），重磁异常特征主要为花岗闪长岩体的反映。极化率曲线呈中部高两侧低的单峰值异常特征，背景主要为花岗闪长岩的反映，矿体部位呈明显高极化异常，η_s 值大于4.5%；电阻率曲线恰与极化率曲线呈镜像关系，中部低两侧高，矿体上方反映为低阻，ρ_s 值在500～1000Ω · m。在激电联剖电阻率曲线上，为明显的“V”形低阻特征，且 ρ_s^A、ρ_s^B 曲线形态相似，矿体附近出现低阻正交点。

2）凤凰山铅锌矿（热液充填型）

布格重力场为由高值向低值过渡的“突出”部位，异常值在 $-3.0\times10^{-5}\sim5.0\times10^{-5}m/s^2$；磁场为低缓的负值磁异常，矿体部位重磁场反映不明显。据矿区激电中梯面积资料，铅锌矿体在极化率平面图上多反映为一定走向长条状高极化带，η_s 值为4%～6.5%。极化率剖面曲线总体呈下降趋势，中部出现明显高极化异常，根据电物性资料可知，η_s 值为2%～4%，为蓬莱群板岩的反映，花岗闪长玢岩极化率略低，η_s 值小于2%，铅锌矿体极化率最高。激电联剖极化率曲线，矿体部位高极化反交点；电阻率曲线无交点，表现为低阻向高阻的过渡带。

3）尚家庄钼矿（斑岩型）

斑岩型多金属矿赋矿岩性为含斑二长花岗岩，重力场上多表现为北东走向椭圆状低值布格重力异常，异常值在 $-16.0\times10^{-5}\sim-10.0\times10^{-5}m/s^2$，矿体异常不明显；磁场表现为马蹄状中高磁性异常，矿体异常不明显；电场为高阻高极化、低负电位异常。斑岩型多金属矿典型矿床多表现为高极化率条带异常，异常宽度与已知矿体对应较好。矿体 η_s 值为4%～6%，表现为明显的高极化率特征。含斑花岗闪长岩电阻率普遍偏高，一般 ρ_s 值为3000～4000Ω · m，矿体局部 ρ_s 值高达5000～6000Ω · m。斑岩型多金属矿典型矿床视电阻率异常为高阻带状展布，且与已知矿体出露位置对应。激电测深仍以高阻高极化为主，且与平面及剖面激电异常相互对应，局部峰值多对应矿体位置。自然电场法针对斑岩型铜矿找矿效果较好，自然电场背景在±5mV之间，已知铜矿体上则产生了–15～0mV的自电异常。

以上重、磁、电场特征是针对几个典型多金属矿床找矿实例进行归纳总结的，上述物探异常特征对寻找胶东热液交代型、夕卡岩型、构造蚀变岩型、热液充填型及斑岩型多金属矿具有一定的指导意义。

（三）地球物理找矿方法组合

根据前述胶东地区多金属矿找矿实例及花岗岩内部的银、铅锌、钼多金属地质–地球物理找矿模型的建立，总结花岗岩内部的银、铅锌、钼多金属矿地球物理找矿流程：

(1) 在详细的野外地质调查基础上，通过重磁面积工作圈定与成矿关系密切的中生代岩体，并划定靶区；

(2) 在靶区内，开展激电中梯测量工作，根据不同的成矿类型圈定激电异常，即高阻高极化异常（斑岩型多金属矿）、低阻高极化（其他类型多金属矿）范围；

(3) 对圈定的激电异常，开展激电测深、激电联剖等工作，确定纵向高阻高极化峰值位置（斑岩型多金属矿）及极化率、电阻率交点位置；

(4) 对获取的地球物理数据进行计算机处理，形成各种数据成果图，并对资料详细反演、解释；

(5) 形态和规模；

(6) 进行钻孔论证工作。

综上所述，找矿方法组合为重磁异常圈定与成矿关系密切的中生代岩体→激电中梯测量圈定激电异常（高阻高极化、低阻高极化）→激电测深或激电联剖确定高阻高极化峰值或极化率、电阻率交点位置→综合物探信息圈定成矿有利位置→钻探验证。

第六章　成 矿 预 测

第一节　金矿成矿预测

一、山东省金矿分布规律

胶东金矿闻名遐迩，金矿床星罗棋布，著名的三山岛、龙口-莱州、招远-平度、西林-陡崖、牟平-乳山金成矿带涵盖了胶东北部、东部地区。其中，位于胶东西北的前三条金成矿带更是特大、大、中型金矿的集中产地，特别的地质条件成就了胶东金矿闻名于世。

（一）金矿床分布的区块性

山东省金矿床分布具有明显的区域性，特大型、大型、中型金矿集中分布在三山岛、焦家、新城、玲珑、夏甸-旧店，中小型金矿分布在栖霞、藏格庄、莱山-昆嵛山-乳山一带，莒南洙边、沂沭断裂带的沂水、鲁西沂南、平邑归来庄金矿点的分布还较集中，鲁西广大地区的金矿点、矿化点呈零星分布。总体上看，归来庄-沂水-招远一线大、中型金矿较集中，两侧相对减少。呈现区块分布特征为胶北-胶莱块体、胶南-文荣造山带、沂沭断裂及周围地区、鲁西块体金矿点的分布密度依次减少，大、中型金矿床的含量依次下降，矿点分布的多寡反映了各块体成矿地质背景的差异，并且矿点的绝大多数分布在断块凸起、基岩裸露区，少数分布在断凸与断陷的过渡带上。

（二）金矿床的分布与重、磁场的关系

通过对比金矿床的分布与区域重磁场的关系，发现某些类型的金矿其重磁特征具有相似性，归纳起来，大致有下列几种。

（1）在块体内部，绝大多数金矿床分布在重力低值区及其边缘地带，并且往往表现为负背景磁场。如牟乳金矿带处于文荣重力低值区内；焦家-玲珑金矿区、栖霞金矿区处于艾山-郭家店重力低的边缘地带；沂水-沂南张庄、兴华寺、泰安岳庄-常马庄-沂南青坨金矿带处于鲁中肥城-沂源重力低的边缘地带；归来庄金矿处于白彦重力低的边缘地带。

（2）在重力低的边缘地带，鼻状正重力异常、重力低的“港湾”部位、舒缓波状重磁梯度带、线性重磁异常转弯、交叉或尖灭端是金矿集中分布的区域。如焦家-玲珑、栖霞金矿区、兴华寺金矿床分别处于招远、栖霞、白石鼻状重力高区；三山岛、大柳行、沂南金矿区处于重力低“港湾”部位；夏店-旧店金矿带为梯度带；坪上-洙边-朱苍金矿区为舒缓波状重力梯度带；沂水-沂南张庄金矿区为重磁缓梯度区。

(3) 在重力低值区内部及边缘，局部重力高、磁力高异常，常常有金矿点分布。如五莲七宝山、沂源铁寨、金星头、汶上兴华寺、沂南铜井、蒙阴虎头屋、龙宝山、苍山晒钱埠莲子旺等金矿点处于局部磁异常周围。

（三）地层对金矿的控制条件

据已知金矿床的地质、化探资料分析认为沂水（岩）群、泰山（岩）群、胶东（岩）群、胶南（岩）群地层为初始矿源层，金的平均含量分别为 2.3×10^{-9}、1.5×10^{-9}、1.63×10^{-9}、1.1×10^{-9}；荆山群、粉子山群、寒武系、奥陶系为继承性的衍生矿源层，金的平均含量分别为 5.62×10^{-9}、2.07×10^{-9}、1.5×10^{-9}、3.3×10^{-9}；白垩系青山组平均金含量为 0.57×10^{-9}。焦家、三山岛、仓上、大尹格庄等金矿分布在胶东（岩）群与玲珑二长花岗岩的接触带内；莱西张格庄金矿赋存于荆山群与玲珑二长花岗岩的接触带内；平邑归来庄金矿赋存于寒武系—奥陶系中，而矿体出露最宽处恰好位于下奥陶统纸坊庄组与东黄山组分界线附近，说明寒武系—奥陶系与金矿具有一定的空间分布关系；泰安纸坊-西南峪金矿直接赋存于泰山（岩）群绿岩带中。以上从地层的金含量、地质与金矿的赋存空间分布关系都说明了地层对金矿的形成具有一定作用。

（四）岩浆岩对金矿的控制规律

已知金矿床（点）的大多数与各时代的岩浆岩有关，特别是与新元古代晋宁期岩浆岩、中生代中酸性、碱性浅成岩体关系密切。胶西北招远-栖霞、金牛山地区的金矿床（点）与新太古代马连庄超单元、栖霞超单元、新元古代玲珑超单元、中生代燕山早期郭家岭超单元岩浆岩有关，其含金量分别为 4.62×10^{-9}、5.07×10^{-9}、1.08×10^{-9}、0.42×10^{-9}；鲁西地区归来庄金矿与中生代铜石岩体有关，铜井金矿、锥金山金矿点与中生代沂南杂岩有关。中酸性岩类的含金量为 $1.03\times10^{-9}\sim1.9\times10^{-9}$，而基性-中性岩类的含金量为 $2.9\times10^{-9}\sim4.7\times10^{-9}$。岩浆岩体主要是作为热源使金、铜元素活化迁移、富集，中生代中酸性岩浆岩侵入元古宙金元素浓集区，使背景值浓集带金含量高的地区再次活化、迁移、富集，在岩体的边部形成大、中型金矿床。

（五）断裂构造对金矿的控制规律

已知金矿田（床、点）受断裂构造的控制，胶西北金矿区受北东向三山岛断裂、张舍-景芝断裂、龙口-莱州断裂、招远-平度断裂、西林-陡崖断裂以及近东西向招远-栖霞断裂带控制。许多金矿床（点）产于断裂中及其附近，如金牛山地区金矿产于牟即断裂带与金牛山断裂带交汇区域；七宝山金矿产于五莲断裂、昌邑-大店断裂的交汇部位等。由此看出，断裂及其断裂交汇部位是金矿田（床、点）发育的部位，胶北-胶莱块体、胶南-文荣造山带发育北东向、北西向、近东西向断裂，这些断裂及断裂交汇部位是金矿赋存的良好场所，是金矿预测的重点区域。

二、金矿的区域找矿标志

通过金矿床地质构造背景、地球物理场特征分析，总结金矿区域找矿标志如下。

（1）已知金矿床（点）严格受深大断裂的控制，位于重磁异常的梯度带、梯度带的转折部位，串珠状、长条状正磁异常带、块状重磁异常的边部等位置，沂沭断裂带的北北东向断裂、胶北-胶莱块体、胶南-文荣造山带的北东向断裂与其他方向的断裂交汇部位及其两侧。

（2）前寒武纪变质岩及太古宙—古元古代侵入岩组成的结晶基底、寒武系—奥陶系、白垩系对金矿床（点）控制作用明显，沂水（岩）群、泰山（岩）群、胶东（岩）群、胶南（岩）群是金矿的初始矿源层，荆山群、粉子群、寒武系—奥陶系、白垩系青山组等地层是衍生矿源层。

（3）金成矿与岩浆活动关系比较密切，特别是新元古代晋宁期二长花岗岩、中生代燕山早期花岗闪长岩组成的复式岩体及边部，印支期、燕山期浅层杂岩侵入到太古宙—元古宙复式岩体内及周边地区最有利。

（4）重力场为大范围的重力低，磁场为小范围的块状正磁异常。在上述因素控制下，已知矿床（点）多呈现有规律的分布。

（5）在CSAMT视电阻率断面图上，断裂蚀变带位于电阻率等值线数值由低到高的过渡梯级带上，金矿体主要集中分布于梯级带上梯度变化较大的部位，该变化最大的部位为成矿带主裂面下界面，电阻率等值线起伏变化较大、间距变大、陡缓变化较大部位为金矿体富集部位。

（6）在SIP视电阻率参数断面图上，成矿带反映为定向延伸的条带串珠状低阻带，电阻率值越低反映成矿带矿化蚀变程度愈强烈，在等值线拐弯、串珠状低阻带中局部相对高阻部位最容易成矿，为金矿富集有利部位，同时还表现为高极化率、高充电率的异常特征。

（7）金矿体矿头部位金银元素幅值明显增大，在矿体富集部位化探异常有显著的高值反映，Au、Ag等元素为直接的找矿元素。

三、胶东地区金矿预测区圈定原则

依据前节建立的金矿找矿地质-地球物理模型，总结胶东地区金矿预测区圈定原则如下。

（1）地层：前寒武系胶东岩群、荆山群；

（2）构造：东西向基底构造带，北东向、北北东向控矿断裂，构造破碎带蚀变带及韧性剪切带，发育程度愈高成矿规模愈大；

（3）岩体：中生代燕山早期玲珑花岗岩及郭家岭花岗岩，岩体与前寒武纪地层呈断层接触的接触带有利成矿，岩体的边缘期、超覆地区、港湾区、舌状部位有利成矿；

（4）脉岩：煌斑岩、辉绿玢岩、石英脉为金矿围岩；

（5）重力场：场值在$-15\times10^{-5}\sim-11\times10^{-5}\,m/s^2$和$-7\times10^{-5}\sim-3\times10^{-5}\,m/s^2$之间宽缓的梯度带和鼻状区、扭曲部位；

（6）磁场：以低负场、低正场及低缓交变场有利，磁场轴向反映了构造线的方向，不同磁场轴向交汇处以及北东、北北东向和近东西向梯级带处；

（7）电场：电阻率等值线稀疏、向下同步弯曲特征明显，电性接触界面的转折及辐射区域，等值线呈U形或S形弯曲异常特征，是圈定成矿的有利部位；

（8）化探：金及其组合化探异常、规模越大，金异常值越高，与构造线吻合程度越高越有利；

（9）矿化：矿床、矿点、矿化点的存在是含矿的直接标志。

根据上述圈定依据在胶东地区圈定金矿预测区七处。

四、胶东金矿成矿预测区

（一）三山岛断裂与焦家断裂深部预测区

1. 位置

预测区位于胶东半岛西北部，西起三山岛、东至朱桥、南至平里店、北至渤海边，行政区划隶属烟台市招远市、莱州市。

2. 地质概况

1）地层

该矿区主要发育古元古界荆山群和新生界第四系。荆山群只出露禄格庄组，小面积出露于东狼虎埠村，呈近东西向带状展布，呈不整合或构造叠置于新太古界胶东岩群之上，主要岩性为石榴夕线黑云片岩、大理岩、透辉岩、石墨片麻岩、长石石英岩、黑云变粒岩、麻粒岩等，其原岩主要为一套正常浅海相的泥质岩、碎屑岩、碳酸盐及钙镁硅酸盐岩，变质程度达麻粒岩相–角闪岩相。第四系临沂组、沂河组分布广泛，包括含黏土的砾石层及混粒砂、土黄色亚黏土等。

2）构造

北东向断裂是金矿的重要控（赋）矿构造，三山岛断裂与焦家断裂为胶西北重要的两条控矿断裂。空间上，以焦家断裂为主的北东向断裂切割了东西向断裂，而后又被北北东向断裂和新生代东西向断裂切割，为区内Ⅰ级控矿构造；焦家主干断裂下盘支断裂望儿山断裂和灵北断裂划为区内Ⅱ级控矿构造；其余次级断裂划为区内Ⅲ级控矿构造。主要控矿断裂特征如下。

三山岛断裂带分布在莱州市三山岛–仓上–潘家屋子一带，北东端及南西端伸入渤海湾。断裂在陆地的出露长度大于12km，断裂带宽20～400m，断裂发育于胶东岩群与玲珑、郭家岭花岗岩接触带部位，总体走向40°～50°，倾向南东，倾角30°～40°，局部可达75°，平面展布呈“S”形。金矿体赋存于主裂面下盘的黄铁绢英岩化碎裂岩带和黄铁绢英岩化花岗（闪长）质碎裂岩带中，为破碎蚀变岩型金矿床，已探明三山岛特大型金矿床和仓上、新立两个大型金矿床。

焦家断裂带南起莱州市城北，由北东走向，向北逐渐转为北北东向，至黄山馆又呈近东西向，并延至龙口市石良集南，构成一开阔的“S”形，长约60km，走向为35°～40°，倾角为30°～50°，局部可达78°，呈弧形弯曲延伸。断裂带中部的新城–大塚坡地段沿新太古代五台-阜平期马连庄超基性-基性侵入岩与中生代燕山早期玲珑花岗岩接触带展布；新城以北及大塚坡以南地段主要展布于玲珑花岗岩内；在招远市辛庄以东控制了龙口盆地的南界。整个断裂带出露宽度不一，最宽处可达1000m，具有连续稳定的主裂面，主裂面以灰黑色断层泥（厚2～40cm）为标志，基本沿断裂破碎带中部展布，由里向外，上盘依次为黄铁绢英岩化变辉长岩质碎裂岩、黄铁绢英岩化变辉长岩，黄铁绢英岩化花岗岩，下盘依次为黄铁绢英岩质碎裂岩、黄铁绢英化花岗质碎裂岩、黄铁绢英岩化花岗岩、碎裂状花岗岩，以主裂面为界，构造岩基本对称分带。矿体主要赋存于主裂面下盘蚀变程度较高的蚀变岩中，著名的焦家、新城、马塘、寺庄等特大型金矿床即赋存在该断裂带中，断裂在主裂面附近，下盘以及沿走向、倾向转弯部位或“人”字形构造交汇部位都是矿化有利地段。此外，伴生裂隙构造对金的富集也起着重要作用。断裂活动与金矿成矿的关系密切，成矿前控矿断裂为左行压扭性质；中期成矿断裂为右行张扭性质；成矿后断裂活动为压扭性质。成矿前后该断裂经历了挤压-引张-挤压的过程。

3）岩浆岩

该区岩浆岩十分发育，岩石类型既有基性、超基性岩，也有中性、酸性和碱性岩，形成时代既有太古宙，也有古、新元古代及中生代，成因上包括幔源型、壳源型及壳幔混合源型，产状上呈岩基、岩株、岩脉等分布，构成了区内复杂多样的岩浆演化系列。区内主要发育中生代侏罗纪玲珑序列花岗岩、白垩纪郭家岭序列及古元古代晚期莱州序列，其中玲珑序列花岗岩主要出露在招平断裂带以西、焦家断裂带以东，呈岩基状产出，总体呈北北东向展布，侵入前寒武纪变质岩地层，岩性为弱片麻状（细粒、细中粒、中细粒）含石榴二长花岗岩、弱片麻状（中粒、含斑粗中粒、中粗粒）二长花岗岩，玲珑超单元为壳源型岩浆成因的“S”形花岗岩，属钙碱性到碱钙性的酸性岩类，微量元素含量比较稳定，呈同熔花岗岩特征。郭家岭序列花岗岩主要分布于莱州北部三山岛、卧龙杨家北一带，暗色矿物由多至少，斑晶由小到大且含量增高，暗色幔源包体种类由多到少，属壳幔混合的同熔型花岗岩。古元古代晚期莱州序列主要分布于海庙于家，呈长条状零星分布，岩性为细粒变辉长岩、中粗粒变辉石角闪石岩、中细粒含磷灰石变角闪透辉岩。

3. 矿产特征

区内金矿资源丰富，金矿类型主要为破碎蚀变岩型（焦家式）及含金黄铁矿细脉浸染型（界河金矿），矿体均受断裂构造控制，其中破碎蚀变岩型为最主要成矿类型，主要控矿断裂有三山岛断裂、焦家断裂等。蚀变岩型金矿主要矿体均位于主断裂下盘，形态简单，呈大脉状，连续性较好，矿体长几百至几千米，延深300～1500m，围岩蚀变为绢云母化、硅化和黄铁矿化，矿石主要为蚀变碎裂岩和碎裂花岗岩，金品位为5～11g/t。石英脉型与蚀变岩型金矿常相伴产出，一般靠近主断裂以蚀变岩型为主，远离主断裂则以石英脉型为主，矿体上部往往以石英脉型为主，深部递变为以蚀变岩型为主。

自2011年找矿突破战略行动以来，胶东地区深部找矿取得重大突破，新发现大中型及以上金矿70多处，总计新探获金资源储量超过2400t，是2011年以前胶东地区累计探明金资源储量（1932t）的1.24倍。尤其是在莱州市境内探明了三山岛北部海域、西岭、纱岭和腾家四个资源储量分别为470.47t、382.58t、309.93t和206t的金矿，形成了三山岛、焦家和玲珑三个千吨级金矿田。预测区主要覆盖三山岛断裂与焦家断裂的深部延伸部分。

4. 重力异常特征

图6-1为三山岛断裂与焦家断裂深部预测区布格重力异常图，可以看出，预测区总体上位于东南部重力低与西北部重力高的过渡梯级带上，其中紫罗刘家-招贤-西由一带形成北西西向的“舌形”重力低异常，反映该段玲珑岩体向西凸出；朱由-平里店-保旺杨家一线自西向东由重力高过渡到重力低，反映该区变质岩逐渐变薄的特点。预测区东南部为大面积的重力低异常区，表明该区为大面积中酸性岩体分布区；西由至仓上之间为北东向的带状重力高，反映了三山岛断裂与西由断裂之间分布带状变质岩系；仓上西部形成一独立的椭圆形重力低异常，反映了仓上西部有花岗岩体分布，该岩体分布于三山岛断裂带下盘；焦家断裂带的寺庄-龙埠段在区域重力场上处于由重力高向重力低转换的过渡梯级带上，呈明显线性梯级带异常，寺庄以南和龙埠以北地段处在布格重力异常等值线的转折扭

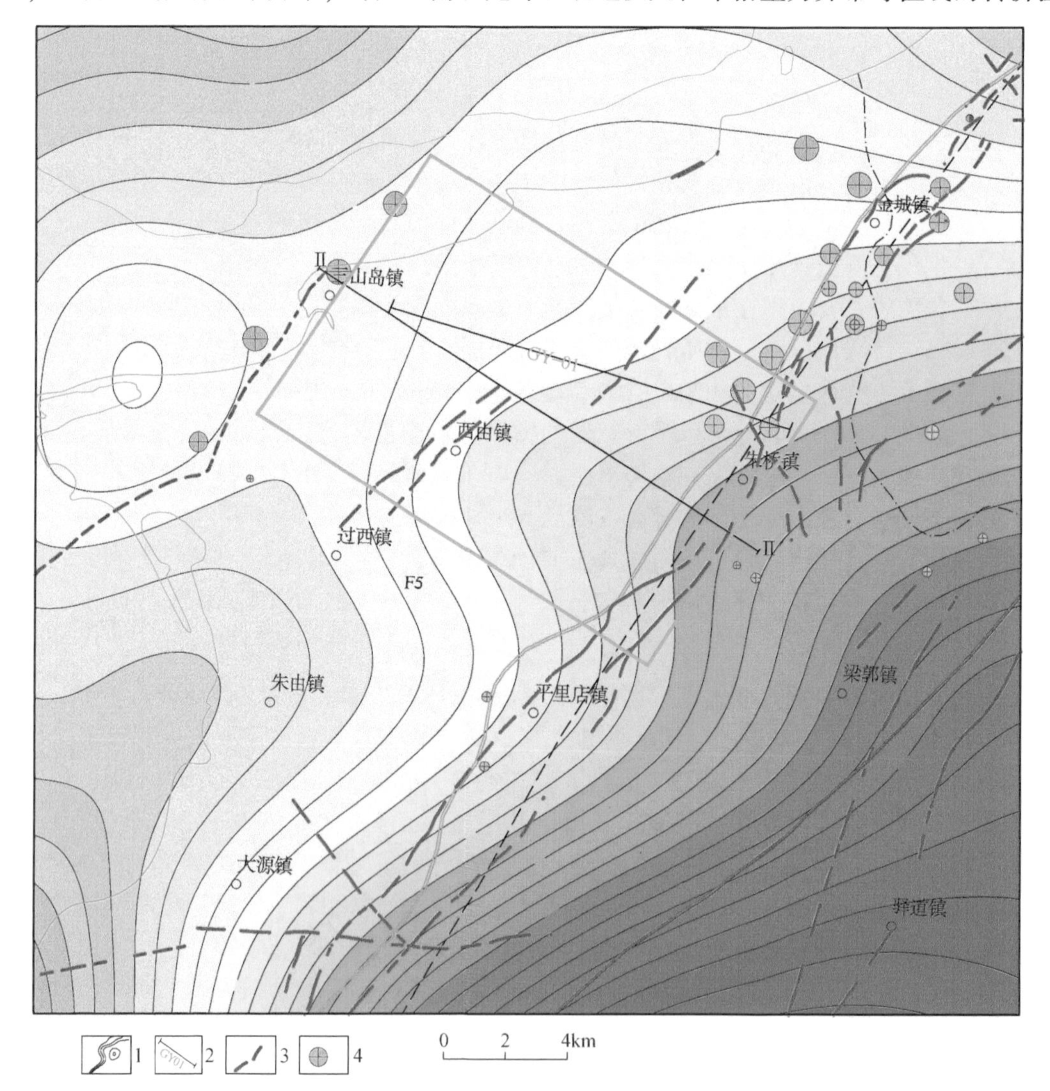

图6-1　三山岛断裂与焦家断裂深部预测区布格重力异常图

1. 布格重力等值线，重力值由蓝色区域向黄色区域升高；2. 广域剖面及编号；3. 推断断裂；4. 金矿点

曲部位。重力梯级带规模大，并以北东走向为主，反映了区域构造方向以北北东—北东向为主，区域主要断裂均为北东向，如焦家断裂带、三山岛断裂带、西由断裂带等；重力高值区分布于预测区南部朱由-平里店一线、西部朱由-过西—三山岛一线、东北部新城以北以及焦家断裂带与三山岛断裂带之间区域，指示了古老变质岩基底的分布区；重力低值区大面积分布于预测区东南部（焦家断裂带的下盘），主要指示了玲珑花岩体和郭家岭岩体的酸性侵入岩体分布区；焦家断裂带上盘紫罗刘家-西由、龙埠-金城之间形成“舌形”局部重力低，指示了侵入岩体的局部凸起的展布形态。

5. 航磁异常特征

预测区及外围变质岩岩性主要为斜长角闪岩、斜长片麻岩、黑云变粒岩、浅粒岩等，各种岩性中所含铁磁性矿物及结构构造有很大差异，导致磁性极不均匀；玲珑二长花岗岩为弱磁性岩体，在区内分布范围广，在其分布区内引起了平缓的低磁异常；郭家岭花岗闪长岩具有较强的磁性，多沿北东向区域大断裂侵入，形成了串珠带状高磁异常。在区域上，焦家断裂带及其周围总体表现为相对磁力低缓区和串珠状局部磁力高值异常（图6-2）。

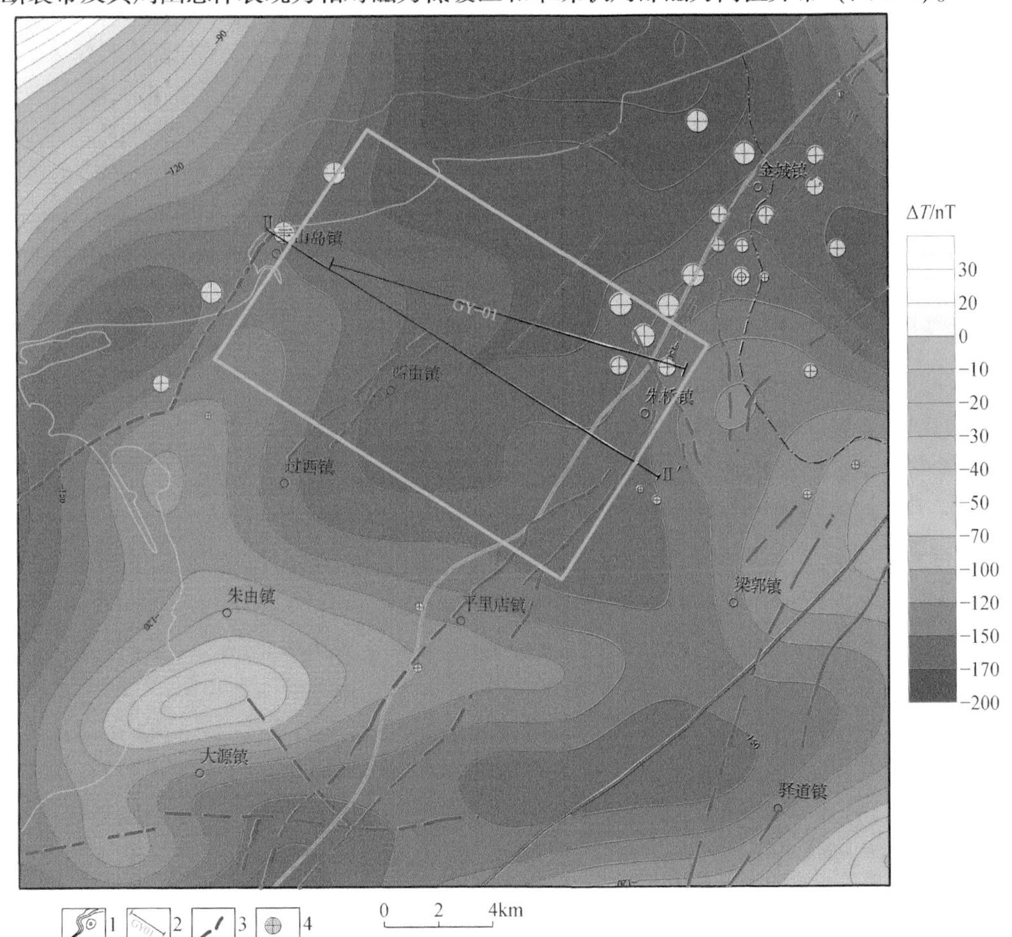

图6-2 三山岛断裂与焦家断裂深部预测航磁异常图

1. 航磁异常等值线；2. 广域剖面及编号；3. 推断断裂；4. 金矿点

预测区西南部莱州-大原-平里店一带，正负磁场相间，磁场相对杂乱，对应重力高值分布区，指示了老变质基底的分布，由于组成基底的岩性磁性差异大，再加上后期构造作用使其分布更加复杂，因此在变质岩分布区多表现为该类重磁场特征；朱由-过西-西由一带为平稳正磁异常分布区，对应重力高值分布区，推断该区变质原岩磁性较高；东北部新城蚕庄以北的区域，低磁异常逐渐过渡为平缓的高磁异常，该区域为玲珑岩体向变质岩过渡的区域；中部朱桥-苗家、南部曲家乡以及已知焦家断裂带下盘蚕庄-梁郭一带为低缓磁场特征，指示了玲珑岩体的分布范围；低磁场区的正磁局部异常时有出现，这是由于后期岩浆岩的侵入所致，如焦家断裂带下盘串珠状高磁异常、北灵断裂带状高磁异常均由郭家岭花岗闪长岩引起；仓上西部形成局部椭球状低磁异常区，与重力低异常区吻合，反映为重磁同源体，该重磁异常为仓上岩体引起。

预测区内断裂构造带表现为条带状、串珠状杂乱磁场，异常线性梯度带规模大，并以北北东走向为主，反映了区域构造方向以北东向为主，主要控矿断裂均为北东向。三山岛断裂在区域磁场中展现为线性梯级带异常特征，目前区内发现的仓上、新立、三山岛及三山岛北部海域大型、超大型金矿床均位于 ΔT 异常梯度带上，含矿段呈明显的“港湾式”重磁异常特征，仓上金矿床位于异常梯级带中等值线同步弯曲且水平梯度变化较大部位，断裂带西侧（下盘）为逐渐变窄的条带状低磁异常，新立、三山岛金矿床位于梯级带走向转弯一侧；断裂陆地出露南段（仓上）在 ΔT 异常图中，位于两种不同磁场的分界线上，东南侧为低负杂乱磁场，西北侧缓慢升高为平稳正磁场；断裂带北段（三山岛）在 ΔT 异常图中同样位于高低变换的宽大、平缓梯级带上。焦家断裂带在主干断裂带两侧（寺庄以北）磁场特征明显不同，北西侧为大面积平缓低磁场，指示了玲珑岩体的分布范围，南东侧为跳跃变化的杂乱磁场，表明该区侵入岩类型复杂，局部有中性岩体穿插或有变质岩残留；主干断裂位于这种由平缓负磁场到波动磁场的过渡带上，在断裂带附近表现为串珠状正负磁异常，其走向与断裂带一致，这主要是由穿插侵入的郭家岭花岗闪长岩引起的；沿主干断裂向北，断裂带穿插在玲珑花岗岩分布区，表现为低缓负磁场特征，断裂带两侧磁场无明显变化。灵北断裂反映为北东向的带状高磁异常，徐村院附近为带状高磁异常中心，反映了沿灵北断裂带有郭家岭侵入岩体分布。

6. 深部电性异常特征及预测

垂直三山岛断裂与焦家断裂南延段开展了大地电磁（MT）剖面测量，图6-3为深部预测成果图，剖面在横向上大致可划分为高、中、低阻三大局部异常区：剖面东段11.5～17km（F_5 断裂以东）为视电阻率高异常区，除地表浅部低阻层外，电阻率较剖面西部段高几十个数量级，电阻率等值线密集分布，自上而下逐步升高，显示了花岗岩的物性特征；剖面中段5～11.5km之间（F_2～F_5），电性特征为低阻异常，为变质岩分布区；剖面西段0～5km（F_2 断裂以西），整体电性特征明显低于东段高阻区，高于中段低阻区，呈西高东低特征，异常特征主要由三山岛断裂下盘中生代花岗岩体自东向西逐步抬升所引起。垂向上总体可分为上部低阻层和底部高阻层，电阻率自上而下呈逐步增高的变化特征，高阻电性层与低阻电性层之间具有较明显的过渡梯级带，推断低阻电性层为第四系及变质岩系，高阻电性层为玲珑花岗岩的反映。

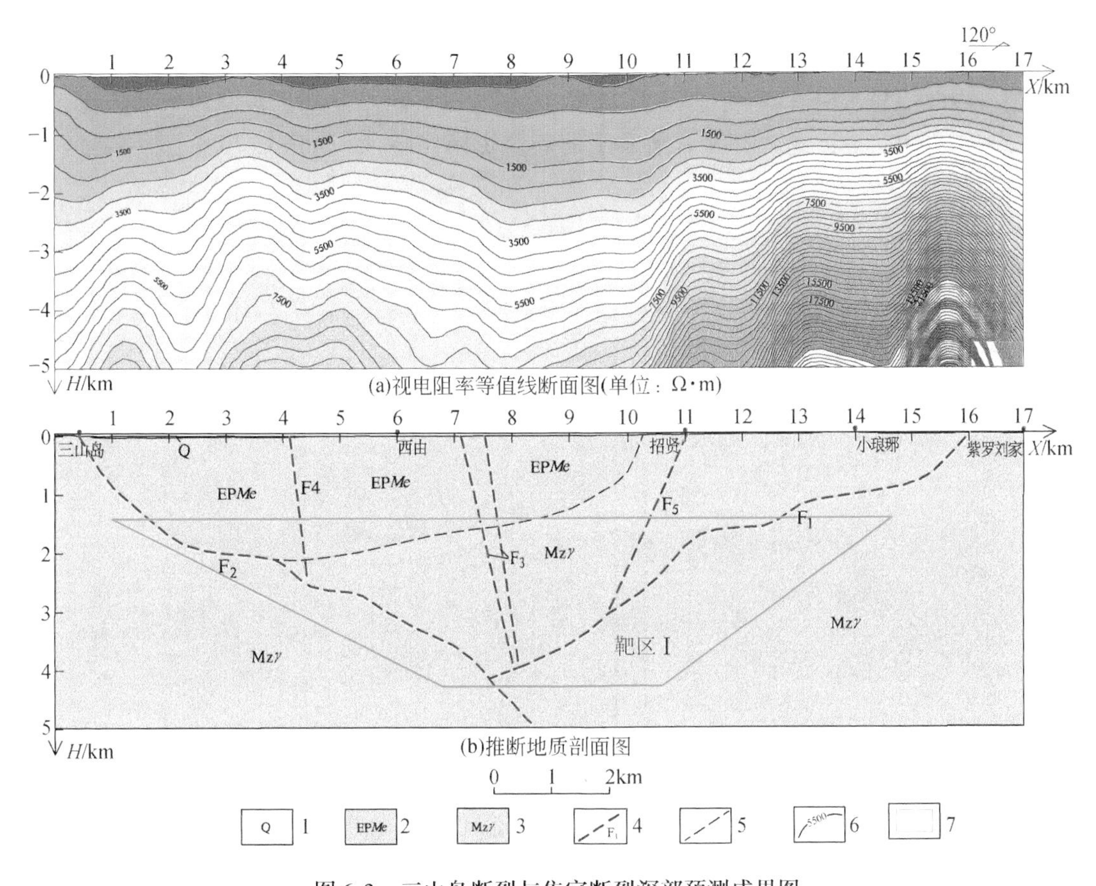

图6-3　三山岛断裂与焦家断裂深部预测成果图

1. 第四系；2. 前寒武纪变质岩系；3. 前寒武纪花岗岩类；4. 推断断裂；5. 地质界线；
6. 电阻率等值线；7. 深部预测靶区

三山岛断裂（F_2）表现为向南东倾斜的高、低阻接触带，电阻率等值线总体呈舒缓波状自西向东向下逐步延深。按照倾角陡缓变化可分为三段：上段位于0.2～2km，下延深度为2km左右，电阻率等值线大角度向下弯曲，与三山岛断裂浅部陡倾部位相对应（倾角60°左右），断裂位于变质岩与花岗岩的接触带上；中段位于2～4.5km，深度在2～3km，电阻率等值线向下弯曲角度由陡变缓，为三山岛断裂由陡变缓的部位，该段上盘发育有F_4断裂，断裂也位于变质岩与花岗岩的接触带上；下段为三山岛断裂下切花岗岩段，处于F_4断裂与F_3断裂之间的4.5～7.8km，下延深度在3～4.5km，该段在MT电阻率断面图上，等值线向下弯曲角度明显增大，但电阻率曲线波动幅度平缓，反映了该段断裂由缓变陡的特征，断裂上下盘岩性电性差异较小，异常特征显示为等值线的同步弯曲过渡带。电阻率等值线在7.5～9km段呈明显的低阻“U”形，西部电阻率曲线单边下降，向东电阻率曲线逐步上升，由此推断在剖面7.5km附近为三山岛和焦家两断裂相交部位，交汇部位深度在4.5km左右。

图6-4为广域电磁法解译剖面图，该剖面位于上述MT剖面北部，与MT测量剖面有一定夹角，从图6-4中可以看出剖面垂向电性异常反应明显，层位清晰，浅部电阻率值西

低东高，中深度均为高阻特征，控矿断裂带为显著的低阻带异常特征，且与上下围岩分界线明显。焦家断裂带位于整条剖面的 160 ~ 360 号测点之间，其电阻率异常特征显示为中低电阻，中低阻异常明显宽大，剖面东部的 352 ~ 355 号测点之间，对应区域地质图中的焦家断裂带出露位置，视电阻率异常显示的断裂带倾向特征为−600m 以上倾角较陡，在 50°左右变化；−600m 以下地段由陡变缓，倾角逐渐过渡到 20° ~ 35°，−2km 标高以下变缓为 16° ~ 20°。断裂在−1km 标高以上沿胶东群变质岩与玲珑二长花岗岩接触带展布，−1km 标高以下则发育在玲珑花岗岩体内部。三山岛断裂带位于测线 96 ~ 160 号测点之间，其电阻率异常特征显示为中低电阻，异常带宽大，该剖面电阻率异常圈定的断裂位置与 ZK96-5 钻孔控制的断裂带位置基本吻合，视电阻率异常显示−3km 标高以下地段断裂带倾角较缓，在 20° ~ 50°之间变化，钻孔及物探资料显示，该段断裂带发育在花岗岩体内部，断裂−2. 6km 以上部分不在剖面控制范围。

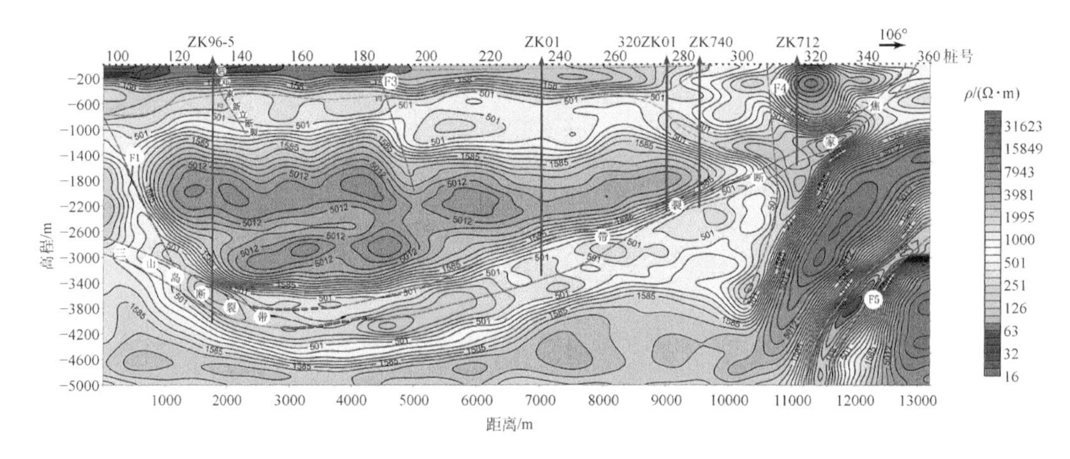

图 6-4　山东胶西北广域电磁法勘探 GY-01 线解译剖面图

以上深部电性探测结果表明，焦家断裂与三山岛断裂均为上陡下缓的铲式断层，沿倾向呈舒缓波状延深，由地表至断裂交汇处形成数处倾角明显变化的区段，构成沿倾向的台阶式展布特点。根据阶梯式成矿模式，断裂倾角变化的台阶处为深部金矿体的有利赋矿部位，在焦家断裂和三山岛断裂深部仍有多处倾角明显变化的台阶，推断两断裂深部 1. 5 ~ 4. 5km 仍有巨大找矿前景，因此作为胶东深部金矿预测靶区。

（二）栖霞深部预测区

1. 位置

预测区位于胶东半岛北部，西起王家庄、东至大柳家、南至杨础、北至南寨，行政区划隶属烟台市栖霞市。

2. 地质概况

预测区地处招平断裂与桃村断裂之间，南北分别被胶莱盆地与西林−陡崖断裂所夹，整体位于莱阳凹陷与栖霞−马连庄凸起的衔接地段。区内出露地层主要为新近系的临朐群、下白垩统莱阳群、新元古界蓬莱群、古元古界的荆山群。区内北东向断裂构造发育，有金山村灵山断裂、衣家泊子村断裂、盘子涧断裂、马家窑断裂，北北东向断裂有寨里杨础断裂、尹家庄断裂、大寨子村断裂，北西向断裂有郭落庄断裂、清河口村断裂。区内大面积出露的侵入岩为栖霞超单元回龙夼单元，其岩性为细粒含角闪黑云英云闪长质片麻岩；在上宋家、郭落庄、东南店、西榆林出露栖霞超单元牟家单元，岩性为细粒奥长花岗质片麻岩；丁家沟出露古元古带大柳行单元，岩性为片麻状二长花岗岩；王家庄、上曲家、上范家沟出露马连庄超单元栾家寨单元，岩性为中细粒变辉长岩（斜长角闪岩）。

3. 矿床分布

栖霞市以东金矿床（点）遍布，均受北东向断裂构造控制，为岩浆热液充填型或热液交代型金矿床。区内发育有中型金矿四处：马家窑金矿、后夼金矿、金山金矿、留家沟金矿；小型金矿七处：南宋家沟金矿、郭落山金矿、东庵金矿、上宋家金矿、流口金矿、占疃金矿、十里堡金矿。

4. 重磁场特征

预测区位于南、北布格重力高及东、西布格重力低的鞍部位置，东北、西南两侧为高密度荆山群地层分布，西北、东南分别为艾山郭家岭岩体和苏家店伟德山岩体分布，整体位于胶东半岛近东西向低重力岩浆岩带内，深部可能存在与该区金成矿关系密切的构造及中生代玲珑、郭家岭岩体（图6-5、图6-6）。

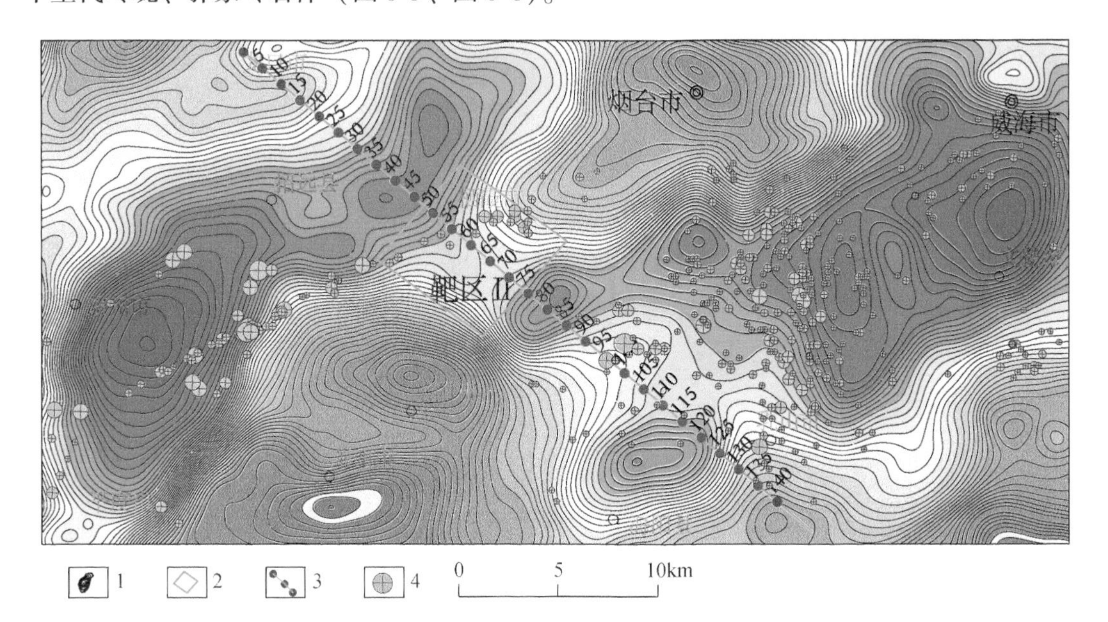

图6-5　栖霞深部预测区布格重力异常图

1. 布格重力等值线，重力值由蓝色区域向红色区域升高；2. 深部靶区及编号；3. 反演剖面及编号；4. 金矿点

以区内的物性资料为依据，对预测区重磁剖面进行正演计算，结果如图6-7所示。剖面长75km，走向135°，剖面中重力剖面异常自东向西依次为高-低-高-低-高的三高两低异常特征，25～32km为高值异常，对应地表玲珑岩体与栾家河岩体分布区，推断深部为

密度高的前寒武系变质岩系顶板由东向西逐渐变深；中部 32～50km 为低值异常，对应地表栾家河岩体分布区，为密度相对低的花岗闪长岩体，推断厚度较大，向东南倾伏；50～80km 为重力高值异常，对应地表为栖霞片麻岩套，推断该岩套最大厚度约 3km，下部为中生代侵入岩；80～86km 为低值异常，推断该区上部为玲珑岩体，深部有伟德山岩体侵入，由于伟德山岩体密度相对较低，形成该区局部重力低；88～100km 为高值异常，为密度高荆山群变质岩引起。结合区内布格重力异常平面图，预测区南部、北部均为重力高值异常区，东部以及西部均为重力低值异常区，预测区所在位置为局部重力次高异常区，异常值较南北两侧低、较东西两侧高，推断该区变质岩下部中生代岩体侵位较高，与两侧中生代岩体连通。

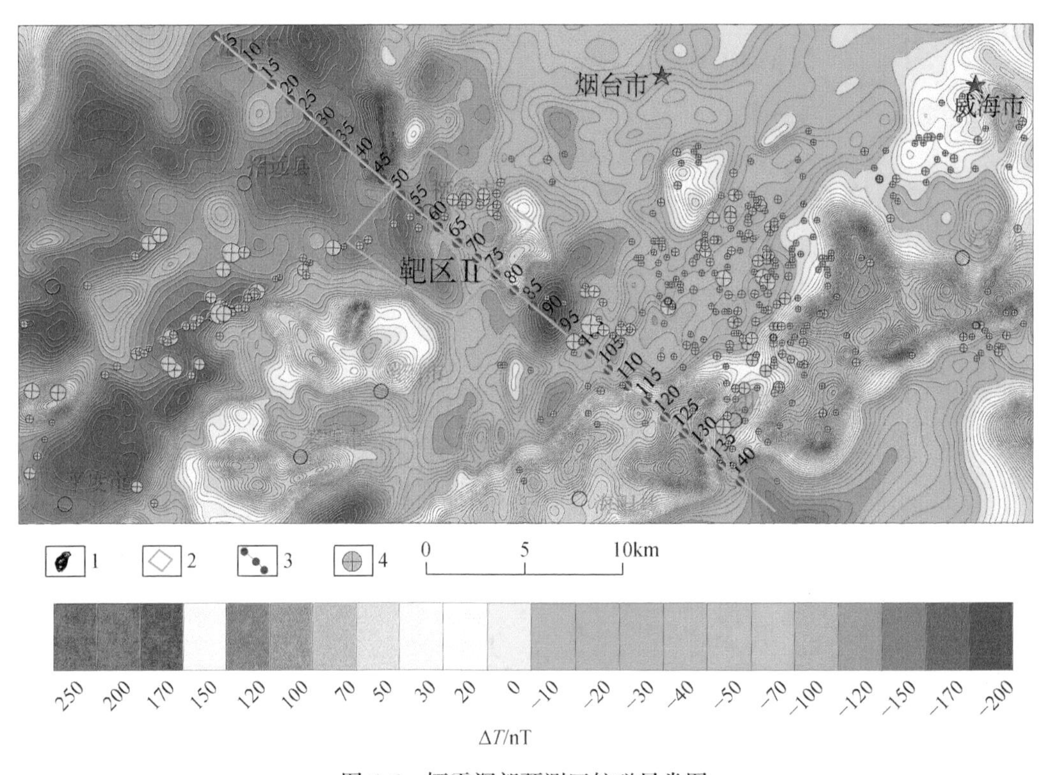

图 6-6　栖霞深部预测区航磁异常图

1. 航磁异常等值线；2. 深部靶区及编号；3. 反演剖面及编号；4. 金矿点

综上所述，该区域中生代岩体侵位较高，具备与金成矿所需的地层条件、岩浆岩条件、构造条件，具有较大找矿前景，圈定为胶东深部金矿预测靶区。

（三）九曲金矿深部预测区

1. 位置

预测区西自九曲镇向东到黄城阳，南起姜家北到常伦庄，行政区划隶属烟台市招远市、龙口市，经纬度坐标为 120°30′E～120°44′E、37°23′N～37°32′N。

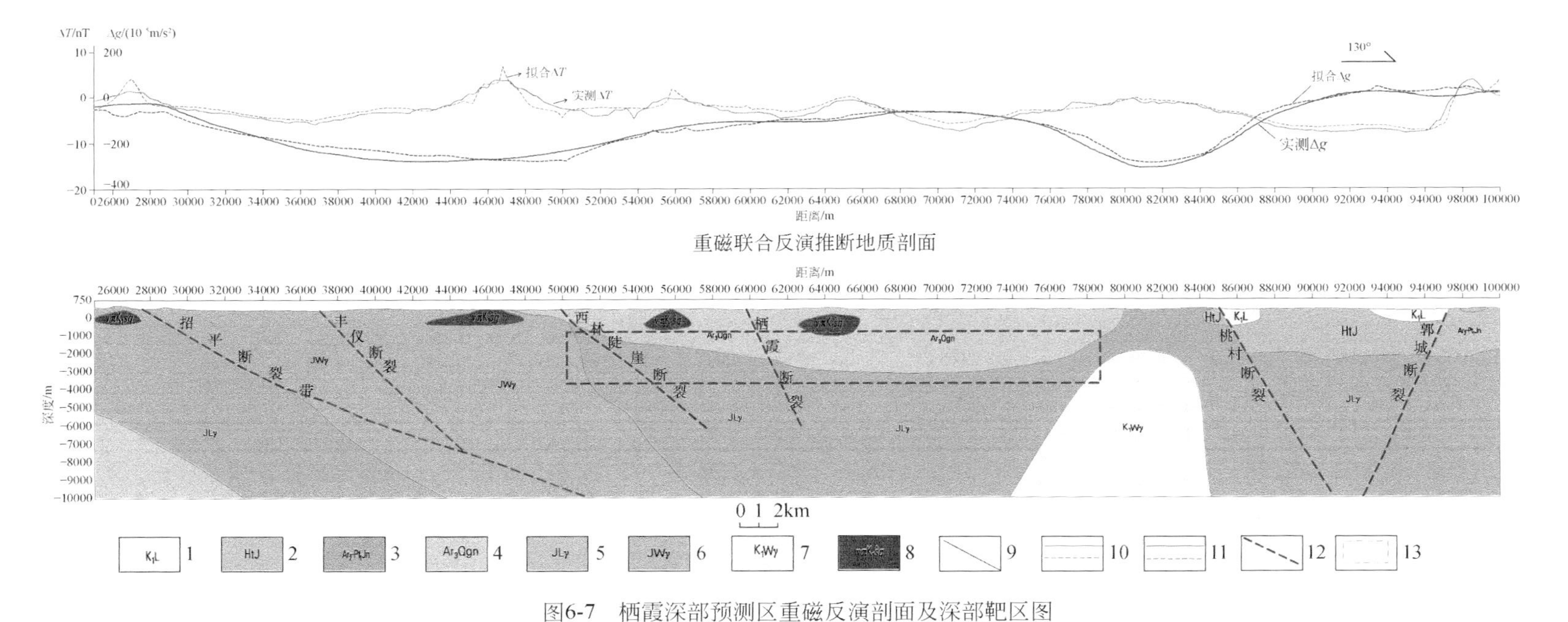

图6-7 栖霞深部预测区重磁反演剖面及深部靶区图

1.白垩系莱阳群；2.古元古界荆山群；3.新太古代-古元古代胶南表壳岩组合；4.新太古代栖霞片麻岩套；5.侏罗纪文登花岗岩；6.侏罗纪伟德山花岗岩；7.白垩纪伟德山花岗岩；8.早白垩世潜火山岩；9.推断地质界线；10.实测(拟合)布格重力曲线；11.实测(拟合)航磁曲线；12.推断断裂；13.深部预测区

2. 矿床分布

区内超大型金矿有六个，大型金矿两处，中型、小型金矿多处，著名的有王屋金矿、玲珑金矿、黑山河砂金矿、李家庄金矿、百吉庄金矿、苏家庄金矿、东风-李家庄金矿、水旺庄金矿、官地砂金矿、岭南金矿、栾家河金矿等。

3. 构造特征

区内发育北北东向断裂有玲珑断裂、九曲-蒋家断裂、栾家河断裂、丰仪断裂、官地村西断裂、林家村断裂，北东向断裂有破头青断裂，南北向断裂有西南疃村断裂，北西向断裂有吴家庄村断裂，其中九曲-蒋家断裂与破头青断裂为主要控矿断裂。破头青断裂走向为北东东 40°～70°，倾向南东，倾角 50°，被北北东、北东向玲珑断裂、九曲-蒋家断裂、栾家河断裂所切割，分别控制玲珑东山、西山、台上、东风、水旺等大型特大型金矿床及赵家金矿点等。

4. 岩性特征

区内侵入岩为中生代燕山晚期雨山单元花岗闪长斑岩，玲珑单元二长花岗岩、郭家岭单元花岗闪长岩和石英二长闪长岩，燕山早期文登二长花岗岩，新太古代早期谭格庄单元片麻状奥灰花岗岩，新太古代早期马连庄单元变辉长岩和栖霞老变质岩发育，地层为新太古界下部的胶东岩群。

5. 重磁场特征

预测区布格重力异常特征主要显示为宽缓的缓变梯级带异常特征，梯级带的走向特征逐渐由北东转向北北东向，南东侧为重力低，北西侧相对重力高（图 6-8）；航磁异常显示为东高西低的梯级带，预测区东侧发育一北西向高磁异常带，主要指示了伟德山花岗闪长岩岩体的分布范围及展布特征（图 6-9）。重磁场特征综合反映了招平断裂北段东侧为玲珑复式岩体，西北侧为前寒武纪变质岩与侵入岩混合化分布区，该段在重力梯级带转弯部位集中分布有玲珑、台上、东风、九曲蒋家、水旺等大型、特大型石英脉型及破碎带蚀变岩型金矿床。招平成矿带下盘发育的脉岩群主要控制着石英脉型金矿床，破头青断裂和九曲蒋家断裂控制着破碎带蚀变岩型金矿床。

6. 九曲金矿深部电性特征及靶区预测

由 PC1 的 CSAMT 电阻率断面图（图 6-10）可以看出，CSAMT 异常对断裂构造的反映较好，通过与区内实际地质资料对比发现，断裂构造的实际位置均有不同的电阻率异常显示，其中九曲-蒋家断裂对应 1700 点附近的低阻异常带，从其低阻异常发育特征看，该断裂带倾向南东，倾角较缓，综合推断该断裂位于玲珑岩体内部；破头青断裂对应剖面的 2600 点附近的低阻异常，从该低阻异常发育特征看，该成矿带倾向南东，倾角 40°～50°，在剖面中位于玲珑岩体与栾家河岩体的接触上；栾家河断裂对应剖面的 6200 点附近的“U”形低阻异常，从其发育特点看，该成矿带倾向同为南东，推断其倾角较陡，结合地质资料知，该断裂带实际倾角在 80°左右，在 PC1 剖面中位于栾家河岩体内部。三大断裂的电性异常特征均在断面图中反映清晰，此外在这三条断裂带的上下盘还分布有一些次级断裂或裂隙，在 PC1 断面图中有明显反应。

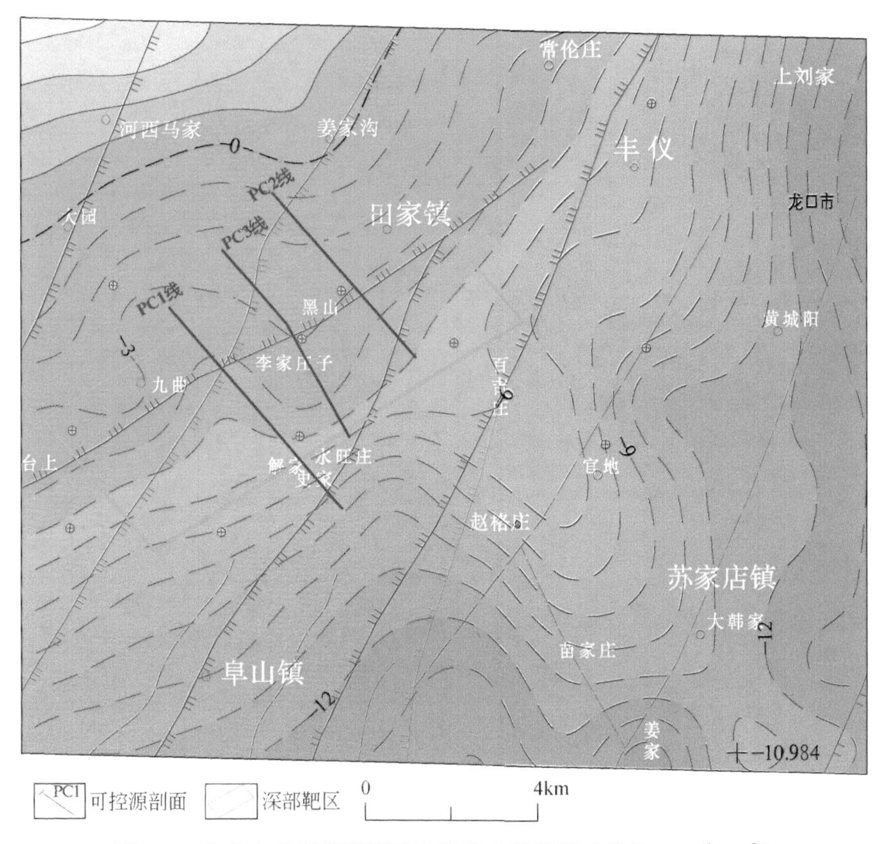

图6-8　九曲金矿深部预测区布格重力异常图（单位：$10^{-5}m/s^2$）

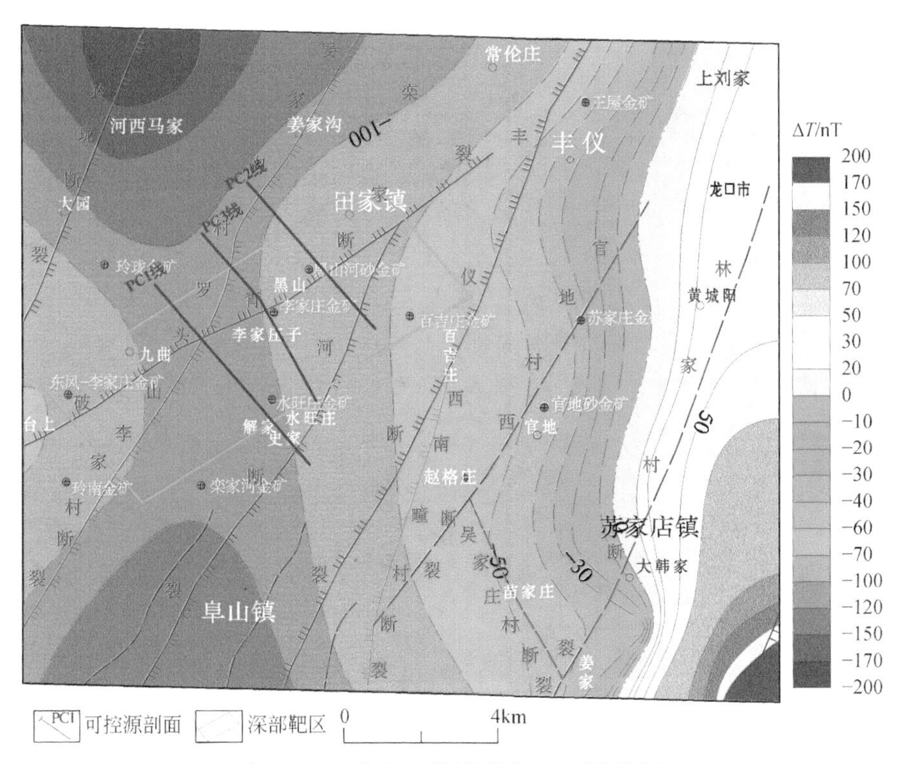

图6-9　九曲金矿深部预测区航磁异常图

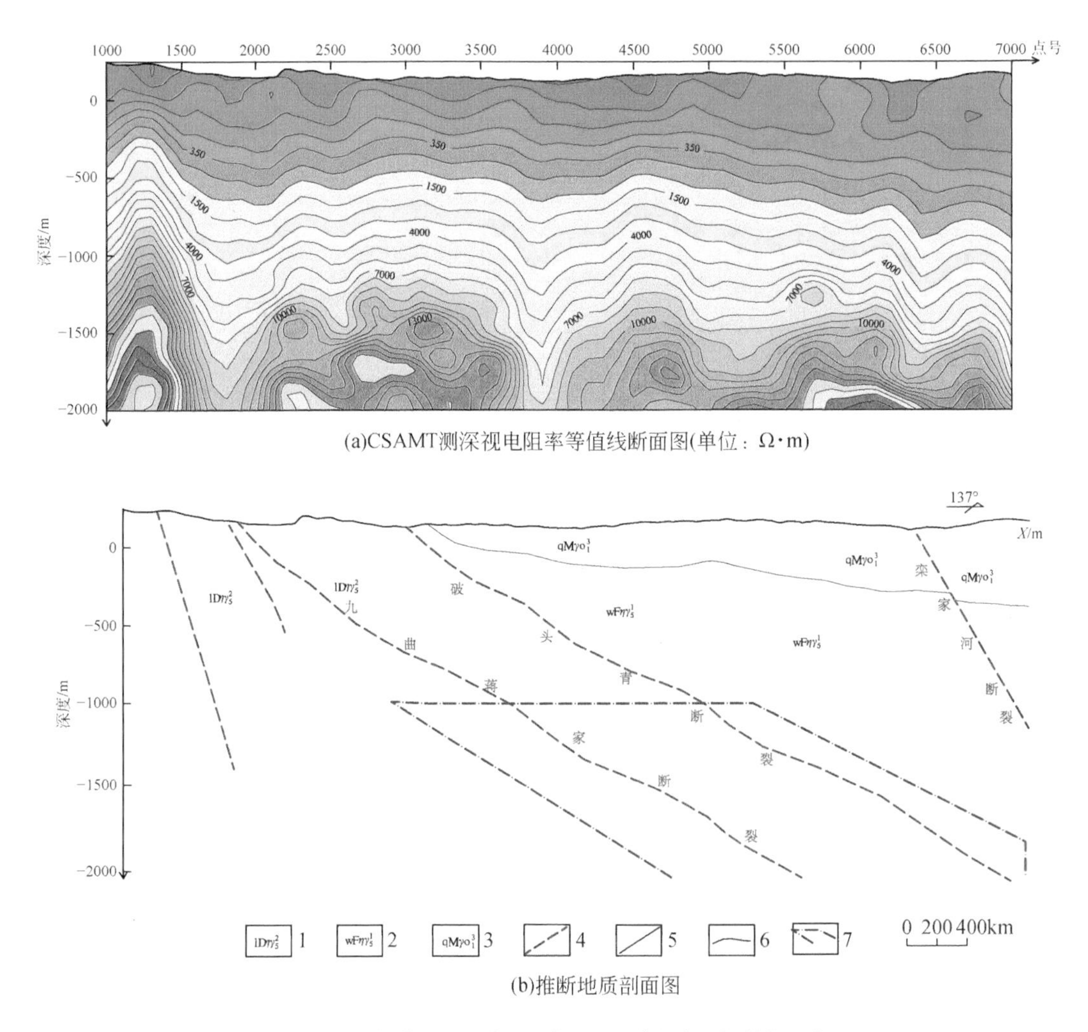

图 6-10　九曲金矿深部预测区 PC1 线深部预测剖面图

1. 玲珑岩体；2. 栾家河岩体；3. 栖霞片麻岩套；4. 推断断裂；5. 地形线；6. 不整合界面；7. 深部预测靶区

根据阶梯式成矿模式，断裂倾角变化的台阶处为深部金矿体的有利赋矿部位。根据电性特征，九曲蒋家断裂和破头青断裂深部在 1km 以深仍有明显延深趋势，有多处倾角变缓的台阶，因此推断两断裂 1km 以深仍有巨大找矿前景，作为胶东深部金矿预测靶区。

（四）南墅金矿深部预测区

1. 位置

预测区以南墅镇为中心，北至夏甸南到旧店，涵盖招平断裂带两侧，行政区划隶属青岛市莱西市、平度市。

2. 构造特征

预测区内以招远-平度断裂构造规模最大，在留仙庄村-山旺村由北及南走向由北东向

(留仙庄) –北北东向 (北泊村–南黄同村) –北东向 (南黄同村–山旺村) 向展布，走向变化为30°～60°，倾向南东，倾角50°左右。其中在南墅镇北泊村附近招平成矿带分为两支，处于分支复合部位，并且其北部有近东西向的韧性剪切带穿过，成矿条件有利，该段控制下庄、上庄、山旺等金矿床。

3. 重磁场特征

预测区为典型的重磁梯度带异常特征，布格重力异常等值线密集，重力梯度变化大 (图6-11)；航磁异常特征则表现为两种不同磁场的分界线，预测区西侧为低缓负磁异常，东侧为杂乱块状正负磁异常 (图6-12)，反映了招平成矿带南段西侧玲珑岩体陡直，东侧前寒武纪变质岩系厚大的地质特征。招平断裂金矿带各类型金矿均沿重磁梯级带分布，如旧店、下庄、山旺等金矿，招平成矿带南段找矿潜力巨大。

4. 南墅地区J2剖面线深部电性异常特征及靶区预测

图6-13为CSAMT视电阻率拟断面图，图6-13中显示招平成矿带主带 F_1 清晰明显，断裂及其两侧次级构造断裂发育。F_1 断裂地表延伸位置在剖面1900点附近，断裂上下盘电性差异明显，下盘二长花岗岩电阻率值较高，上盘荆山群变质岩电阻率值整体较低，F_1 断裂位于过渡梯级带上。在其下盘花岗岩体中亦有一断裂发育 (F_2)，与1∶5000地质实测剖面揭露及区域地质图的断裂位置完全一致，该断裂位于岩体中，两侧岩性一致，电阻率无明显差异，但是在断裂发育部位视电阻率等值线呈“U”形低阻异常，表明该断裂破碎严重。

根据阶梯式成矿模式，断裂倾角变化的台阶处为深部金矿体的有利赋矿部位。根据电性特征，招平断裂南段在600m以深仍有明显延伸趋势，并且在深度600m和1800m处倾角明显变缓，因此推断该断裂600m以深仍有巨大找矿前景，作为胶东深部金矿预测靶区。

(五) 三山岛西部海域金矿深部预测区

1. 位置

预测区位于胶东西北部，莱州市北部浅海区，行政区划隶属烟台市莱州市，地理坐标为119°33′00″E～120°17′00″E、37°07′00″N～37°38′00″N。

2. 构造特征

区内构造以断裂为主，其中北东—北北东向断裂有刁龙嘴断裂 (推断)、三山岛断裂、西由断裂、焦家断裂带，此外还发育北西—北北西向断裂、近南北向断裂各一组。三山岛断裂为预测区内主要控矿断裂，该断裂位于胶西北金矿集区的西端，位于三山岛–仓上一带，两端延至渤海，陆地总长度11km，该断裂发育在玲珑花岗岩与郭家岭花岗闪长岩、栖霞英云闪长质片麻岩接触带附近，断裂多被第四系覆盖，只在三山岛村北小山丘上有所出露，断裂带总体走向为35°左右，局部地段可达70°～85°，走向呈波状，倾向南东，倾角35°～50°。三山岛矿区内出露的为其北段，地表出露和工程控制长度1000m以上，构造岩带宽50～200m，总体走向40°，倾向南东，倾角35°～45°，走向、倾向上均呈舒缓波状，显压扭性，三山岛金矿体均发育在该构造蚀变带中。

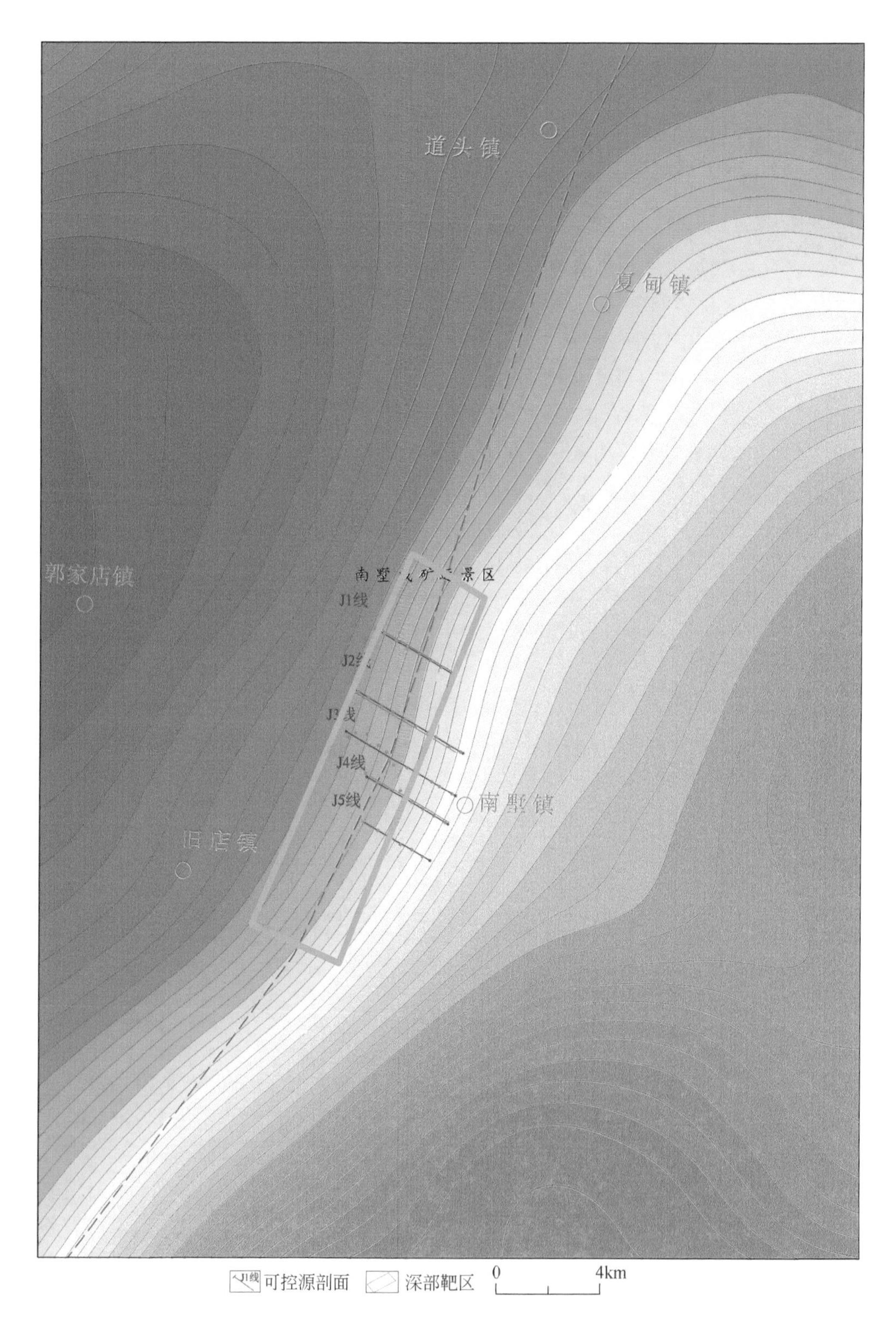

图 6-11　南墅金矿深部预测区布格重力异常图

重力值由蓝色区域向橙色区域升高

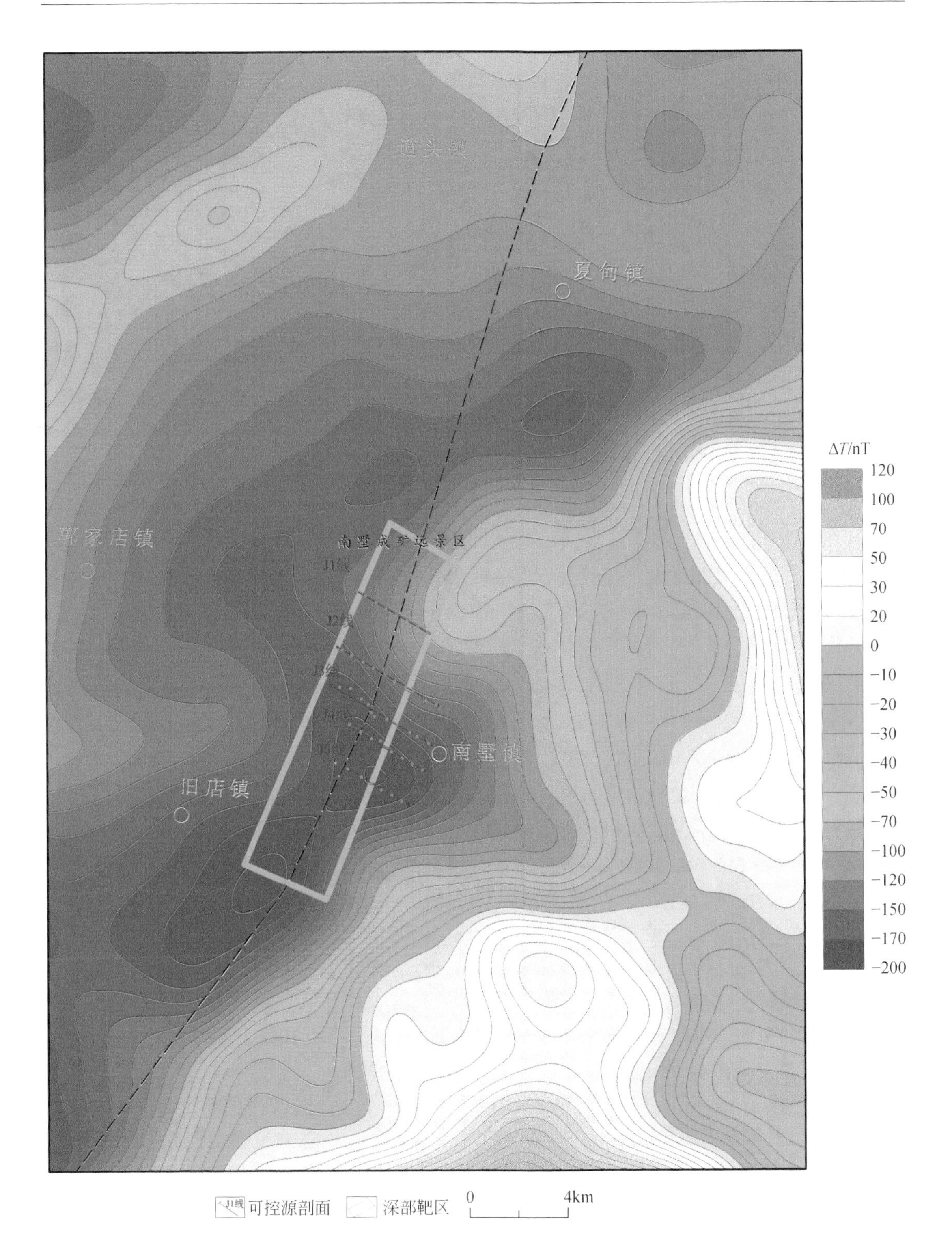

图6-12　南墅金矿深部预测区航磁异常图

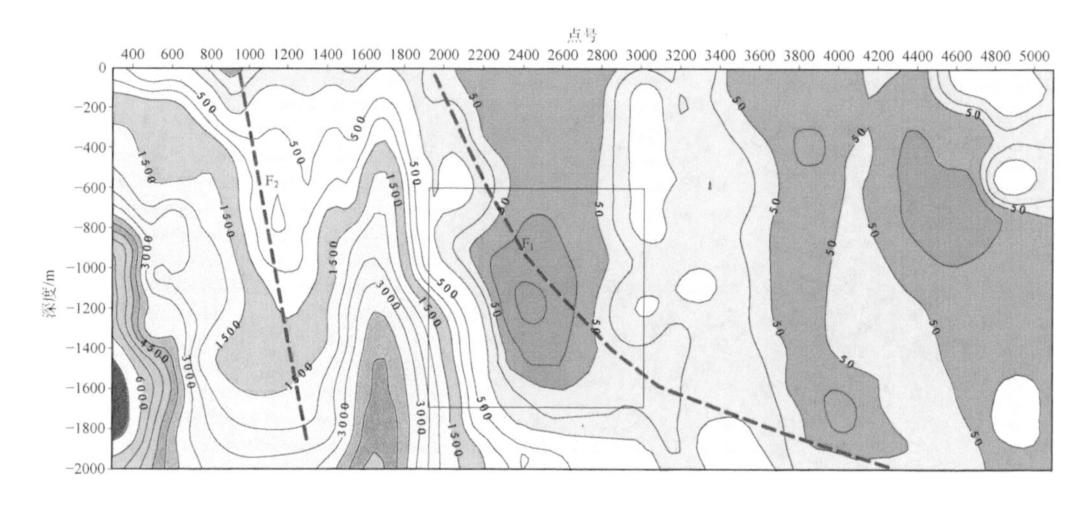

图 6-13　南墅金矿预测区深部预测剖面图（单位：Ω · m）

3. 岩性特征

基底由呈东西展布的太古宙胶东岩群变质岩系构成，区内地层出露相对零星，自太古宙至新生代地层均有分布。侵入岩有玲珑花岗岩、郭家岭花岗闪长岩、栖霞英云闪长质片麻岩。

4. 重磁场特征

区域布格重力异常特征（图 6-14）总体表现为南北高东西低，沂沭断裂带以西布格重力为低值异常，推断为中生代—新生代沉积地层；沂沭断裂带以东芙蓉岛-仓上-过西一线以南，为布格重力高值异常分布区，推断为前寒武纪变质岩系分布区；芙蓉岛以北-三山岛以西的北东走向椭圆状布格重力低值异常，推断为中生代花岗岩类分布区；刁龙嘴断裂西部、预测区北部为布格重力高值异常区，异常范围大、幅值高，推断为前寒武纪变质岩系分布区；西由以东布格重力低值区，推断为中生代玲珑花岗岩引起。预测区内重力异常整体呈梯级带特征，等值线主要以北北东—北东向为主，异常形态较规则，曲线较圆滑，反映了区内地质构造和其走向以北东向为主。

区域磁场特征（图 6-15）整体表现为波动磁场，ΔT 等值线多呈北东—北北东向展布。变质岩和中酸性岩浆岩（郭家岭序列除外）的磁性平均值都较小，故表现为低背景，但变化范围较大，表现强烈波动性。以旺里-三山岛一线为界，北西侧总体表现为北东向波动正磁场特征，最高值位于成图区最西端，幅值达 810nT；南东侧表现为正负相间波动磁场特征，ΔT 值多在 $-150\sim130$nT。预测区内磁异常等值线总体呈北东向梯级带异常特征，反映了区内地质构造及其走向以北东向为主，重磁场特征较为相似，重磁异常吻合较好。

以实测的物性资料为依据，穿过钻孔 17SZK01 作图切剖面，进行正演计算，剖面长 22km，走向 135°，选取反演参数变辉长岩密度为 $2.89\times10^3\,kg/m^3$，英云闪长质片麻岩为 $2.73\times10^3\,kg/m^3$，岩浆岩为 $2.66\times10^3\,kg/m^3$，计算结果见图 6-16。图中显示三条断裂均表

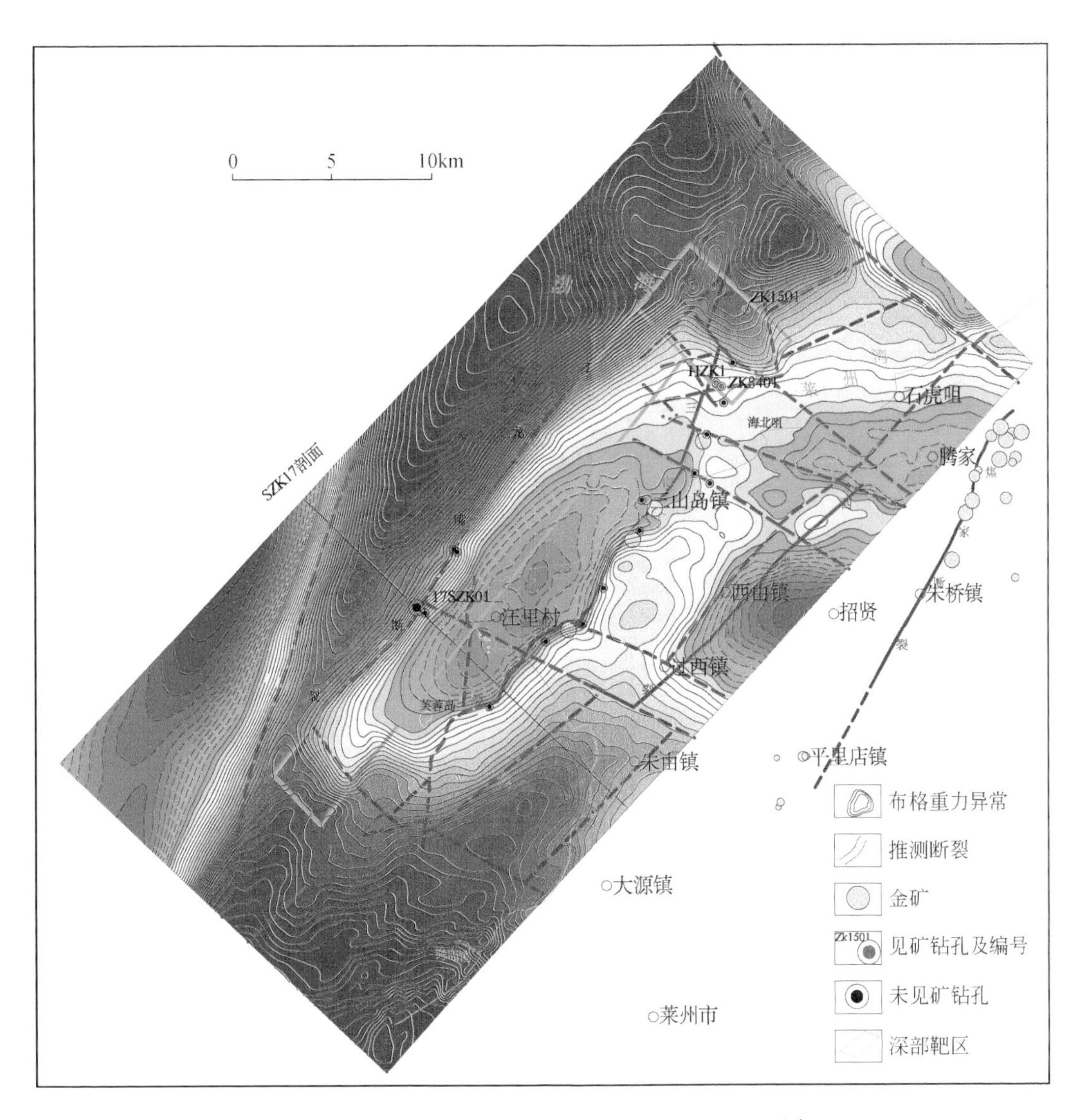

图 6-14 三山岛西部海域金矿深部预测区布格重力异常图

重力值由蓝色区域向粉色区域升高

现为明显的台阶状重力异常，昌邑-大店断裂上盘古近系、新近系和白垩系的总厚度在2000m左右，刁龙嘴断裂倾向北西，倾角近50°，断裂位于前寒武纪变质岩与中生代花岗岩接触带上，具有较好的蚀变岩型金矿成矿条件。17SZK01钻孔在649.07m穿透前寒武纪变质岩，钻入中生代花岗岩，为不同岩性界面分界线。

综上所述，三山岛西部海域刁龙嘴断裂空间上与三山岛断裂、焦家断裂等间距展布，走向上大体平行，围岩条件相似，断裂倾角较缓，具有较大找矿前景。根据阶梯式成矿模式，断裂倾角变化的台阶处为深部金矿体的有利赋矿部位，刁龙嘴断裂倾角较缓，推断深部有巨大找矿前景，因此作为胶东深部金矿预测靶区。

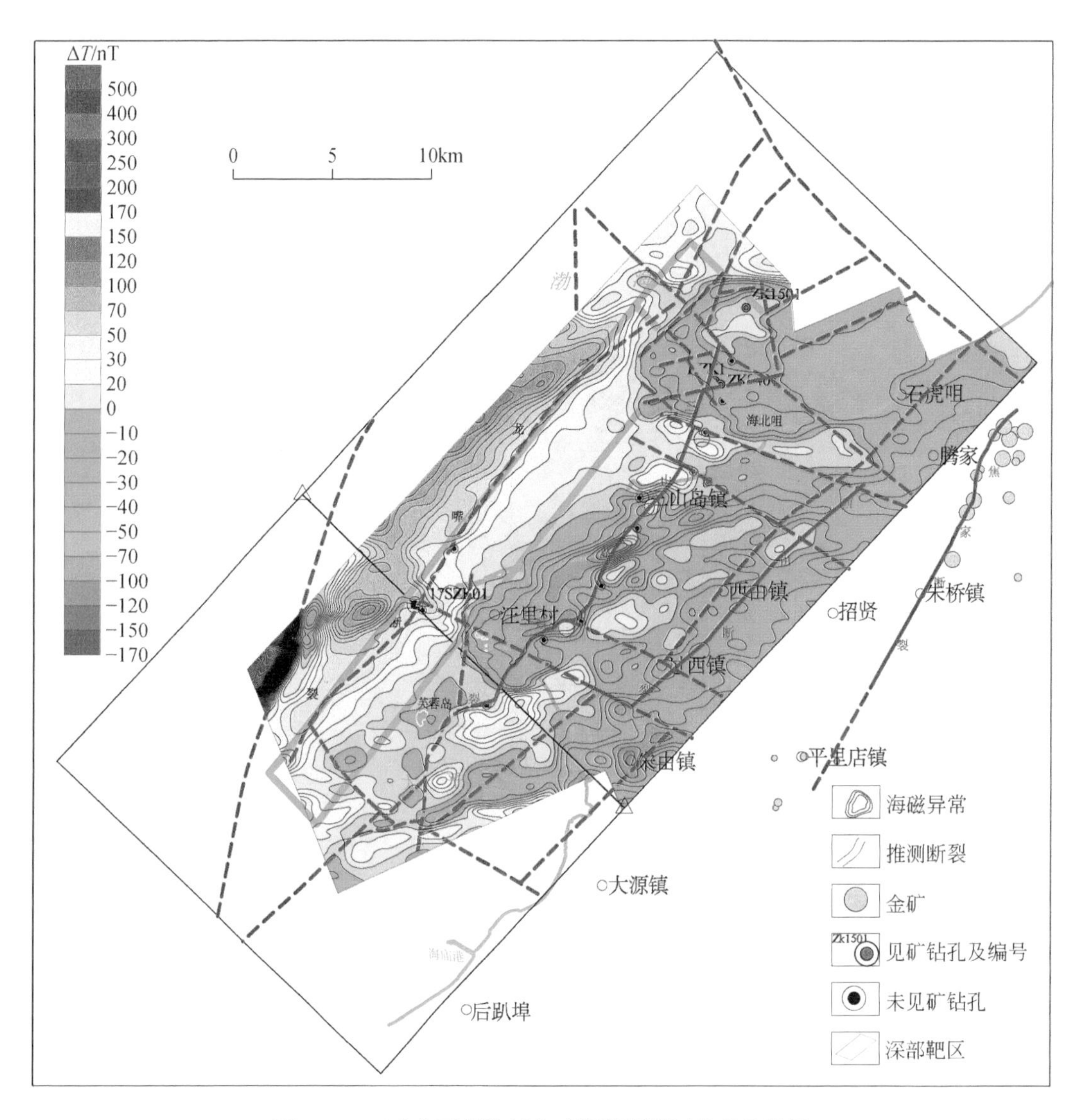

图 6-15　三山岛西部海域金矿深部预测区航磁异常图

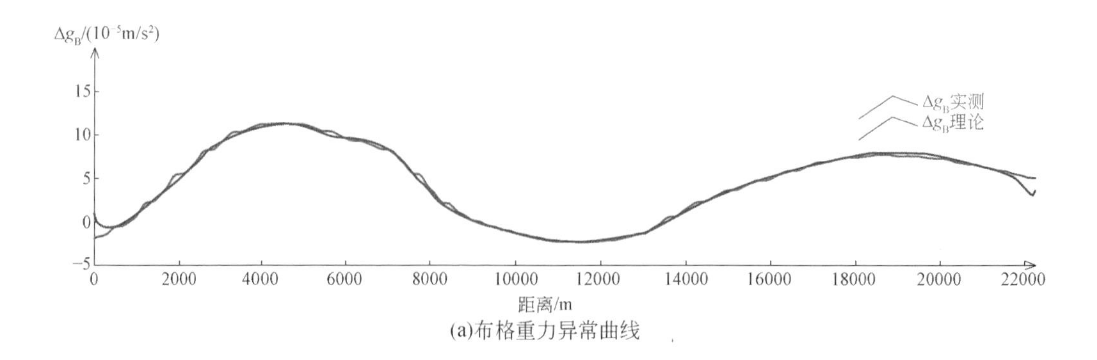

(a)布格重力异常曲线

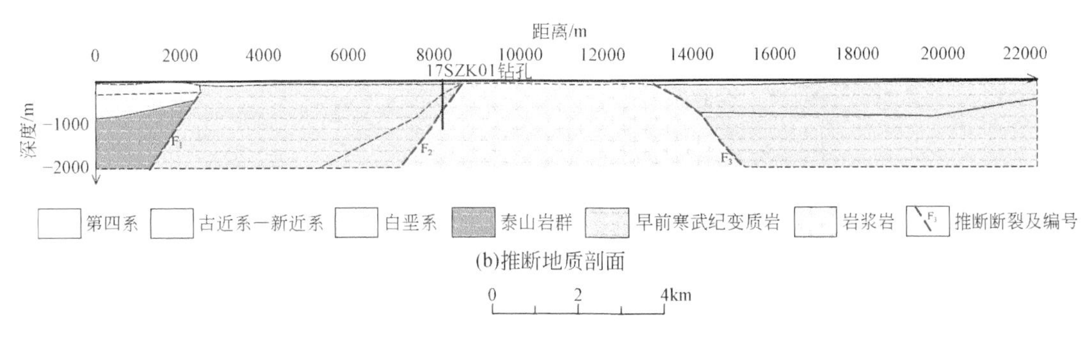

图6-16　三山岛西部海域金矿深部预测区预测成果图

（六）三山岛海域北缘金矿深部预测区

1. 位置

预测区位于三山岛海域北缘，距离石虎嘴海岸线6.2km，距离海岸线垂直距离3km。

2. 地质概况

据浅海重力、海磁及钻孔等资料推断，预测区基岩主要分布有中生代玲珑序列崔召单元中粒含黑云二长花岗岩、新太古代马连庄序列中细粒变辉长岩。断裂构造较为发育，北东向断裂、北西向断裂以及近南北向断裂各一组，其中控矿断裂为北东走向的三山岛断裂北缘，在北西向断裂作用下，向西错动并转为北北东向。预测区位于北西向断裂和北东向断裂的交汇部位。

3. 重磁场特征

预测靶区重力场在区域上，位于北西向重力高与南东侧重力低的过渡梯级带上（图6-14）。预测区内重力场特征为梯级带中向南东凸出局部重力高舌状异常，推断为新太古代马连庄序列的变辉长岩引起。预测靶区磁场在区域上，位于低缓磁异常内（图6-15）。预测区内中东部发育局部高值磁异常，推断为基底高磁性变辉长岩引起；四周低磁异常推断为中生代玲珑序列二长花岗岩引起。

4. 见矿钻孔描述

预测区内共施工钻探工程四处，分别为ZK1501、ZK8401、HZK1、HZK2。其中ZK1501、ZK8401、HZK1见金矿体。ZK8401钻孔揭露构造蚀变（矿化）带厚度达206.25m（孔深876.59～1082.84m），在孔深908.84～990.25m发现累计见矿厚度26.23m的金矿体，金平均品位1.73×10^{-6}；ZK1501钻孔揭露构造蚀变（矿化）带厚度达125.52mm（孔深891.54～1017.06m），在孔深903.54～904.74m发现视厚度1.2m、金品位1.02×10^{-6}的金矿体（图6-17）。

（七）乳山金矿深部预测区

1. 位置

该预测区位于胶东北部，莒格庄镇西南、南起簸箕掌东、北至西仙站，行政区划隶属

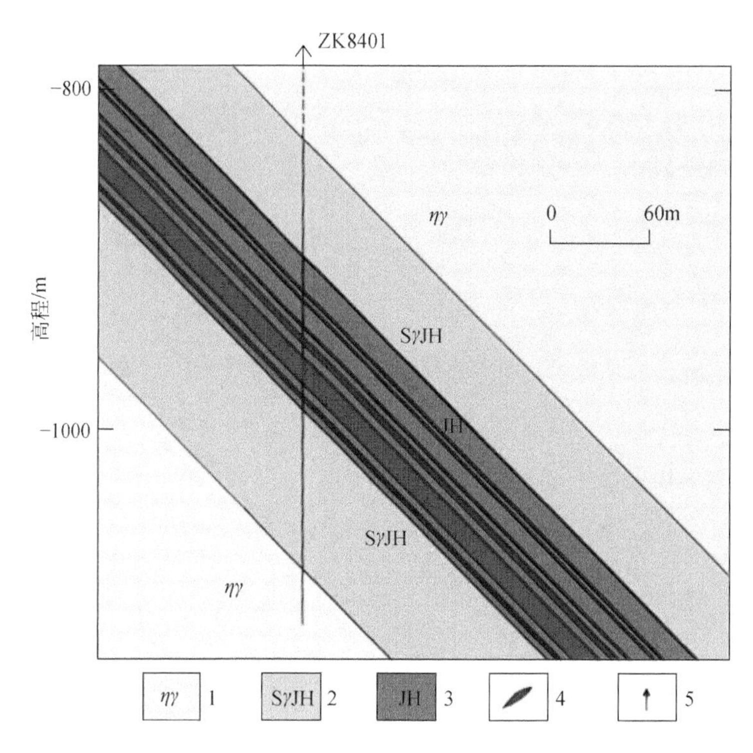

图 6-17　三山岛海域北缘金矿深部预测区钻孔柱状图

1. 玲珑花岗岩；2. 黄铁绢英岩化花岗质碎裂岩带；3. 黄铁绢英岩化碎裂岩带；4. 金矿体；5. 钻孔位置

烟台市牟平市，地理坐标为 119°33′00″E～120°17′00″E、37°07′00″N～37°38′00″N。

2. 地质概况

预测区主体位于海阳断裂带和将军石断裂带之间，密集发育大量北北东、北东向含矿断裂构造，断裂构造主要以三条大型断裂及其次级断裂为代表，广泛发育中生代玲珑序列二长花岗岩，局部零星分布残留体形式的古元古界荆山群等地层，是胶东地区第二大金矿密集区。

1）地层

该矿区主要为古元古界荆山群和新生界第四系。前者主要分布在西北部冰流旺村以北，多呈包体状分布于侵入岩中，总体呈北东向展布，岩性主要有黑云变粒岩、斜长角闪岩、斜长透辉岩、黑云片岩、大理岩等，为一套变质碎屑-碳酸盐岩类，经历了麻粒岩相-高角闪岩相-低角闪岩相的多期次变质变形作用；后者主要为洪冲积-冲积-残坡积物，分布于山间沟谷、山前平原及现代河流两侧。

2）构造

构造以断裂为主，有北东、北北东、北西三组，以北东和北北东为主。北东向断裂在区内极为发育，西部的断裂均属牟平-即墨断裂带，大都为活动的成熟断裂，长度为 450～6500m，宽度 20～50m，断裂总体方向为 45°～60°，倾向倾角变化较大；该组断裂大都为形成后又被岩脉充填，充填后断裂仍活动，表现为脉岩壁上的擦痕及断层角砾岩，角砾岩的原岩为脉岩之围岩。海阳断裂为穿越本区的主干断裂，断裂带宽几十至数百米，总体走向在30°~40°，主体倾向南东，局部倾向北西，倾角多为65°~80°；发育20~150m宽的断裂破碎带，断裂带内见碎裂岩、角砾岩、糜棱岩、挤压透镜体及断层泥，断层泥有时厚达0.5m；断面总体呈舒缓波状，局部较平直，可见擦痕及镜面，压扭或挤压特征明显，主要由花岗岩、大理岩、黑云变粒岩及脉岩等强烈挤压破碎而成，断裂两侧标志性地质体错移8~10km，断裂性质为左行压扭性。

北北东向断裂集中发育于“昆嵛山复式岩基”内部，走向与岩基展布基本平行，呈北北东向密集分布，主断层间距0.5~0.8km，呈串珠状、分支复合状，该组断裂带内有丰富的金矿床，以金牛山断裂带和将军石断裂为代表。金牛山断裂北端在牟平石沟村附近斜接区域性的海阳断裂，向南延伸至乳山市城北，去向不明，区内延伸近20km，宽3~20m；断裂的总体走向为0°~15°，倾向南东，局部见北西倾向，倾角60°~85°，工程控制最大斜深1640m，最大垂深700m；断裂发育断层面，沿走向及倾向均呈舒缓波状展布，膨胀夹缩、分支复合特征极为明显；断裂带两盘岩性主要为弱片麻状、块状构造的花岗岩类，断裂发育有数米至数十米宽的破碎带，带内岩性为碎裂岩、角砾岩、断层泥及挤压扁豆体等；羽状裂隙发育，带内可见宽度0.1~3m的黄铁矿化含金石英脉，顺断裂呈雁行状排列，总体沿倾向、走向展布比较稳定；断裂的性质可以通过一系列的羽状裂隙及扁豆体的长轴与主裂面的交角关系判断，为左行压扭性，具多期次活动的特点；沿该断裂发育有一系列的金矿床（点），如邓格庄、哈沟山、腊子沟等金矿床，平行该断裂尚发育有一系列的次级断裂构造，断裂走向、倾向转弯部位或“人”字形构造交汇部位都是工业矿化有利地段，伴生裂隙构造对金的富集也起着重要作用；该断裂因蚀变岩石坚硬，在地貌上常显示一系列的线状山脊（正地形），影像上显示清晰的线型构造。将军石断裂北起牟平区将军石，南至南东庄，长约10km，宽5~15m，总体走向5°~10°，倾向南东，局部直立或反倾，倾角70°~85°；主断裂面光滑平直，片理化明显，沿走向和倾向均呈波状弯曲，主断面常见有灰绿色的断层泥，两侧分布为构造蚀变岩，主要为绢英岩化二长花岗岩及部分蚀变煌斑岩，中心部位多为黄铁矿石英脉充填，该断裂属压扭性；沿该带已知有多处金矿（床）点，如金青顶、福禄地等大、中型金矿床。

3）岩浆岩

以侵入岩为主，岩性从超基性、基性到中酸性均有出露，主要有新元古代荣成序列黄岗岩、中生代侏罗纪玲珑花岗岩及脉岩。玲珑序列二长花岗岩为一套玲珑-昆嵛山造山早期片麻状花岗岩-二长花岗岩组合，新鲜岩石一般为灰色或浅灰色，块状构造和不同程度的片麻状构造，中粗粒或中细粒结构，区内主要分布玲珑序列笔架山单元、玲珑序列郭家店单元、玲珑序列九曲单元。新元古代荣成序列玉林店单元在区内也较为发育，呈岩基状产出，岩性为片麻状中细粒含黑云二长花岗岩，以较发育的条纹条带状构造为特征，岩体侵入古元古界荆山群，常见荆山群变质岩包体，与后期玲珑序列九曲单元呈侵入接触。脉岩沿北东、北北东方向侵入，局部近南北向或近东西向，岩性主要为煌斑岩脉、石英脉，其次为正长斑岩、闪长玢岩、二长斑岩、伟晶岩脉等，地表出露的石英脉主要分布在主断裂带上，为黄铁矿石英脉，与黄铁矿形成共生边结构，一般为块状构造和碎裂状构造，形成于热液成矿期，为金矿体的主要承载地质体。

3. 矿产特征

区内及周边矿产资源比较丰富，主要有金、银、铜、铁、钼、石墨、花岗岩、石英砂、钠长石、蛇纹岩、温泉、矿泉水等，其中金矿为最优势矿种，已探明邓格庄、西直格庄、哈沟山、腊子沟、东邓格庄、山上里、后庄–黑牛台、东桑杭埠、高行山等成规模金矿床，合计大型矿床四处、中型矿床两处、小型矿床十余处，金矿点数十处。成矿时期多为中生代燕山期，成因多为岩浆热液充填型，规模大小不一，矿床（点）多受北北东向断裂构造控制，该方位断裂走向与岩基展布基本平行，断裂带内赋存丰富的金矿床，其中以金牛山断裂和将军石断裂及其次级断裂最为典型。

1）金青顶金矿床

该金矿床是该区最大的金矿床，出露地层由老至新为古元古界荆山群和新生代第四纪地层。控矿构造为北东向压扭性断裂，矿床主体位于将军石–曲河庄断裂，断裂总体走向为20°左右，含矿段在10°～50°波动，倾向总体南东，倾角较陡为77°～90°，局部反倾，在走向和倾向上，均呈反S形波状展布，在断裂转弯处常有分枝或平行次级断裂，其内充填有含金黄铁矿石英脉。岩浆活动强烈，主要有玲珑序列崔召和郭家店单元。

2）邓格庄金矿床

该金矿为一大型金矿，位于云山单元内、郭家店单元的外边缘带。规模较大的北北东向断裂与北东向断裂在矿区东北部交汇，矿区正好处于两组断裂相交夹成的“锐角区”之中。矿体的主要围岩是云山单元片麻状细中粒含石榴二长花岗岩，部分是中生代煌斑岩脉体。矿床有多个矿段，共有11个矿体，控矿构造均为金牛山断裂的次级同期平行断裂，形似一个北端收敛向南撒开的近于帚状断裂组，矿体走向5°～25°，倾向北西，倾角65°～85°，断裂内赋存矿化石英脉和贯入的煌斑岩脉。

4. 重磁场特征

图6-18为预测区布格重力异常图，图中显示预测区位于负背景重力场变化区内，整体呈现北北西向或近南北向的重力梯级带特征，重力场变化特征较为明显，基本未见成规模的封闭重力异常，重力场自东向西逐渐增强，布格异常均为负值，重力梯级带成扫帚状由南向北发散，在预测区南部皂地村至巫山一带趋于收敛。预测区位于东侧昆嵛山至草庙子镇大规模封闭重力低值区与西侧观水镇至桃村镇中等强度重力场区的过渡地段，区内及东侧大面积分布新元古代荣成序列及中生代玲珑序列侵入岩体，前者主要分布玉林店单元细中粒含黑云二长花岗质片麻岩，后者分布云山、九曲、崔召和郭家店单元花岗岩，两者均为低密度特征，是重力负背景场异常的主要成因；西侧虽然仍为玲珑序列花岗岩分布区，但西北侧及西南部已有一定规模高密度的古元古界荆山群地层出露，重力场明显增强。由此推测预测区位于东侧厚大低密度岩体与西侧高密度荆山群老地层的过渡地段，从而形成北西或近南北向的重力梯级带特征。预测区构造线方向主要为北东向或北北东向，断裂构造十分发育，其中规模较大的代表性断裂自西向东分别为海阳断裂、金牛山断裂和将军石断裂，断裂均呈压扭性特征，发育在单元密度差异较小的酸性侵入岩体内，重力场特征多表现为等值线的同形扭曲或错移等特点，断块特征难以体现，此重力场特征也与断裂的压扭特性较为吻合。海阳断裂主要表现为重力异常等值线的同形扭曲，这一特征在徐

家疃至徐家寨一线表现得尤为明显，也是区域压扭性平移断层的典型特征，西直格庄大型金矿床位于该断裂西侧次级成矿构造内；金牛山断裂重力场特征主要表现为等值线的错移和扭动，在东邓格庄至巫山一线重力异常等值线存在较为明显的错移，且重力梯级带由北西向扭转为北北西向，该断裂分布邓格庄、腊子沟两处大型金矿床；将军石断裂主要呈现较为宽缓的北北东向重力梯级带特征，局部表现为重力异常等值线的错动和同形扭曲，金青顶大型金矿床位于该断裂南段。

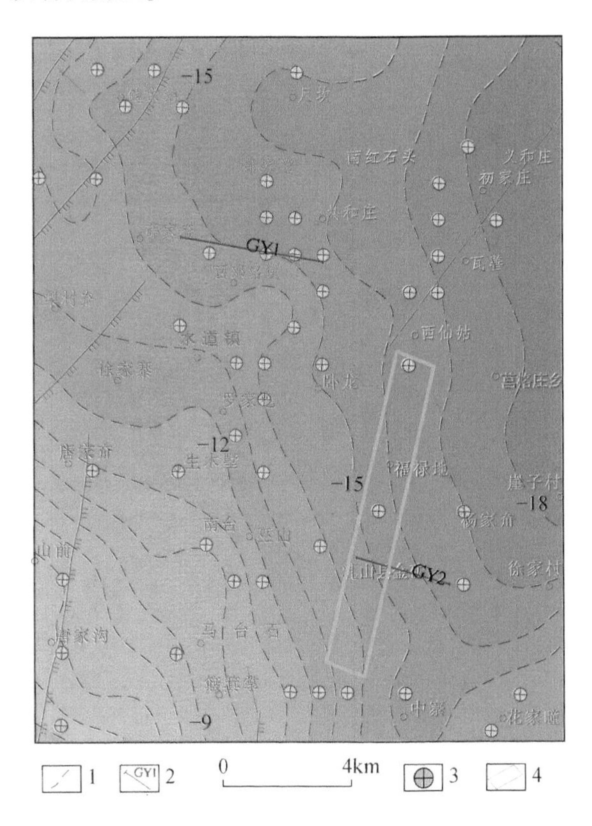

图 6-18 乳山金矿深部预测区布格重力异常图（单位：$10^{-5}m/s^2$）

1. 布格重力异常等值线；2. 广域剖面及编号；3. 金矿点；4. 深部预测靶区

图 6-19 为预测区航磁异常 ΔT 平面图，图中显示磁场整体较弱，以波动的中低磁异常为主要特征，磁场分布规律性较差，琐碎的局部小规模正、负磁异常遍布全区，ΔT 值在 -300 ~ -50nT 变化，局部北东向分布的磁场梯级带或低磁异常带显示出预测区的主要构造线展布方向。区内中生代玲珑序列九曲单元、郭家店单元二长花岗岩以及新元古代荣成序列二长花岗质片麻岩，属酸性低磁性岩石，磁性矿物含量的差异导致其磁性的不均匀，从而形成了波动杂乱的弱磁场特征。海阳断裂磁场特征最为明显，沿该断裂形成了断续的北东向低磁异常带；金牛山断裂与将军石断裂规模较海阳断裂小，宽度相对较窄，仅局部有小型的磁场梯级带反映。大型金矿床主要分布在相对平缓的负磁场区内，少数矿床（点）位于正负磁异常的接触部位。

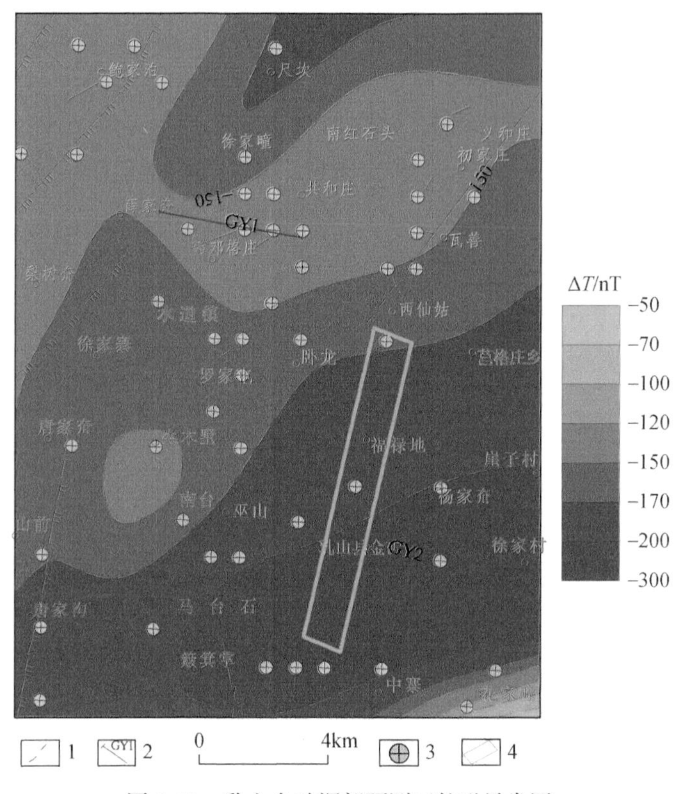

图 6-19　乳山金矿深部预测区航磁异常图

1. 航磁异常等值线；2. 广域剖面及编号；3. 金矿点；4. 深部预测靶区

5. 电场特征

预测区内广域电磁剖面 GY2 视电阻率二维反演断面图（图 6-20）中，地表低阻层主要反映了第四系的覆盖及岩体表面的风化，除了主要断裂构造的低阻特征外，背景电场主要呈现高阻特征，视电阻率大致变化区间为 2600～15000Ω·m，推断为高阻二长花岗岩体的反映；在 2200～3400 点-2400m～-2000m 深度区间存在两处小规模的相对低阻异常，视电阻率低于 2000Ω·m，推测为古元古界荆山群变质地层的局部残留。

根据综合推断解释成果，该剖面内-3000m 以浅仍主要为高阻玲珑序列郭家店单元中粗粒二长花岗岩分布，局部存在非线性块状低阻异常，可能为小规模相对低阻的荆山群变质岩残留体分布；金青顶矿区内，将军石主断裂与金成矿关系密切，断裂位置及浅部电场特征在-1200m 以浅与已知工程控制矿体对应较好，该断裂深部电阻率呈现明显的带状低阻特性，表明蚀变破碎带宽度较大。由此推断该断裂在-3000m～-1200m 深度区间内分布的线性低阻带是今后深部找矿的重要地段，对深部成矿预测起到了较好的指示作用，因此作为胶东深部金矿预测靶区。

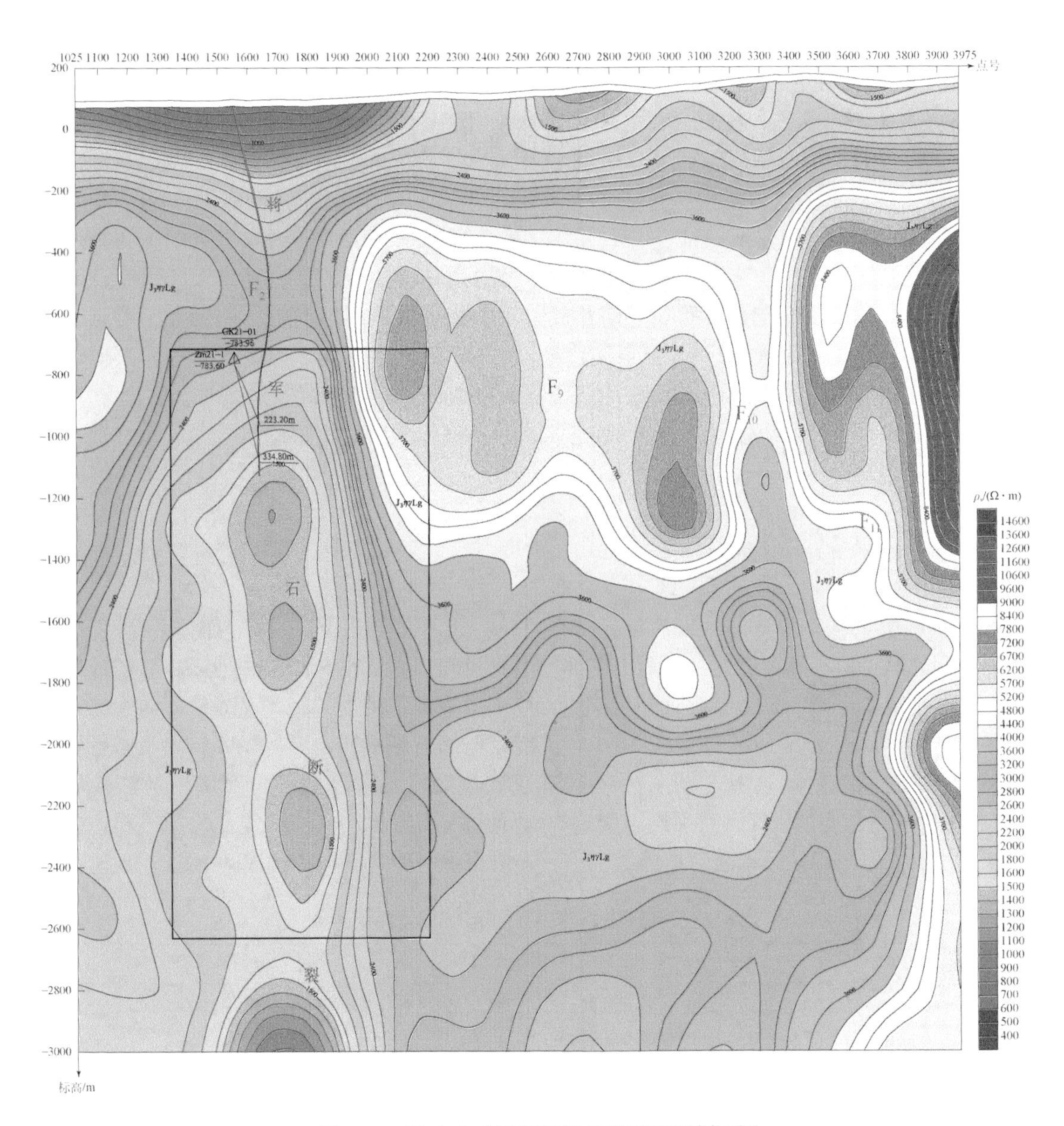

图6-20　乳山金矿深部预测区深部预测剖面图

第二节　石墨矿成矿预测

一、找矿标志

（1）地层：石墨矿床受古元古界荆山群陡崖组徐村段地层控制，该层位是石墨矿找矿的地层标志。

（2）构造：褶皱构造对石墨矿的赋存起到控制作用，石墨矿体大多分布在褶皱构造的核部及两翼，褶皱构造是石墨矿找矿的构造标志。

（3）岩体：石墨矿和各类含石墨片岩、变粒岩、片麻岩、麻粒岩、大理岩有关，它们是石墨矿找矿的直接岩体标志。

（4）重磁场：在重力场中，荆山群所在的前寒武纪变质基底岩系被北东向、北北东向、近东西向重力高值带所表征，含石墨矿层的陡崖组徐村段同样为高密度组分，整体为密度高异常特征，石墨矿床分布位置主要位于重力高异常中心、重力高异常梯级带及异常转弯部位。在磁场中，荆山群所在的前寒武纪变质基底岩系总体为负、弱磁异常背景，含石墨变质岩系，是荆山群变质岩的弱磁性组分，同样处于负、弱磁异常背景中，其矿床分布位置被不同规模磁异常的边部、鞍部、端部附近的降低背景磁异常所表征。

（5）电场：由于石墨具有良好的导电性和激发极化效应，所以低阻、高极化异常是寻找石墨矿的电场标志。

二、预测区圈定原则

胶东石墨矿带由西南向东北主要分布在昌邑岞山、平度马戈庄、莱西南墅、海阳吕戈庄、海阳郭城、牟平高陵等地，受荆山群陡崖组徐村段控制，在总结胶东地区石墨矿成矿的成矿地层、成矿环境、矿物组合、变质作用、控矿构造等基础上，将其在成矿预测中的作用分为必要、重要、次要三种类型。石墨矿预测区根据以下原则圈定：首先圈定出具备各预测要素的成矿区带，之后通过分析石墨矿区域成矿带的重磁异常特征，筛选出与已知矿床（点）重磁异常相似的地区，然后结合区内电性异常特征与含矿地层的复合关系，确定异常来源，进而圈定石墨矿预测区。按照以上流程在胶东地区圈定石墨矿预测区五处（表6-1）。

表6-1　胶东沉积变质型石墨矿区域预测要素表

成矿要素		描述内容	预测要素分类
区域成矿特征	大地构造位置	大地构造位置位于华北陆块（Ⅱ）、胶辽陆块（Ⅱ-2）、莱州古弧盆地（Ⅱ-2-2）、灰埠古岛弧（Ⅱ-2-2-5）	重要
	成矿地层	荆山群陡崖组徐村段：石墨黑云斜长片麻岩或石墨透辉变粒岩	必要
	原岩建造	碎屑岩-有机质黏土岩-镁质碳酸盐岩建造	必要
	成矿环境	相对稳定的滨海-浅海环境，温暖湿润的气候条件，使原始生物大量繁衍，为原岩沉积提供了有机质；海底基性火山喷发携带 CO_2 亦产生部分碳质。在半稳定构造条件下，形成了含高碳、铝为特征的陆源碎屑-富镁碳酸盐岩陆棚滨浅海沉积建造	必要
	矿物组合	长石、透闪石、透辉石、石英、石墨、黑云母	重要
	变质作用	中-高级区域变质作用、混合岩化作用	重要
	区域控矿构造	含石墨岩系多半分布区域性褶皱构造的翼部，次级褶皱构造的核部及转折端附近	重要

续表

成矿要素		描述内容	预测要素分类
区域地球物理特征	重力特征	重力高异常中心、梯级带及转弯部位	次要
	航磁特征	短轴状波动低、负磁异常区及正、负磁异常波动区	次要
	电性特征	低阻、高极化异常	重要

三、胶东石墨矿成矿预测区

（一）景村-阎村预测区

1. 位置

景村-阎村石墨矿预测区位于平度市西部景村-阎村-小官寨村一带，距离市区约30km。

2. 地质概况

区内出露地层主要为荆山群野头组定国寺段、荆山群野头组祥山段、荆山群陡崖组徐村段以及第四系全新统临沂组，北部有局部荆山群陡崖组水桃林段出露。定国寺段岩性为方解大理岩、白云质大理岩夹斜长角闪岩、斜长透辉岩；祥山段岩性为斜长透辉岩、透辉角闪岩、黑云斜长片麻岩、黑云变粒岩夹透镜状大理岩；徐村段为一套石墨岩系，主要岩性为石墨黑云变粒岩、石墨透辉变粒岩、透辉岩、黑云变粒岩、（石墨）黑云斜长片麻岩、石榴（夕线）二云（黑云）片岩，夹透闪石英岩及二云石英片岩，含矿建造为斜长角闪岩-含夕线黑云斜长片麻岩-镁质大理岩建造。褶皱构造均较发育，荆山群变质岩出露地层基本以褶皱形态出露，预测区位于仓村-吉林背斜西部，该区石墨矿大多位于仓村-吉林背斜两翼，背斜构造对区内石墨矿成矿有一定控制作用。区内断裂构造不甚发育，仅在景村附近发育一北东东向小型断层。区内无岩浆岩发育，南部发育有中生代燕山晚期白垩纪崂山序列侵入岩，岩性为一套晶洞细粒二长花岗岩，局部发育少量萤石脉和重晶石脉。

3. 矿产特征

区内石墨矿成矿条件良好，有景村、阎村等小型矿点分布，其中景村矿区查明332+333类石墨矿石量101.45万t，矿物量3.5万t，阎村矿区查明332+333类石墨矿石量79.21万t，矿物量2.4万t，该地段资源储量有望进一步增加。

4. 区域重力异常特征

在区域布格重力场中（图6-21），预测区位于北北东向展布的重力高异常带中，该异常带北北东长27km，宽15～25km，布格重力异常值$20\times10^{-5}\sim30\times10^{-5}m/s^2$，反映了胶西北隆起上张舍次级凸起的范围与凸起程度。张舍次级凸西起临沂沭断裂带的昌邑-大店断裂，东靠玲珑期岩体南部的郭家岭岩体与平度凹陷，该凸起主要分布古元古界荆山群含石墨变质岩系。平度地区的刘戈庄、西石岭、东石岭、张舍、黑龙、冢东、矫戈庄、苏村、玉石、辛安、明村、阎村、刘家寨等13个石墨矿区均位于该重力高异常带上，其中刘戈庄、西石岭、东石岭、张舍、黑龙、冢东、矫戈庄、苏村、玉石等9个矿区分布在重力高异常区，辛安、明村、阎村等3个矿区分布在次高重力异常区，刘家寨矿区分布在重力异常端部重力等值线转折部位。

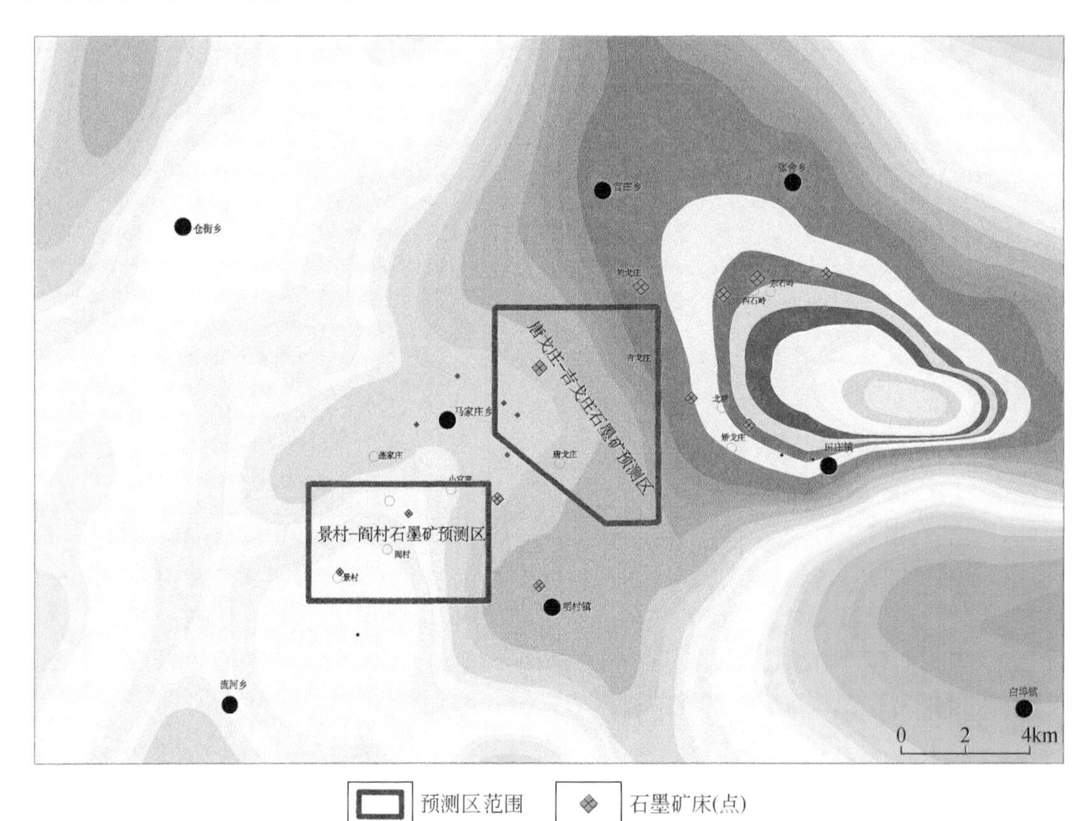

图6-21　景村-阎村石墨矿预测区布格重力异常综合平面图
重力值由蓝色区域向红色区域升高

综上所述，该石墨成矿带分布在重力高所表征的次级凸起的荆山群高密度变质岩系分布区，并且重力值高、凸起程度高的区域，石墨矿区分布数量多，重力高缓变带、异常转弯部位也是石墨矿分布较多的位置，景村-阎村预测区位于重力高异常缓变梯级带上，表征了该区有一定厚度的荆山群变质岩分布，具备较好的重力异常条件。

5. 区域航磁异常特征

在航磁异常场中（图6-22），区内表现为北东向、北北东向短轴条带状正、负磁异常，呈团块状分布，反映了古元古界荆山群变质岩系的分布。正磁异常反映了荆山群变质岩系中较强磁性斜长角闪岩类岩石的分布，负磁异常反映了无磁性的大理岩类岩石的分布，平稳的中高或中低磁异常反映了黑云变粒岩、黑云斜长片麻岩、石墨黑云斜长片麻岩等弱磁性变质岩类的分布。区域上分布的刘戈庄、东石岭、西石岭、大王埠、明村、阎村等石墨矿区，它们表现为短轴状磁异常端部、边部、鞍部等由低向高磁异常的过渡区，反映了石墨黑云斜长片麻岩、石墨黑云变粒岩、石墨透闪透辉岩等低、弱磁性含石墨变质岩系的分布。西部、西北部的古元古界粉子山群变质岩系，也表现为条带状正、负磁异常特征，与荆山群正、负磁异常条带相比，磁异常轴向北北东，正、负磁异常长度稍长 5 ~ 10km，磁异常值稍高 380 ~420nT，反映了古元古界粉子山群小宋组强磁性磁铁石英岩组分的分布。东南部分布近东西向条带状负磁异常，反映平度断陷古近系无磁性的砂、泥质岩类的分布。

综上所述，预测区为北东向条带状正、负磁异常相间地区，表征了古元古界荆山群变质岩系的分布，以上解释表明区域上石墨变质岩层位于短轴状磁异常边、端、鞍等由低到高的磁异常过渡区段，而景村-阎村预测区航磁异常中具备与已知石墨矿床（点）相似的异常部位，显示的异常条件较好。

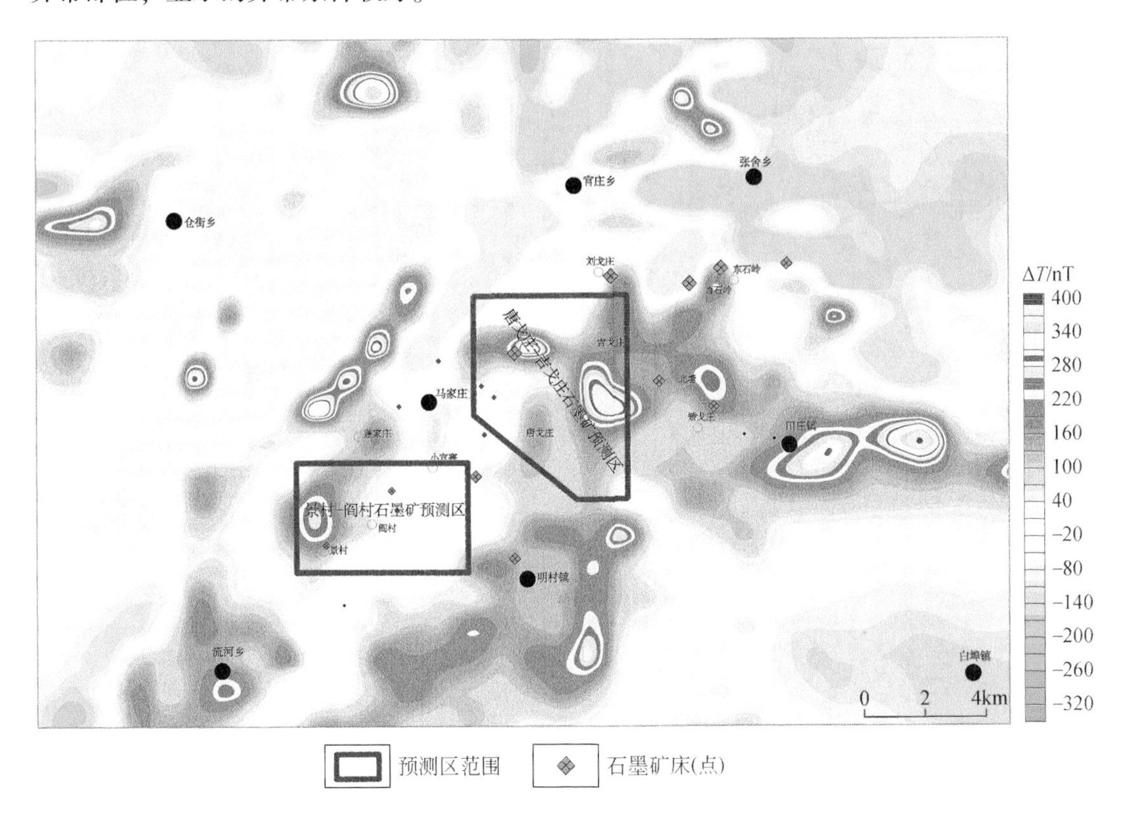

图 6-22　景村-阎村石墨矿预测区航磁异常综合平面图

6. 区域电性异常特征

图 6-23 为预测区航电高频实分量 HL 异常综合平面图，区域上整个含石墨荆山群地层总体表现为低阻-次低阻异常，异常形态呈现以冯家堰西北的泽河为短边、以河套村为顶点的三角形异常，异常为不均匀低阻、次低阻异常特征，异常值在 2 ~ 15ppm[①]。区内岩

① $1ppm = 10^{-6}$。

（矿）石电阻率值测定表明大理岩为区内电阻率最高岩性，达 $3\times10^4\Omega\cdot m$；片麻岩具相对高阻特征，电阻率值 $8\times10^2\Omega\cdot m$；晶质石墨矿电阻率值 $1\times10^2\Omega\cdot m$，隐晶质石墨矿电阻率值 $100\Omega\cdot m$ 以下。除石墨矿体与含石墨矿片麻岩外，含矿岩系均有不同程度的石墨矿化现象，航电的异常表现与区内岩性特征相符，区域上分布的刘戈庄、东石岭、西石岭、大王埠、明村、阎村等石墨矿区，均位于该低值-次低值异常区内，由低值-次低值过渡带、短轴状低值异常和次低值异常的边部。

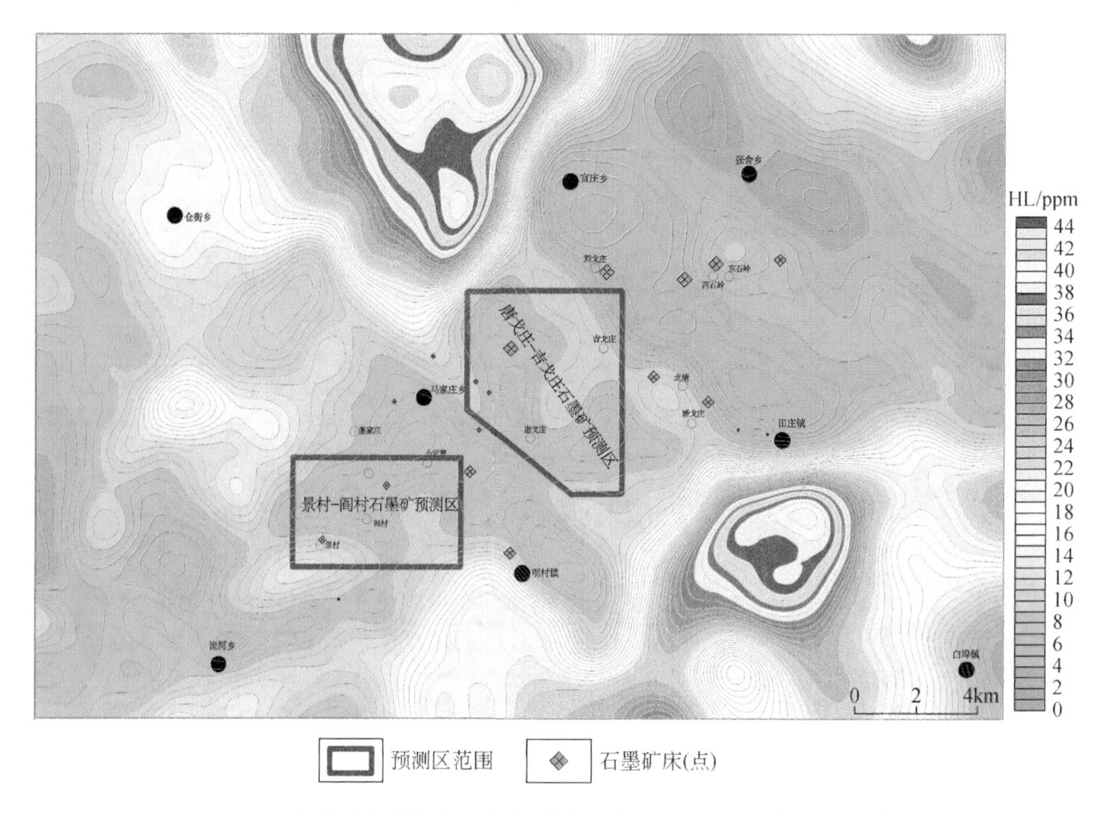

图 6-23　景村-阎村石墨矿预测区航电高频实分量 HL 异常综合平面图

图 6-24 为区内开展的三条激电中梯综合剖面图，测线方位 90°，大体为垂直区内荆山群地层走向布设，测线点号按照由南向北递增的顺序布设，点距 20m，其中 3 勘探线 136～244 点、4 勘探线 108～248 点、5 勘探线 108～272 点之间均为低阻、高极化特征，视电阻率幅值均小于 $200\Omega\cdot m$，视极化率背景值约 5%，峰值可达 15%～20%。以 3 勘探线为例，其最大峰值出现在 224～228 点之间，视极化率高达 20%，推测异常为石墨矿层引起，4 勘探线、5 勘探线及相邻其他测线也有相似异常，由此在该区圈定两处激电异常，经查证均为石墨矿引起。

综上所述，预测区位于上述三角形低阻-次低阻异常的顶点下部区域，区内低阻-次低阻异常交替发育，表征了古元古界荆山群变质岩系的分布，具备与已知石墨矿床相似的电性异常特征，具有一定的石墨矿成矿前景。

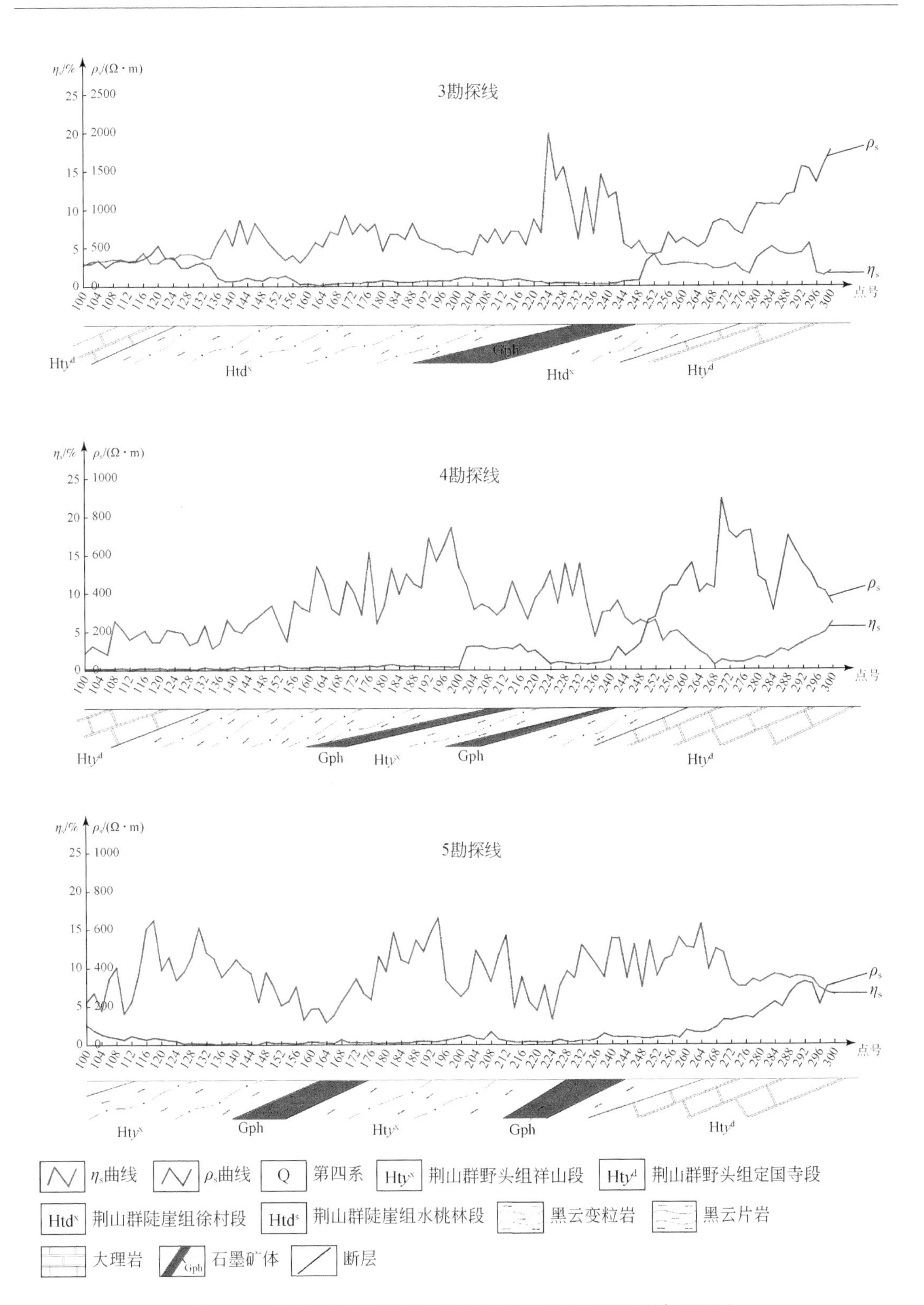

图 6-24 景村–阎村石墨矿预测区激电中梯剖面测量综合成果图

（二）唐戈庄-吉戈庄预测区

1. 位置

唐戈庄-吉戈庄石墨矿预测区位于平度市西北部唐戈庄-吉林-吉戈庄一带，即景村-阎村预测区北部，距离市区约29km。

2. 地质概况

区内出露地层主要为荆山群野头组定国寺段、荆山群野头组祥山段、荆山群陡崖组徐村段以及第四系。区内断裂构造较为发育，发育有北北西向断层两条、北东—北北东向断层两条，此外还发育两段东西走向的构造角砾岩带，褶皱构造发育，仓村-吉林背斜轴部穿过预测区中部，区内石墨矿大多赋存在该背斜两翼。区内无岩浆岩发育，仅在西北部发育少量石英脉，呈北北东走向，外围西南部发育有中生代燕山晚期白垩纪崂山序列侵入岩，岩性为一套晶洞细粒二长花岗岩。

3. 矿产特征

区内石墨矿成矿条件良好，平度冢东石墨矿位于该区西北部，预测区西部还有一些小型石墨矿点分布，预测区外围东侧紧邻平度矫戈庄石墨矿，其中冢东矿区求得石墨矿石量5066. 31万t，矿物量189. 48万t，矫戈庄矿区查明石墨矿石量1984. 55万t，矿物量65. 49万t。

4. 区域重力异常特征

在区域布格重力场中（图6-21），预测区位于重力高异常带上，北北东长27km，宽15～25km，布格重力异常值为20×10^{-5}～$30\times10^{-5}m/s^2$，其区域重力异常特征及地质解释参考前文景村-阎村预测区。由前文可知，该石墨成矿带分布在重力高所表征的荆山群高密度变质岩系分布区，并且重力值高、凸起程度高的区域，石墨矿区分布数量多，重力高缓变带、异常转弯部位也是石墨矿分布较多的位置，预测区位于重力高异常中心西南侧，具备与已知石墨矿床（点）相似的异常部位，具有一定的石墨矿成矿前景。

5. 区域航磁异常特征

在航磁异常场中（图6-22），该预测区与景村-阎村预测区相似，以多个短轴中-高正磁异常为主，北部、西南相间有条带状短轴低-负磁异常，呈团块状分布，反映了古元古界荆山群变质岩不同岩性段的分布。区域上石墨变质岩层位于短轴状磁异常边、端、鞍等由低到高的磁异常过渡区段，而本预测区航磁异常中具备与已知石墨矿床（点）相似的异常部位，具有一定的石墨矿成矿前景。

6. 区域电性异常特征

图6-23为预测区航电高频实分量HL异常综合平面图，该预测区在区域上与景村-阎村预测区位于同一低阻-次低阻异常区内，区域上分布的刘戈庄、东石岭、西石岭、大王埠、明村、阎村等石墨矿区，均位于该低值-次低值异常区内，有低值-次低值过渡带、短轴状低值异常和次低值异常的边部。

图6-25为区内开展的两条激电中梯剖面测量综合成果图，测线方位132°，大体垂直区

内荆山群地层走向布设，测线点号按照由西北向东南递增的顺序布设，点距20m，其中8勘探线144～160点、9勘探线138～158点之间为低阻高极化特征，视电阻率幅值均小于100Ω · m，视极化率背景值约5%，9勘探线峰值可达12%，8勘探线由于工业电流干扰，146～158点没有采集到有效数据，根据两侧数据推断146～158点为高极化异常峰值区段，推测两条测线的激电异常为石墨矿层引起，由此圈定一处激电异常，经查证为石墨矿引起。

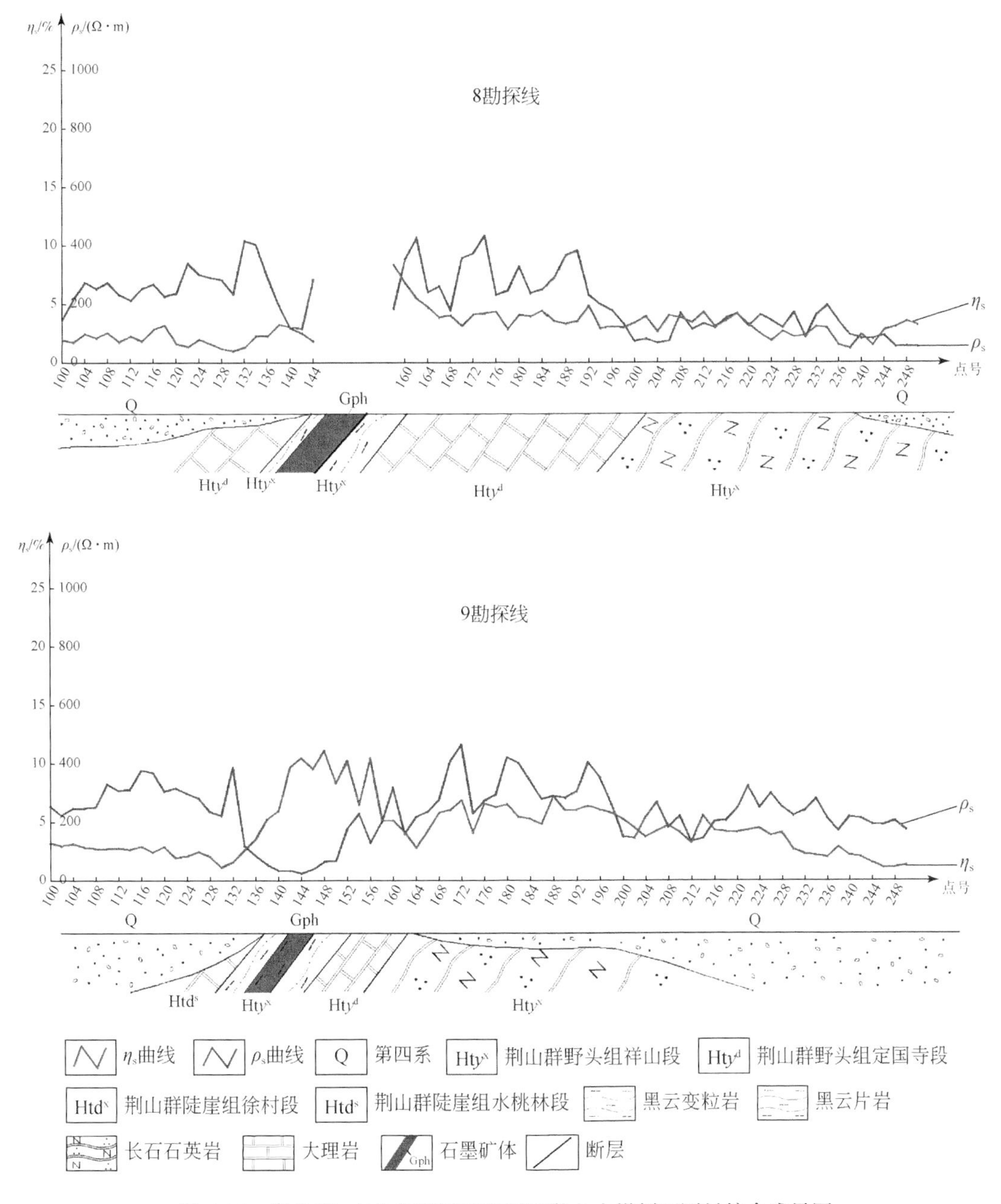

图6-25 唐戈庄–吉戈庄石墨矿预测区激电中梯剖面测量综合成果图

综上所述，该预测区位于上述三角形低阻-次低阻异常的中部区域，区内低阻-次低阻异常交替发育，表征了古元古界荆山群变质岩不同岩性段的分布，激电中梯圈出的激电异常，经查证为石墨矿引起，因此该区具备与已知石墨矿床相似的电性异常特征，具有一定的石墨矿成矿前景。

（三）大井戈庄预测区

1. 位置

大井戈庄预测区位于平度市东南大井戈庄-芝坊一带。

2. 地质概况

区内出露地层主要为荆山群野头组定国寺段、荆山群野头组祥山段、荆山群陡崖组徐村段、荆山群陡崖组水桃林段以及第四系。定国寺段岩性为方解大理岩、白云质大理岩夹斜长角闪岩、斜长透辉岩；祥山段岩性为斜长透辉岩、透辉角闪岩、黑云斜长片麻岩、黑云变粒岩夹透镜状大理岩；徐村段为一套石墨岩系，主要岩性为石墨黑云变粒岩、石墨透辉变粒岩、透辉岩、黑云变粒岩、（石墨）黑云斜长片麻岩、石榴（夕线）二云（黑云）片岩，夹透闪石英岩及二云石英片岩，含矿建造为斜长角闪岩-含夕线黑云斜长片麻岩-镁质大理岩建造；水桃林段岩性以含石墨石榴黑云斜长片麻岩、夕线石榴黑云斜长片麻岩、夕线黑云钾长（或二长）片麻岩为主，夹含石墨黑云变粒岩、黑云变粒岩及透辉岩薄层。区内构造线方向为北北东向，断裂和褶皱构造均较发育，区内发育北北东和东西向两组断裂，两组断裂对矿体均起到破坏作用，区内褶皱较发育，变质岩出露地层基本以褶皱形态出露。含矿的陡崖组徐村段沿褶皱方向展布，陡崖组徐村段的变质建造为富铝片麻岩变质建造组成，石墨矿主要赋存在该建造中，岩性组合以石墨透辉变粒岩与石墨黑云变粒岩呈不等厚互层为特征，夹石墨黑云斜长片麻岩、石墨透辉岩，偏下部有一层蜂窝状石英岩。区内岩浆岩不发育，仅在局部地区发育少量石英脉，洼子地区局部出露古元古代莱州序列细粒变辉长岩，呈北东走向，预测区外围 7km 以北发育大规模中生代玲珑-郭家岭复式岩体。

3. 矿产特征

该预测区前期开展的地质勘查工作较少，相关地勘单位 2018 年发现控制石墨矿体一条，预测石墨矿石量 310.08 万 t，矿物量 9.36 万 t。

4. 重力异常特征

在区域布格重力场中（图 6-26），重力异常以大流河-山旺庄一线重力梯级带为界，南东侧为块状重力高，峰值为 $25\times10^{-5}\sim28\times10^{-5}m/s^2$，反映了由多个复式背、向斜构造组成的次级凸起；北西侧块状重力低，图幅内最低峰值 $-15\times10^{-5}m/s^2$，为中生代侏罗纪—白垩纪玲珑复式岩体的反映。大井戈庄预测区即位于该重力梯级带南东侧的不均匀重力高异常中，对布格重力异常进行区域场分离，绘制的剩余重力异常图中，变质岩地层凸起和凹陷区异常明显，该预测区所在的重力高异常与东侧重力高异常被一条北东向中低重力异常带（变质基底凹陷区）分成两块，该预测区所在重力异常呈北东向展布的串珠状重力高异常带，预测区恰好位于该异常带南部闭合的重力高异常之上，指示了该预测区较大厚度荆山群高密度变质岩分布。上述中生代玲珑复式岩体东侧的石墨矿均位于上述重力梯级带的南侧不均匀重力高区域，在剩余重力异常中，分别位于局部重力高异常中心、次级重力高异常中心及边部缓变带中。

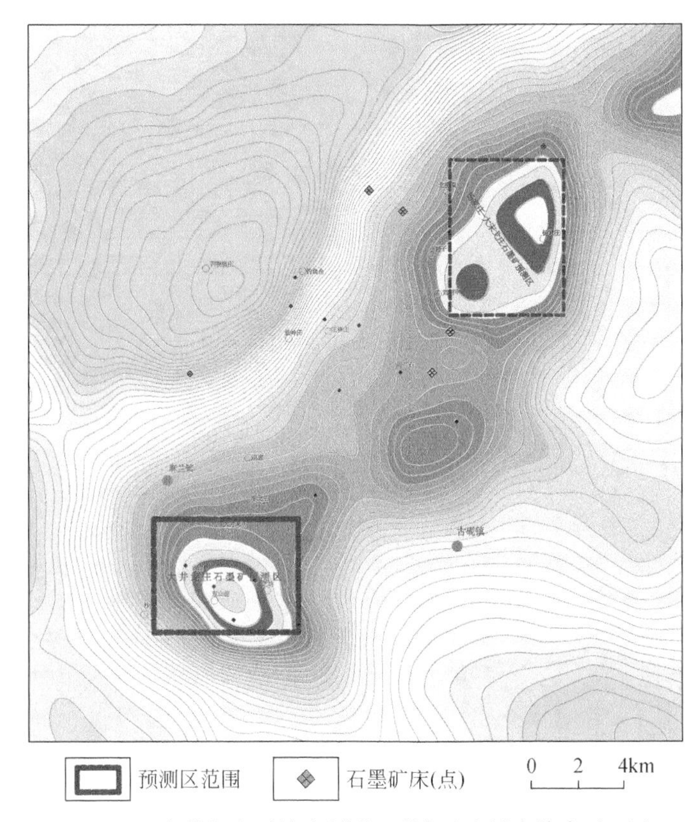

图6-26　大井戈庄石墨矿预测区剩余重力异常综合平面图

重力值由蓝色区域向红色区域升高

综上所述，预测区在布格重力异常中靠近次级重力高异常中心、在剩余重力异常中位于局部重力高异常中心之上，与已知石墨矿床（点）有相似的重力异常表现，具备较好的石墨矿找矿前景。

5. 航磁异常特征

在航磁异常场中（图6-27），由西南向北东发育一条带状、串珠状低磁异常，异常幅值为-260～-230nT，结合区域地质资料，该异常为招平断裂带的反映，招平断裂带北西部为块状低值磁异常特征，指示了中生代侏罗纪—白垩纪玲珑复式酸性岩体的分布，招平断裂带东部整体为正负相间、跳跃变化的杂乱磁异常，正高磁异常极值有230nT、220nT、110nT等，低负磁异常极值有-290nT、-200nT、-150nT等，为元古宙—太古宙变质岩系组成的凸起和中生代火山岩盆地的反映。预测区位于上述高低跳跃的正负磁异常区南部，区内磁异常为西北部低负磁异常、北部近东西向低缓正磁异常、中部近东西向低缓负磁异常、南部中高正磁异常相间特征，指示了荆山群地层中较强磁性组分的斜长角闪岩类和较弱磁性的变粒岩类、浅粒岩类、大理岩类的分布。预测区及北部南墅地区的石墨矿点均分布在低磁、弱磁背景区，异常幅值为-250～-50nT，反映了荆山群变质岩系中弱磁性变粒岩、片麻岩和无磁性大理岩等变质岩组分的分布。石墨矿床周边的星点状、短条带状磁异常，异常幅值 50 ~ 100nT，反映了角闪质变质岩组分的分布。

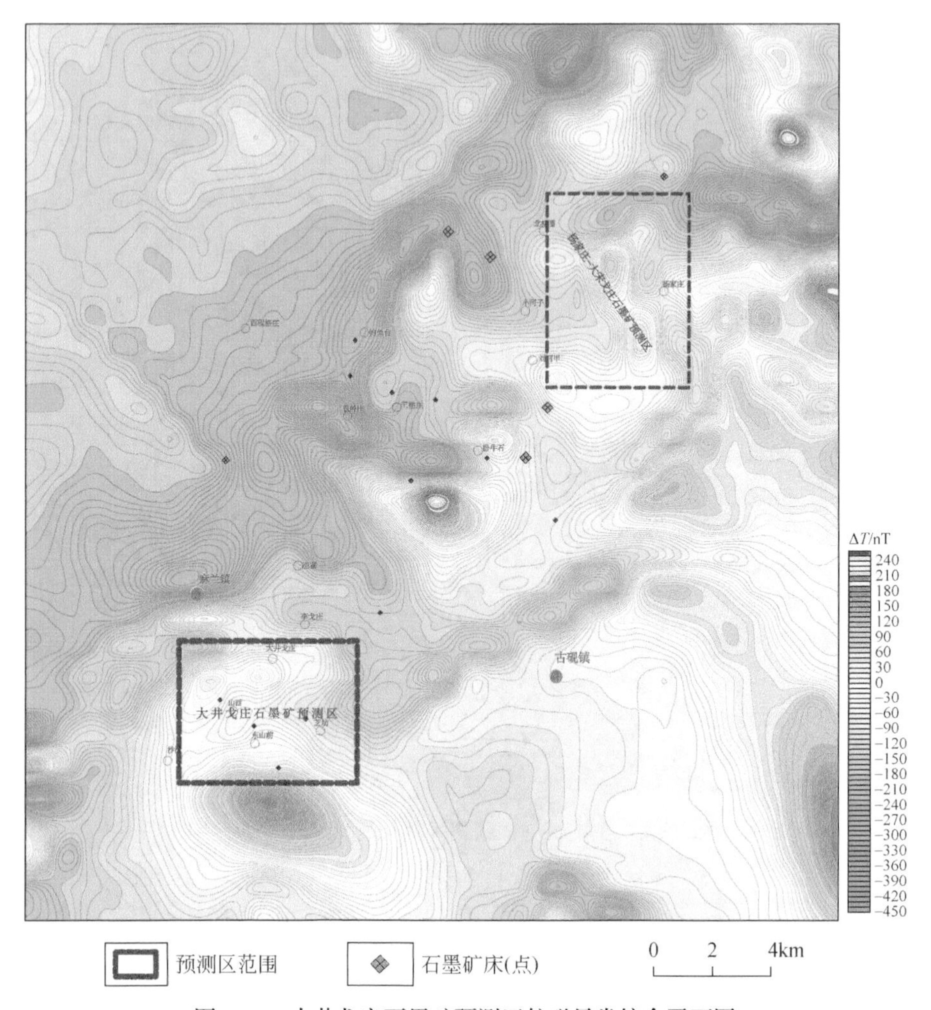

图 6-27　大井戈庄石墨矿预测区航磁异常综合平面图

综上所述，大井戈庄石墨矿预测区为近东西向条带状正、负磁异常相间地区，局部地段具备与已知石墨矿床（点）相似的磁异常特征，推测该区具有一定的石墨矿找矿前景。

（四）杨家庄–大宋格庄预测区

1. 位置

杨家庄–大宋戈庄预测区位于平度市东北云山镇杨家庄–大宋格庄一带，距离平度市区约 26.2km。

2. 地质概况

区内出露地层主要为荆山群野头组定国寺段、荆山群野头组祥山段、荆山群陡崖组徐村段、荆山群陡崖组水桃林段以及第四系。定国寺段岩性为方解大理岩、白云质大理岩夹斜长角闪岩、斜长透辉岩，出露于杨家庄西侧，走向北北西，倾向东；祥山段岩性为斜长透辉岩、透辉角闪岩、黑云斜长片麻岩、黑云变粒岩夹透镜状大理岩，出露于区内杨家庄及北部地区，走向北西，倾向北东—北北东；徐村段为一套石墨岩系，主要岩性为石墨黑云变粒岩、石墨透辉变粒岩、透辉岩、黑云变粒岩、（石墨）黑云斜长片麻岩、石榴（夕线）二云（黑云）片岩，夹透闪石英岩及二云石英片岩，含矿建造为斜长角闪岩-含夕线黑云斜长片麻岩-镁质大理岩建造，出露于预测区中部，由南向北，由走向北北东转为走向近东西；水桃林段岩性以含石墨石榴黑云斜长片麻岩、夕线石榴黑云斜长片麻岩、夕线黑云钾长（或二长）片麻岩为主，夹含石墨黑云变粒岩、黑云变粒岩及透辉岩薄层，出露于测区中部徐村段中间。区内断裂和褶皱构造均较为发育，穿预测区中部发育一组北北西向断裂构造，褶皱构造以向斜构造为主，向斜轴位于东柳圈-大宋格庄一线，变质岩出露地层基本以褶皱形态出露，含矿的陡崖组徐村段沿褶皱方向展布，陡崖组徐村段的变质建造为富铝片麻岩变质建造组成，石墨矿主要赋存在该建造中，岩性组合以石墨透辉变粒岩与石墨黑云变粒岩呈不等厚互层为特征，夹石墨黑云斜长片麻岩、石墨透辉岩，偏下部有一层蜂窝状石英岩。区内岩浆岩不发育，仅在杨家庄南部局部地区出露古元古代莱州序列细粒变辉长岩，预测区外围西北部7km即为大规模中生代玲珑-郭家岭复式岩体分布区。

3. 矿产特征

该预测区前期开展的地质勘查工作较少，相关地勘单位于2018年发现控制石墨矿体一个，赋矿层位稳定，预测石墨矿石量4146.71万t，矿物量133.11万t。

4. 重力异常特征

在区域布格重力场中（图6-26），布格重力异常与大井戈庄预测区完全一致，杨家庄-大宋格庄石墨矿预测区在布格重力异常中靠近次级重力高异常中心、在剩余重力异常中位于局部重力高异常中心之上，与已知石墨矿床（点）有相似的重力异常表现，具备较好的石墨矿找矿前景。

5. 航磁异常特征

在航磁异常场中（图6-27），磁场特征与大井戈庄预测区完全一致，杨家庄-大宋格庄石墨矿预测区内条带状正、负磁异常相间跳跃，局部地段具备与已知石墨矿床（点）相似的磁异常特征，推测该区具有一定的石墨矿找矿前景。

6. 预测区电性异常特征

图6-28为区内开展的四条激电中梯剖面及测深综合剖面图，剖面均垂直区内荆山群地层走向布设，测线点号按照由西南向东北递增的顺序布设，点距20m。激电中梯剖面中，6勘探线的124～148点、7勘探线128～164点、8勘探线140～162点、9勘探线124～150点区段均为低阻高极化异常特征，视电阻率幅值低至100～300Ω·m，视极化率背景值约3%，6勘探线峰值约10%、7勘探线峰值约13%、8勘探线峰值约11%、9勘探线峰值约12%。对6勘探线和9勘探线的剖面异常开展激电测深进行异常查证，从激电测深视极化率断面图可见该异常规模较大，整体倾向北西，由此在该区圈定了一条走向北北西的带状激电异常，经查证，该异常为石墨矿引起。综上所述，区内激电异常与含矿地层高度复合，因此推断该区具有较好的石墨矿找矿前景。

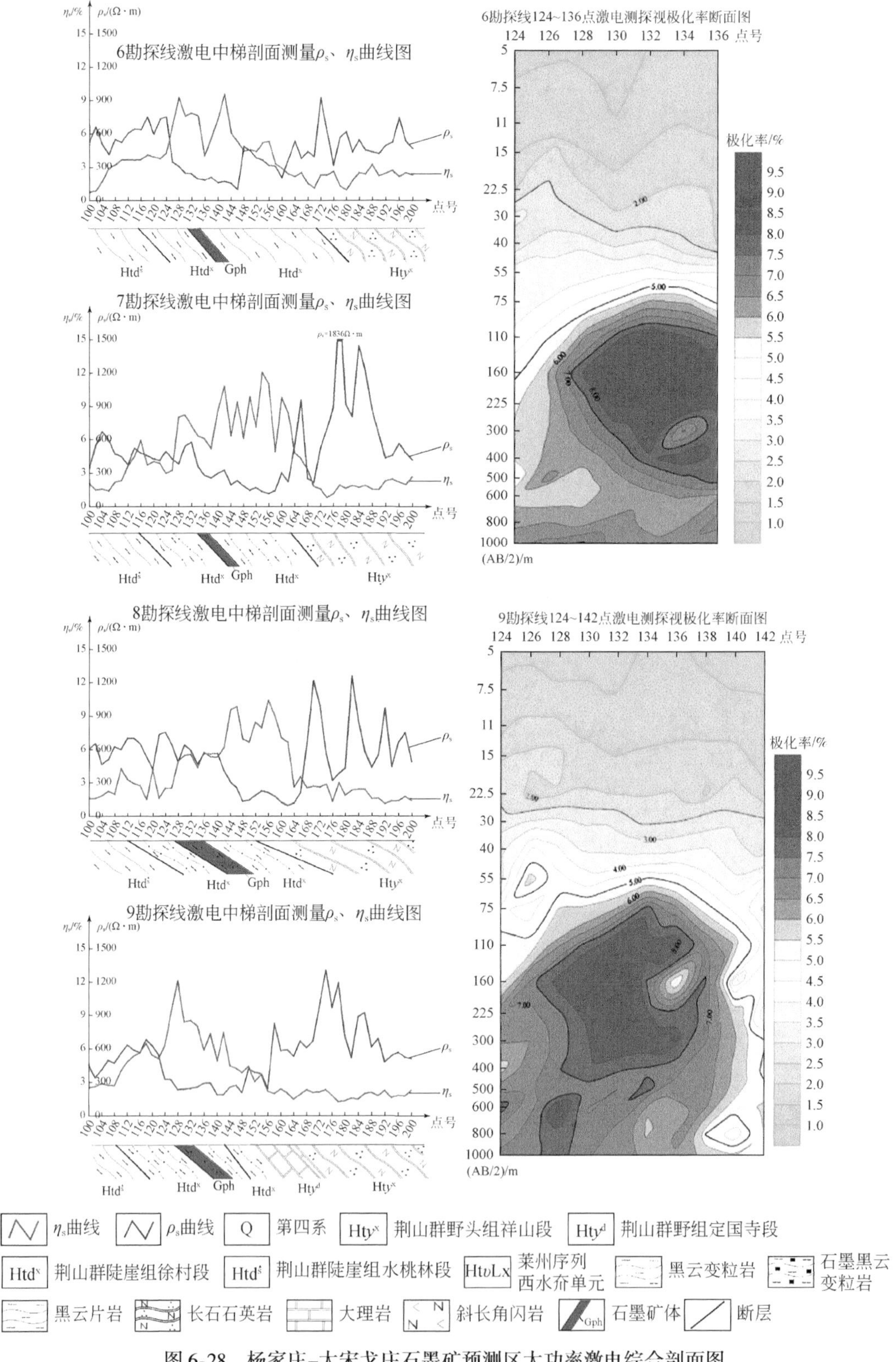

图 6-28　杨家庄-大宋戈庄石墨矿预测区大功率激电综合剖面图

（五）牛百口预测区

1. 位置

牛百口预测区位于莱阳市南牛百口一带，距市区约13km。

2. 地质概况

区内出露地层由老到新依次为荆山群禄格庄组光山段、野头组祥山段和定国寺段、陡崖组水桃林段、白垩系莱阳群止凤庄组和水南组组、王氏群红土崖组和金岗口组、第四系。荆山群变质地层为区内主要地层单元，是禄格庄复式背斜的组成部分，其中光山段岩性为一套疙瘩状夕线黑云片岩、石榴夕线黑云片岩夹薄层状斜长透辉岩、透辉变粒岩、大理岩、石墨黑云片岩；定国寺段岩性为方解大理岩、白云质大理岩夹斜长角闪岩、斜长透辉岩；祥山段岩性为斜长透辉岩、透辉角闪岩、黑云斜长片麻岩、黑云变粒岩夹透镜状大理岩；徐村段为一套石墨岩系，主要岩性为石墨黑云变粒岩、石墨透辉变粒岩、透辉岩、黑云变粒岩、（石墨）黑云斜长片麻岩、石榴（夕线）二云（黑云）片岩，夹透闪石英岩及二云石英片岩；水桃林段岩性以含石墨石榴黑云斜长片麻岩、夕线石榴黑云斜长片麻岩、夕线黑云钾长（或二长）片麻岩为主，夹含石墨黑云变粒岩、黑云变粒岩及透辉岩薄层。区内断裂和褶皱构造均较为发育，发育东西、北东和北西三组断裂构造，预测区恰好位于三组断裂控制的三角形区域之上。断裂构造中，东西向断裂为控矿构造，北东和北西向断裂对地层起破坏作用。变质岩出露地层基本以褶皱形态出露，预测区整体位于禄格庄背斜的东翼，区内石墨矿是褶皱构造中的硅泥质沉积建造经受区域变质作用的改造，在强烈的热力和定向压力下产生分解形成石墨，达到高角闪岩相–麻粒岩相变质，重结晶和片理化使鳞片状石墨矿产生并富集形成的。区内岩浆岩主要发育有中生代燕山晚期不等粒伟晶花岗岩，侵入体规律相对较小，分布零星，侵入体对石墨矿体改造作用明显，使石墨鳞片增大，品位提高。

3. 矿点特征

该预测区前期开展的地质勘查工作较少，相关地勘单位于2016年求得333类石墨矿石资源量327.8万t，石墨矿物量5.4万t；2018年发现控制石墨矿体一条，预测石墨矿石量451.66万t，矿物量13.95万t。

4. 重力异常特征

图6-29为山东省莱阳市牛百口预测区剩余重力异常图，图中显示预测区剩余重力异常表现为高低相间的北东东向重力异常条带，由北向南分别称为莱西水集–莱阳叶家泊重力低带、大望城重力高带，反映了莱阳凹陷南缘、大望城凸起的基本轮廓。大望城近东西向重力高带，北东东长27.5km，宽7～13km，由西到东重力异常值由$35\times10^{-5}m/s^2$变化到$20\times10^{-5}m/s^2$，反映大望城凸起由荆山群变质岩组成的复式背、向斜构造向东倾伏。含石墨变质岩系赋存于重力高带由高向低变化的缓梯度区为复式背、向斜构造翼部。

综上所述，牛百口石墨矿预测区分布在重力高带由高到低变化的缓梯度区，为荆山群含石墨变质岩系赋存复式背、向斜构造部位，是寻找石墨矿的有利地区。

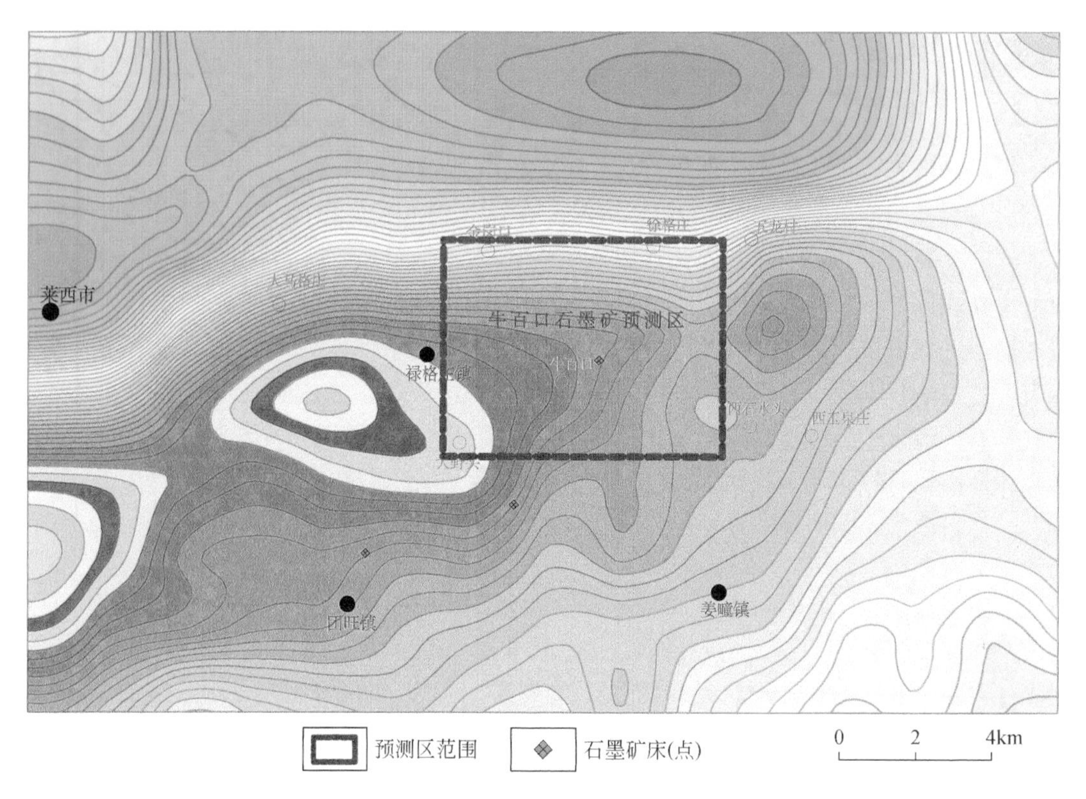

图 6-29　牛百口石墨矿预测区剩余重力异常图

重力值由蓝色区域向红色区域升高

5. 航磁异常特征

图 6-30 为牛百口石墨矿预测区航磁异常图，图中显示预测区磁异常表现为北东东向不均匀正高磁异常带和低负磁异常带相间特征，由北往南分别被命名为大望城-吕戈庄磁力高异常带、团旺磁力低异常带等，分别反映大望城凸起和团旺中生代盆地的基本轮廓。与含石墨变质岩系密切相关的是大望城-吕戈庄磁力高异常带所表征的大望城古元古界荆山群变质岩组成的凸起，该异常带以北东东向为主，长 27.5km，西宽东窄，宽度为 7 ~ 10km。凸起上以近东西向短轴状高低磁异常为主，高峰值有 320nT、300nT、260nT、240nT、60nT、400nT 等，反映了凸起上荆山群变质岩系中斜长角闪岩类等较强磁性组分的分布。低峰值有 60nT、40nT、20nT、-40nT、-80nT、-190nT、-210nT 等，反映含石墨变质岩系中变粒岩类、浅粒岩类、大理岩类等弱磁性组分的分布。凸起上个别局部磁力高异常，峰值 500 ~ 900nT，反映了古元古代混合岩化岩石的分布。该升高磁异常带，由西向东，磁异常值逐渐降低，反映大望城凸起由西向东凸起程度逐渐降低。

综上所述，马戈庄石墨矿预测区的大望城-吕戈庄磁力高异常带表征了古元古界荆山群含石墨变质岩系的分布，预测区及外围石墨矿点位于磁力高异常带中降低磁异常、次高磁异常区，反映了含石墨变质岩系的赋存部位，预测区具备与已知石墨矿所处的相似磁异常区，结合区内地质、重力异常特征，推测该区具有较好的石墨矿成矿前景。

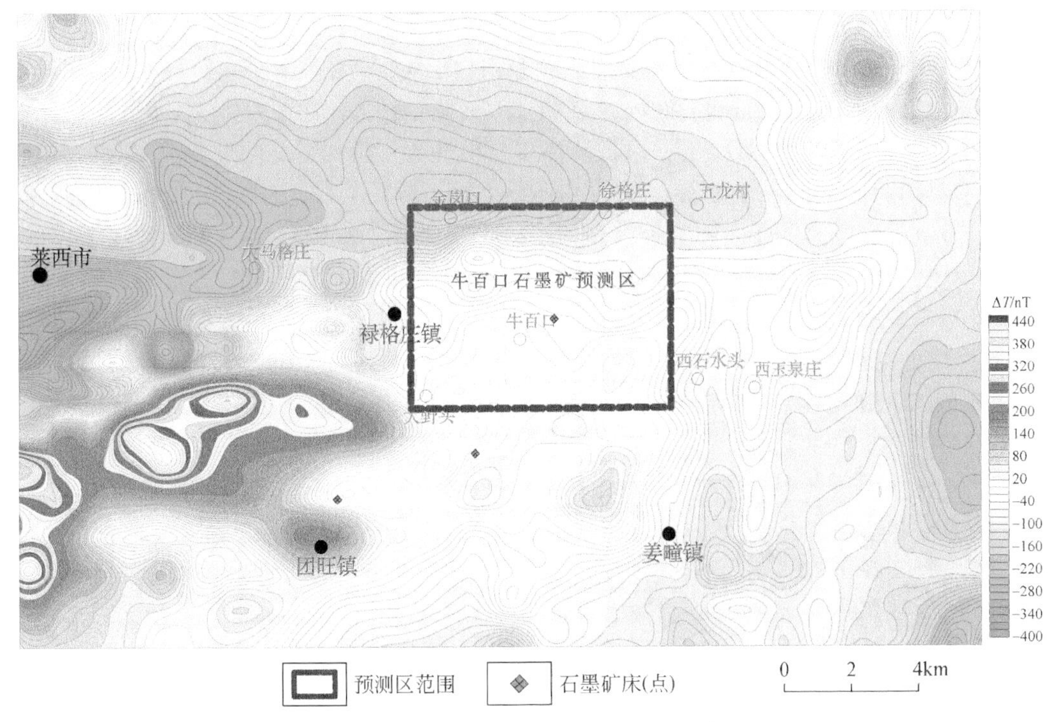

图6-30 牛百口石墨矿预测区航磁异常图

6. 预测区电性异常特征

在牛百口西北部开展的大功率激电工作，圈定激电异常两处，分别编号DJH-1和DJH-2（图6-31）。DJH-1异常位于马家夼村西南方向，整体走向40°，呈“扁豆”状分

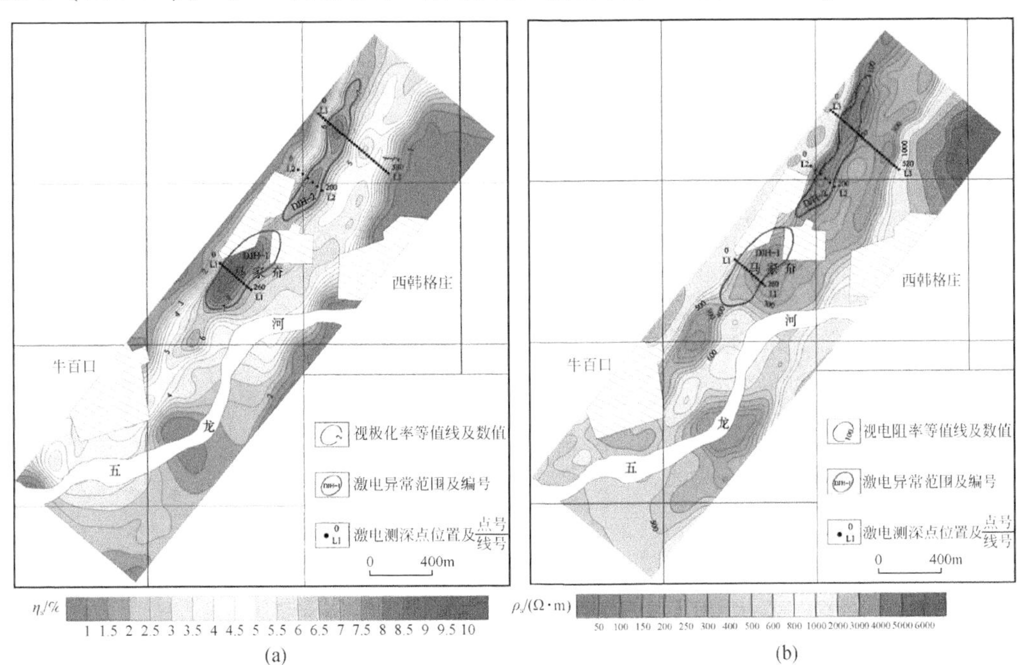

(a) (b)

图6-31 牛百口石墨矿预测区激电异常综合平面图

布，异常长约600m，宽约200m，视极化率值为7.04%～11.30%，对应的电阻率值为68.5～395Ω·m，呈低阻、高极化电性异常特征。DJH-2异常位于马家夼村东北方向，呈带状分布，走向40°，异常长约900m，宽约120m，视极化率值为7.05%～9.15%，对应的电阻率值为18.4～291.2Ω·m，呈低阻高极化电性异常特征，有两个异常中心，对应极化率峰值分别为8.56%和9.15%。为研究异常性质，布置了L1、L2、L3三条激电测深剖面，以L1剖面激电测深断面图为例（图6-32），视极化率高值异常向下延深较好，具有一定的规模，异常倾向东南，倾角较大，推测由石墨矿（化）体引起，在此处异常区布置的ZK01验证钻孔见矿，最后品位为2.42%，厚度为12～16.5m。因此推测该区域圈定的激电异常均为石墨矿层引起，结合区域重、磁场异常特征可见，预测区具有与已知矿床（点）相似的地球物理异常标志，具有较好的石墨矿找矿前景。

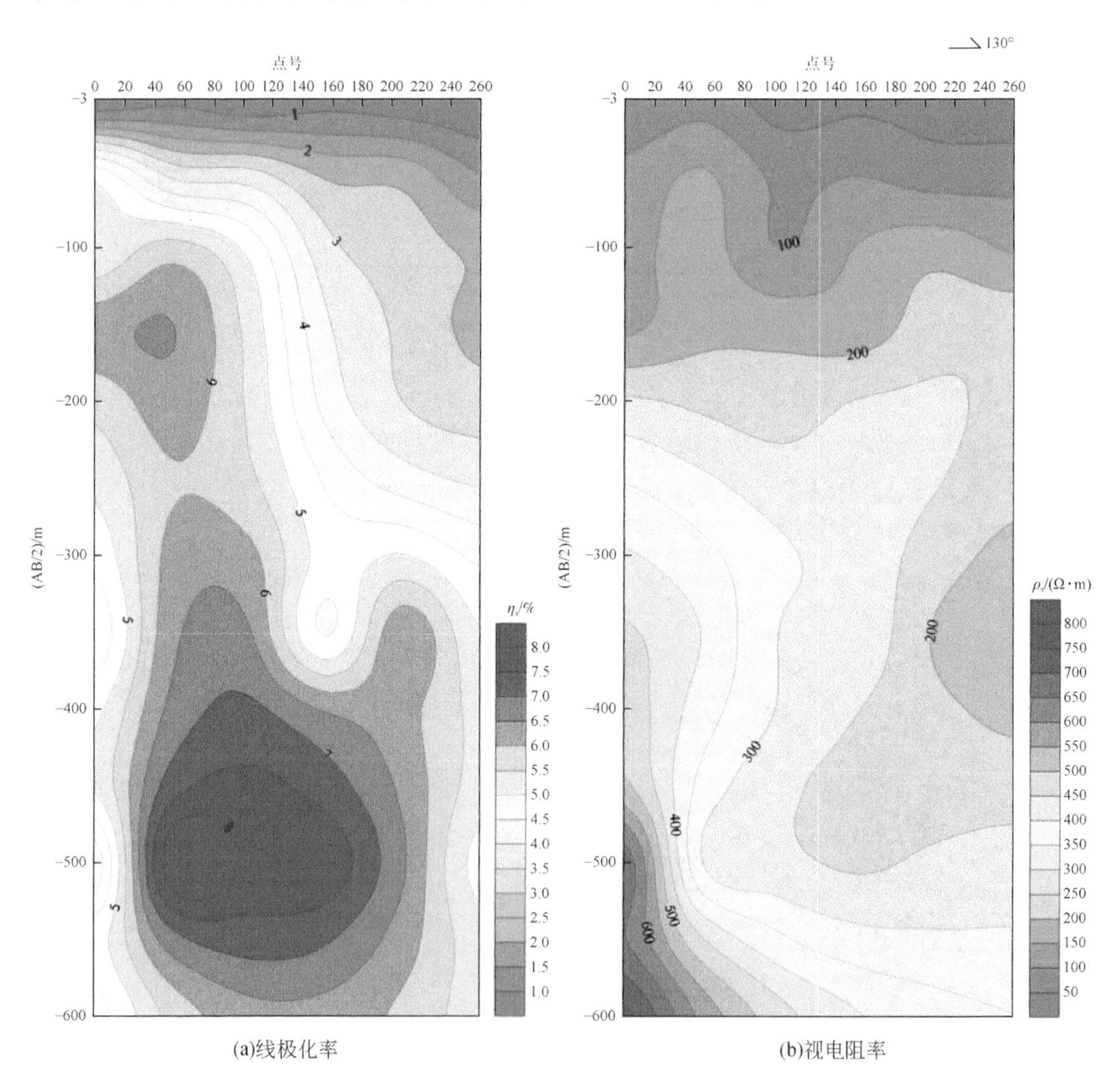

(a)线极化率　　(b)视电阻率

图6-32　牛百口石墨矿预测区L1线激电测深断面图

第三节　多金属矿成矿预测

胶东地区矿产资源丰富，贵金属、有色金属成矿作用强烈，成矿类型以中高温热液脉型矿床为主，其次为斑岩-夕卡岩型、中低温热液脉型矿床，主要多金属矿种为铜、铅锌、钼、银等。铜矿主要分布于烟台市福山地区，铅锌矿均为中小型矿床，主要分布于栖霞、荣成等地区，钼矿集中分布于荣成、栖霞、福山等地区，也伴生在栖霞等铜矿床内。总体上以栖霞-福山、文登-荣成两地相对集中，本次成矿预测主要在这两个多金属集中分布区进行。

一、找矿标志

（一）地层标志

1. 栖霞-福山地区

通过对区域地层与多金属矿的关系研究可知，古元古界荆山群、粉子山群变质地层可能为成矿提供了物质基础。特别是粉子山群中不纯碳酸盐和钙镁硅酸盐类岩石，为成矿元素的富集、沉淀提供了有利场所。

2. 文登-荣成地区

区内出露地层主要为古元古界荆山群禄格庄组石榴夕线二云片岩夹变粒岩、大理岩，中生界白垩系青山群八亩地组玄武安山岩、粗安岩。前者呈近南北向小面积出露于研究区北部大邓格东侧和东南部，是该区铅锌银金多金属矿床的矿质重要来源之一。此外荆山群地层也与铜矿化有着直接的关系，铜矿化体主要赋存在荆山群大理岩与伟德山序列的接触带上，形成夕卡岩型铜矿。其次，青山群以俚岛断裂为西界分布于研究区北东部俚岛盆地之内，局部作为铜矿产出的围岩出现（上埠头、庙院）。荆山群和青山群是本区多金属矿床的重要容矿围岩，尤其是荆山群，是重要的找矿地层标志。

（二）地质构造标志

1. 栖霞-福山地区

该地区北东、北北东向断裂破碎带和局部断裂破碎带为携带成矿物质的中基性岩浆提供了上侵通道和成岩空间，同时也是成矿热液上侵通道。这些断裂带往往沿两种岩性的接触带展布，是储矿构造。断裂中有利的成矿部位为断裂下盘的破碎带，矿体多赋存其内，有时亦在上盘出现。另外，发育于盆缘和变质地层中的滑脱拆离构造带和顺层滑脱韧性变形构造，也是寻找金及多金属矿的有利标志。断裂构造的拐弯或交汇部位以及倾角变化部位赋矿。

2. 文登-荣成地区

区内多金属矿化均受构造控制，韧性剪切带、断裂破碎带是形成金及多金属矿化的必要条件。区内的控矿断裂主要包括北西向、北东向和近东西向三组，除后者主要发育于伟德山岩体内部外，前两者主要围绕岩体外围分布，基本控制了该区多金属矿床（点）的分布。特定的大地构造位置，造就了其复杂的断裂构造形式，断裂构造控制着火山喷发和岩浆活动，并且对导矿、容矿都起着非常重要的作用。

（三）岩浆岩标志

1. 栖霞–福山地区

该区多金属矿的形成与中生代花岗岩有密切的联系，特别是玲珑岩体和郭家岭岩体发育区及其内外接触带、与前寒武系变质岩系接触带是成矿有利部位。广泛的岩浆活动为矿床的形成提供了热源和物质基础，推断隐伏岩体顶部的周围，可为成矿提供充足的热液。

2. 文登–荣成地区

区内与多金属成矿密切相关的岩浆岩主要是新元古代荣成序列和中生代燕山晚期侵位的伟德山序列。荣成序列为多金属的成矿提供了物质基础，伟德山花岗岩不仅为岩体内部和边部钼、银、铜矿的成矿提供了热动力和物质来源，而且为外围的铅锌、金（银）的成矿提供了重要热源和物源，是区内重要的找矿岩浆岩标志。

二、预测区圈定原则

（一）栖霞–福山地区

（1）区域性重力梯度带和次级梯度带，它们往往是深构造带的反映；局部相对重力高值区及异常等值线转弯部位，该部位一般反映荆山群地层及岩体接触带。

（2）局部航磁正异常或垂向二导局部正异常的零值线附近。

（3）航电异常附近，航电异常多数仅仅反映了低阻断裂破碎带，高阻高极化异常往往位于航电异常旁侧，一般距离小于500m。

（4）据以往研究成果，岩体与早前寒武纪变质岩系接触带的电场特征为高、低电阻率值的突变（岩体高，变质岩低），形成异常变化梯度带，是花岗岩类与变质岩类岩石的接触构造带位置。从极化率特征来看，矿石、富矿石及某些蚀变岩的极化率值较高，其原因是这些岩矿石中含有一定的硫化物成分，所以，可利用极化率参数圈定硫化物富集体。

（5）组合化探异常及其附近。

（6）有已知矿床、矿点或矿化点分布地段。

（二）文登–荣成地区

（1）区域重磁场梯级带及重力值偏低一侧，该部位往往反映为地层与岩体的接触带及伟德山岩体的展布，可以间接指导找矿。

（2）区内岩浆岩和变质岩类大部分为高阻，少数含石墨岩层和与金属矿化有关的岩浆岩呈中等电阻率，结合地质资料，可以分析辨认，达到剔除干扰、提供有用信息的目的。

(3) 区内银和有色金属矿化蚀变带物性特征为高极化率，电阻率大部分为中等电阻率和高阻，黄铁矿化蚀变带为中等电阻率。根据上述地质和物性特征，区内与银矿化有关的呈航电异常，视电阻率数值范围较宽，多数为中等电阻率，小部分为低阻。在空间位置上有两种情况：一是航电异常反映的是低阻破碎带，其两侧存在有高阻高极化矿化蚀变带，其走向与航电异常平行，距离一般不超过500m；第二种情况航电异常反映的是矿化蚀变带本身。因此，利用航电测量结果发现和追踪矿化蚀变带，指示矿体存在可能性，可以缩小寻找金、多金属矿床的靶区，具有较充分的地球物理前提。

(4) 1∶5万水系沉积物测量成果圈出了该区Ag、Cu、Pb异常和Ag、Cu、Pb、Zn高背景地球化学区，为进一步找矿提供了线索。

(5) 经多年勘查，发现了多处金、银、铜、铅锌、钼及多金属矿床或矿化点，与化探异常吻合得较好。

三、栖霞-福山多金属矿成矿预测

该地区位于胶东中部栖霞-蓬莱-福山金及多金属矿成矿区内，是胶东地区重要的金、铜等多金属成矿区，成矿条件优越。

(一) 地质概况

该区地层划分属华北地层区鲁东地层分区胶北地层小区，出露有新太古界—元古界、中生界和新生界。栖霞-福山地区经历了中太古代以来漫长的地质构造演化历史，不同构造阶段的构造变形相互叠加，构成了一幅中深层次近东西向韧性变形构造与浅表层次北东向脆性断裂构造交切的构造变形图像。其构造形迹表现形式为褶皱、韧性剪切变形带和脆性断裂构造。

区内所形成的侵入岩遍布各处，总体呈近东西或北东向展布的岩基、岩株、岩瘤状产出，多集中构成复式岩体。岩石类型齐全，从超基性到酸性者均有，尤以中酸性、酸性者规模大、分布广。成因上既有“I”者，亦有“S”型者，以及两者的过渡型；岩浆物质来源上，有幔源、壳源和壳幔岩浆混合源等。前震旦期侵入岩均遭受不同程度的变质变形，被改造为片麻岩类。

(二) 矿产概况

栖霞-福山地区已发现的中生代内生多金属矿床，呈区（带）集中分布，全部为热液矿床。根据矿床成矿动力学背景、矿床地质特征、成矿物质流体来源及矿床成因等，可大致划分为高-中温热液脉型矿床（如黑岚沟、后大雪、庵口、大柳行、盘子涧、马家窑、山城、岔夼、南张家等）、斑岩-夕卡岩型矿床（如邢家山钼钨矿、香夼铜铅锌矿等）和中低温热液脉型矿床（如西林金矿，王家庄铜锌矿、虎鹿夼银矿、杜家崖金矿等）。高中温热液脉型矿床主要成矿温度大于200℃、主要为受断裂构造控制的热液矿床。这类矿床多与中深成的中酸性侵入体具有密切的时空和成因联系，含矿热液主要来源于岩浆热液。由于成矿时温度较高，且矿液中富含挥发分，近矿围岩及岩体内部发育强烈蚀变，蚀变主要为钾长石化、硅化、绢云母化等。矿床种类较多，金、银、钨等。区域上中生代斑岩-夕卡岩型矿化主要包括晚侏罗世早期（160～155Ma）、早白垩世早期（135～125Ma）和早白垩世晚期（115～110Ma）三期，已发现矿床主要出露于福山邢家山（大型、斑岩-夕卡岩型钼钨）、香夼（中型、斑岩-夕卡岩型铅锌铜），栖霞尚家庄（中型、斑岩型钼）等地区。区内中低温热液脉型矿床，包括了中温热液铅锌银铜金多金属矿床（王家庄铜锌）。主要形成于区域伸展环境或局部拉张环境，与深大断裂距离较近，大气水较多地参与了成矿，表现出了一套中低温热液蚀变矿物组合。

（三）重磁场特征

1. 重力场特征

图6-33为栖霞-福山地区布格重力异常图，从图中可以看出以古岘-高疃-亭口一线为界，其东部、南东部为重力高值区，且由北西向南东重力值逐渐升高，与其对应的地质体为元古界粉子山群、蓬莱群，岩性以变粒岩、大理岩、石英岩、硅质板岩类为主，岩石密度较大，其中福新重力高值点，对应为粉子山群巨屯组，庙后、邢家等地高值异常带，对应为粉子山群张格庄组厚层大理岩；北西部由于岩浆岩侵入，地层厚度较薄，重力值相对较低，向外地层逐渐加厚，重力值相对增高，形成半环状重力梯级带。大道刘家-黑岚沟

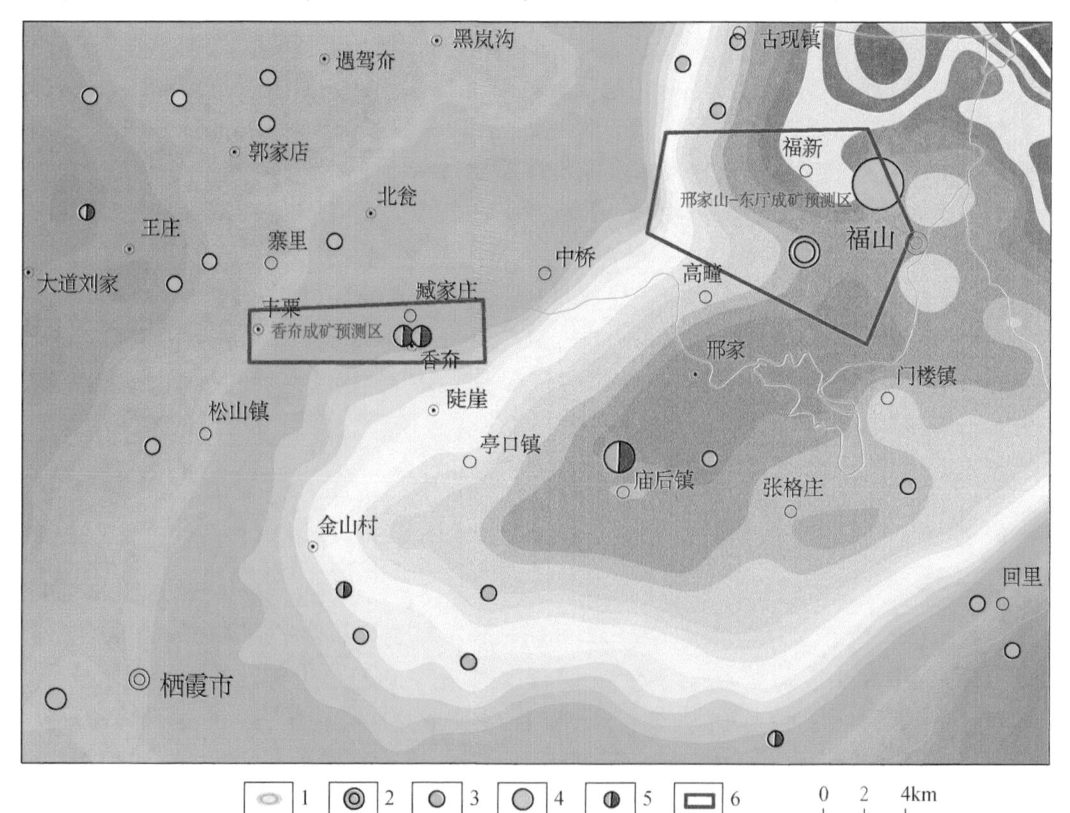

图6-33　栖霞-福山地区布格重力异常图

1. 布格重力异常，重力值由蓝色区域向红色区域升高；2. 大型铜矿床；3. 铜矿床（点）；4. 钼矿床（点）；5. 铅锌矿床（点）；6. 预测区范围

北东向重力低值区，为中生代花岗岩分布区，呈大型复式岩基产出，岩石粒度相对较粗，密度较小，形成重力低值区；东南部回里以南小范围重力低值区，对应的地质体为中生代院格庄岩体，呈岩基向北西侵入粉子山群，产状较陡，岩性为巨斑中粒含黑云二长花岗岩，岩石密度较小，围绕岩体边部形成重力陡变梯级带；北翁-中桥重力低值区，对应的地质体为中生代白垩纪沉积盆地，岩性以砂岩、砾岩、火山角砾岩为主，岩石密度小。

2. 磁场特征

从该区航磁 ΔT 异常图（图6-34）可看出，区域磁场背景为平缓弱异常区，总体磁场强度很弱，一般为±25～±50nT，但是某些地区可划分出大于50nT升高磁场区，主要分布在区域西北部、西部和南部。大道刘家-郭家店-黑岚沟北东向宽缓异常带，对应的是北东向展布的印支期郭家岭侵入岩岩基；南部为正负交变低缓磁场，主要反映出新太古代、古元古代侵入岩及其内部古元古代地层包裹体的特征；东部古现-张格庄一带弱磁场区，出露岩性主要为粉子山群、蓬莱群沉积变质岩，基本与重力高值区相对应，其内分布的孤立升高异常点，与中生代王家庄单元石英闪长玢岩、古元古代莱州超单元西水夼单元变辉长岩对应；另外在寨里-臧家庄负磁场区，与其对应的是中生代沉积盆地中的砂、砾岩类岩石，其中寨里-丰粟西部孤立高磁异常点与青山群安山岩相对应。

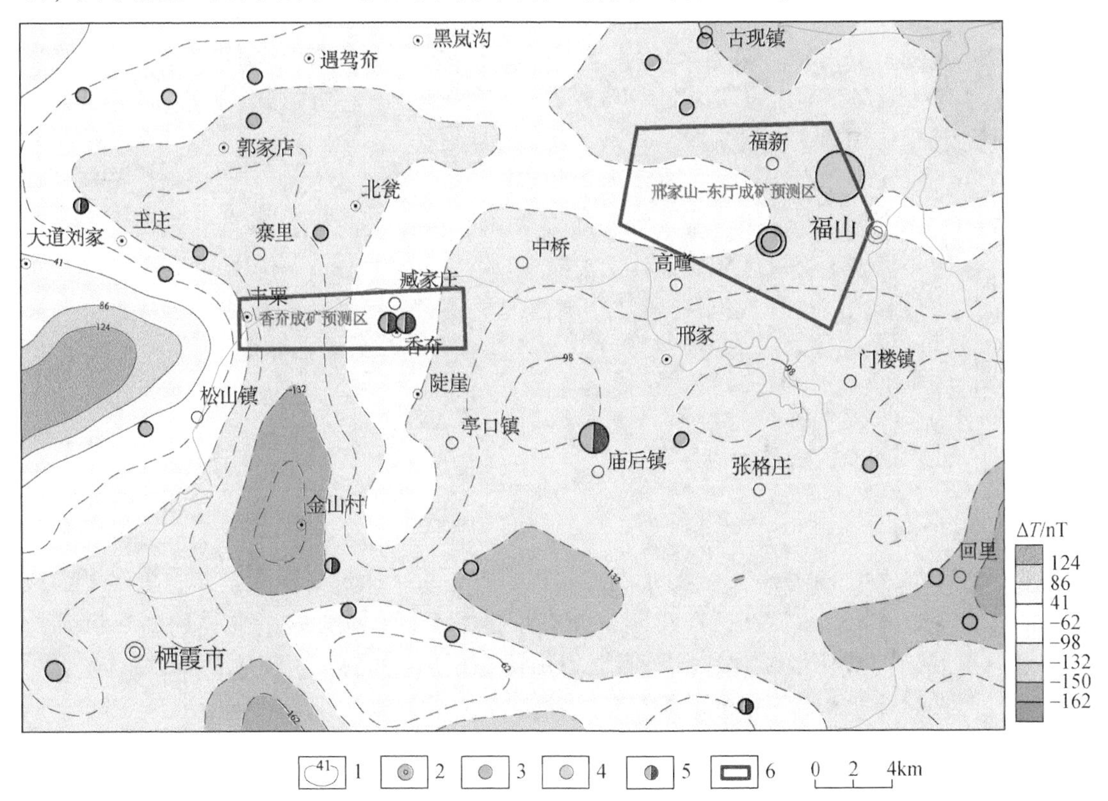

图6-34　栖霞-福山地区航磁 ΔT 异常图

1. 航磁 ΔT 异常；2. 大型铜矿床；3. 铜矿床（点）；4. 钼矿床（点）；5. 铅锌矿床（点）；6. 预测区范围

（四）香夼成矿预测区

1. 地质概况

预测区位于臧家庄盆地南缘、丰粟–香夼一带。区内主要出露新元古界蓬莱群香夼组泥灰岩、厚层灰岩；中生界青山群后夼组中酸性火山碎屑岩。侵入岩发育，主要为中生代雨山序列水夼单元花岗闪长斑岩，以及潜流纹斑岩。构造以近东西向龙窝铺–香夼断裂为主。预测区主要产出矿种为铅、锌矿。

2. 重磁异常特征

重力场表现为北东向、近东西向重力梯级带，重力值由南向北逐渐降低，已知典型矿床均位于梯级带内。航磁异常呈近南北走向，异常值由西向东逐渐升高，已知铅锌矿点位于相对磁力高异常区内。

3. 物化探剖面异常特征

图6-35为区内开展的物化探综合剖面，铅锌矿体位于重磁曲线为西低东高的平缓梯级低值曲线段，反映低密度的花岗闪长斑岩和低磁性的大理岩部位。磁场值由西到东变化从–100nT到–80nT，矿脉处于中间梯度带上。重力曲线与磁场曲线形态相似，重力值变化值$0.8\times10^{-5}m/s^2$。结合钻孔资料，矿体模型与磁场曲线拟合较好，矿体向东南倾，倾角50°～60°，矿体埋深50m，底部深度550m。铅锌矿体赋存于中生代燕山晚期花岗闪长斑岩边缘大理岩捕虏体周边夕卡岩带内。

该区为Cu、Pb、Zn、Au元素的高背景区，各元素异常组合复杂，地球化学元素异常以Pb、Zn为主，伴有Au、Bi、Ag、Cu、Mo、W等，主要成矿元素Pb、Zn规模大，衬度高，伴生元素规模较大，衬度较高，各元素异常套合好，具明显的浓集中心与分带性。从化探剖面上可以看出，Pb、Zn元素异常的高值区主要对应矿体、矿化体产出部位，向两侧逐渐减低，Pb、Zn元素高值与矿体对应较好。由地化特征知，香夼杂岩体Pb、Zn含量较高。

（五）邢家山–东厅成矿预测区

1. 地质概况

该区位于邢家山–东厅一带，大面积出露古元古界粉子山群变质岩系，中生代幸福山岩体、王家庄岩体发育，近东西向吴阳泉断裂带横贯全区，北东向、北西向断裂极其发育，层间滑脱韧性剪切带发育。已探明邢家山钨钼矿床（大型）、王家庄铜（锌）矿床（大型）。预测区主攻矿种钨、钼、铜、铅、锌。

2. 重磁异常特征

预测区布格重力异常值普遍偏高，主要由出露大面积的粉子山群引起。异常形态不规则，等值线以北西向同向弯曲为主，已知的王家庄铜矿及邢家山钨钼矿均位于布格异常等值线同向弯曲转折部位。磁场较为平稳，北西部形成局部高值异常，磁场以该异常为中心向北、东、南部逐渐降低。其中王家庄铜矿位于磁力高与磁力低的接触带附近，邢家山钨

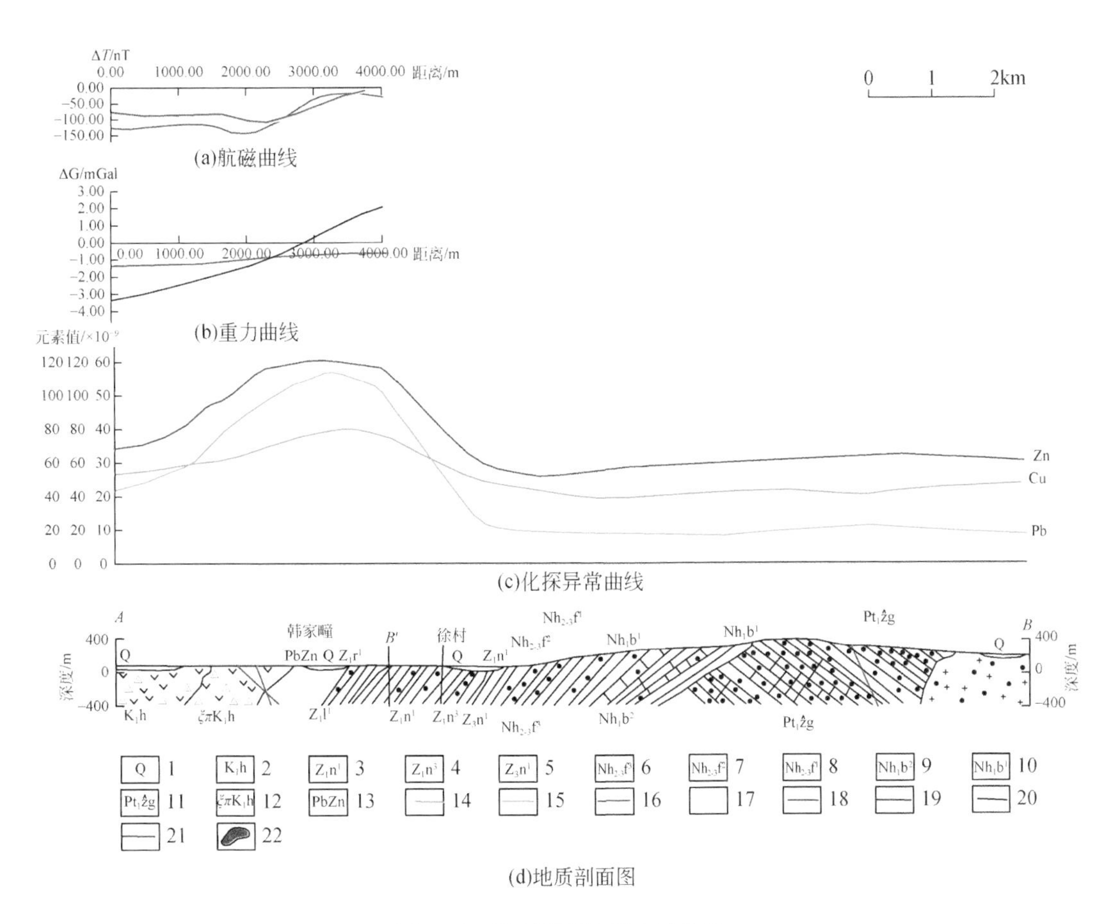

图 6-35　香斺预测区综合异常图

1. 第四系；2. 后斺组；3. 南庄组三段；4. 南庄组二段；5. 南庄组一段；6. 辅子斺组三段；7. 辅子斺组二段；8. 辅子斺组一段；9. 豹山口组二段；10. 豹山口组一段；11. 张格庄组；12. 正长斑岩；13. 铅锌矿体；14. 铜异常曲线；15. 铅异常曲线；16. 锌异常曲线；17. 航磁曲线；18. 航磁化极曲线；19. 航磁拟合曲线；20. 重力曲线；21. 剩余重力曲线；22. 地磁拟合矿化带建造

钼矿位于平稳场内。

3. 物探剖面异常特征

图 6-36 为区内开展的物化探综合剖面，图中显示地磁异常曲线呈单谷形态，磁场低值为−25nT，磁场高值为−13nT、−18nT，磁场低值区段对应铜矿位置；重力为南西低、北东高的形态，反映石英闪长玢岩向粉子山群交接部位的粉子山群地段，矿区地表为粉子山岗俞组，赋矿部位为岗俞组变质岩层之下的巨屯组第二段石墨大理岩。化探异常曲线中，Zn 异常、Cu 异常均为单峰异常特征，Zn 高值异常中心与磁力低异常中心对应，Cu 高值异常与重力低异常对应。结合钻孔资料可知，矿脉长约 750m，顶深约 100m，底深约 350m，矿体头部与上述磁力低、重力低、高 Zn、高 Cu 异常对应性较好。据此特征，结合重磁 2. 5D 反演对含矿建造的深部空间特征进行了推断，如图 6-36 所示。

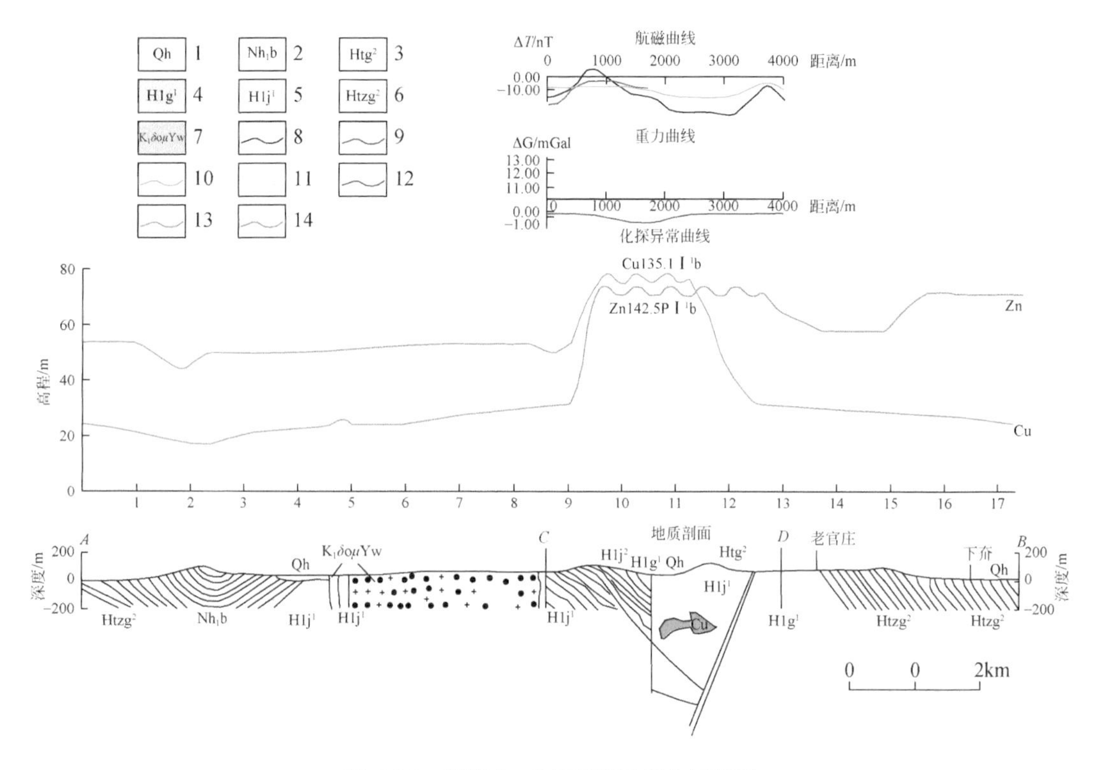

图6-36　邢家山-东厅预测区综合异常图

1. 第四系；2. 豹山口组；3. 岗嵛组二段；4. 岗嵛组一段；5. 巨屯组一段；6. 张格庄组一段；7. 中生代石英闪长玢岩；8. 航磁曲线；9. 航磁化极曲线；10. 航磁拟合曲线；11. 重力曲线；12. 剩余重力曲线；13. 铜异常曲线；14. 锌异常曲线

四、文登-荣成多金属成矿预测

该地区位于胶东半岛东部，多金属矿主要分布在米山断裂以东的荣成、文登及环翠区等地，规模以矿点为主，部分达小-中型矿床，全部为热液矿床，如岩浆热液型（乳山市寨前铜矿点、荣成市冷家钼矿床、环翠区西山后钼矿点）、夕卡岩型（荣成市夼北、荣成市莱园铜矿点、环翠区庙口钼矿点）、中低温热液脉型（威海市大邓格多金属矿床、荣成市产里铅锌矿床等）。

（一）地质概况

区内地层主要有古元古界荆山群、中生界白垩系莱阳群和青山群，以及新生界第四系。该区位于苏鲁造山带东端，经历过多期构造变形，构造型式表现为褶皱、韧性剪切带和断裂构造，北北东向、近南北向、北西向、近东西向断裂与金矿及多金属关系密切。区内岩浆岩发育，占全区总面积的约80%，时代集中于元古宙和中生代，以酸性岩占优势，包括中元古代侵入岩、新元古代侵入岩、中生代印支期和燕山侵入岩及派生脉岩。

（二）矿产概况

区内多金属矿主要分布在威海东部地区，以金、银、铜、铅锌、钼为主。目前环翠区-荣成-文登地区已发现的主要多金属矿床有：铜矿点7处、铅锌矿床（点）2处、钼矿床（点）5处，多金属矿床1处、金矿床（点）37处（仅3处为小型矿床，其余均为矿点）、银矿床（点）5处。区内目前探明银金属量235t，铅金属量6730t，锌金属量5715t，钼金属量14257t。

（三）重磁场特征

1. 重力场特征

图6-37为文登-荣成地区布格重力异常图，本区重力异常总体走向为北东向，在汪疃、草庙子一带为圆形重力低，最低值为$-25.0\times10^{-5}m/s^2$，与文登序列和伟德山序列中心

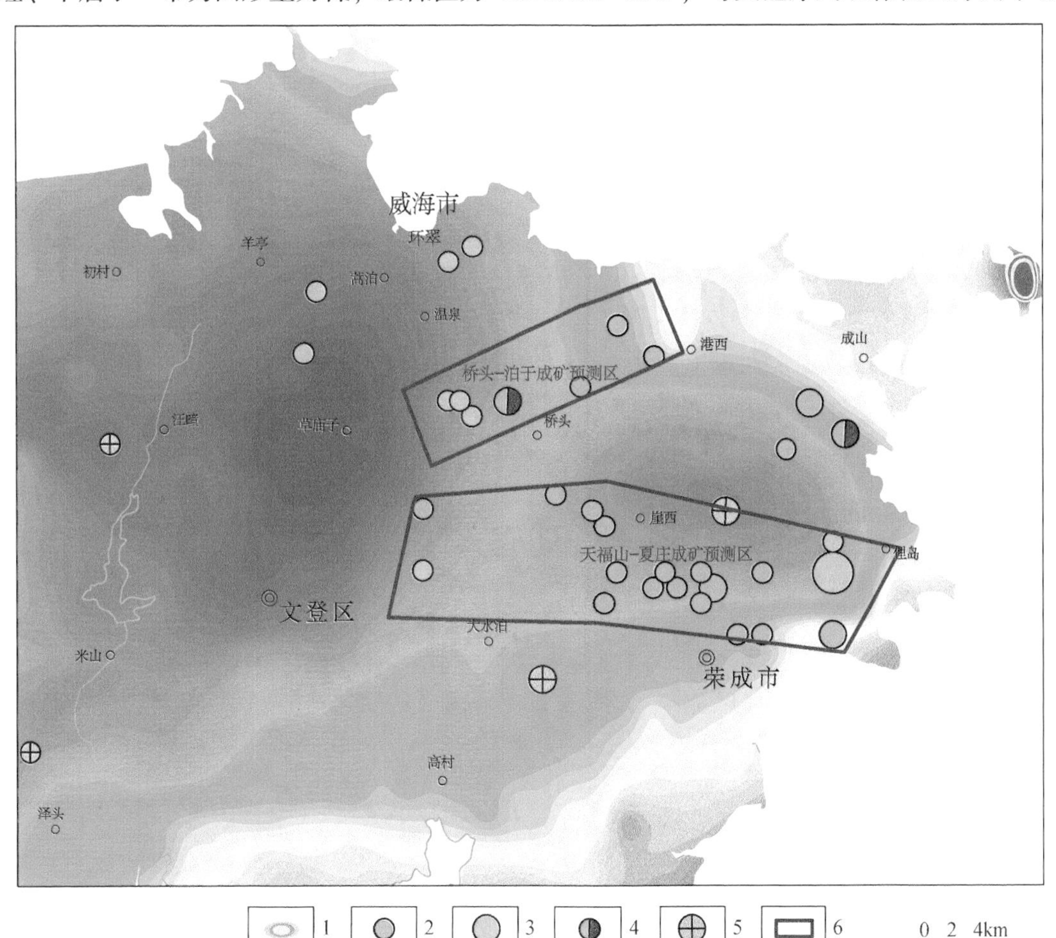

图6-37 文登-荣成地区布格重力异常图

1. 布格重力异常，重力值由蓝色区域向红色区域升高；2. 铜矿床（点）；3. 钼矿床（点）；4. 铅锌矿床（点）；5. 银矿床（点）；6. 预测区范围

部位相符，在航磁图上（图 6-38），与之相对应的是磁场低值区。在此重力低带的南东侧，为一线性梯度带，重力值变化较快，最大值可达 $20\times10^{-5}\,m/s^2$，其总体走向为北东，推测为华北、扬子板块缝合线。从北崖西向西经汪疃延伸，存在着一个次级重力低带，推测为上地幔拗陷带，和同家庄银矿成矿带基本一致。本区北东部为北西走向的重力梯度带，俚岛断裂即位于该梯度带上。伟德山序列岩浆岩的侵位受东西向构造带、北东向断裂和南北向隐伏构造带联合控制。荣成南北向构造带南端被宁津所序列岩浆岩截断。

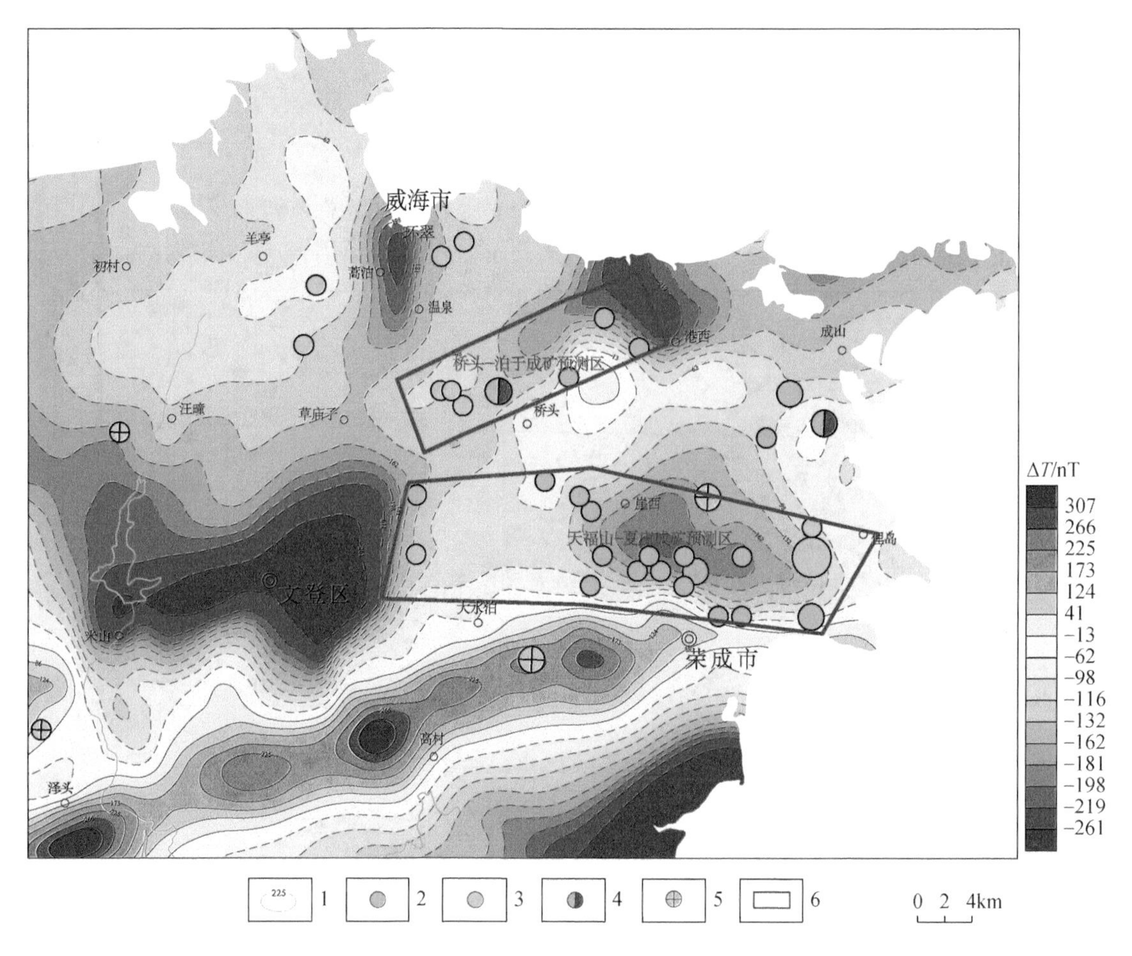

图 6-38 文登–荣成地区航磁 ΔT 异常图

1. 航磁 ΔT 异常；2. 铜矿床（点）；3. 钼矿床（点）；4. 铅锌矿床（点）；5. 银矿床（点）；6. 预测区范围

2. *磁场特征*

区域航磁异常（图 6-38）可分为以下三个部分。

1）荣成序列波动正负磁场区

该区表现为大量小面积的局部正常异常和负异常，异常强度不高，其幅值在 −200nT 到 400nT 之间。广泛出露荣成序列变质变形岩体，夹有透镜状荆山群变质岩地层残留体及岩性为榴辉岩、麻粒岩、超铁镁质岩的深源构造岩块。变质变形岩体表现为弱磁性，变质地层残留体多呈无磁性或弱磁性，表现为负磁场背景和负异常。

2）荣成-泽头波动正负磁场区

该区内磁场波动较大，一般变化在-200nT到正800nT之间，最低可达-400nT，最高超过1000nT，以正磁场为主，强正磁场分布在伟德山序列周边，大致呈环形。在荣成北，崖西一带为波动负磁场。化极后大面积的负磁场“消失”，说明是由伟德山序列中强磁性岩体，受斜磁化作用而产生的，化极后负磁场呈条带状，位于同家庄一带呈近东西走向，为断裂破碎带的反映。强磁场是埠柳序列辉石二长闪长岩引起，大部分与出露的埠柳序列对应，仅在俚岛断裂东段南侧，为荣成序列出露，推测下面有隐伏的辉石二长闪长岩体。强正磁场大部分是由埠柳序列和槎山序列中的正长花岗岩引起，弱正磁场则是由伟德山序列二长岩或二长花岗岩引起。

3）文登-威海负磁场区

该区以负磁场为主，负磁场由文登序列中粒和中粗粒二长花岗岩引起，而江家寨一带弱正磁场可能由出露或隐伏的姑娘坟单元的细粒二长花岗岩引起，该单元因磁铁矿含量达1%，而有别于其他二长花岗岩。

（四）桥头-泊于成矿预测区

1. 地质概况

发育荣成序列中的威海单元、御驾山单元及伟德山崮店、洛西头单元，北东部出露有荆山群地层，分布面积较大。区内韧性剪切带发育，呈南北向分布荣成序列内。航磁异常四个，黄铁矿重砂异常一个，1∶20万Pb、Zn、Ag化探组合异常发育，包围全区，1∶5万多金属组合异常发育，广布全区，且套合性较好，与构造吻合性较好。预测区主攻矿种银、铜、铅、锌。

2. 重磁异常特征

区内布格异常值由南西向北东呈逐渐升高趋势，异常形态为北东向及近南北向梯级带（图6-37）。已知矿点多位于梯级带等值线局部同向弯曲部位。航磁异常值由南西向北东逐渐降低，等值线由北东向南西同向弯曲，且在预测区东南部形成局部高值航磁异常（图6-38）。已知矿点多位于航磁异常梯级带及相对平稳场区内。

3. 电性异常特征

在预测区大邓格矿区采用激电测深方法对断裂带上盘一侧（南东侧）进行测量，以了解主断裂带深部硫化物分布富集情况，进而圈定矿化有利部位。同时也可发现上盘一侧的次级断裂，这些次级断裂往往有较好的矿化显示，具有较好的工作前景。大邓格矿区电场特征的总体规律较好，视电阻率曲线以D型（$\rho_1<\rho_2$）和K型（$\rho_1<\rho_2>\rho_3$）居多，KH型（$\rho_1<\rho_2>\rho_3<\rho_4$）次之，视电阻率值最小80Ω·m，最大3700Ω·m，平均1000Ω·m，视极化率值最小为2.13%，最大为5.31%，平均为3.50%。

图6-39为区内开展的激电测深视剖面，垂向上视电阻率变化不大，沿横向（测线方向）视电阻率呈高、低、高的驼峰状，低阻点出现在522号点上，推测该点附近有断裂构造存在。该测线上视极化率值最小为2.27%，最大为4.34%，平均为3.40%，在低阻异

常南东侧的531号点附近，即所推测的断裂带上盘一侧，有激电异常存在，异常主体位于528～534号点的AB/2＝280m以下，向下异常未封闭并有增强的趋势，具有良好的找矿前景。

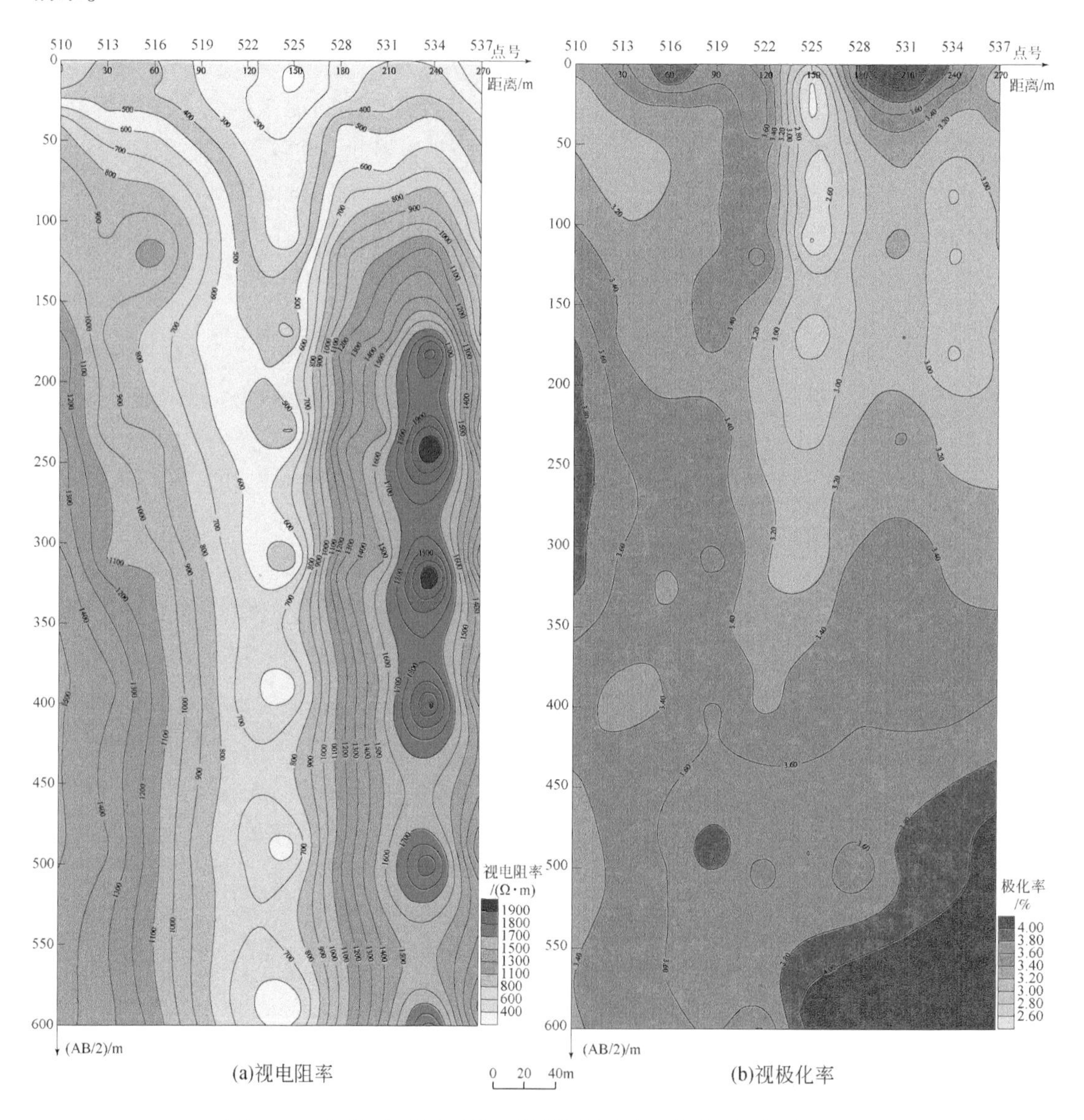

图6-39　文登–荣成地区激电测深视极化率、视电阻率拟断面图

（五）天福山–夏庄成矿预测区

1. 地质概况

预测区西部处于文登序列与荣成序列接触部位，中西部出露埠柳序列，北东大部出露伟德山序列二长花岗岩。推断构造发育，以北东向为主。1∶20万Ag、Cu、Zn化探异常

各一个，Cu、Pb、Zn 化探组合异常两个。预测区主攻矿种银、铜、铅、锌。

2. 重磁异常特征

布格重力异常以近东西向、北东向、北西向梯级带为主，圈闭异常较少，异常值总体由南西向北东逐渐降低，重力场的变化主要与岩体展布相对应，即重力相对高值区对应荣成序列，低值区对应伟德山岩体，已知矿点多分布在重力梯级带附近（图6-37）。磁场特征与重力场相似，并在预测区中东部形成北西向低值异常，已知矿点多分布在磁场梯级带偏低值附近（图6-38）。这种重低、磁低的地球物理特征，反映了钼矿成矿母岩的物性特点，推测大顶山隐伏岩体在测区东南角侵入。

第七章 结　　语

胶东物探风雨兼程七十载！物探工作者坚持从已知到未知理念，不断试验、不断探索，为胶东金矿、铜矿、煤矿等矿产的发现与突破发挥了重要作用。21世纪初，胶东地区在国内最早开展深部找矿并取得了重大突破，物探发挥了无可替代作用。70年的胶东物探、迎来了一个又有个春天。

20世纪60年代初，胶东物探开始在胶东招远灵山沟、九曲金矿开展方法试验与找矿工作。1967～1968年，利用直流电法和磁法，首先圈出了焦家断裂带（黄山馆-朱桥断裂带），并沿焦家断裂带圈定了焦家、新城、马塘、寺庄等一批激电异常，经钻探验证，发现了多个大中型金矿床，物探工作为胶东破碎带蚀变岩型金矿床发现和突破了“大断裂只导矿不储矿”传统找矿理论，发挥了重要的作用，取得显著的找矿效果。20世纪60年代中后期，在胶东福山地区开展铜矿物化探普查、经对发现激电和化探异常验证，发现了福山中型铜矿，胶东物化探找铜实例首次在国内推广。龙口煤田普查与勘探，首先采用大极距电测深法圈定了黄县盆地构造、查明了煤系地层埋深，利用海域三维地震和煤田测井技术为龙口煤田勘探评价提供了可靠资料。20世纪60至90年代，胶东物探在金、铜及多金属矿、煤、石墨矿的找矿实践中，提供一批方法技术应用范例、取得显著的找矿效果。

随着21世纪找矿深度的加大，物探找矿难度也不断增加，在胶东深部找矿实践中，物探工作开展了大量的新方法、新技术去探索、试验、研究工作，本书对其进行了系统归纳、全面分析总结。在此基础上，对应用方法技术理论进行分析、研究，提出许多新的认识。以胶东西部典型金矿物探测量剖面为例，对高精度重、磁法、CSAMT、MT、AMT、SIP、广域电磁等物探方法地球物理异常的分布特征、探测深度，以及找矿方法的适用性进行研究分析、探讨，提出了广域电磁法探测研究控矿断裂构造、具有探测深度大、效果明显特点。地震勘探可以查明5km以浅的地质构造特征，提出三山岛与焦家断裂两组反射波在深部交汇呈“y”形新认识。

本书阐述了2010年来，胶东地区采用CG-5、CG-6、Burris高精度全自动重力仪，开展高精度重力测量，完成1∶5万标准图幅近50幅。通过对高精度重力资料综合解译与定量反演计算、在地球深部构造及地壳结构研究、岩性及断裂构造划分、花岗岩体空间形态与金矿田的特定空间关系。利用区域重力、航磁资料，从地球物理场的分布特征、划分胶东基本构造格架；圈定玲珑、郭家岭等花岗岩体边界与分布范围。采用重力、磁法资料联合反演，刻画玲珑岩体空间分布形态及展布特征，探讨了玲珑，焦家金矿田（带）产出部位与区域地球物理场的特征关系。

2005年以来，在胶东深部的金矿勘探中，开展了大量的大地电磁法（CSAMT、MT、AMT、EMT）试验测量工作。2012～2018年，在国内首次采用CSAMT法完成了胶东西部重点成矿区（焦家-三山岛金成矿带）466km^{2}大面积测量，进行了三维电性立体填图，研究推断了焦家断裂带与三山岛断裂带的深部相互关系，推断了焦家带寺庄以南覆盖区的南延位置。同期，开展了多期二维地震勘探方法试验勘探，累计完成地震剖面300km，利用地震方法分析研究侵入体空间形态，刻画了胶东主要控矿断裂的空间形态，通过钻探验证，可以取得了较好的效果。

2007～2015年，在莱州市三山岛北部及西部海域实施1：5000～1：2.5万海上高精度磁测128km²，划分了中生代地层、早前寒武纪变质岩和中生代花岗岩体的分布范围，圈出了三山岛金成矿带的海域延伸，为海域金矿找矿的重大突破提供了重要依据。2019年，在莱州市三山岛金矿及周边海域，采用SARAH 4.0无人直升机开展低空高精度航磁测量方法技术试验、测量总精度达到±1.0nT，大致查明了区内地层、构造及岩浆岩分布，解决了以往海陆结合带（潮间带）及滨海养殖等复杂地区高精度磁测的技术难题，为海岛开展矿产物探普查提供了技术示范。

岩石物性是基础，是联系地质与地球物理场的桥梁。本书采用数学统计方法，分析、总结胶东地区不同种类岩石（矿石）的物性规律。深入研究阐明了胶东典型控矿断裂带的重力梯级异常及凹凸转向带、电阻率断面梯级异常陡-缓转折区、高极化率异常等重要物探找矿标志，建立了胶西北碎带蚀变岩型深部金矿地质-地球物理找矿模型，以及胶东地区石英脉型金矿，沉积变质型石墨矿，铅、锌、钼多金属矿的地质-地球物理找矿模型。根据胶东地区金矿、铜铅锌多金属矿、石墨矿床的成矿地质条件、分布规律、物化探找矿标志，进行了成矿预测研究，圈出了成矿预测区。在总结了胶东地区金矿地球物理勘查方法选择原则、方法组合有效性的基础上，提出2000m以浅、2000～3000m及3000～5000m深部金矿探测的地球物理方法组合。依据“阶梯式赋矿模式”理论，通过开展高精度、大深度综合地球物理探测，探明控矿断裂构造深部的延深及产状变化特征，可以达到圈定深部找矿靶区探测目的。

另外，地球物理勘探技术在胶东银、铜、铅、锌、钼矿及石墨、煤田等矿产普查、勘查与评价工作中发挥了重要的作用，取得显著的找矿效果，本书对不同物探方法异常特征与找矿效果进行了分析，尤其对电阻率法、激发极化法，对不同矿体或控矿构造显示异常特征进行重点分析、研究，为在其他地区开展金、铜及多金属矿找矿，提供了物探方法应用示范。

随着找矿深度的加大，目标体引起的物探异常更加减弱，物探找矿难度不断增大。胶东物探采用新技术、新方法、新型仪器设备，数据采集向精细化、处理解释化智能发展，为胶东深部找矿实现更大突破发挥推动、示范引领作用。

参考文献

曹春国，贺春艳，王阳，等. 2007. 山东省焦家断裂带深部金矿找矿方法试验研究报告. 济南：山东省物化探勘查院.

曹春国，韩玉珍，关荣斌，等. 2016. 胶西北矿集区深部金矿应用地球物理技术找矿实践. 北京：地质出版社.

陈成师. 1982. 山东省平度县刘戈庄、矫戈庄激发极化法工作报告. 山东潍坊：山东地矿局第四地质队.

陈永清，赵鹏大. 2009. 综合致矿地质异常信息提取与集成. 地球科学（中国地质大学学报），34（2）：325-335.

崔元俊，董健，何玉海，等. 2016. 1：5万观水、水道、崖子、冯家、乳山寨和乳山市6幅高精度重磁测量成果报告. 济南：山东省地质调查院.

都城秋穗. 1979. 变质作用与变质带. 北京：地质出版社.

杜利明，胡创业，付世兴，等. 2021. 胶东莱州新立金矿床深部三山岛断裂物化探异常特征及找矿靶区预测. 地质与勘探，第57卷（3）：563-571.

范美宁. 2018. 勘查地球物理教程. 北京：石油工业出版社.

傅良魁. 1982. 激发极化法. 北京：地质出版社.

高建国，鲁志江，尹爱华，等. 1990. 山东省荣成县同家庄银矿区激电（γ能谱）测量工作报告. 烟台：山东省地矿局第三地质队.

宫本涛，杜振明，胡晓婷，等. 2016. 山东省莱阳市牛百口矿区石墨矿普查报告. 潍坊：山东省第四地质矿产勘查院.

顾留成. 1992. 胶东破碎带蚀变岩型金矿床地质–地球物理–地球化学找矿模型评价指标研究及预测. 济南：原山东省地质局八〇三队.

管志宁. 2005. 地磁场与重力勘探. 北京：地质出版社.

郭竹田，李延燮，吕植让，等. 1978. 山东省牟平县西直格庄–北台工区激电工作报告. 济南：原山东省地矿局第三地质队.

韩延礼. 2005. 山东省乳山市蓬家夼金矿外围地震勘探成果报告. 济南：山东省物化探勘查院.

韩玉庆，徐良，王公志，等. 1987. 山东省牟平县西邓格庄工区壤中气汞量（静电α卡）测量工作报告. 烟台：原山东省地矿局第三地质队.

何继善. 2010a. 广域电磁测深法研究. 中南大学学报（自然科学版），41（3）：1065-1072.

何继善. 2010b. 广域电磁法和伪随机信号电法. 北京：高等教育出版社.

贺春艳，曹春国，王阳，等. 2016. 山东省莱州–招远金矿整装勘查区深部找矿技术方法应用研究. 济南：山东省物化探勘查院.

贺春艳，姚铮，陈大磊，等. 2020. 胶东金矿集区地球物理三维地质建模及深部探测示范报告. 济南：山东省物化探勘查院.

黄儒文. 1973. 山东省黄县凤凰山铅锌矿周家庵工区1973年激发极化法普查工作简报. 济南：山东地矿局803队.

黄儒文，林进节. 1974. 山东省黄县凤凰山铅锌矿马家胡同工区激发极化工作结果报告. 济南：山东地矿局803队.

黄太岭，马兆同，万国普，等 . 2013. 山东省区域地球物理场 . 北京：地质出版社 .
兰心俨 . 1981. 山东南墅前寒武纪含石墨建造的特征及石墨矿床的成因研究 . 长春地质学院学报，3：30-42.
李洪奎，于学峰，禚传源，等 . 2017. 山东胶东金矿成矿理论体系 . 山东国土资源，33（7）：1-6.
李金铭 . 2005. 地电场与电法勘探 . 北京：地质出版社 .
李延燮，王程仁，鲁治江，等 . 1986. 山东省牟平县邓格庄金矿区物化探方法试验工作报告 . 济南：山东省地矿局第三地质队物探分队 .
李舟波 . 2003. 地球物理测井数据处理与综合解释 . 长春：吉林大学出版社 .
李舟波 . 2006. 钻井地球物理勘探 . 北京：地质出版社 .
李舟波，孟令顺，梅忠武 . 2004. 源综合地球物理勘查 . 北京：地质出版社 .
李自杰 . 1962. 山东省莱西县南墅石墨矿地球物理探测报告 . 济南：山东地质局物探测量队 .
林长海，吴元祥，卢家驹，等 . 1978. 山东省昌邑-平度地区铁矿普查磁测工作结果报告 . 济南：山东省地质局 803 队 .
刘国兴 . 2005. 电法勘探原理与方法 . 北京：地质出版社 .
刘天佑 . 2004. 应用地球物理数据采集与处理 . 武汉：中国地质大学出版社 .
刘天佑 . 2007. 地球物理勘探概论 . 北京：地质出版社 .
刘永昌 . 2015. 山东省招远市招平断裂带中段深部金矿战略性勘查报告 . 济南：中国冶金地质总局山东正元地质勘查院招金矿业股份有限公司 .
陆基孟 . 王永刚 . 2011. 地震勘探原理 . 东营：中国石油大学出版社 .
罗怀东，刘辉，姚铮，等 . 2018. 招平金矿带南段 1∶5 万地面高精度磁法测量报告 . 济南：山东省物化探勘查院 .
罗怀东，刘晨成，陈宏杰，等 . 2021. 威海市呼雷汤、汤村汤地热田地热资源可行性勘查报告 . 济南：山东省物化探勘查院 .
罗孝宽，郭绍雍 . 1991. 应用地球物理教程——重力、磁法 . 北京：地质出版社 .
马方，尹升，徐洪健，等 . 2018. 山东省平度-莱西地区石墨矿调查报告 . 烟台：山东省第三地质矿产勘查院 .
马兆同，郝光前，王玉敏，等 . 2010. 山东铁矿资源潜力评价磁测资料应用研究报告 . 济南：山东省物化探勘查院 .
倪振平，田京祥，王来明，等 . 2010. 山东省矿产资源潜力评价报告 . 济南：山东省地质调查院 .
倪振平，田京祥，王来明，等 . 2016. 山东省重要矿产区域成矿规律 . 济南：山东科学技术出版社 .
欧介甫，袁桂琴，万玉亮 . 1990. 山东半岛东部地区航空物探（电/磁）综合测量成果报告 . 廊坊：原地矿部物化探研究所 .
山东省地质局 803 队 . 1968a. 山东黄县煤田 1968 测井工作小结 . 济南：山东省地质局 803 队 .
山东省地质局 803 队 . 1968b. 山东省福山县吴阳泉铜矿区 1968 年物化探工作报告 . 济南：山东省地质局 803 队 .
山东省地质局 803 队 . 1969. 山东黄县煤田电测深工作报告 . 济南：山东省地质局 803 队 .
时占华，王福江，孙立功，等 . 2009. 山东省栖霞市尚家庄矿区钼矿详查报告 . 招远：山东省第六地质矿产勘查院 .
史歌 . 2002. 地球物理学基础 . 北京：北京大学出版社 .
宋明春，伊丕厚，徐军祥，等 . 2012. 胶西北金矿阶梯式成矿模式 . 地球科学，42（7）：992-1000.
宋武良，曲振运，王公志，等 . 1991. 山东省乳山县蓬家夼工区高精度磁测工作报告 . 烟台：原山东省地矿局第三地质队 .

孙洪玺，林淮民 . 1983. 山东省莱西县教书庄工区石墨矿普查激电测量报告 . 烟台：山东地质局第三地质队 .
汤加富，周存亭，侯明金，等 . 2003. 大别山及邻区地质构造特征与形成演化：地幔差速环流与陆内多期造山 . 北京：地质出版社 .
万国普 . 1997. 山东省蓬莱市黑岚沟（沙沟）金矿区物探普查工作报告 . 济南：原山东省地矿局物化探大队 .
万全政，周会青，刘玉谭，等 . 2009. 山东省荣成市同家庄庄矿区银矿源储量报告 . 烟台：山东省第三地质矿产勘院 .
王东屏，赵国壁，严永淇，等 . 1960. 山东省栖霞县牙山铜矿及外围 60 年物化探工作报告 . 济南：山东冶金厅物理探矿队 .
王洪军，贺春艳，陈大磊，等 . 2021. 深部探测综合地球物理技术报告 . 济南：山东省物化探勘查院 .
王怀洪 . 2017. 矿井地质手册 · 地球物理卷 . 北京：煤炭工业出版社 .
王克勤 . 1988. 山东南墅石墨矿床地质特征及矿床成因的新认识 . 中国非金属矿工业导刊，（6）：1-9，15.
王来明，王世进，宋志勇，等 . 2017. 山东省区域地质志 . 济南：山东省地质调查院 .
王立法，潘兴才，周加贵，等 . 2020. 山东省文登市东方红矿区金、银矿普查报告 . 潍坊：山东省第四地质矿产勘院 .
王妙月 . 2003. 勘探地球物理学 . 北京：地震出版社 .
王沛成，张成基 . 1996. 鲁东地区元古宙中深变质岩系非金属矿含矿变质建造 . 山东地质，2：31-47.
王帅，刘述敏，于洋，等 . 2017. 山东省平度莱西北部地区石墨矿地质特征及找矿靶区优选 . 山东国土资源，33（12）：30-36.
吴治国，刘洪波，王恩强，等 . 2017. 山东省莱州湾 1/20 万浅海重力测量报告 . 济南：山东省物化探勘查院 .
吴治国，刘洪波，臧凯，等 . 2018. 山东省龙口–蓬莱地区 1∶20 万浅海重力测量报告 . 济南：山东省物化探勘查院 .
熊盛青，范正国，黄旭钊，等 . 2013. 全国找矿突破战略行动整装勘查区航磁图册 . 北京：地质出版社 .
徐明才．高景华，柴铭涛． 2009. 金属矿地震勘探 . 北京：地质出版社 .
颜玲亚 . 2010. 山东省石墨矿潜力评价成果报告 . 济南：中国建筑材料工业地质勘查中心山东总队 .
颜玲亚，陈军元，杜华中，等 . 2012. 山东平度刘戈庄石墨矿地质特征及找矿标志 . 山东国土资源，28（2）：5.
颜玲亚，高树学，刘海泉，等 . 2020. 山东石墨矿地质特征和成矿区带划分 . 中国非金属矿工业导刊，4：24-30.
杨茂森，杨锡珺，胡贤华，等 . 1987. 山东省招–掖金矿区（西山、朱桥、掖县、平里店幅）综合物探成果报告 . 济南：原山东省地质矿产局物化探大队 .
曾华霖 . 2005. 重力场与重力勘探 . 北京：地质出版社 .
曾庆栋，沈远超，刘铁兵，等 . 2001. 胶东牟平发云夼金矿区地球物理综合找矿研究 . 湘潭矿业学院学报，4：17-19.
张保涛，柳森，胡创业，等 . 2021. 胶东牟乳成矿带邓格庄–金青顶金矿区深部成矿预测成果报告 . 济南：中国冶金地质总局山东正元地质勘查院 .
钟琢先 . 1982. 山东平度县刘戈庄矿区石墨矿初步勘探地质报告 . 潍坊：山东地矿局第四地质队 .
朱继拓等 . 2014. 山东栖霞–蓬莱成矿区金铜多金属矿调查评价报告 . 济南：山东省地质调查院 .
朱永盛，等 . 1964. 山东省招远金矿九曲矿区激发极化法试验结果报告 . 济南：原山东省地质局八〇三队 .
邹键，姜志幸，刘旸，等 . 2013. 山东省烟台市邢家山矿区外围钼钨矿详查报告 . 烟台：山东省第三地质矿产勘查院 .